KB090724

가고시마 나나츠지마 메가솔라 발전소
(70MW, 가고시마현)

요시노가리 메가솔라 발전소
(12MW, 사가현)

프로로지스 파크 이치가와
태양광 발전소(2.3MW, 치바현)

북(北)가스제넥스 이시카리 태양광 발전소
(솔라팜 이시카리)(1.2MW, 홋카이도)

코메리파워 사이조점 태양광 발전소
(1.2MW, 아이치현)

LIXIL 스카가와 SOLAR
POWER(6.4MW, 후쿠시마현)

소덴유니초
태양광 발전소(1.2MW, 홋카이도)

후지사키건설공업 나메가타나니시마
태양광 발전소(1MW, 이바라키현)

프린스 에너지 에코팜 난고
(1.1MW, 미야자키현)

Best Research-Cell Efficiencies

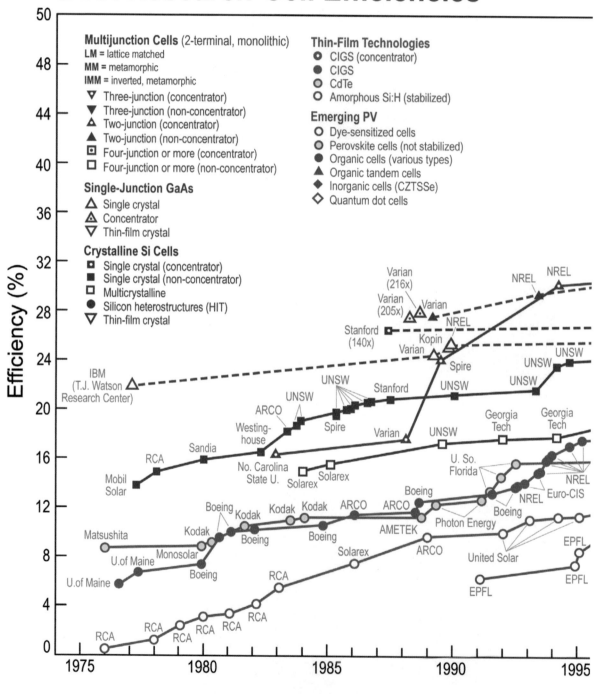

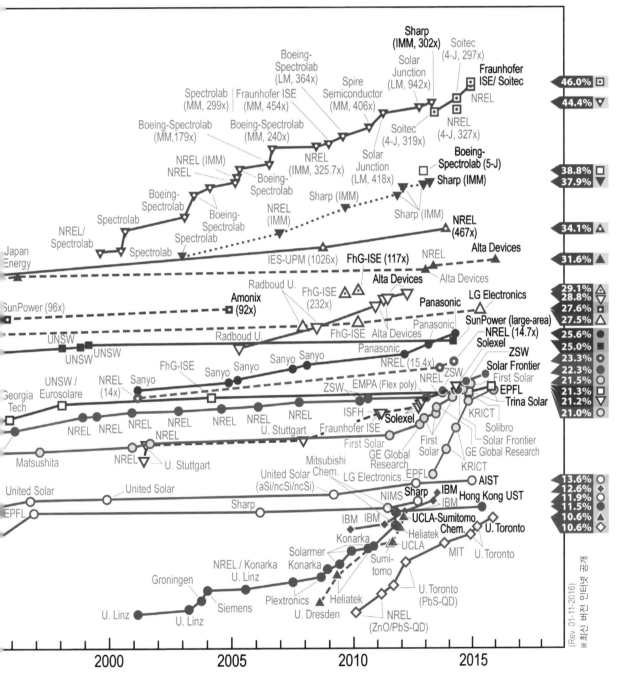

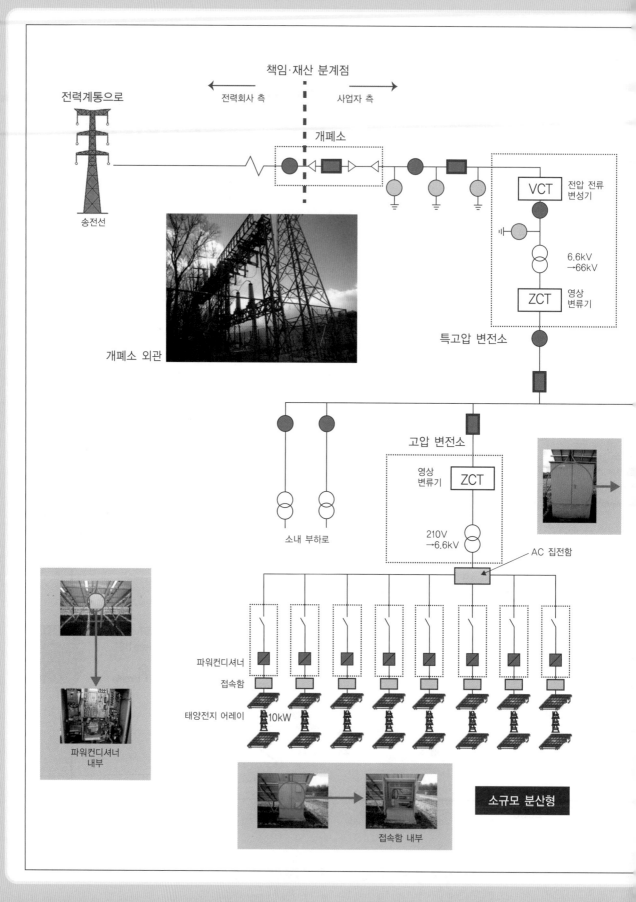

책임·재산 분계점

← 전력회사 측 | 사업자 측 →

전력계통으로

송전선

개폐소

개폐소 외관

VCT · 전압 전류 변성기

6.6kV →66kV

ZCT · 영상 변류기

특고압 변전소

고압 변전소

영상 변류기 ZCT

소내 부하로

210V →6.6kV

AC 집전함

파워컨디셔너

접속함

태양전지 어레이 10kW

파워컨디셔너 내부

접속함 내부

소규모 분산형

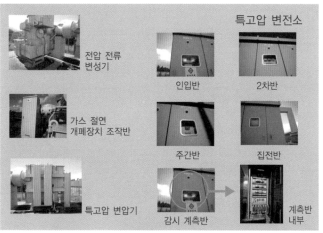

특고압 변전소

전압 전류
변성기

가스 절연
개폐장치 조작반

특고압 변압기

인입반

2차반

주간반

집전반

감시 계측반

계측반
내부

서브 변전소 외관

| 변압기 | 집전반 | 분전반 | 수전반 |

변압기

집전반

집전반 내부

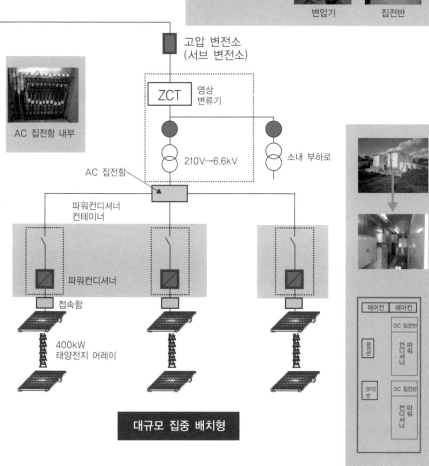

고압 변전소
(서브 변전소)

AC 집전함 내부

ZCT 영상
변류기

210V→6.6kV

소내 부하로

AC 집전함

파워컨디셔너
컨테이너

파워컨디셔너

접속함

400kW
태양전지 어레이

대규모 집중 배치형

컨테이너 외관

컨테이너 내부

에어컨	에어컨
분전반	DC 집전반
	컨디셔너 파워
SPD반	DC 집전반
	컨디셔너 파워

DC 집전반

파워컨디셔너

호쿠토(北杜) 사이트 태양광 발전소를 토대로 이미지지도를 작성(사진 제공 : NTT Facilities)

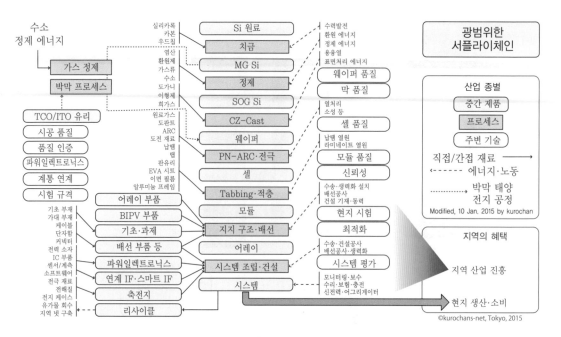

이 그림은 태양광 발전 시스템 산업에 대해 최상위의 원료 산업부터 최하위의 시스템 건설·운용, 전력 공급 등에 이르는 이용까지 서플라인 체인을 도식화한 것이다.

그림의 중앙부는 위(Si 원료)에서 아래(셀)로 향해 결정질 실리콘 태양전지의 제조 라인 공정을 나타낸다.

최상위는 반도체 실리콘 원료인 실리카 원석을 치금적인 방법으로 환원하고 금속 실리콘(MG Si)을 얻는 것에서 시작하여, 이것을 정제해서 태양전지급 순도의 SOG 실리콘을 생산한다. 다음으로 초크랄스키법(CZ)과 주조법(Cast)으로 실리콘 잉곳을 작성, 얇게 슬라이스해서 실리콘 웨이퍼를 얻는다. 여기에 미량의 불순물을 확산하거나 집전 전극을 인가해서 태양전지 셀을 작성한다. 이 태양전지 셀을 규칙적으로 직렬 연결한 후 전면 유리와 후면 시트 사이에 라미네이트(코팅)하면 태양전지 모듈이 완성된다.

대량의 태양전지 모듈을 설치할 현장에 운반하고 사전에 건설한 어레이 지지 가대 위에 배치·배선한다. 또한 파워컨디셔너 등의 전기계 설치와 배선 작업을 하고 현장 시운전이 정상적이면 전력계통에 접속하여 발전한 전력은 송전하고 고정가격매입제도(FIT)에서 정해진 매전 요금이 회수된다.

이 그림에는 메인 스트림에 공급되는 원료·부품·에너지에 대해서도 기재했다. 또한 제조 플랜트의 운전에 필요한 관리 운영·메인티넌스, 품질 관리·측정 평가 등의 필요한 노하우·역무 등도 파악할 수 있도록 구성했다.

발전 플랜트의 안정된 운전 특성도 투자를 회수하는 데 있어 중요하기 때문에 관리 노하우·모니터링·메인티넌스 등의 필요한 기능이 요구되며, 이에 힘을 쏟는 전문가도 많다. 플랜트 설계에 임해서는 금융·설계 인증과 플랜트 보험 등 많은 니즈가 존재한다.

지역에는 이들 산업에서 발생한 밸류가 환류하고, 생산된 환경 가치가 높은 전력도 지역 향상을 위해 환원할 수 있다. 일련의 산업 유발 효과는 일목요연하다.

중·대규모
태 양 광
발전 시스템

중·대규모
태양광 발전 시스템

기초·계획·설계·시공·운전관리·보수점검

감수 / 도쿄공업대학 AES 센터

공동 감수 / 재생가능에너지협의회, NTT Facilities

공동 편저 / 구로카와 코스케(黑川浩助, 도쿄공업대학 AES 센터)
          다나카 료(田中良, NTT Facilities)
          이토 마사카즈(伊藤雅一, 와세다대학 스마트사회기술융합연구기구)

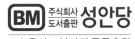
BM 주식회사 도서출판 성안당
日本옴사·성안당공동출간

기초·계획·설계·시공·운전관리·보수점검

중·대규모 태양광 발전 시스템

Original Japanese language edition

CHUKIBO DAIKIBO TAIYOKO HATSUDEN SYSTEM by Kosuke Kurokawa

Copyright ⓒ Kosuke Kurokawa 2016

Korean translation rights arranged with Ohmsha, Ltd.

through Japan UNI Agency, Inc., Tokyo

Korean translation copyright ⓒ 2019 by Sung An Dang, Inc.

머리말

　2012년 7월 1일은 일본에서 재생가능에너지 보급 촉진을 위한 '고정가격매입제도'가 발족한 기념비적인 날이다. 해외에서는 FIT 제도라고 불린다. 'Feed-in Tariff'의 약자로 일정 기간 전력계통의 매입 가격을 보증하는 것이다.

　이 제도하에서 태양광 발전은 일본에서 지정된 재생가능에너지 중에서 2년간 '톱'의 명성을 유지하며 재생가능에너지 분야의 주역으로 자리 잡았다.

　그러나 태양광 발전이 여기까지 오는 여정은 길었다. 태양광 발전이 일본 정부의 기술개발 계획에 처음 등장한 것은 1974년 7월 1일이다. 전년도의 제1차 석유위기 발효에 수반하여 통상산업성(현 경제산업성)이 설정한 선샤인 계획(신에너지 기술연구개발계획의 애칭)이 시작된 기념해야 할 날이지만 태양 에너지 연구개발의 일부에 불과한 작은 연구 항목으로 등록됐다. 당시의 취지는 '석탄가스화·액화'로 석유 대체 에너지에 역점이 놓였다.

　당시 다른 대다수의 재생가능에너지도 일제히 프로젝트가 발족했지만 태양광 발전 이외의 프로젝트는 단절된 시기가 있다. 예를 들면 지열 발전은 15년의 긴 시간 국가 프로젝트로서 계획이 끊긴 '은둔(雌伏)의 시대'를 맞아 전문가들과 노하우가 흩어진 아픈 역사가 있다. 태양광 발전 프로젝트가 40년 이상 지속되었고, 그 토대 위에 일본의 태양광 발전 산업이 싹 터 주택용부터 중·대규모 발전 플랜트를 각지에서 볼 수 있게 됐다.

　선샤인 계획의 기본 계획에서는 2000년까지 태양전지의 비용을 100분의 1로 한다고 명시했다. 25년 남짓의 장기간의 계획 설정이다. 아마 1와트당 1달러 선을 의식한 것으로 생각하지만 긴 세월 가상에 불과한 숫자였다. 그러나 최근 들어 태양전지의 국제 평균 가격은 이 선을 밑도는 것으로 확인된다. 유럽을 중심으로 한 FIT 제도가 공헌한 바가 크다 할 수 있다.

　유럽 FIT 이전에는 1994년부터 개시된, 일본의 '계통 연계형 주택용 시스템' 설치에 대한 보조 제도의 효과도 있어 이후 십수 년 태양광 발전 산업은 순조로운 발전을 이루며 세계 1위의 자리를 잠시 유지했다.

　그런데 일본의 고정가격매입제도가 시행되기 전에는 1MW 이상의 이른바 메가솔라를 중심으로 한 건설·운전 개시가 진행할 것으로 예측되었지만 실제로는 중규모인 10kW 이상 1MW 미만의 설비도 예상 외로 순조롭게 증가하고 있는 상황이다. 또한 주택용 시스템 시장도 견고하게 유지되고 있는 것으로 보인다.

　중규모 시장에서는 공장 등의 금속제 절판 지붕 위에 수십~수백kW 용량의 태양광 발전 시스템을 설치하는 건설비용이 의외로 경제적이었다고 생각된다. 적어도 토지를 구입할 필요가 없는데다 1건당 발전 규모가 주택에 비해 10배에서 100배에 달하는 점에서 유통 비용의 저감이 현저한 등 손쉬운 투자 대상이었을 것으로 여겨진다. 어쨌든 고정가격매입제도화로 중규모는 물론 본격적인 대규모 메가솔라

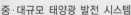
까지 시장이 활성화되기 시작했다고 판단된다.

그런데 중·대규모 시스템은 기존의 주택용 시스템과 비교해 시스템 기기, 설치 공법, 계통 연계 협의 등 관련 인허가 방법과 절차가 크게 다르다. 또한 이러한 문제에 대처하기 위한 가이드라인과 참고 서류가 정비되어 있지 않아 신규 사업자가 망설이는 경우가 많은 것이 현장의 분위기다. 또한 건설이 완료된 시스템을 보면 건설한 지 얼마 지나지 않았는데 전기 안전성 등에서 문제가 발생하는 발전소 등이 여기 저기 나타나고 있다.

원리적으로는 환경적인 측면 등 여러 가지 이점이 있는 태양광 발전의 보급에 있어 '안심·안전'한 시스템의 보급이 필수 불가결한 기본조건이다. 이러한 관점에서 지금까지 태양광 발전 시스템 보급을 위해 긴 세월 개발과 정비에 종사한 전문가들에게 필요한 정보를 집약 정비해 줄 것을 제안한 결과 많은 호응을 얻을 수 있었다.

본 도서를 기획한 목적 중 하나는 중규모 분야와 대규모 분야에서 필요한 실용적인 일련의 사항을 전달하는 것을 첫째 목표로 들 수 있다. 적어도 첫 단계에서 큰 오류를 예방할 수 있는 기본적인 지침을 논의하는 과정을 대신 제공할 수 있기를 바란다. 이른바 '입문편'의 자리매김이다.

태양광 발전의 산업 구조와 적용 분야는 상당히 폭넓다는 점도 특징 중 하나다. 또한 비즈니스 분야를 확대하기 위해서는 '응용편'을 자신이 해결하는 기초 역량도 분명 필요하다. 이러한 목적으로 '어째서 이렇게 되는가' 하는 개념도 포함해서 이해하는 단계를 제공하고자 한다. 경험이 많은 전문가도 복습할 기회로 삼을 수 있다.

세 번째 단계는 '자료편'의 형태로 시스템 계획 시와 유지·보수 시에 필요한 데이터베이스 등을 제공한다. 경험이 많은 전문가들도 참고할 가치가 있다고 생각했다.

일본의 시스템 기술은 「주택용 태양광 발전 시스템」을 중심으로 발전해 오면서 가이드북 편찬 역시 「태양광 발전 시스템 설계 가이드라인(구로카와 외 편, 옴사, 1994년)」, 「태양광 발전 시스템의 설계와 시공(태양광발전협회 편, 1996 초판)」 등을 기초로 JIS와 같은 표준 규격화로 발전하고, 최근에는 「주택용 태양광 발전 시스템의 보급 촉진에 관한 조사(경제산업성/미쓰비시연구, 2011)」가 편찬되어 태양광발전협회에 의한 시공 전문가를 양성하는 방향으로 필요한 정보가 정비되어 체계화됐다. 이번 도서도 향후의 태양광 발전 도입 및 보급과 더불어 관계자들에게 사랑받으면서 중·대규모 태양광 발전 시스템의 정보 체계화와 표준화 등으로 이어지길 바란다.

이 책의 편찬은 2014년 봄에 기획되어 옴사 「전기와 공사」 편집부의 손을 거쳐 동사 잡지 편집국 이시다 마사유키 및 주식회사 톱스튜디오 오오토 히데키의 조언을 받아 완성했다. 또한 도쿄공업대학 AES 센터의 감수, 재생가능에너지협의회 및 NTT Facilities의 공공 감수를 받았다. 모두에게 감사의 뜻을 전한다.

2016년 2월 4일
편자
구로카와 코스케
다나카 료
이토 마사카즈

공동 편자

구로카와 코스케(도쿄공업대학 선진에너지국제연구센터)
다나카 료(NTT Facilities)
이토 마사카즈(와세다대학 스마트사회기술융합연구기구)

감수 : 도쿄공업대학 선진에너지국제연구센터(AES 센터)
공동 감수 : NTT Facilities
공동 감수 : 재생가능에너지협의회

장 담당 간사

프롤로그	구로카와 코스케
제1장	다나카 료
제2장	이가라시 히로노부 · 츠노 유우키
제3장	구로카와 코스케
제4장	우메야마 노리코
제5장	와타베 유이치
제6장	이토 마사카즈
에필로그	이토 마사카즈
자료편	우메야마 노리코

편집자·집필자 일람

아사이 준	일본커넬시스템주식회사	제6장
이가라시 히로노부	TÜV Rheinland 재팬주식회사	제2장, 제6장, 자료편
이시이 타카후미	JX에너지주식회사	제4장, 제6장
이타가키 타케시	일반재단법인일본기상협회	자료편
이토 유이치	학교법인와세다대학	제5장, 에필로그, 자료편
우에다 유즈루	학교법인도쿄이과대학	제2장
우메야마 노리코	주식회사NTT Facilities	제4장, 제6장, 자료편
오오제키 타카시	국립연구개발법인산업기술종합연구소	제6장
오카바야시 요시카즈	일반사단법인태양광발전협회(고인)	자료편
오쿠지 마코토	오쿠지건설주식회사	제4장
가와사키 노리히로	공립대학법인수도대학도쿄, 도쿄도립산업기술고등전문학교	제6장
구로카와 코스케	국립대학법인도쿄공업대학	그라비아, 프롤로그, 제1장, 제3장, 에필로그
코우모토 케이이치	미즈호정보총연주식회사	제6장, 에필로그
코니시 히로오	국립연구개발법인산업기술종합연구소	제2장, 제6장
다나카 료	주식회사NTT Facilities	프롤로그, 제4장
츠노 유우키	TÜV Rheinland 재팬주식회사	제2장
나쿠라 마사시	주식회사NTT Facilities	제6장
노자키 요스케	주식회사NTT Facilities	프롤로그
니시카오 쇼고	학교법인일본대학	제4장
마스다 쥰	국립연구개발법인산업기술종합연구소	제6장
미야모토 유스케	주식회사칸덴코	제6장
야마구치 마사히데	주식회사GS유아사	제2장
요시카와 히데키	일반사단법인일본전기공업회	자료편
와타나베 유이치	주식회사NTT Facilities	제5장
편집부		제5장

(소속은 집필 시, 2016년 1월)

역자의 말

국내 신재생 에너지원을 대표하는 태양광 발전 시스템은 지속가능한 사회 실현에 필수적인 분산전원으로 자리매김하고 있다. IEA(국제에너지기구) 조사에 따르면 2018년까지 국내에 도입된 태양광 발전 시스템 누적 설치 용량은 약 8GW(=8,000MW)로 전 세계 누적 설치 국가 중 10위를 차지하였다.

태양광 발전 시스템은 재생에너지 3020 이행계획(2017년 12월, 산업통상자원부)에서 2030년에 36.5GW 누적 설치 용량 목표를 설정하였고, 이를 달성하기 위하여 다양한 설치 형태로 발전하고 있다. 기존 태양광 발전 시스템은 지상 혹은 건물 옥상 등에 설치하는 시스템이 일반적이었으나, 호수나 저수지에 설치하는 수상형 시스템, 농촌 지역의 다양한 재배 작물 위에 설치하는 영농형 시스템, 건물 외벽 및 지붕에 설치하는 건물일체형 시스템, 도로 및 철로 등의 방음벽과 방음 터널에 적용하는 시스템, 학교 옥상에 설치하여 교육에 활용하는 시스템 등으로 구체화되고 있다.

본 도서는 일본의 중대용량 태양광 발전 시스템에 대한 기초, 계획, 설계, 시공, 운전관리 및 유지보수에 대한 전반적인 내용을 담고 있다. 일본은 자국의 태양광 발전 시스템 기술개발 계획을 1974년 7월 1일부터 진행해오고 있다. 일명 선샤인 계획이라 일컬었던 이 계획은 다른 재생 에너지원의 기술개발 및 보급이 도중에 중단되는 가운데서도 꾸준히 지속되어 왔고, 결과적으로 2018년까지 일본 내 태양광 발전 시스템 누적 설치 용량은 56GW로 전 세계 3위의 태양광 발전 시스템 설치 국가로 발돋움했다. 본 도서는 중대용량 태양광 발전 시스템에 대해 각 장별로 관련 산학연 전문가들이 참여하여 내용을 집필했으며 2016년 2월에 초판이 발행되었다. 참고로 각 장 내용에 따라서는 실제 국내에서 사용하는 용어와 문구 등이 다를 수 있다.

국내 자료편은 국내 독자들에게 도움이 되고자 역자가 PVSYST 프로그램 사용 방법과 지상형 태양광 발전 시스템 성능평가를 위한 시험 방법 내용을 기술했다.

PVSYST 프로그램은 국내외 태양광 발전 시스템 설계 및 시공회사들이 사용하고 있으며, 태양광 발전 시스템의 연간 발전량 산출과 손실분석 등 시스템 설치 이전 사전 타당성 조사와 설치 이후 성능평가를 진행할 때 사용하는 소프트웨어이다.

지상형 태양광 발전 시스템 성능평가를 위한 시험 방법은 기존 제시된 월별 시공 기준을 보완하여 태양광 발전 시스템 설계 최적화 및 정기적인 유지보수를 통하여 태양광 발전 시스템 성능 향상 및 발전 수명 연장에 도움이 될 수 있을 것으로 사료된다.

부디 본 도서가 국내 태양광 산업에 종사하는 많은 분들에게 조금이나마 도움이 되기를 간절히 바라며, 이 책이 출간되기까지 도움을 주신 (주)성안당과 일본 옴사 관계자분들 그리고 본서의 주 저자이면서 역자의 스승인 구로카와 코스케 교수님께 진심으로 감사의 마음을 전한다.

2019년 11월

역자 이경수

중·대규모 태양광 발전 시스템

차례

프롤로그 중·대규모 태양광 발전 시스템의 전개

제1장 태양광 발전 시스템 이해하기

제2장 태양광 발전 시스템의 개요

제3장 태양광 발전 시스템의 기본 원리

제4장 태양광 발전 시스템의 설계

제5장 태양광 발전 시스템의 시공

중·대규모 태양광 발전 시스템의 전개

1953년 미국에서 실리콘 태양전지가 발명된 지 60년이 경과한 현재 성능(변환효율)은 12%에서 25%로 2배 높아졌고, 태양전지 모듈 생산비용은 150달러/W에서 현 0.7달러/W로 약 200분의 1로 떨어졌다. 일본의 태양광 발전 기술 원년은 1974년에 시작한 「선샤인계획」에서 시작되었다. 또한 일본의 태양광 발전 시스템 시장 양상은 2012년 7월에 시작된 재생가능에너지의 고정가격매입제도(FIT)를 경계로 급변하였다. 여기에서는 40여년에 걸친 과정을 자세히 살펴보겠다.

태양전지 발명

빛과 전지의 상호작용 연구는 1839년에 에드몬드 베크렐이 전도성 용액 중의 전극에 태양광을 쬐면 광전 효과가 발생하는 것을 발견하면서 시작되었다. 1884년에 발명된 셀레늄 광전지는 1960년대까지 카메라의 노출계로 사용했지만 변환 효율은 고작 1%에 지나지 않았다.

발전 소자로서 태양전지가 시작된 시기는 1954년 4월, 벨연구소의 채핀(Daryl Chapin), 풀러(Calvin Fuller), 피어슨(Gerald Pearson) 3명의 박사가 모여 뉴욕에서 보도자료를 발표한 때로 볼 수 있다. 단결정 실리콘 웨이퍼(실리콘의 얇은 판)에 형성된 pn 접합에 빛을 조사하면 전기가 발생하는 것이 확인된 것이다. 이것은 태양전지(Solar Cell 또는 PV Cell)로 불리게 됐다.

제2차 세계대전 후 벨연구소에서는 반도체 연구의 독보적 존재인 쇼클리 그룹에 속한 3명의 박사가 게르마늄과 실리콘 단결정이 만들면서 반도체 디바이스 연구가 진행되었다. 2층의 pn 접합 다이오드, 그리고 3층의 pnp와 npn 트랜지스터가 발명되었다.

1952년 풀러가 실리콘 pn 접합 다이오드를 만들고 1953년에는 피어슨이 다이오드 태양광 발전 효과를 발견했다. 여기에 채핀이 이 디바이스의 광전특성을 측정, 셀레늄 광전지의 5배임을 확인하고 다음 해인 1954년 1월 변환효율을 6%까지 개량하였다. 이 시점에서 보도 발표를 했는데, 이것이 실용적인 태양전지의 가능성을 보여준 최초의 쾌거였다.

그때 만들어진 직경 25mm 정도의 태양전지는 현존하고 있다. 이 태양전지는 2003년 5월 일본 오사카 그랑 큐브에서 개최된 「제3회 태양광 발전 세계 회의」에 발명 50주년 기념을 위해 특별 전시되었다(그림 1). 대형 전시회장은 수만 명의 관람객으로 넘쳤고 그로부터 50년이 지나도 발전 효과가 거의 열화하지 않는 것으로 확인되었다. 이것은 미국의 국립재생가능에너지연구소(NREL) 카즈 멜스키 박사(사진 오른쪽)의 노력에 의한 부분이 크다.

(벽에 걸린 사진 위쪽 : 피어슨 박사, 중 : 채핀 박사, 오른쪽 : 풀러 박사) 전시회에서 설명하는 카즈 멜스키 박사(NREL)
그림 1. 2003년 제3회 태양광 발전 세계 회의(오사카)에서 전시된 세계 최초 실리콘 태양전지
(원형 3x3 셀) : 필자 촬영

발명 4년 후인 1958년에는 미국의 인공 위성 뱅가드 1호에 태양전지가 탑재되었다. 이 인공위성은 태양전지를 전원으로 하여 6년 이상 지구 궤도상에서 활동을 계속한 것으로도 알려져 있다. 그 전해에 발사된 소련의 인공위성 스푸트니크 1호는 태양전지를 탑재하지 않고 21일 만에 수명을 다했다. 이것은 태양광을 받아 발전하는 태양전지의 지속 파워의 무한한 가능성에 대해 사람들에게 강한 인상을 주었다.

☀ 석유위기를 계기로 새로 빛을 보게 된 태양광 발전

1973년 10월 6일 아랍과 이스라엘 사이에 제4차 중동전쟁이 시작되었다. 이로 인해 아랍 석유수출국기구(OAPEC)는 원유의 생산에 제한을 두었다. 또한 석유수출국기구(OPEC)는 원유 가격을 대폭 인상하여 1배럴당 2달러 대였던 유가가 3달러에서 5달러 대로, 더욱이 다음해 1974년 1월에는 단숨에 11.65달러로 상승했다. 이것이 제1차 석유위기이다. 더 이상 '값싼 석유를 풍족히 사용하여' 경제를 성장시킬 수 없게 되었다.

석유위기로 그때까지 고도 경제 성장을 이어온 일본 산업계는 에너지원의 대부분을 저렴한 석유에 지탱했던 만큼 심각한 상황을 맞이했다. 당시 일본에는 서양과 다르게 석유 비축이라는 개념이 없었고 그때까지 물 밀듯 들어온 싼 석유는 한 순간에 정지해 버렸다. 산업도 국민들의 생활도 비참한 상태가 되어 거리의 네온이 꺼지고 화장지와 일용품이 사라지고 또한 식료품 공급도 자유롭지 않게 되었다. 경제 번영을 우선한 일본 사회의 '방심!'이었다.

제1차 석유위기에 타격받은 정부는 마침 1974년도 예산 편성기에 있었고 가능한 긴급대책을 책정했지만 일본 사회의 동요를 가라앉히기는 어려운 상황이었다. 그 와중에 「석유 대체에너지 연구 개발 계획」이라는 새로운 정책이 갑작스럽게 책정되었다. 일명 「선샤인 계획」이라고 명명된 이 계획은 2000년까지 장기 기본 계획을 수립한다는 내용의 이례적인 큰 프로젝트였다. 일본의 재생가능에너지 장기 연구 개발 계획은 이렇게 작은 한 걸음을 내디딘 것이다. 그러나 〈그림 2〉에 나타낸 바와 같이 석유위기는 이것으로 끝이 아니었다.

1978년 가을, 이란의 내전을 계기로 석유 수요가 급증했다. OPEC는 1979년 원유 가격을 분기마다 인상한데다 회원국마다 일방적으로 프리미엄을 부가하여 원유 가격이 폭등하였다. 1979년 6월 판매 가격이 18달러, 동 11월에는 24달러, 1980년 1월에는 26달러, 동 8월에는 마침내 30달러 대를 돌파하였다. 이것이 제2차 석유위기이다.

제2차 석유위기로 인해 다시 고통을 받게 되자 장기 「신에너지 기술 개발」을 위한 새로운 체제로 조직이 빛을 보게 되었다. 1980년 10월 특수법인 신에너지종합개발기구(NEDO, 현재는 「국립연구개발법인 신에너지·산업기술개발기구」)가 설립된 것이다.

「선샤인 계획」 발족 당시부터 〈표 1〉에 나타낸 많은 재생가능에너지 기술이 포함되었고 태양에너지, 지열, 석탄액화, 가스화, 수소에너지, 종합(풍력 등) 5대 분야로 구성되었다. 석탄 관련 개발을 제외하면 재생가능에너지 분야의 연구개발이 일제히 시작되었다.

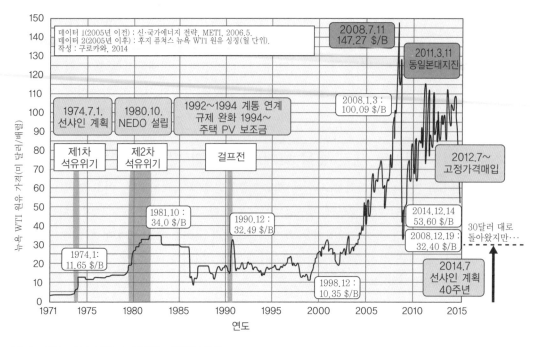

그림 2. 원유 가격 동향과 선샤인 계획의 진전
2005년 이전 데이터 : 신·국가에너지 전략, 경제산업성, 2006.5
2005년 이후 데이터 : 후지 퓨처스·뉴욕 WTI 원유 상장(월 시세 출처)

그런데 NEDO가 설립된 지 5년 정도 경과한 1980년 30달러에서 1985년 이후 2005년 직전까지 석유 가격이 대부분 15달러/배럴가 되며 대다수의 재생가능에너지 프로젝트는 중단됐다. 프로젝트의 중단은 곧 전문가 노하우의 낭비를 의미한다. 예를 들어 지열발전은 15년의 공백이 되었다.

이른바 '죽음의 계곡', 그중에서도 태양광 발전 프로젝트만 계속해서 극복할 수 있었다. 그 큰 이유는 그때그때의 시장 규모에 대응하고 응용 분야가 있어 산업 투자의 유연성이 있었다는 점이다. 〈그림 2〉 가장 오른쪽에 나타낸 바와 같이 다시 30달러 대로 석유 가격은 내려갔다. 그러나 대규모 에너지 기술과 비교해 시장 규모에 유연하게 대응한 태양광 발전 산업은 앞으로도 글로벌의 새로운 시장을 개척해 나갈 것이 틀림없다고 확신한다.

표 1. 선샤인 계획의 테마 구성

선샤인 계획 10년사, 일본산업기술진흥협회, 1984.3

태양 에너지 기술	수소에너지
태양열 발전 시스템	수소 제조기술(고온수 전해, 고온 열분해 등)
태양광 발전 시스템	수소 수송·저장
태양열 전자 발전, 우주 발전 등	수소 이용 기술(연소, 화학 이용, 연료전지 등)
태양 냉난방·급탕 시스템	수소 보안기술
태양 에너지 신기술	수소 에너지 시스템
지열 에너지	종합연구
심사, 채취 기술	토털 시스템
열수 이용 발전기술(바이너리 사이클)	테크놀러지 어세스먼트
화산 발전기술(고온 암체 발전)	풍력발전, 해양 온도차 등
지열 에너지 다목적 이용 기술	연구관리수법, 국제 협력 등
석탄가스화·석탄액화	
합성 천연가스 제조기술	직접수 첨액화 기술
석탄가스화 복합발전(IGCC)	유출수 첨액화 기술
플라즈마 가스 기술화	합성원유 제조기술

선샤인 계획이 시작할 당시 태양광 발전 시스템의 연구 개발 항목이 '다행히' 포함되었다. 당시에는 아직 작은 디바이스 수준의 태양전지밖에 존재하지 않았고 태양광 발전이라는 에너지 시스템 개념은 존재하지 않던 시대였다. 〈표 1〉에 포함된 연구 분야에서는 작은 모래알 정도의 테마로 첫 걸음을 기록했다. 그러나 결과적으로 말하면 유일하게 태양광 발전만 이후 40년간 중도에 중단되지 않고 국가 프로젝트로 행보를 이어왔다. 선샤인 계획에 따라 작은 '첫걸음'을 내딛게 된 것이다.

덧붙여 이 시작 포인트가 없었다면 일본에 태양광 발전 기술은 정착하지 못했을 수도 있다. 즉 NEDO의 창설과 함께 '태양전지 제조라인 기술개발'로 세계를 선도하고 또한 세계에 유례 없는 신개념 '다수 주택의 계통 연계 기술'의 개발을 시작했다. 즉 태양전지 및 시스템 기술의 양대 산맥을 걷기 시작한 것이다.

태양광 발전 비용 절감 달성을 위한 접근

최근의 태양광 발전이 보급되기까지는 기술 발전과 동시에 비용 절감도 큰 영향을 주고 있다. 태양전지의 기본 요소는 반도체 디바이스이다. 반도체 산업은 집적회로 IC와 같은 혁신기술로 이루어져 있다. 이것은 제조기술의 현격한 진보에 의한 생산 속도 추구와 그에 따른 시장 확대에 의한 산업숙련효과에 의해 일정한 비율로 생산비용이 매년 감소하는 것으로 알려져 있다.

IC의 경우 「무어의 법칙」이라고 해서 정보 1세트(트랜지스터 1개)당 생산비용이 집적도의 향상과 산업 규모의 확대로 누적 생산량 개수가 2배가 될 때마다 비트당 비용이 30% 이상 하락 속도

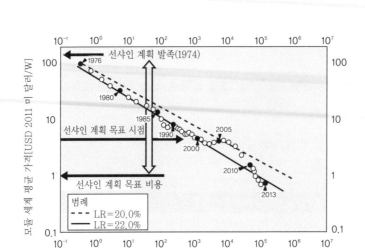

그림 3. 태양전지 모듈 세계 평균 가격과 누적 생산량

　　1976~2005는 Gregory Nemet (University of Wisconsin), Learning Curves for Photovoltaics, June 2007, International Energy Agency. 를 바탕으로 작성.
　　2006~2013는 International Technology Roadmap for Photovoltaics(SEMI-ITRPV),
　　Report 2014(http://www.irpv.net/Reports/Downloads)를 바탕으로 작성.
　　Learning curve fit by K. Kurokawa, 2014.

를 이어온 것으로 알려져 있다. 〈그림 3〉에서 보듯이 태양전지 모듈 가격도 일정한 비율로 낮아져 아직 포화되지 않는 것을 알 수 있다.

　　태양전지도 마찬가지로 산업숙련효과가 과거 40년간 시장으로부터 확보되었다. 결론부터 말하면 〈그림 3〉에 표시된 것처럼 1W당 태양전지 모듈의 세계 평균 가격 추이는 누적 생산량[KW]이 2배가 되면 22%의 비용 감소율을 얻을 수 있다.

　　〈그림 3〉에서 가로 축은 세계에서 생산된(공칭) 모듈 출력량을 나타낸 것이다. 그림의 단위는 MW(메가와트)로 표시되어 있다(1MW=1,000kW=1,000,000W). 세로 축은 태양전지 모듈의 세계 평균 출하액(미달러/W)을 나타낸다(2009년까지는 연 단위, 2010년 이후는 반기별).

　　그림에서 알 수 있듯이 1976년 당시 모듈 가격이 약 100달러/W였던 것이 실적으로 2013년에는 0.7달러/W 정도로 낮아진 것을 알 수 있다. 즉, 세계 평균 가격은 40년이 채 되지 않은 사이에 1,000분의 7로 낮아진 것이다. 2005년부터 5년 동안 침체된 시기는 있었지만 산업숙련효과는 오히려 지속적으로 예상대로 획득했다고 할 수 있다.

　　또 1974년에 발족한 선샤인 계획에서는, 당시 2011년의 가치로 환산하면 와트당 1만 수천 엔이나 하던 태양전지를, 국가 프로젝트로서 초장기 기본계획 2000년까지 100엔/W을 목표로 추진해 왔다. 2000년 즈음 선샤인 계획의 제1세대 프로젝트 효과도 있어 세계 시장의 중심 진출국이었지만 유감스럽게도 이후 한동안 세계에 영향력을 행사하기에는 벅찼다. 그러나 많은 관계자가 오랫동안 의문을 제기한 모듈 가격 100엔/W은 2012년에 실현되었다. 흥망은 있었지만 이 성과는 선샤인 계획으로 시작되는 국가 시책의 지속적인 추진과 산업의 노력 덕분이다.

산업숙련곡선을 이용해 태양전지의 생산비용을 낮추는 기본적인 전략에 대해 간단하게 언급한다. IC 기술은 정보의 단위(비트)를 작게 하여 수익을 내지만 태양전지의 면적은 지표의 일사강도에 좌우된다. 집광형을 빼고는 IC처럼 면적을 축소할 수 없다. 기술개발에서는 적어도 다음과 같은 기본적인 접근 방법을 생각해 왔다.

$$\frac{Cost}{Watt} \downarrow = \frac{Cost/m^2}{Watt/m^2} = \frac{Process\ Cost \downarrow}{Cell\ Efficiency \uparrow}$$

식의 좌변은 태양전지 출력 와트당 생산비용을 나타낸다. 분모와 분자 각각을 태양전지 면적 $[m^2]$으로 나눠 계산하면 중변이 된다.

중변의 분자($Cost/m^2$)는 면적당 프로세스 코스트(Process Cost)(우변의 분자)로 해석된다. 실리콘 웨이퍼(실리콘 박판) 제조를 위한 면적당 성장 시간의 단축과 수율 향상이 비용을 줄이는 열쇠다. 또한 pn 접합 생산 속도(택트 시간) 향상, 모듈 라미네이트 공정의 열처리 시간이나 생산라인의 자동화와 단축 간소화도 크게 기여한다.

또한 중변의 분모($Watt/m^2$)는 태양전지 변환효율(Cell Effciency)의 정의(우변 분모)다. 만약 분자의 프로세스 비용을 동일한 수준으로 억제하면서 고효율화를 달성할 수 있으면 비용절감 효과는 크다. 폭넓은 기초적인 탐색을 진행하면서 태양전지의 고효율화 실현을 요구하는 것은 이 이유에서다.

태양전지의 실용화를 위한 기술개발 전략은 바로 우변의 분모와 분자의 의미 부여에 합치하는 프로젝트 체계를 생각해 온 것이다. 구체적으로는 다음과 같은 여러 사항이 시도되었다.

- 재료, 디바이스 구조, 프로세스의 개선으로 태양전지 변환효율을 올리면 면적당 발전 능력 $[W/m^2]$이 증가한다.
- 태양전지를 얇게 하여 재료의 필요량을 줄인다(집광형은 면적도 작게).
- 원재료의 종류와 공정 개선을 통해 가격을 낮춘다.
- 반도체 셀의 반응 속도를 높여 시간당 제조 능력을 높인다. 예를 들어, 셀 등 반응실의 단면적을 크게 해서 라인의 길이를 억제하면서 제품 면적 및 시간당 생산 속도를 올리는 등 투자를 억제하면서 제조 능력(연간 총 모듈 면적)을 향상시킨다.
- 매일 라인을 가동시켜 제품 수율을 개선한다.

그러나 대용량의 제조 능력을 가진 플랜트가 있어도 실제로 가동을 유지하면서 판매하지 못하면 이니셜 투자를 회수할 수 없다. 산업 자립까지의 '초기시장 확보'가 조기의 비용 저감과 보급에는 불가결하다. 즉, 산업이 효율적으로 이륙하기 위해 초기에는 산업 육성책이 중요한 의미를 갖는다. 지금까지 태양전지의 제조라인 보조를 위한 산업 보조금 제도나, 그 라인의 조업을 확보하기 위한 수요 개시 조성 정책이 시도되어 왔다. 전자의 대표적인 것은 NEDO 초기의 연 생산 500kW 태양전지 생산을 위한 일관 제조라인 프로젝트를 들 수 있다. 또 수요 개시에는 1994년도부터 시작된 주택용 태양광 발전 시스템 보조 제도가 이후의 시스템 비용 저감에 크게 기여했다.

덧붙여 실제의 비용 구조에 대해서는「자료 7 태양전지 시스템의 비용 구조」에서 자세하게 소개했으니 참조하기 바란다.

재생에너지와 에너지기본계획

2002년 6월「에너지정책기본법」이 제정되었다. 이는 에너지 시장의 정세 변화, 에너지 안전 보장 환경이 어려워지면서 장기적이고 종합적이며 계획적인 관점에서 에너지 정책을 수행하는 것이 필요불가결해졌기 때문이다. 동 법에서는 에너지 수급에 관한 시책의 장기적이고 종합적이며 계획적인 추진을 위해 '에너지기본계획'을 책정하기로 하고, 적어도 3년에 한 번 빈도로 내용을 검토하기로 했다. 2014년 4월에 책정된 제4차 계획은 동일본대지진과 도쿄전력 후쿠시마 제1원자력발전소 사고를 비롯해서 국내외의 변화를 감안하여 대규모 조정이 필요한 일본 에너지 정책의 새로운 방향성을 나타낸 것이다. 이 계획에서 재생가능에너지는 현 시점에서는 안정 공급 면과 비용 면에서 다양한 과제가 있지만 온실효과가스를 배출하지 않고 국내에서 생산할 수 있기 때문에 에너지 안전 보장에도 기여할 수 있는 유망하고도 중요한 저탄소 국산 에너지원으로 자리매김하고 있다.

2012년부터 3년간 도입을 최대한 가속하고, 이후에도 적극적으로 추진하는 외에 보급 확대에 필요한 계통 강화, 규제의 합리화, 저비용화 등의 연구개발을 꾸준히 추진한다고 명시되어 있다. 여기에 제시된 도입 가속도는 이후 도입 비율의 급속한 전개에 따라 연착륙을 목표로 완화 조치가 취해지기 시작했다.

재생가능에너지 중 태양광 발전에 주목하면 개인을 포함한 수용가에 근접한 곳에서 중소 규모의 발전을 하는 것도 가능하고 계통 부담을 억제하여 비상용 전원으로도 이용 가능한 특성에서 분산형 전원으로도 그 역할이 기대되고 있다. 중장기적으로는 비용 절감이 달성됨에 따라 분산형 에너지 시스템의 주간 피크 수요를 보충하고 소비자 참여형 에너지 관리 시스템의 실현 등에 공헌하는 에너지원이라는 자리매김에 입각하여 앞으로도 유휴지나 학교, 공장 지붕 활용 등 지역의 보급과 도입 확대가 기대되고 있으며, 계속해서 그 노력을 지원한다.

태양광 발전 로드맵(PV2030+)

일본의 이러한 노력은 에너지 정책상의 필요성과 실현 가능한 부분을 고려하여 설정한 장기 행정 목표이다. 그 일환으로 NEDO에서 태양광 발전 로드맵(PV2030+)을 공개했다. 이것은 태양광 발전의 가속적 보급을 위해 해결해야 할 과제와 시나리오의 명확화를 목적으로 도전적인 관점에서 설정된 것이다. 태양광 발전의 발전을 위한 여정, 전략과 노력의 방향을 검토하기 위해 가정한 미래의 여정을 나타낸 것이며, 기술개발 등의 추진 방향과 과제 등을 광범위하게 정리하였다. 또한 2004년에 책정된 태양광 발전 로드맵(PV2030)(태양광 발전을 2030년까지 주요 에너지의 하나로 발전시키는 것을 목표로 함)을 재검토하여 태양광 발전이 2050년까지 CO_2 저감의 일익을 담당하는 핵심 기술이 되고, 일본뿐 아니라 글로벌 사회에 공헌하는 것을 목표로 개정된 것이 PV2030+이다. PV2030+의 실현을 위한 방침을 다음과 같이 정리한다.

- 태양광 발전을 2030년부터 2050년까지 확대하는 것을 고려한다.
- 온난화 문제에 기여할 수 있는 태양광 발전의 양적 확대를 고려한다.
- 경제성 개선을 위해 그리드패리티(기존 대규모 발전설비의 전력 생산 비용과 태양광 발전을 이용한 전력 생산 비용이 같아지는 것)의 실현을 유지한다.
- 기술 과제뿐 아니라 시스템 관련 과제, 사회 시스템 등 폭넓은 시야에서 검토한다.
- 국내 기술로 태양광 발전 시스템의 해외 공급(수출)을 고려한다.
- 구체적인 목표, 대책의 범위를 제시한다.

PV2030+ 시나리오에서는 2050년 일본의 1차 에너지 수요의 5~10%를 태양광 발전으로 조달하는 것을 목적으로 하고, 발전비용은 2050년에 범용 전원 수준인 7엔/kWh 미만의 달성을 목표로 제시하였다. 또한 이를 실현하는 기술로는 2050년까지 변환효율 40% 이상의 초고효율 태양전지를 개발하는 것을 목표로 하고 있다.

PV2030+가 책정된 2009년 이후 태양전지 모듈 가격의 대폭적인 하락, 중국 등 신흥국 기업의 태양광 발전 사업의 시장 점유율 확대, 그리고 다음 절에서 언급하는 고정가격매입제도의 개시로 태양광 발전 도입은 가속하여 일본은 대량 도입 사회의 실현에 착실하게 다가서고 있다. 이러한 상황의 변화를 근거로 NEDO는 새롭게 태양광 발전 개발 전략(NEDO PV Challenges)을 2014년 9월에 책정했다. 원활한 대량 도입을 위한 전략으로 다음의 5가지 방안을 제시하고 도입 형태의 다양화와 새로운 이용 방법의 개발에 의한 저변 확대 등을 제안하고 있다.

- 발전비용 절감
- 신뢰성 향상

- 입지 제약의 해소
- 재활용 시스템의 확립
- 산업의 고부가가치화

요점은 다음과 같다.
- 2020년에 업무용 전력 가격 수준의 발전비용을 달성한다.
- 2030년에 발전소 전원 수준의 발전비용을 목표한다(기존 화력발전 수준의 발전비용 7엔/kWh)
- 새로운 가치 창조로 세계를 리드한다.

〈그림 4〉에 발전비용 목표와 절감 시나리오를 나타낸다.

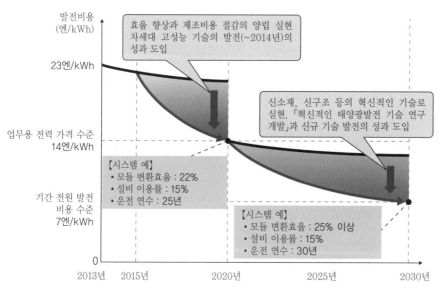

그림 4. 비주택용 태양광 발전 시스템의 발전비용 목표와 절감 시나리오
독립행정법인 신에너지·산업기술종합발전기구, 「태양광 발전 개발전략(NEDO PV Challenges)」

고정가격매입제도 현황

일본은 지구환경 보호와 에너지 보안의 관점에서 지구온난화 방지에 기여하고자 하는 국민의 의식에 힘입어 당초 태양광 발전 시스템이 많은 주택을 중심으로 도입이 진행되었다.

민간 기업에서도 마찬가지로 CSR 대책이나 환경에 대한 의식 고조, 에너지 사용의 합리화에 관한 법률(에너지절약법) 등 환경 관련 법령 규제를 준수하기 위해 태양광 발전 시스템의 도입이 증가하였다. 그런 상황하에 대규모 태양광 발전소를 도입하는 사례도 증가하게 되었다. 또한 각 전력회사도 RPS(Renewable Portfolio Standard)법 등을 기본으로 경제산업성의 보조 제도를 활용하여 대규모 태양광 발전소를 구축하고 있다. 이들은 모두 자가소비를 기본으로 한 시스템이다.

이들 대부분은 경제산업성의 보조 제도인 공공 사업자를 대상으로 한 '지역 신에너지 등 도입 촉진 사업'(1/2 보조) 또는 민간 기업을 대상으로 한 '신에너지 등 사업자 지원 대책사업'(1/3 보조)을 활용하여 도입하고 있다. 도입 목적은 앞서 말한 대로 CSR 대응 등을 위해서지만, 조금이라도 투자 회수 기간을 줄일 수 있는 보조 제도를 활용하여 도입해 왔다.

이후 에너지정책기본법 등이 정해지고 고정가격매입제도(FIT; Feed in Tariff)의 도입을 담은 법안이 2011년 8월에 〈전기사업자에 의한 재생가능에너지 전기의 조달에 관한 특별조치법〉 통과됐다. 다음해 2012년 7월에 시행된 이 특별조치법은 일본의 국제 경쟁력 강화 및 국내 산업진흥과 지역활성화가 주요 목적이며 도입 촉진을 도모하기 위해 시행일부터 3년간 기한부로 발전사업자의 이윤을 배려한 내용으로 되어 있다. 이 제도는 출력 용량에 따라 2종류로 제도화되어 있다.

10kW 미만은 기존의 주택이 대상이고 매입 기간은 10년이지만, 구축에 따른 도입 보조가 포함되어 있다. 한편, 10kW 이상이 새롭게 시행되는데, 매입 가격은 경제산업성에서 인정을 받아 시스템 구축 후 전력회사와 특정 계약하고, 운용 후 매입 가격이 20년간 고정되어 사업자 입장에서는 사업 계획을 세우기 수월해졌다.

고정가격매입제도로 이행함에 따라 기존의 보조 정책에서 매전 가격에 대한 조성 제도가 주류가 되었다. 일본 국내의 태양광 발전 누적 도입량을 〈그림 5〉에 나타낸다. 주택용 태양광 시장이 대부분을 차지하고 있던 상황에서 고정가격매입제도의 시작과 함께 급속하게 도입이 확대된 동시에 비주택용 누적 도입량이 크게 늘었다. 이 결과에서 알 수 있듯이, 일본에서도 향후 유럽이나 미국과 같이 대규모 시스템이 적극 도입될 것으로 기대되고 있다. 일본의 태양광 발전 시장 규모의 확대로 태양광 및 관련 산업 활성화 방향성이 명확해진 것만은 분명하다.

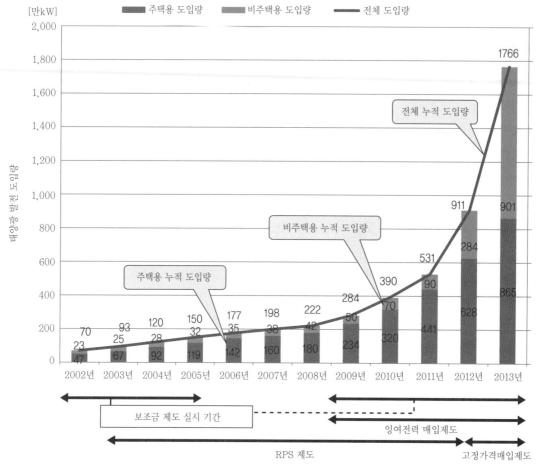

그림 5. 태양광 발전 누적 도입량 추이
자원에너지청 종합자원에너지조사회 신에너지소위원회(제7회) 배포 자료

설비 인정과 도입 용량의 추이

　FIT가 도입된 2012년 7월부터 2014년 3월까지 설비 인정 상황을 〈그림 6〉에 나타낸다. 2013년 3월까지의 FIT 매입가격은 40엔/kWh(세금 별도)이며, 태양광 발전 시스템의 구축비용이 높아도 충분히 사업성이 있는 가격 설정이었다. 따라서 지금까지의 사업자가 CSR과 환경 공헌의 관점에서 태양광 발전 시스템을 도입해 온 반면, 투자 대상으로 태양광 발전소를 건설하고 운영하는 사업자가 주류가 되었다. 또한 이윤도 기대할 수 있기 때문에 상사와 시스템 통합업체가 발전사업자가 되거나 투자자들이 특정목적회사(SPC)를 설립하고 펀드를 통해 투자 대상이 되기도 했다. 따라서 1MW 이상의 투자액이 큰 설비 인증 용량이 전체의 약 57%를 차지하고 있다. 다음으로 10kW~1MW 미만의 설비 인정 용량이 39%를 차지하고 있다. 그 이유는, 10kW 이상이면 주택용으로 설치한 것도 FIT 대상이 되고, 10~50kW 미만까지는 저압이어서 고압의 수변전설비가 불필요하므로 비용이 억제되어 사업성이 높다는 점 등을 생각할 수 있다.

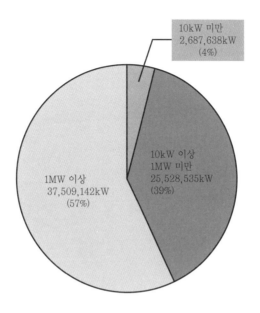

그림 6. 2014년 3월 시점의 설비 인정 상황

자원에너지청 자료를 바탕으로 NTT 퍼실리티즈가 작성

태양광 발전 시스템의 설비 인정 용량과 운전 개시 용량의 상황을 〈그림 7〉에 제시한다. 그림에서 2013년 3월에, 4월 이후의 매입가격 저하(36엔/kWh(세금 별도))에 대비하기 위한 설비 인정 신청이 많았음을 알 수 있다. 뿐만 아니라 2014년 3월에는, 4월부터 매입가격이 더 낮아지는 (세금 별도 32엔/kWh) 데 따른 진입이었음을 알 수 있다. 설비 인정 용량에 대한 운전 개시 용량은 완만한 커브를 그리며 증가하고 있다. 이것은 설비 인정을 취득한 후 태양광 발전 시스템 구축을 위한 최종 조정과 설계, 시공에 시간차가 있기 때문이다.

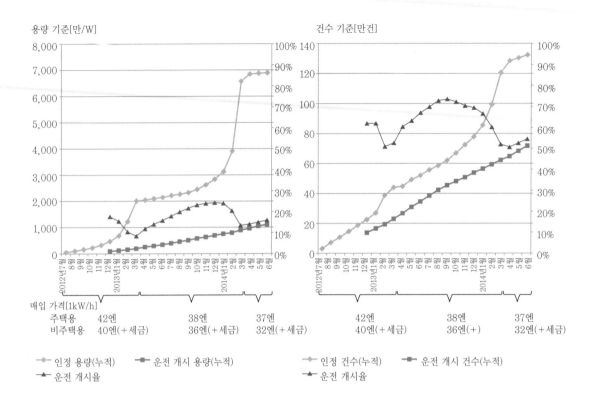

그림 7. FIT 개시 후의 태양광 설비 인정 용량과 운전 개시 용량 비교
자원에너지청 종합자원에너지조사회 신에너지소위원회(제4회) 배포 자료

제 1 장

태양광 발전 시스템 이해하기

태양광 발전 시스템은 일반 열기계에 의한 발전 시스템과 달리 자연의 태양광을 이용하여 발전한다. 또한 반도체의 미세한 발전 원리에 따라 작동하기 때문에 새로운 작동 원리에 대해 어느 정도 이해해 두지 않으면 얼마나 발전할 수 있는 능력이 있는지, 연간 어느 정도 발전할지 판단하기 어렵다. 이 장에서는 태양광 발전 시스템의 가장 중요한 기초지식을 알기 쉽게 정리했다.

1.1_ 태양광 발전을 이해하는 필수 지식

1.1.1 태양전지 모듈의 변환효율

태양전지의 기본적인 성능을 나타내는 파라미터에 태양전지의 공칭 변환효율이 있다. 그러나 제조사의 카탈로그에 이 값은 거의 언급되어 있지 않다. 제조사마다 각각 사양이 다른 태양전지 모듈을 판매하고 있어 서로 비교하는 것은 어려워 보인다. 크기가 다르면 쓰여 있는 정격출력값을 동렬로 비교할 수 없다. 그래서 비교를 위해서는 변환효율을 알아야 한다.

변환효율은 계산기가 있으면 바로 계산할 수 있는 값이다. 카탈로그에는 모듈의 정격출력, 공칭정격, 정격용량이 와트 단위로 적혀 있다. 크기는 외부 치수(세로×가로×두께)가 적혀 있다. 또한 정격용량은 맑은 날 일사 강도($1,000W/m^2$)에 출력되는 전력[W]으로 적혀 있으며 '이 제품은 300W 모듈입니다'라고 적혀 있기도 하다. 이 2가지 정보가 있으면 변환효율은 다음 식으로 계산할 수 있다.

$$태양전지\ 모듈\ 변환효율[\%] = \frac{공칭\ 모듈\ 출력[W]}{모듈\ 면적[m^2] \times 1,000[W/m^2]} \times 100$$

면적 계산은 가로×세로의 mm 치수를 m 크기로 환산하고 나서 곱셈하면 $0.xxx[m^2]$과 같이 m^2 단위의 면적이 구해진다.

태양전지 변환효율은 1954년 세계 최초로 약 6%를 실현한 태양전지에서 크게 발전했다. 특히 최근에는 다양한 태양전지의 효율 경쟁이 치열하다. 결정질 실리콘이라고 하는 태양전지의 세계 기록은 25.6%에 달하는데(2016년 1월 현재), 이는 일본의 파나소닉의 연구실에서 기록한 것이다. 글로벌 기록 데이터를 한번에 읽을 수 있는 추이 그래프를 다음 URL에서 확인할 수 있다(2016년 1월 현재).

• http://www.nrel.gov/ncpv/images/efficiency_chart.jpg

이것은 NREL의 'Best Research-Cell Efficiency Table'이지만, 이 데이터에서는 미래형 태양전지의 연구 성과도 같은 그래프 속에서 일람할 수 있다. 이중 현재 세계 최고 효율은 46%를 기록하고 있다. 이것은 매우 혁신적인 기술로 아직 실용화까지 시행착오가 필요하다고 생각하지만 미래 가능성이 높고, 이론한계를 70%로 예측하고 있는 과학자도 있다. 또한 이 데이터에는 최근 급속도로 일어나고 있는 신기술의 데이터도 지속적으로 추가되고 있다.

1.1.2 시스템의 정격출력은 '태양전지의 직류출력'과 '송전단 교류출력' 중 어느 것을 가리키는가?

이른바 발전소에서 말하는 정격출력의 정의는 송전단 교류 정격출력을 의미한다.

태양광 발전의 경우에는 실제로 발전하는 태양전지 모듈에서 발전된 직류전기는, 반도체 변환 장치에서 직류에서 교류로 변환하는 파워컨디셔너를 통해 전력계통에 공급된다. 이 최대전력을 정격출력으로 인식하는 것이 자연스럽다.

그러나 1994년부터 시작된 주택용 태양광 발전 시스템은 태양전지 모듈 출력의 총량(모듈 공칭 최대출력×모듈 매수)으로, 시스템 크기를 나타내는 것이 보통이었다. 태양전지 모듈이 매우 비싼 시대였으므로 자연스럽게 받아들여 왔다. 그러나 주택 사용자는 위화감을 느꼈다. 태양전지 모듈의 공칭 최대출력은 출하 시에 측정하는 기준 조건으로 실내온도(25℃)가 국제 규격과 JIS로 정해져 있다. 이것은 거래 단위로 정확성을 우선한 것에 따른 것이다. 그러나 맑은 날에는 모듈 온도가 60℃ 이상 치솟는다.

이 온도에서는 출력 감소율은 20% 가까이 된다. 쾌청한 날과 같이 좋은 조건에서도 태양전지 모듈 후면 라벨에 표시된 정격출력을 달성하는 일은 거의 없다.

반대로 몽골의 고비사막과 같은 추운 지역에서는 기온+일사 조건에 따라 결정되는 태양전지 온도가 연간 기준 온도 25℃보다 낮은 계절이 길기(연간 평균 수℃) 때문에 라벨에 적힌 정격출력보다 큰 출력을 기록하기도 한다.

고정가격매입제도 시대를 맞아 이른바 메가솔라가 다수 등장했지만, 경제산업성에 제출하는 시설 인증 신청 서류에는 모듈 공칭 최대출력의 총량 또는 파워컨디셔너의 최대출력 중 작은 쪽을 태양광 발전 시스템의 정격출력으로 한다고 기재되어 있다. 이 점을 제대로 인식하여 태양광 발전 시스템의 기대 발전량 성능을 추정할 필요가 있다.

원래 태양전지 모듈의 공칭 최대출력은 일률적으로 결정할 수 있는 이상적인 3가지 조건으로 '모의 태양광 1㎡당 1kW의 강도로 조사', '대체로 온대지역에서 얻을 수 있는 맑은 날의 태양의 색조(분광 분포:에어매스 1.5)의 빛', '모듈 온도 규정은 25℃'라고 정해져 있다. 염두에 두고 있는 것은 공장 출하 시 실내시험의 조립 라인에서 재현성이 좋고 높은 작업효율로 측정하는 것을 우선하고 있다.

주택 등에서는 태양전지에 맞게 최적 설계하는 거라면 모듈 공칭 최대출력에서 10~20% 줄여 파워컨디셔너 정격을 맞추면 균형이 좋다고 생각되고 있다.

슈퍼메가와트급으로 특별 고압계통에 연결하는 경우에는 대형 파워컨디셔너에 추가해 전력 케이블이나 변전설비가 추가된다. 이 경우에는 파워컨디셔너 설비용량을 줄여 총 태양전지 용량을 크게 한다. 이것을 이 책에서는 파워컨디셔너 태양전지 용량 오프셋 방식이라고 부른다(오프셋 방식으로 약칭하기도 한다). 또한 용량 오프셋률=파워컨디셔너 정격용량/태양전지 총용량으로 나타낸다.

따라서 송전 측의 설비 이용률을 개선하는 것도 생각할 수 있다. 태양광 발전 측의 출력이 파워컨디셔너 정격을 초과하는 시간대에는 '파워컨디셔너 정격출력 제한 → 파워컨디셔너 측 설비 이용률 향상 → 맑은 날의 태양전지 출력 억제 → 태양전지 정격 기준의 설비 이용률 저하 → 손익비교'를 생각하지 않으면 안 된다.

☀ 1.1.3 시스템 가동률과 시스템 이용률의 차이

태양광 발전 시스템의 경제성을 논할 때 시스템 가동 또는 시스템 활용률이라는 용어를 가끔 듣는다. 예를 들어, 발전 시스템에 투자하는 경우에는 투자 회수에 중요한 다음의 2가지 파라미터가 있다.

- 그 시스템을 연간 어느 정도의 가동 상태를 유지할 수 있는가(가동률)
- 그 결과 어느 정도 발전 전력량을 생산할 수 있는가(이용률)

전자의 가동률은 발전할 수 있는 시간대가 얼마인지를 나타내는 개념으로 송전전력량은 문제삼지 않았다. 연간 기준으로는 8,760시간에 대한 가동 상태의 시간율로 정의된다. 전력 시스템에 있는 설비는 시작한 이상은 가능한 정격운전을 하는 것이 일반적이다.

반면 후자의 이용률은 실제로 발전하여 송전할 수 있는 발전전력량에 주목하는 파라미터이므로 8,760시간 연속해서 최대정격으로 운전할 경우의 총발전전력량을 기준으로 실제 송전할 수 있는 연간 전력량의 비율을 나타낸다. 태양광 발전의 경우는 시시각각 변화하는 일사 강도에 따라 송전 가능 출력전력량이 변화하는 것이 보통이므로 이용률을 사용하는 것이 공정할 것이다. 이 책에서는 원칙적으로 이용률을 사용한다.

흐린 날과 비가 오는 날이 혼재한 경우의 일반적인 연간 최적 경사면 일사량은 1,400kWh/m^2/년이다. 1년 중 24시간(8,760시간) 쾌청 일사 강도 1kW/m^2로 가정한 일사량 8760kWh/m^2/년에 대해 등가일조율 Y_H는 Y_H＝1,400/8,760×100≒16%로 구해진다.

여기에서 연간 일사량 → 태양전지 출력 → 직류회로 출력 → 파워컨디셔너 교류 출력에 이르는 시스템 외관상의 이용효율(＝시스템 출력계수)을 75~80%로 가정하면, 이때 얻어지는 태양광 발전 시스템 이용률은 16%×75~80%로 계산되며 약 12~13% 정도(일본의 평균적인 경험치)로 알려져 왔다. 본질적인 태양에너지 시스템으로서의 시스템 이용률은 지역 고유의 연간 일사량이 기본 제약 요인이 되고 있어 등가 일조율×시스템 이용효율이 12~13%를 초과할 수 없다.

한편 파워컨디셔너 정격 기준으로 정의되는 시스템 이용률은 시스템 출력 파워컨디셔너로 규성되어 피크 일사 시 파워컨디셔너 최대출력이 차단되면 발전 곡선은 사다리꼴로 변화한다. 파워컨디셔너 기반으로 정의된 시스템 연 이용률은 경우에 따라서는 20% 가까이 증가하는 경우를 볼 수 있다. 그러나 태양전지 연 이용률 측면에서 오히려 큰 손해가 되는 발전 억제 모드가 되기 때문에 순수한 태양에너지 포착률이 떨어지는 점도 간과할 수 없다. 그 경우 경제적인 최적의 해결 방법은 태양전지 주변과 '파워컨디셔너＋송전설비'의 비용 대비에 따라 다르다.

태양전지는 40년 전 제1차 석유위기를 계기로 일본과 유럽에서 경쟁을 벌인 기술개발의 역사에 기초하고 있다. 태양전지의 변환효율을 0.1%라도 향상시키기 위한 역사이기도 했다. 원래 태양전지 자체의 능력을 최대한 살린 태양광 발전 시스템을 목표로 했지만, 그러려면 계통 구성 및 기능 향상도 중요한 과제가 된다.

1.1.4 킬로와트와 킬로와트시의 차이

태양광 발전 시스템의 정격출력은 무엇일까? 또 발전기기에서 사용되는 정격출력이란 무엇인가? 발전소의 출력은 전기이기 때문에 정격출력은 정확하게 정격출력전력이라고 부른다. 발전기가 최대로 출력할 수 있는 전력(kW)을 가리킨다.

발전소의 경우에는 실제로 외부에 송출시킨 최대전력이 문제가 된다. 이것을 송전단출력이라고 하며 발전소에서 사용되는 보조동력을 뺀 순간적인 최대출력이다. 이 값은 암시적으로 설비의 크기를 나타낸다.

발전소는 항상 동일한 출력전력을 공급하는 것은 아니다. 수력발전소는 물 유량을 조절하여 수요에 맞는 출력전력을 조정하고 화력발전소는 연료공급량을 시간적으로 조정하고 있다. 발전소가 실제로 상품화하고 있는 것은 어떤 출력전력[kW]과 그 지속시간(시간 또는 h)의 곱을 누적한 값인 전력량이다. 킬로와트시[kW시] 또는 킬로와트아워[kWh]의 에너지 단위를 갖는다. 태양광 발전소의 크기는 킬로와트로 표시하지만 매전한 전력량은 킬로와트가 아니라 킬로와트시 또는 킬로와트아워이다. 예를 들어 '태양광 발전 시스템 가격은 1kW당 32만 엔이지만 매전 가격은 1kW당 32엔이다'라는 식의 문구를 볼 수 있지만 잘못된 표현이다. 바른 표기는 '매전 가격은 1kWh당 32엔이다'가 된다.

단위계의 기본을 규정하고 있는 국제적인 SI 단위계는 에너지 단위로 줄[J](＝와트 초)을 사용하고 있다. 또한 시간은 초[s]이다. SI의 '1물리량 1단위'라는 이념에서 '시(時)'는 포함되어 있지 않지만, SI 병용 단위로 되어 있다. 따라서 킬로와트시도 SI 병용 단위이다. 일본 계량법에서는 일과 전력량의 단위로 모듈과 함께 와트시의 사용을 인정하고 있다.

또한 $1[J]=1[W]\times1[초]$의 관계에서 $1[kW시]=1,000[W]\times3,600[초]=3,600,000[J]=3.6[MJ]$이 된다.

일사량은 이학계에서는 단위면적당 및 시간당 태양으로부터 받는 방사에너지의 양$[MJ/m^2]$으로 정의되어 있다. 이에 대해 태양광 발전 분야의 JIS는 여기에 일사 강도$[kW/m^2]$라는 순간의 강도를 나타내는 용어를 적용하지만 단위의 차원이 다르기 때문에 주의가 필요하다.

전자는 에너지 적산 값이며, 관측한 시간 폭이 분명하지 않은 경우 즉시적인 강도로서의 의미를 갖지 않는다. 일사 강도는 순간 값을 나타내기 때문에 어느 시간 폭의 누적 에너지 값의 일사량으로 고치는 경우에는 시간 적분이 필요하다. 때문에 단위 차원은 맞지 않지만 관용적으로 $1[kWh/m^2] = 3.6[MJ/m^2]$을 사용하면 환산 가능하다.

또한 최근 태양광 발전용으로 마련되어 있는 일사량의 데이터베이스는 이학계의 단위계를 사용하여 기록되어 있는 것이 많다.

☀ 1.1.5 태양광 발전 용지 면적 원단위

태양광 발전 시스템은 면적형 발전 시스템이기 때문에 소요 용지 면적은 시스템에 대체로 비례한다. 일반적으로 태양광 발전 시스템 건설 계획의 첫 걸음은 면적 확보이다. 다시 말해 '이 장소에 얼마나 설치할 수 있을까?'이다.

〈표 1-1〉에 태양전지 모듈의 변환효율을 1세대 전 유형을 10%, 최근의 평균 값을 15%로 한 추정치를 게재했다. 또한 최신 고효율 유형은 상용 모듈도 20%에 가깝지만, 소요 면적은 태양전지 모듈의 변환효율에 반비례 계산한다고 생각하면 된다. 표에 나타낸 어레이라는 것은 태양전지 모듈과 가대, 또한 이들에 부수한 전기배선과 전기설비 및 통로 등을 포함한 집합을 말한다. 이것을 태양전지 어레이 또는 태양광 발전 어레이라고 부른다. 또한 변전 및 관리동 등을 포함한 총부지는 태양광 발전소 용지 또는 태양광 발전 시스템 용지라고 부른다.

표 1-1. 용지 면적 원단위(지붕 설치 및 지상 설치 개산)

모듈 공칭 효율(%)	모듈 면적[*1]당 출력[kW/m²]	총용지 면적[*2]당 어레이 출력[kW/m²]
10%	0.10	0.067
15%	0.15	0.100

*1 지붕 설치의 경우 어레이 면적(= 전체 모듈 면적) 산정 기준
*2 어레이 면적에 대한 토지 면적 비율을 1.5로 한 경우의 기준(지상 설치 경향 예)

〈표 1-1〉은 주택의 지붕이나 공장 건물의 지붕면에 태양전지 어레이를 설치하는 경우로, 점검 통로 등을 제외한 태양전지 어레이 면적 산정 시의 기준이다. 변환효율이 15%이면 모듈 면적 $[m^2]$당 0.15kW이므로 $30m^2$의 지붕 위 어레이라면 4.5kW의 태양전지 어레이를 설치할 수 있다. 파워컨디셔너와 수전반 등을 실내에 설치할 수 없는 경우나 지상 설치 시스템의 경우에는 공사 액세스 및 점검 공백을 포함하여 야외에 설치하지 않으면 안 된다. 이 경우 어레이 면적에 대한 용지 면적률을 대략 1.5로 해서 계산했다(표 1-1 [*2] 참조).

〈표 1-2〉는 1MW의 태양광 발전 시스템에 대하여 예시했다. 이 경우 오프셋 비율을 'OffSR = 파워컨디셔너 용량/어레이 용량=1/1.5=0.67'로 하면 시스템 정격용량인 1,000kW에 필요한 태양전지 어레이 정격용량은 1,000kW×1.5=1,500kW가 된다. 태양전지 변환효율이 15%이고

용지 면적 비율 1.5를 상정하면 다음과 같다. 즉 약 4,500평의 용지를 확보해야 한다.

$$총용지\ 면적 \approx 1,500kW \div 0.15kW/m^2 \times 1.5 = 15,000m^2$$

표 1-2. 1MW 어레이 용지 면적 계산 예(지상 설치 개산)

모듈 공칭 변환효율(%)	모듈 면적[m²]	총용지 면적*[m²]
10%	1,000kW÷0.10kW/m²=10,000m² (≒3,000평)	1,000kW÷0.067kW/m²=14,925m² (≒4,500평)
15%	1MW÷0.15kW/m²=6,670m² (≒2,000평)	1,000kW÷0.100kW/m²=10,000m² (≒3,000평)

* 파워컨디셔너 용량이 어레이 공칭정격보다 작게 설정된 시스템(오프셋 비율 OffsR= 파워컨디셔너 용량/어레이 용량<1.0)은 시스템 정격과 파워컨디셔너 용량이 같은 값이 된다. 그 경우의 오프셋 비율 OffswR로 어레이 출력용량을 계산하면 총용지 면적이 된다.

1.2_ 태양광 발전 시스템의 가능성과 미래

1.2.1 태양광 발전 시스템의 장점

태양광 발전 시스템의 핵심은 빛에 반응하는 반도체 소자인 태양전지이다. 이것은 수력으로 발전하는 수력발전소와 증기로 발전하는 화력발전소나 원자력발전소와는 전혀 다른 발전 원리로 작동한다. 따라서 기존 발전소와는 다른 특징을 갖고 있기 때문에 건설이나 운전 시에도 다른 지식이 요구된다. 즉, 지금까지와는 다른 상식이 필요하다.

또한 경제적인 판단에서 중요한 파라미터인 연간 발전전력량의 추정과 투자한 발전소가 몇 년간 계속 작동할지는 계획 수립과 운전에 있어 생사를 좌우할 정도로 중요한 요소이다. 이들에 대한 어느 정도의 예비지식을 갖는 것이 중요하다.

앞 절에서는 오해가 많은 기본적인 용어 및 단위 등을 특별히 골라 설명했지만, 여기에서는 전체적으로 어떤 기본적인 성격을 띤 발전 시스템인지를 간단하게 정리한다.

고체 및 정지 디바이스로서의 태양전지 특징

태양전지는 매우 얇지만 빛을 비추기만 해도 발전한다. 단자에 전선을 연결하면 직류전기가 나오는 직접 발전 디바이스이다. 외형은 간편한 고체 발전 소자이다.

움직이는 부분이 없는 심플함

태양전지 주위에는 가동부가 없어 취급이 용이하다. 회전 부분이 없기 때문에 기계의 마모로 인한 정기적인 윤활유를 주유할 필요가 없어 오염되지 않는다. 또한 모듈 구성이므로 동일 정격의 모듈 매수로 시스템 규모를 결정할 수 있어 규모의 선택이 자유롭다. 또한 동일한 필드 내 태양전지 지지 구조물의 설계는 거의 동일하므로 대규모 시스템의 건설비용 절감을 위한 공법이 필요하다.

경량으로 지붕 설치 가능, 토지의 유효 이용이 가능

가정용으로 우수한 특성이 있어 일본에서 먼저 보급이 시작되었다. 또한 공장 절판 지붕 등에 설치하는 것도 용이하고, 중용량 이상의 지붕 설치는 간접비 절감 효과로 주택보다 저렴하게 건설 가능하다.

태양전지 혁신 기술개발 및 모듈 대량 생산에 의한 비용절감 가능

혁신 기술로 태양전지 고효율화와 높은 생산성 제조라인 기술의 발전에 따른 산업숙련효과가 향후 기대된다. 또한 소품종 대량 생산을 위한 전자동 라인에 의한 숙련효과와 생산성 향상이 가능하다.

발전소로서의 특징

건설 기간이 짧아 자금 회전을 단축할 수 있어 유연하고 경제적인 건설 계획이 가능하다.

개발도상국 등의 원격 지전화(地電化)

연료를 수송하거나 송전선을 건설할 필요가 없고, 현지에 직접 입지가 가능하다.

1.2.2 태양전지의 CO_2 배출 억제 효과

태양전지 셀 제조 시에는 전력 등의 에너지를 소비한다. 20년간의 태양전지 수명을 발전전력량으로 나누면 태양전지의 발전량 1kW당 CO_2 발생량은 70g/kWh으로 계산할 수 있다.

석유화력발전소의 CO_2 발생량을 730g/kWh로 추정하면, 양자의 차 660g/kWh가 태양전지의 CO_2 배출 억제량으로 환산된다.

또한 숲의 CO_2 흡수량과 비교하기 위해 양자를 면적당 환산한다. 1m²의 태양전지가 100W 상당한다고 하면 연간 100kWh/m² 발전이 가능하다. 이것을 태양전지의 발전량당 배출 억제량으로 계산하면 연간 66kg/m²의 CO_2 배출 억제가 가능하다.

또한 1m² 숲의 배출 억제량 0.649kg/m²/년(일본 숲의 공식 값)과 비교하면 면적당 100배의 CO_2 배출 억제 효과를 태양전지에 기대할 수 있다. 이 숫자를 사용하여 다시 도쿄돔 5개분 면적의 태양전지 11.7MW의 배출 억제량을 계산하면, 분쿄구(文京區) 전체(11.3km²) 숲의 CO_2 흡수량과 거의 동일한 것을 알 수 있다.

마찬가지로 비교하여 40평의 택지에 지은 이층 주택의 지붕 남쪽 절반에 태양전지를 설치하면 약 3kW의 발전전력량을 얻을 수 있다. CO_2 배출 억제량은 면적 $3,000m^2$ 테니스 코트의 산림 면적과 동일하다(테니스 코트 6면분에 해당)

40평 택지에 3kW 태양광 발전을 설치한다 ➡	테니스 코트 6면($3,000m^2$)의 산림에 해당한다
1,000W의 플랜트 ($2만m^2$)라면… ➡	$100만m^2$의 산림에 해당한다
도쿄돔 5개분의 태양광 발전 (11.7MW) ➡	분교구 전체($11.3km^2$)의 식수와 같은 효과가 있다

그림 1-1. 태양광 발전 설비와 산림의 CO_2 배출 억제 효과 비교

1.2.3 고려해야 할 문제

앞 절에서는 주로 태양광 발전 시스템의 장점이라 할 만한 사항에 대해 설명했다. 여기에서는 오히려 기존 발전 시스템의 경험을 통해 간과하기 쉬운 사항에 대해 설명한다. 이 항목 역시 태양광 발전 특유의 사항이며, 충분한 지식과 노하우가 요구된다. 장기간의 발전 성능을 유지하는 것이 장기간의 안전성을 확보하기 위한 기본적인 유의점이다.

자연 환경의 영향으로 열화될 수 있다

태양전지의 최소 단위는 반도체의 얇은 판(예를 들면 두께가 200미크론)으로 만들어진 고체 소자이다. 외형은 단순하지만 전자 소자의 일종으로 트랜지스터나 IC 등과 같은 부류라고는 해도 신중한 취급이 요구된다. 정지 기기이므로 운전 시간에 따른 마모 등은 없지만 일사 가열이나 야간의 방사 냉각 반복, 자외선이나 수분 등의 침입으로 각종 모드가 열화될 가능성이 있다. 이 점을 고려하여 유리판이나 투명 고분자와 방수 시트 등을 라미네이트로 보호하고 있다. 보호층의 손상되는 것은 금물이다. 제조 시에도 품질 관리가 중요하다.

면적형 발전 시스템으로 넓은 필드에 전개하는 전기계 및 구조계의 품질 유지

장기간 안정된 운전을 확보하고 확실한 투자 수익을 목표로 해야 한다. 그래서 구조계와 전기계의 장기 품질 유지가 중요하며, 따라서 설계 기준의 정비가 필요하다. 그러나 이 모든 것을 인력으로 처리하는 것에는 한계가 있다. 구조계와 전기계에 효율적이고 정기적인 안전 점검 지침이 필요하다. 특히 대형 시스템의 기술 기준 및 인증 태세 정비가 시급하다. 수시로 감시와 (무인)원격 감시가 가능하도록 전기계의 원격감시 기술 및 유지보수 기술의 확립 및 정비도 서둘러야 한다.

면적형 발전 시스템으로 넓은 필드의 전기계 결함 이해와 대책

필드에 설치된 전기계에는 배선이 서로 교차하거나 맞닿을 기회가 증가하므로 결함 발생 확률도 확률론적으로 높다. 전기회로의 접촉 불량, 절연 불량, 단락 고장, 지락 고장, 절단, 비정상적인 온도 상승, 뇌해, 전자 잡음 장애 등의 결함 발견 방법 및 절차 정비가 필요하다.

태양광 발전 시스템계의 전자기기 및 전자 디바이스의 장기 열화검사 방법 및 유지관리 기준의 정비가 필요하며, 특히 태양전지 모듈군에서 파워컨디셔너에 이르는 직류전원 선로는 교류와는 달리 전류 영점이 없기 때문에 절연 불량 등으로 교차 접촉 직류 아크(전기 불꽃)가 발생했을 경우에는 전류가 계속 흐르기 쉬운 성질이 있다. 교류 기기와는 다른 보수점검이 요구된다.

또한 전기계통기기(냉각 팬이나 에어컨 등)는 고정된 장치가 아니므로 마모를 대상으로 한 일반 전기설비 점검 기준을 준수해야 한다. 이와 같이, 태양전지 분야에 전개하고 있는 대량의 전기 배선계의 다중 지락에 의한 지락 및 단락 발생의 방지와 탐지 대책을 마련해야 한다.

배선 접속부 단자대 등의 절연물 표면에 발생하는 트래킹 절연 파괴는 장시간에 걸쳐 진행하지만 결국 발화에 이른다. 일반 가전기기에서도 장기간에 걸쳐 먼지나 얼룩이 묻은 경우에서 볼 수 있는 사례이다.

구조계의 강도 확보와 수시점검의 필요성

20년 정도의 기계 구조계와 기초계의 내구성을 확보할 수 있는 강도 설계 기준(내풍압, 적설, 염해 등)을 정비하는 것이 중요하다. 태양전지 지지 가대의 대상 면적 및 총부품 수가 많아 부식 방지 대책, 체결부의 부식 및 풀림 방지가 중요하다. 전기계 접속부의 이완에 의한 가열이나 발화 위험을 고려한 점검 절차를 정비할 필요가 있다.

재활용 및 재사용 시장 형성

태양광 발전은 20년, 향후에는 30년의 수명이 예상된다. 현재의 보급 상황을 토대로 미래의 폐기량을 어느 정도는 예측할 수 있다. 고정가격매입 기간 20년을 중심으로 어느 정도의 차이를 감안하면서 폐기 또는 갱신 수요 발생량을 추측하는 것은 가능하다. 2012년의 고정가격매입제도 발족까지 주택용을 중심으로 이미 500만kW 정도의 태양광 발전 시스템이 도입되었다. 2012년 이후 분은 크게 증가한 비주택 분야가 중심이다. 태양광 발전 시스템의 대부분은 15년부터 20년 후에 걸쳐 업데이트 또는 폐기된다. 이로부터 유추하면, 대략 연간 200만kW의 재활용 예비군이 생겨 2020년에는 400만kW의 대규모 재활용 수요가 전망된다. 또한 2030년경에는 연간 1,000만kW에 달할 것으로 예상된다.

이미 태양전지 모듈의 재활용 처리를 위한 라인 요소기술은 개발되고 있지만, 2015년 이후의 실수요에 대한 전개를 준비해야 할 단계이다.

1.2.4 커뮤니티 시스템 핵심 기술로서의 가능성

장래에 태양광 발전으로 대표되는 재생가능에너지원은 지역마다 최적의 통합 운영 시스템 형태로 발전할 것으로 예상된다. 태양광 발전이나 풍력처럼 변동성이 높은 전원 및 지열발전, 소수력, 바이오매스 등과 같은 안정적인 전원과 조합하여 변화하는 지역 부하변동과 균형을 취하는 시스템 운용 기술을 총칭하여 스마트그리드 기술이라고 한다. 이를 위해 일정 크기의 전력저장시스템도 포함하여 다양한 시스템의 조합에 의해 섬세한 변화를 일정하게 하는 것이 유용하다고 생각된다. 예를 들어, 각 지역의 평균 일사 조건에 따르면 한 달에 3일 정도의 부조일수를 감안하여 축전 기능을 구비한 통합 시스템을 구축할 수 있다면 1개월 정도의 안정화가 가능하여 자율도가 크게 향상된다. 이러한 커뮤니티라면 이것을 초과하는 경우, 예를 들어 계절 조정에 대해서는 외부로부터의 계획적 운용에 유리한 조달이 가능해질 것이다.

미래형 지역의 지산지소를 가능케 하는 커뮤니티 그리드를 형성하는 경우, 태양광 발전은 어느 지역에서나 획득이 가능하여 핵심적인 존재가 될 것이다. 태양광 발전 기술의 성장성이 차츰 지역 발전의 중심으로 자리 잡을 것이다.

이러한 커뮤니티를 위한 통합시스템을 잘 운용하여 자율성을 안정적으로 높여가기 위해서는 풍력이나 태양광 발전 같이 기상 의존도가 높은 재생가능에너지는 발전 전력의 시계열적인 예측이 중요하다. 현재 진행되고 있는 전력 시스템 개혁은 어쩌면 계통의 계층화가 진행되고 각 계층에 있는 새로운 전력 사업 간 전력거래 수단으로 집계 사업자의 등장과 자유거래시장의 고도화가 예상된다.

태양광 발전 분야와 풍력 발전 분야에서는 기상학자와의 교류를 포함해서 시시각각의 일사량과 풍속 분포의 예측 방법에 대한 밀도 높은 연구가 진행되고 있다.

1.2.5 태양에너지는 본질적으로 지속가능한 '재생가능에너지'

지구상에서 얻을 수 있는 재생에너지의 원천은 사실 대부분이 '태양에너지'라고 해도 좋다. 그럼 왜 태양에너지를 친환경 에너지라고 하는가.

지구상에 발생하는 재생가능에너지 흐름의 대부분은 태양에서 지구에 쏟아 붓는 방사에너지가 근원이다. 이외에도 지구의 중심부에서 발생하는 지열과 달의 인력 작용에 의한 조속력이 있다. 인류의 현대 활동의 대부분이 태양에너지 흐름에 따른 자연 생태계에 의존하지 않고 부가되는 형태로 발생하는 것이 지구 규모의 지속성을 해치는 가장 본질적인 문제점으로 지적할 수 있다.

〈그림 1-2〉는 지구 환경에서 볼 수 있는 재생가능에너지의 기원과 대기권 내부에서의 순환과 상호 작용을 나타낸 설명도이다.

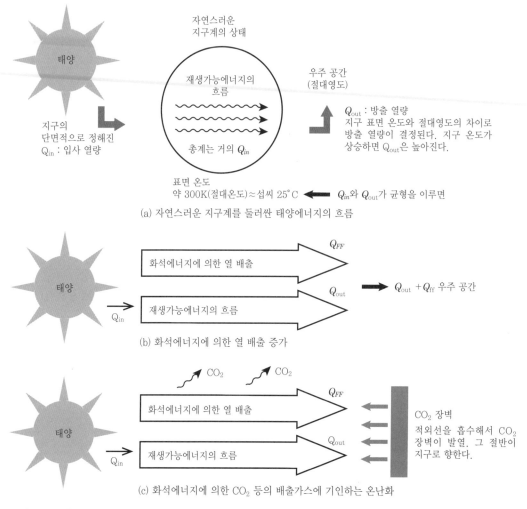

그림 1-2. 재생가능에너지의 기원과 순환

〈그림 1-2(a)〉에 태양으로부터의 입사 열량과 우주로의 방출 열량이 균형을 이루고 있는 상태의 지구계 환경을 나타냈다. 인공적인 에너지 소비가 없으면 지구 표면 온도는 약 300K(약 25℃)에서 안정된다. 이 상태에서는 인류가 바이패스를 이용해도 흐름의 총량은 변하지 않는다. 그러나 〈그림 1-2(b)〉에 나타낸 바와 같이 화석에너지와 원자력에너지에 의한 열 배출이 일어나면, Q_{FF}가 원인이 되어 지구 표면 온도는 300K와 ΔT_{QFF}의 합이 된다.

또한 화석에너지에 의한 CO_2가 배출가스(GHG) 장벽을 만들어 방출 열량을 지구로 반사하게 된다. 이로 인해 지구 표면 온도는 300K와 ΔT_{GHG}의 합이 되어 현저한 온난화가 발생하게 된다. 〈표 1-3〉은 지구에 도달하는 태양에너지의 열량을 나타낸 것이다.

표를 보면 지구 환경에 들어오는 에너지원은 3종류밖에 없는 것을 알 수 있다. 가장 큰 부분이 태양(방사)에너지이다. 여기에서는 대기권 밖으로 인공위성이 측정한 평균 일사 강도(태양상수라

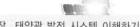

표 1-3. 지구에 도달하는 태양에너지 양(재생가능에너지의 기원)

		비율	지구권에서의 형태	대기권 밖으로 방사
태양 기원	대기권 외 태양광 입사량=172,500TW (태양상수=1,370±0.006kWm⁻²)	100%		
	단파장 방사=50,000TW	29.0% (대기권 외로)		
	전 대기권 입사광=122,500TW	71.0%		전 장파장 방사 =122,500TW (71.0%)
	대기권=41,400TW	24.0%	공기[수증기, 기체, 분자], 바람	
	수권=65,400TW	37.9%	물, 수력, 파력, 조류[해양, 하천, 저수지]	
	상부 암석권=15,600TW	9.0%	수분, 무기물, 극수[토양, 암석]	
	생물권=133TW	0.08%	유기물[미생물, 식물, 동물, 화석 퇴적]	
그 외	하부 암석권(맨틀로부터)=30TW	0.02%	화산 활동, 지열, 지중열	
	달 인력=3TW	0.00%	조석	
참고	[연간 태양광 입사 에너지] 122,500TW×8,760시간×3,600초=3.863×10⁶ EJ/년 [세계 연간 1차 에너지 공급량(2013년)] 567.0EJ/년 : 태양 입사 에너지의 약 1.3시간분에 해당			

함)를 약 1.370kWm⁻²로 했다(단, WMO-1981에서는 1.367kWm⁻²로 수정).

또한 지구의 단면적을 곱해서 172,500TW가 태양에서 지구로 흐른 에너지의 순간 값이다(1 TW=10^{12}W=10억kW). 이중 약 30%는 대기권의 바깥 쪽 가장자리에서 반사되어 우주로 다시 돌아간다. 이것은 단파장 방사라고 하는 성분으로, 나머지 약 70%는 대기권을 통과하면서 도달한다.

그 사이에 약 25%가 대기권의 기체, 수증기, 입자에 흡수되어 대기권을 순환한다. 40% 가까이는 대기 중의 수증기에서 강우로 사이클을 형성하고 하천과 해양을 순환하는 수권을 구성한다. 일사에너지의 9% 상당은 지상을 따뜻하게 한다(상부 암석권). 식물의 탄산 동화작용으로 고정되는 태양에너지는 0.08%이다. 지구상 생물권의 대부분은 이것에 의존하고 있다.

이것과는 기원이 다른, 지구의 지각에서 솟아나오는 지열에너지가 있다. 총합은 태양에너지계의 0.02%에 해당한다. 또한 1자릿수 작은 달 인력에서 기원하는 조석에너지는 0.002%이다. 2013년의 세계 1차 에너지 수요는 13,541Mtoe(1Mtoe는 석유 환산 100만 톤)이기 때문에 열량으로 환산하면 567.0EJ(1EJ=10^{18}J이다)에 해당한다. 대기권 내에서 1년간 입사하는 태양에너지의 총량은 122,500TW×8,760시간/년×3,600초=3.863×10⁶EJ이기 때문에 7천 배 미만에 해당한다. 또는 1.3시간의 태양에너지 조사가 인류의 연간 소비 에너지에 필적한다고도 할 수 있다.

지금까지 지구 환경을 지탱하는 에너지원은 대부분 태양에너지에 의존하고 있다는 점을 설명했지만, 사실 중요한 것은 그 뿐만은 아니다. 입사한 에너지만으로는 지구 안에 차츰 쌓여 점점 온도가 상승하고 마침내는 태양의 표면 온도와 같은 6,000K(절대온도)에 도달하게 된다.

실제로 지구에서 우주로 나가는 에너지 성분의 존재를 고려해야 비로소 현재의 지구 표면 온도가 설명된다. 무한대의 우주는 절대영도라고 불린다. 그 공간을 향해 지구 표면과 대기에서 적외선이 방사되고 있다. 적외선의 총량은 지구의 표면 온도에 따라 방사되고 있다. 현재의 지표 부근의 평균 온도가 27℃(절대온도 300K) 부근에서 대기권 밖으로 방사하고 있는 적외에너지의 수준이 딱 입사 태양에너지 강도(122,500TW)와 균형을 이루고 있는 한, 지구의 평균 기온은 안정된다. 즉 우주에 재방사하는 적외 에너지 강도는 122,500TW이다.

안정 상태를 유지하기 위해서는 지구를 순환하는 주로 태양에너지에 기인하는 에너지 순환을 어지럽히지 않는 것이 필수조건이다. 그러나 실제로는 인류 사회가 자연순환계의 조화를 다음의 2가지 이유로 어지럽히고 있는 것이 현 지구 환경 온난화 문제의 근원이다.

- 지구 공간에서, 화석연료나 원자력과 같은 사용해서는 안 되는 비재생가능에너지원에서 배열이 발생하고 있는 점
- 연료 연소에 따른 배출가스에 의해 대기권 밖으로 재방사 효율을 방해하고 있는 점

보충하면 전자는 현재 진행 중인 과제 중 하나이며, 인류가 사용하는 비재생에너지(화석연료와 핵에너지)의 총량이 지구에 입사 및 재방사하는 자연적인 태양에너지 순환계의 총량에 비해 큰 비율이다(비재생가능에너지 기원이라 함).

후자의 원인은, 대기 중 이산화탄소 등 이른바 온실가스가 우주로 향하는 적외선 재방사의 일부를 대기권에서 흡수하여 가스 온도가 상승함에 따라 스스로도 적외선을 여러 번 방사하고 있는 것이다. 그 경우 여러 번의 방사 방향은 전방위이며, 결과적으로 절반은 지표를 향해 돌아온다. 따라서 대기를 재가열하고 이를 통해 이전보다 높은 평형 온도가 되어 버린다(온난화가스 원인이라 함).

태양광 발전은 양적으로 막대하며 무공해 에너지원으로 기대되어 왔지만, 다른 재생에너지와 함께 사회적인 평가는 한정적이었다. 그런데 요 몇 년 사이에 상상을 초월할 정도의 빠른 속도로 확대하여 국가의 에너지 정책과 전략에서 중요한 위치를 부여받았다. 그러나 진정한 가치를 인식하는 사람들은 아직 적을 수도 있다.

현재 태양광 발전은 경제성과 대량 도입 시의 발전량 변동으로 실용성에 의문을 품는 사람도 많다. 그러나 태양에너지를 10~15%의 효율로 전력을 확실히 안정적으로 변환할 수 있고, 20%의 상용 모듈 변환효율도 곧 실현될 전망이다. 또한 40% 이상의 돌파구를 찾으려는 도전적인 프로젝트도 시작됐다. 태양전지 제조에 소요된 에너지 회수기간(EPT)과 CO_2 회수기간(CO_2 PT)도 모두 2년 이하의 수준이다. 21세기 이후를 위해 진정으로 지속가능한 에너지원을 찾는다면 가장 유력한 에너지 솔루션이라고 주장하고 싶다.

제2장

태양광 발전 시스템의 개요

이 장에서는 태양광 발전 시스템을 구성하는 중요한 요소 부품과 기기의 기본적인 사항을 소개한다. 중요한 것은 태양전지 셀, 모듈과 같은 광전 변환 소자이지만, 이들을 조합하여 넓은 면적에 설치하는 태양전지 어레이 회로는 기존의 발전기기와는 전혀 성격이 다른 특성이 있다. 전력변환장치도 시스템 구성 기술로서 중요한 요소이다.

2.1_ 태양광 발전 시스템의 구성 요소

태양광 발전 시스템은 빛에너지를 전기에너지로 변환하여 일반 가정이나 공장 등의 전력 소비에 적합한 전력을 공급하기 위해 구성된 장치군이며, 태양전지 모듈 및 가대, 파워컨디셔너(전력변환장치)와 계통 연계 기기 등으로 구성된다. 본 절에서는 시스템의 구성 요소에 대해 설명한다. 이 장비가 필요한 이유와 또 태양전지 모듈은 어떻게 연결되어 있는가를 이해하는 것은 설계 및 시공 시에 실수를 없애는 첫 걸음임은 말할 것도 없다.

2.2_ 태양전지 셀

태양전지 셀은 빛을 전기로 바꾸는 광전 변환 소자이다.

광전 변환 소자에는 많은 종류가 있지만 결정 실리콘계(결정 Si계)가 가장 널리 보급되어 있으며, 단결정 실리콘을 이용한 것과 다결정 실리콘을 이용한 것으로 크게 나눌 수 있다. 이외에도 화합물 반도체를 사용한 CIGS 등도 있다.

결정 실리콘계를 예로 들면 개방전압은 태양전지 셀의 면적이나 받는 빛의 강도에 관계없이 결정 실리콘 태양전지는 0.6V 정도이다.

단락전류는 15cm각의 태양전지 셀이 강한 일사를 받고 있는 상태($1,000W/m^2$ 정도의 일사 강도)에서 8~9A 정도이다(태양전지 셀의 구체적인 전류와 전압 특성 등은 〈2.17 태양전지 발전 특성〉을 참조). 따라서 태양전지 발전 시스템에는 대량의 태양전지 셀이 사용되고 있다.

2.2.1 태양전지 셀의 기본 구조

태양전지 셀은 반도체로 만들어진 p형 반도체(홀이 주요 캐리어인 반도체)와 n형 반도체(전자가 주요 캐리어인 반도체)를 조합한 것이다. 빛을 받은 태양전지 셀에는 전자와 홀이 생성된 p형 쪽이 플러스로 대전되고, n형 쪽은 마이너스로 대전된다(광기전력이라 한다). 이 상태에서 태양전지에 부하를 연결하면 전류가 흘러 발생한 전기를 추출할 수 있다(그림 2-1).

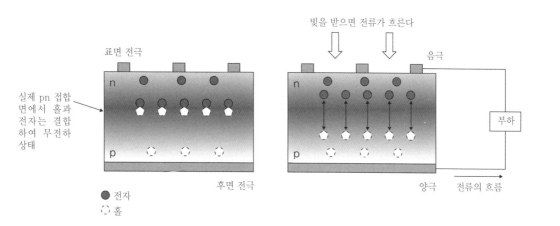

그림 2-1. 태양전지 셀(반도체에 빛이 닿아 부하가 연결되면 전류가 흐르는 그림)

2.2.2 결정질 실리콘 태양전지 셀의 구조

〈그림 2-2〉에 결정질 실리콘 태양전지 셀의 구조를 나타낸다. 가장 많이 보급되어 있는 것은 p형 기반을 이용한 결정질 실리콘 태양전지이다. 그러나 보다 효율적인 태양전지를 만들 수 있는 n형 기반을 이용한 것이나 헤테로 구조도 보급하고 있다. 또한 태양전지 셀 표면의 전극을 후면으로 이동시킴으로써 수광량을 증가시켜 효율을 높인 후면 전극 구조의 태양전지 셀도 시판되고 있다.

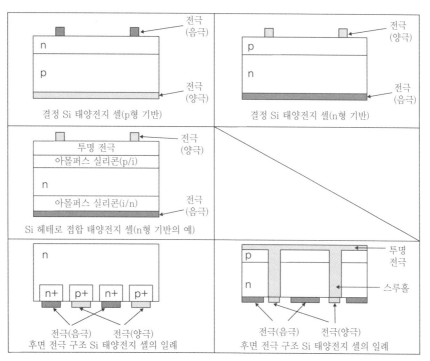

그림 2-2. 결정질 실리콘 태양전지 셀의 다양한 구조

2.2.3 화합물 반도체를 이용한 CIGS 태양전지 셀의 구조

화합물 반도체를 이용한 CIGS 태양전지는 구리(Cu), 인듐(In), 갈륨(Ga), 셀레늄(Se)의 4가지 원소로 만들어진다.

두께는 결정질 실리콘 태양전지보다 얇아 수μm이다. 일반적으로 청판유리(소다유리) 기판 위에 CIGS 태양전지를 적층하고, 그 위에 EVA 등의 밀봉제를 사용하여 강화유리를 접착하고 있다. 청판유리 측 후면은 백 시트 등으로 보호한다. CIGS 태양전지를 만드는 방법은 기판 표면에 큰 태양전지 셀이 필요하고, 직렬로 연결하기 위해 슬릿을 만들어 전극을 형성한다. 또한 개방전압은 약 0.7V이다.

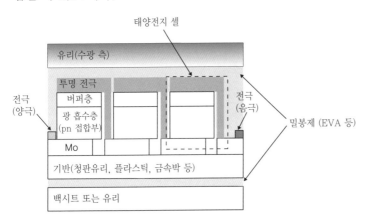

그림 2-3. 화합물 반도체를 이용한 CIGS 태양전지 셀의 구조(태양전지 모듈의 단면도)

이외에도 다양한 재료를 이용한 태양전지가 있지만 기본적으로는 p형, n형 반도체의 광기전력을 응용하는 것은 변함이 없다.

태양광 발전 시스템을 설계, 운영할 때는 재료의 차이보다 태양전지 모듈의 출력전력 같은 전기적 사양과 내구성, 태양전지 모듈의 접속 방법이 중요하다.

2.3_ 태양전지 모듈

태양전지 모듈은 태양전지 셀을 여러 개 연결한 패널이다. 내후성 및 기계적 강도를 부여하기 위해 태양전지 셀을 EVA 수지 등으로 밀봉하고 빛이 닿는 표면을 강화유리로, 뒷면은 PET 수지와 PTFE 수지(테프론) 등의 백시트로 보호하여 알루미늄 프레임으로 둘러싼 형태이다.

태양전지 모듈의 크기와 직렬로 연결되는 태양전지 셀의 개수는 다양하지만, 일반적으로 태양전지 모듈의 크기는 1m×1.5m 정도이며, 무게에서 큰 비율을 차지하는 강화유리판 때문에 1매당 무게는 15~20kg 정도이다.

한 장의 태양전지 모듈은 태양전지 셀이 54~72매 정도 직렬로 연결된다. 따라서 9×6~12×6 매의 구성이 많다.

태양전지 모듈에는 전기를 생산하기 위한 커넥터가 있다. 커넥터는 금속부가 노출되지 않는 것이 일반적이며 안전하고 손쉽게 연결할 수 있도록 구성되어 있다.

태양빛을 받으면 발전을 하기 때문에 시공 중 뿐만 아니라 시공 전 임시보관 및 시공 후 유지보수에는 충분한 주의가 필요하다.

표면 강화유리는 태양광에 반사되어 주위에 눈부심을 줄 가능성이 있다. 저지대와 특히 북쪽을 향해 설치할 때는 충분히 주의해야 한다.

태양전지 모듈은 각 제조사에서 다양한 제품을 판매하고 있으며, 의장성을 중시한다면 특별 주문하는 것이 좋다. 고장이나 교환을 고려하여 선택하는 좋다.

☼ 2.3.1 결정질 실리콘 태양전지를 이용한 태양전지 모듈

〈그림 2-4〉는 태양전지 모듈의 단면도를 나타낸 것이다. 하나의 태양전지에서 생산할 수 있는 전력은 작기 때문에 일반적으로 수십 장의 태양전지를 직렬로 접속하여 모듈 한 장에서 200~400W의 발전을 할 수 있다. 태양전지는 수광부가 전극부이기 때문에 전지면에 전극을 형성시킨다. 따라서 조금이라도 그림자가 드리우지 않도록 전극은 1mm 이하로 얇게 하고(핑거 전극이라 함), 이것을 버스 바 전극으로 연결시킨다. 또한 인접한 셀을 전기적으로 접속시키기 위해 금속 리본으로 연결시킨다. 양극과 음극을 접속해야 하기 때문에 금속 리본을 셀 표면에서 인접한 셀의 뒷면으로 돌아서 들어가듯이 접속된다.

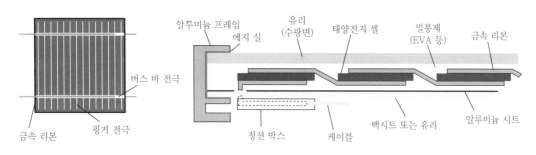

그림 2-4. 결정 실리콘계 태양전지 셀을 이용한 태양전지 모듈의 단면 구조

2.3.2 CIGS 태양전지를 이용한 태양전지 모듈

CIGS 태양전지를 이용한 태양전지 모듈은 결정질 실리콘 태양전지를 이용한 것에 비해 발전하는 전류[A]와 전압[V]를 어느 정도 자유로이 구성 가능하다. 따라서 태양전지 모듈 제조업체는 태양전지 스트링이나 어레이 회로의 구성 방법, 광전 변환효율을 고려해 사용하는 태양전지의 면적과 직렬 수를 결정할 수 있다.

〈그림 2-5〉에 CIGS 태양전지 모듈의 구조를 나타낸다.

결정질 실리콘 태양전지와 달리 CIGS 태양전지의 형태는 수mm 정도의 가늘고 긴 태양전지가 직렬로 연결된다. 이 구조의 태양전지 모듈은 결정질 실리콘 태양전지를 이용한 것보다 태양전지 셀의 수가 많아 저전류, 고전압 특성을 보인다. 따라서 태양전지 모듈 간의 접속은 결정질 실리콘 태양전지 모듈과 다른 경우가 많다. 또한 모듈 내에서 병렬 연결하여 결정질 실리콘과 전기적 사양을 흉내 내는 경우도 있다.

CIGS의 경우는 바이패스 다이오드를 태양전지와 전지 사이에 넣는 것은 드물며 태양전지 모듈 단위로 내장하는 것이 일반적인 구성 방법이다.

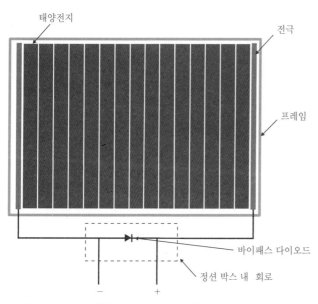

그림 2-5. CIGS 태양전지 모듈의 구조(아몰퍼스 실리콘 태양전지와 유사한 구조)

2.4_ 태양전지 모듈과 바이패스 다이오드(BPD)

태양전지 모듈 내에서는(일부 CIGS의 예를 제외) 모든 태양전지 셀이 직렬로 연결되어 있기 때문에 고장이나 그림자의 영향으로 출력전류가 저하된 태양전지 셀은 부하가 되어 모듈 전체에 영향을 미친다.

극단적인 예는 태양전지 모듈 내 출력전류는 출력이 가장 저하된 태양전지 셀의 전류값에 제한되며 부하가 된 태양전지 셀은 과열한다. 또한 태양전지 모듈 내에 한 곳이라도 단선이 발생한 경우에는 태양전지 모듈 자체가 발전하지 않는다.

또한 결정질 실리콘 태양전지 셀의 두께는 약 $200\mu m$로 얇아 깨지기 쉽기 때문에 태양전지 모듈을 전도시키거나 뒷면에서 충격을 가하면 태양전지 셀에 보이지 않을 정도의 균열이 생긴다. 마이크로 크랙으로 인해 발전출력이 저하할 수 있으므로 취급 태양전지 모듈은 운반 및 설치 시에 충분한 주의가 필요하다. 일반적으로 태양전지 모듈에는 출력이 저하된 태양전지에 의한 악영향이 태양전지 모듈 전체에 미치지 않도록 바이패스 다이오드를 내장하고 있다.

〈그림 2-6〉과 같이 바이패스 다이오드는 태양전지 모듈의 태양전지 셀을 3블록 정도로 분할하듯이 배치하여 사용한다. 바이패스 다이오드는 태양전지 모듈 내와 커넥터 회로 부분에 설치되어 있다. 바이패스 다이오드가 필요한 것은 단결정 실리콘 태양전지 셀도 다결정 실리콘 태양전지 셀도 마찬가지이다. 또한 일반적으로 바이패스 다이오드는 태양전지 모듈의 정션 박스 내에 배치되어 있다(모듈의 적층막 사이에 설치되어 있는 것도 있다).

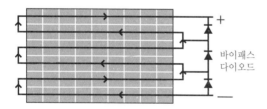

그림 2-6. 모듈 내 바이패스 다이오드의 설치 예시

2.5_ 태양전지 스트링

태양전지 스트링은 태양전지 모듈을 전기적으로 직렬로 접속하여 시스템이 필요한 개방전압을 얻을 것을 말한다.

일본에서는 주택용을 중심으로 직류 최대전압이 600V인 태양전지 모듈이 많기 때문에, 개방전압이 300~500V가 되는 스트링 회로로 구성하는 경우가 많다. 그러나 최근에는 메가솔라의 흐름과 유럽의 고전압화 영향으로 1,000V 대응 제품도 널리 유통되고 있다.

따라서 주로 자가용 전기 공작물이 되는 비교적 용량이 큰 시스템에서 600V 이상을 지원하는 기기를 이용하여 직류 측 시스템 전압을 600V 이상의 전압으로 하는 시스템도 볼 수 있다.

직류 측 시스템 전압의 고전압화는 배선의 손실 저감 등 시스템 효율의 향상에 효과적이지만 일부 태양전지 모듈은 PID(전위 유기 열화) 등의 문제도 보고되고 있어 태양전지 모듈을 포함한 기기를 선정할 때는 충분한 주의가 필요하다.

2.6_ 어레이 회로와 보호소자

어레이 회로는 태양전지 스트링을 여러 개 연결한 것이며, 가대 단위인 것이 많다. 여러 어레이 회로를 전기적으로 하나로 통합한 후 파워컨디셔너에 연결하는데, 주택용은 1스트링 1어레이가 일반적이다. 어레이 회로는 복수의 태양전지 스트링을 접속함에서 함께 접속한다. 접속함에는 직류 개폐기 및 피뢰소자, 태양전지 스트링의 발전 상황을 모니터링하기 위한 측정기기(스트링 모니터)가 포함된 것도 있다.

태양전지 셀과 같이 고장이나 발전전력량이 저하한 태양전지 스트링으로부터 악영향을 제거하기 위해 연결할 때는 보호소자로서 역류 방지 소자(블로킹 다이오드, BLD)를 사용한다. 유럽이나 미국에서는 보호소자에 블로킹 다이오드가 아닌 퓨즈를 사용한다. 그러나 퓨즈는 태양전지 스트링 간에 전압 차이가 발생하면 파워컨디셔너가 정지된 경우에도 전압이 높은 태양전지 스트링군에서 전압이 낮은 태양전지 스트링군을 향해 전류가 흐르는 경우가 있기 때문에 유지보수 시에 감전 위험이 있으므로 주의가 필요하다.

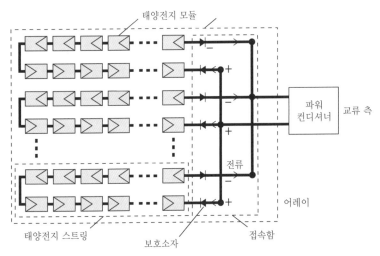

그림 2-7. 어레이 구성(유럽과 미국에서는 블로킹 다이오드를 대신해 퓨즈를 보호소자로 사용하는 경우도 있다. 편의상, 피뢰소자나 개폐기는 생략함)

2.7_ 태양전지 모듈에 미치는 그림자의 영향

바이패스 다이오드와 블로킹 다이오드의 관계를 〈그림 2-8〉에 나타낸다.

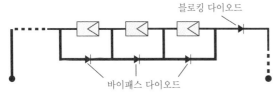

그림 2-8. 바이패스 다이오드, 블로킹 다이오드의 접속

그림자가 미치는 영향이 얼마나 큰지는 태양전지의 등가회로에서 계산하는 것보다 실제로 I-V 특성 그림을 그려보면 알 수 있다.

① 태양전지는 직렬로 연결되어 있기 때문에 I-V 특성은 〈그림 2-9〉에 나타난 바와 같이 동 전류 값일 때의 전압의 합이 된다

② 바이패스 다이오드는 블록에 대해 병렬로 연결되어 있기 때문에 동 전압일 때의 전류의 합이 된다.

③ 따라서 「태양전지 셀의 I-V 특성 도식화」 → 「그림자를 포함한 도식화」 → 「바이패스 다이오드를 포함한 도식화」 → 「태양전지 모듈의 I-V 특성 도식화」의 순서대로 그리면 대략적인 I-V 특성의 형상을 파악할 수 있어 문제의 크기를 판단할 수 있다.

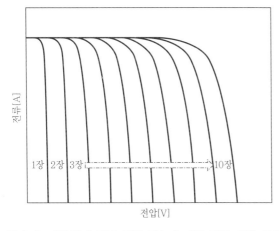

그림 2-9. 태양전지 셀의 직렬 접속에 따른 전류-전압 특성(I-V 특성)

다음은 태양전지 모듈 내의 일부 블록에 그림자가 생긴 경우의 I-V 특성을 설명한 것이다. 먼저 그림자 상태를 〈그림 2-10〉에 나타냈다. 여기에서 그림자 부분의 일사 강도는 다른 곳에 비해 30%라고 가정한다.

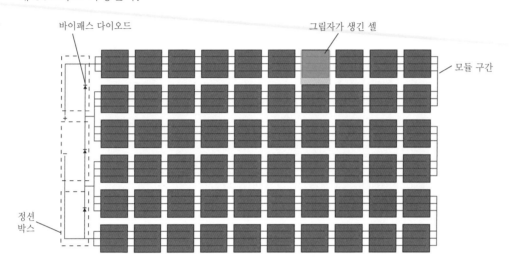

그림 2-10. 모듈 내에 그림자가 생긴 예(3블록 중 1블록 내(태양전지 셀 20장)의 셀 1장이 영향)

〈그림 2-11〉은 그림자가 생기지 않은 태양전지 모듈의 I-V 특성도이다. 각 태양전지 셀의 I-V 특성을 동일하다고 하면 태양전지 셀 20장의 직렬 접속은 전압이 20배가 된다.

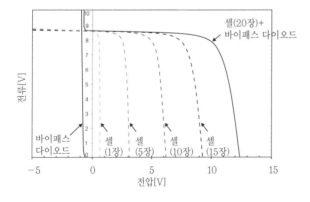

그림 2-11. 정상적인 태양 빛을 받고 있는 블록의 I-V 특성도

〈그림 2-11〉과 바이패스 다이오드의 I-V 특성과 전류 방향의 합에 의해 블록의 I-V 특성을 만들 수 있다. 그림자가 드리운 블록의 I-V 특성도를 역전압 방향의 I-V 특성을 고려하여 그렸다. 일반적으로 태양전지가 동작하는 영역은 〈그림 2-11〉의 제1상한이지만, 전류에 불균형이 생긴 경우 전류가 가장 작은 태양전지 셀은 제2상한에서 동작해서 부하가 된다. 이것은 발전전력이

전압과 전류의 곱이며, 전압이 마이너스가 되는 것을 생각하면 이해하기 쉽다.

이렇게 그린 〈그림 2-12〉를 보면 이 블록의 I-V 특성은 그림자가 드리운 태양전지 셀에 의해 전류가 제한되어 있는 것을 알 수 있다. 구체적으로는 계단 모양이 되어 〈그림 2-11〉과 비교해 출력전류가 감소하는 것을 알 수 있다.

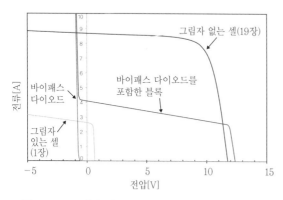

그림 2-12. 그림자 영향이 있는 블록의 I-V 특성도

다음에 〈그림 2-12〉(최대전력이 30%로 낮아진 그림)와 태양전지 모듈 동작점의 그림을 조합했다.

또한 여기서는 3개의 블록을 직렬로 연결하여 실제 태양전지 모듈의 측정값에 접근, 동 전류값의 전압의 합으로 한다(그림 2-13).

〈그림 2-13〉을 보면 알겠지만, I-V 특성은 계단 모양이 되어 이 태양전지 모듈 내에서 그림자가 걸린 태양전지 셀은 60장 중 3장임에도 불구하고 최대 전력은 30% 정도로 떨어져 버린다. 실제로 전력변환장치를 연결하여 동작시키는 경우는 태양전지 모듈의 동작점과 그림자에 걸린 태양전지 셀의 동작전압에 주의한다.

〈그림 2-13〉의 아래 그림은 태양전지 모듈의 동작점과 그림자 영향이 있는 태양전지 셀의 동작점 관계를 나타낸 것이다. 개방전압의 관점에서 보면 약간 전압이 움직임으로써 그림자의 영향을 받는 태양전지 셀의 동작점은 음의 값, 즉 부하가 되는 것을 알 수 있다. 그러나 어느 정도의 전압에서 바이패스 다이오드가 전류를 우회시키기 때문에 전압은 더 이상 음의 값에서 동작하는 것은 아니다. 또한 바이패스 다이오드가 포함되지 않는 경우 그림자의 영향을 받는 태양전지는 태양전지 모듈의 동작전압 저하와 함께 큰 역전압이 인가되고 태양전지 모듈의 발전전력 대부분을 부하 전력으로 소비한다.

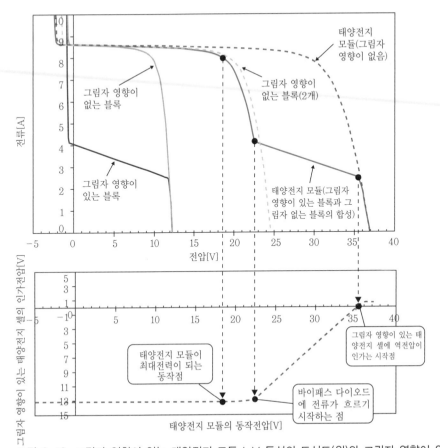

그림 2-13. 그림자 영향이 있는 태양전지 모듈 I-V 특성의 도식도(위)와 그림자 영향이 있는
태양전지 셀의 동작전압(아래)

이와 같이 바이패스 다이오드는 태양전지 셀이 부하가 되어, 발열하는 상황을 최소한으로 억제하기 위한 중요한 소자이며, 특히 그림자 영향이 있는 장소에 설치하는 경우는 내용연수와 정격전류에 충분한 여유가 있는지를 확인해야 한다. 또한 일반 태양전지 셀은 바이패스 다이오드가 제대로 작동하도록 설계되어 있기 때문에 바이패스 다이오드 또는 접속회로가 개방 고장 난 경우는, 태양전지 셀이 브레이크다운(역포화전압을 초과하는 현상)하고 온도가 200℃ 이상 올라가는 등 셀에 큰 발열이 발생할 수 있다.

2.8_ 블로킹 다이오드와 I-V 특성

블로킹 다이오드는 태양전지 모듈에 역전류가 흘러들어가는 것을 방지하는 역류 방지 소자이다.
블로킹 다이오드는 태양전지 스트링에 직렬로 연결하고 보통은 1스트링에 1~2개를 포함한다.

2개인 경우는 양극과 음극 모두에 연결한 구성이다.

또한 블로킹 다이오드와 유사한 기능을 하는 퓨즈를 사용하는 경우도 있다. 기본적으로 양자의 역할은 비슷하지만, 퓨즈의 경우 과전류가 흐를 때 용단된 태양전지 스트링 전원이 차단되기 때문에 고장 발생을 전기적으로 감지하기 쉽다. 이에 대해 블로킹 다이오드의 경우 역전류가 유입돼도 발전은 계속되므로 전기적으로 고장 발생을 감지하기 어렵다. 어느 쪽이 안전한지는 일장일단이 있고, 지락이나 단락 등의 고장 요인에 의하는 바가 크다.

아래에서는 앞 절의 바이패스 다이오드와 마찬가지로 블로킹 다이오드의 동작과 역할을 I-V 특성을 이용해 설명한다.

〈그림 2-14〉는 어레이 회로의 일례이다. 이것은 태양전지 모듈을 10장 직렬로 연결한 태양전지 스트링을 3개의 병렬 회로로 연결시킨 구성이다. 각 태양전지 스트링의 양단에 블로킹 다이오드를 연결하여 파워컨디셔너와 연결한다.

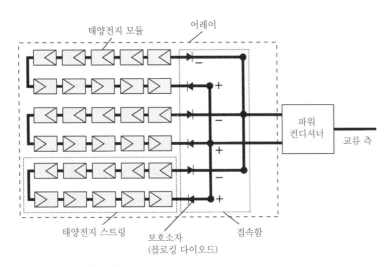

그림 2-14. 어레이 회로의 구성 예

먼저 블로킹 다이오드를 포함하는 태양전지 스트링의 I-V 특성도를 〈그림 2-15〉와 같이 그렸다.

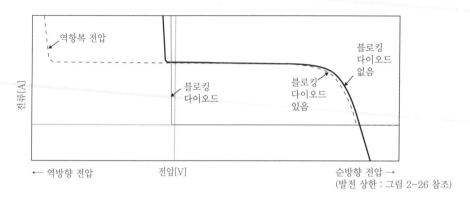

그림 2-15. 블로킹 다이오드를 포함하는 태양전지 스트링의 I-V 특성도

블로킹 다이오드의 I-V 특성은 바이패스 다이오드와 거의 동일하지만 바이패스 다이오드는 블록에 대해 병렬로 연결하는 반면, 블로킹 다이오드는 태양전지 스트링에 대해 직렬로 연결하기 때문에 블로킹 다이오드에 의한 순방향 전압 강하가 발생한다. 따라서 태양전지 시스템 가동 중 블로킹 다이오드에는 항상 전류가 흐르고 있어 소폭이긴 하지만 전력을 소비하고 있다.

블로킹 다이오드가 없는 경우에는, 그림자가 드리우거나 단선되면 태양전지 시스템의 작동 상태에 따라서는 그림자 영향이 있는 태양전지 스트링에 역전류가 흐를 수 있다. 그러므로 블로킹 다이오드를 사용하면 스트링 간의 역전류를 억제할 수 있다.

일반적으로 그림자가 드리운 정도로는 태양전지 모듈의 허용 전류를 넘는 전류는 흐르지 않지만, 블로킹 다이오드가 단락 고장 나고 또 태양전지 스트링 내의 태양전지 모듈이 단락된 경우와 다점 지락이 발생한 경우는 병렬로 연결된 다른 모든 태양전지 스트링 전류가 고장 난 태양전지 스트링에 집중할 가능성이 있다.

특히 문제가 되는 것은 이상 감지 등에 의해 파워컨디셔너가 작동을 정지한 때이다. 그때의 태양전지 모듈의 동작점은 개방전압이 되고, 전체 전류는 외부로 흐르지 않고 내부에서 소비되기 때문에 한층 더 역전류가 흐르기 쉬운 상태가 된다. 설계 시점에서 태양전지 스트링 전압이나 블로킹 다이오드를 확인하는 것은 물론 시공 시에도 태양전지 스트링에 접속하는 태양전지 모듈 개수가 틀리지 않도록 유의해야 한다.

2.9_ 접속함

〈그림 2-16〉은 접속함의 구조를 나타낸 것이다. 접속함은 태양전지 스트링을 한 곳으로 묶은 것이지만, 보수나 점검 시에 회로를 분리하여 점검 작업을 쉽게 하는 역할도 한다.

고장 난 태양전지 스트링만 분리해 건전한 회로만 운용을 계속 한다. 구성으로는 MCCB(배선용 차단기), 피뢰소자(바리스터), 블로킹 다이오드 등으로 구성되어 있다. 다음에 각각의 역할을 나타낸다.

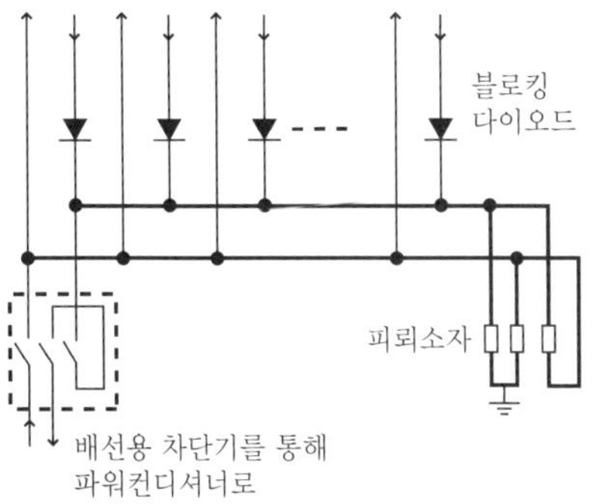

그림 2-16. 접속함

2.9.1 MCCB(배선용 차단기 : Molded Case Circuit Breaker)

배선용 차단기(MCCB)는 회로의 과전류 보호에 이용되지만, 접속함의 주 MCCB 역할은 병렬 회로로 구성된 태양전지 스트링과 집전 회로를 분리하는 것이 주목적이다. 차단 전류 용량으로는 접속함에 연결되어 있는 태양전지 스트링의 합계 전류보다 큰, 바로 상위 전류 용량의 유형을 선정한다.

그러나 접속함에서 단락사고가 발생한 경우에는 다른 회로에서 전류가 유입될 가능성이 있고, 이 경우는 과전류 보호 기능이 작동한다.

MCCB를 선정할 때는 보통 직류 대응형인지와 사용 전압에 따라 3극 직렬로 연결하여 접점의 개수를 늘려 차단 시에 MCCB 내 직류 아크 발생을 억제하도록 설계되어 있는 것이 좋다.

2.9.2 피뢰소자(배리스터)

태양전지 스트링별로 선간 및 대지 간 피뢰소자(배리스터)를 접속하여 과전압을 보호한다. 또한 낙뢰 피해 빈도에 따라서는 MCCB의 낙뢰 보호도 수행한다.

2.9.3 역류 방지소자(블로킹 다이오드)

역류 방지소자(블로킹 다이오드)는 태양전지 셀에 흐르는 역전류에 의한 사고를 방지할 목적으로 사용되므로 당연히 정 방향의 최대전류가 흐를 수 있도록 하고, 최대 역진압의 2배를 견디는 것을 선정한다(「건축전기설비 - 제7-712부 : 특수 설비 또는 특수 장소에 관한 요구사항 - 태양광 발전 시스템」(JIS C 0364-7-712)를 참조).

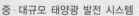

또한 열과 관련해서는 전기가 도통 시에 발열에 대한 내열 온도의 확인과 접속함 내의 환기 및 방열 처리에도 주의한다.

염해 지역으로 기온이 높은 장소에서 사용할 때는 염해를 방지하기 위해 밀폐가 가능한 접속함을 채용하는 사례가 있으며, 이 경우는 방열판과 접속함 뒷면 등을 열 전도가 쉬운 구조로 하여 방열을 원활히 할 필요가 있다.

완전 밀폐가 불가능한 접속함을 사용하여 팬으로 환기를 할 경우에는 염해용 필터 등을 이용하여 염분의 진입을 최대한 막아야 한다.

어떤 경우에도 블로킹 다이오드의 발열은 열전대 등을 사용하여 확인하는 것이 필요하다.

위의 내용을 근거로 선정 시에는 전기가 도통 시에 저항이 작은 타입으로, 또한 다이오드 뒷면이 캐소드 접지되어 있는 경우는 절연을 확보한다.

☀ 2.9.4 단로기(직류 개폐기)

태양전지 스트링이 접속되는 단자이다. MCCB가 On 상태에서 개폐하면 단로 단자가 손상되는 경우도 있다.

2.10_ 집전함

집전함은 태양전지 스트링을 하나로 묶은 접속함에서 다수 대의 접속함을 다시 하나로 묶는 역할을 한다. 주로 주회로 및 분기회로의 MCCB로 구성된다. 설치하는 파워컨디셔너의 직류 입력 회로 수가 충분할 경우는 불필요하다.

2.11_ 접지

접지는 낙뢰 및 계통에 발생하는 이상 전압으로부터 보수 작업자 등의 감전 방지와 전기장비 및 저압회로의 절연 보호를 목적으로 시공한다. 접지공사의 위치와 종류는 다음과 같다.

(1) 접지공사 – '주회로 접지'

주로 고압(또는 특고압)과 저압의 혼촉에 의해 발생하는 2차 측 전기선로의 재해를 방지하기 위한 계통 접지와 지락 검출용 접지가 있다.

어레이 회로와 파워컨디셔너 간의 직류 측 주회로는 지락 고장이 단락 고장을 초래할 수 있기 때문에 접지공사를 시행하지 않게끔 되어 있다.

또한 무변압기 방식의 파워컨디셔너를 사용하는 경우는 연계하는 배전선의 중성선을 통해 접지하기 위해서 지락 검출 기능 또는 직류 분류 검출 기능을 갖추게 되어 있다(JIS C 8954-2006 및 JIS C 8962-2008에 따라 접지 방식을 확인한다).

(2) 접지공사 - '보호 접지'

보호 접지는 태양전지 모듈 프레임 전기기기의 가대, 옥외 금속함(CUB), 금속관, 금속선, 가요성 금속관, 금속 덕트, 케이블의 피복 금속체, 보호 울타리 등을 대상으로 한다. 누전에 의한 감전사고 및 화재로부터 인명과 재산을 구하는 것이 목적이다.

(3) 접지공사의 종류

접지공사는 A종, B종, C종, D종의 4종류가 있다. A종, C종 및 D종은 전기기기와 케이블 금속 외장 등 비충전부에, B종은 특별고압 또는 고압을 저압으로 강압하는 변압기의 저압 측 전기선로에 시행하는 접지이다.

태양광 발전 시스템의 경우 태양전지 모듈, 가대, 접속함, 파워컨디셔너의 외함, 금속 배관 등의 노출 비충전 부분은 누전으로 인한 감전이나 화재 등을 방지하기 위해 어레이 출력 전압(AC)이 300V 이하에서는 D종 접지공사를, 300V를 초과하는 경우에는 C종 접지공사를 시행하도록 규정되어 있다. 〈표 2-1〉에 전기설비의 기술기준에 대한 기준 접지저항치를 나타낸다.

표 2-1. 전기설비 기술기준에서의 기준 접지저항치

접지공사의 종류	접지저항치	접지공사의 적용
A 종	10Ω 이하	고압용 또는 특별고압용 철제 테이블 및 금속 외함
B 종	전압[A]/1선 지락 전류[A]Ω 이하(전압은 150V, 300V, 600V)	특별고압 또는 고압을 저압으로 강압하는 변압기의 저압 측 중성점
C 종	10Ω 이하(0.5초 이하로 전로를 차단하는 장치를 시설할 때는 500Ω 이하]	300V를 초과하는 저압용 철대 및 금속 외함
D 종	100Ω 이하(0.5초 이하로 전로를 차단하는 장치를 시설할 때는 500Ω 이하]	300V 이하의 저압용 철제 테이블 및 금속 외함

2.12_ 서지 보호회로

〈그림 2-17〉에 태양광 발전 시스템의 서지 보호회로 설치 예를 나타낸다.

외부에서 장치 내 배선에는 서지 보호소자(SPD : Surge Protective Device)를 접속하여 서지 전압으로부터 전기 계열 기기를 보호하는 방법을 취하고 있다. 제어·보호회로의 신호선에는 광 케이블을 사용해 서지프리로 하는 것도 가능하지만 비용이 상승한다.

또한 그림에는 기재하지 않았지만, 외부로부터 입력되는 제어·보호회로의 전원선에도 서지 보호회로를 장착하는 것이 바람직하다.

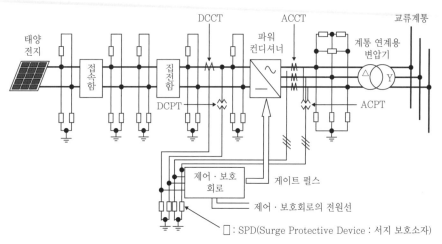

그림 2-17. 태양광 발전 시스템의 서지 보호

2.12.1 피뢰설비

건축기준법에 따르면 높이 20m 이상의 건축물에는 피뢰설비를 설치해야 할 의무가 있다.

일반적으로 지상에 설치하는 중·대규모 태양광 발전 시스템은 높이 기준을 초과하는 것은 아니지만, 건물 옥상이나 공장 지붕에 설치하는 경우 기준을 초과하는 경우가 생기므로 피뢰설비를 설치해야 한다.

2.13_ 파워컨디셔너와 계통 연계 설비

파워컨디셔너는 어레이 회로에서의 직류 출력을 교류로 변환하는 동시에 보호 기능, 감시 기능, 계통 연계에 필요한 각종 연계 기능 등을 가진 전력변환장치이다. 자세한 내용은 「2.20 파워컨디셔너의 개요」에서 정리했다.

파워컨디셔너의 출력 전압은 일반적으로 직류 측 전압이 수백V이기 때문에 200~400V가 많다. 따라서 고압 이상의 배전선에 계통 연계하는 경우에는 승압용 변압기를 이용한다. 승압용 변압기는 기존 자가용 전기설비의 것을 겸용으로 사용할 수 있다.

계통연계 설비에는 태양광 발전 시스템으로부터 생산된 전기를 계통 회사에 판매하기 위한 전력량계 및 각종 보호계전기도 필요하다.

2.14_ 시스템 규모와 계통 연계 전압 구분

태양광 발전 시스템은 용량과 전압에 따라 전기사업법에 아래와 같이 구분된다.

표 2-2. 태양광 발전 시스템의 용량과 전압

종류	내용
일반용 전기공작물	600V 이하의 수전에서 태양광 발전 시스템에서는 용량 50kW 이하
사업용 전기공작물	일반용 전기공작물 외, 전기사업용으로 제공하는 것
자가용 전기공작물	일반용 전기공작물 외, 전기사업용으로 제공하는 것 이외

또는 일정한 기술 요건을 충족하는 경우의 연계 전압은 「전력품질 확보에 따른 계통 연계 기술 요건 가이드라인」에 따라 아래와 같이 정해져 있다.

표 2-3. 태양광 발전 시스템의 연계 전압

종류	기술 요건
저압 계통 연계	발전설비 등의 1설치자당 전력 용량이 원칙적으로 50kW 미만
고압 계통 연계	전력 용량이 원칙적으로 2,000kW 미만인 발전설비 등
특별고압 전선로와 연계	일정한 기술 요건을 충족하는 경우, 특별고압 전선로와 연계할 수 있다

이상의 분류 외에 2012년 7월부터 시작한 「재생가능에너지의 고정가격매입제도」에서는 용량 10kW 미만인 태양광 발전 시스템은 '잉여전력·10년'의 매입, 용량 10kW 이상의 설비에는 '전량 20년'의 매입기간이 설정되어 있다.

이러한 상황에서 이 책에서는 주로 용량 10kW 미만의 주택 지붕 등에 설치하는 시스템을 소규모 시스템으로 보고 취급 대상에서 제외했다. 또한 '전량·20년'의 매입이 적용되는 10kW 이상의 시스템에 대해 저압 및 고압 연계가 가능한 2,000kW 미만의 시스템을 중형 시스템, 특별고압에 연계되는 2,000kW 이상의 시스템을 대규모 시스템이라 부르기로 한다(그림 2-18).

항목	용량(단위 : kW)				
	~10 미만	10 이상~ 50 미만	50 이상~ 1,000 미만	1,000 이상~ 2,000 미만	2,000 이상~
FIT	조달기간 10년, 잉여분 매입	조달기간 20년, 전량 매입			
전기공작물	일반용 전기공작물(소출력 발전설비)		자가용 전기공작물		
연계전압	저압		고압		특별고압
주임기술자	불필요		외부위탁 승인		선임
보안규정	불필요		신고 필요		
사전협의	1개월, 무료		3개월, 유료		4개월 이상, 유료
주요 설치 장소	소규모 건물 (주택 등)	중규모 건물 (공동주택, 공공시설 등), 지상		대규모 건물(창고, 공장 등), 지상	
구분		소규모	중규모		대규모
	가정용 시스템	산업용 시스템			

종래 1MW 이상 시스템을 '메가솔라'라고 부르는 경우가 많았지만, 이 책에서는 10kW 이상 2,000kW 미만을 중규모, 2,000kW 이상을 대규모라고 구분한다.

그림 2-18. 태양광 발전 시스템의 구분(본 도서)

2.15_ 주택용 태양광 발전 시스템

주택용 태양광 발전 시스템은 주택의 지붕이나 옥상에 설치하는 태양광 발전 시스템이다. 태양전지 모듈 여러 장을 조합한 태양전지 어레이에 접속함 및 파워컨디셔너를 접속한다. 태양전지 어레이로부터 발전한 전력 중 남은 부분은 매전용 전력량계를 통해 전력회사에 판매가 가능하다. 매전용 전력량계는 전력회사가 점검하여 매월 청구 및 정산된다. 발전용량은 수kW에서 규모가 큰 주택에는 10kW 이상 설치할 수도 있다.

주택용 태양광 발전 시스템에 적용되는 우대제도에는 시스템 비용에 대한 보조금과 발전한 전력을 고정가격으로 매입하는 고정가격매입제도(이후 FIT이라 함)가 있다. 국가의 시스템 비용 보조금은 2013년에 종료했지만, 일부 도시나 마을에서 계속 실시하고 있다.

FIT는 용량이 10kW 미만인 경우는 발전한 전력 중 잉여분이 매입 대상이고, 2014년도는 1kWh당 37엔이다. 자세한 내용은 프롤로그의 「고정가격매입제도 현황」(p.10)을 참조하기 바란다. 주택용 태양광 발전 시스템의 경우는 계통 내 저압으로 연계하기 때문에 시스템 구성은 비교적 단순하다.

2.16_ 중·대규모 태양광 발전 시스템

중·대규모 태양광 발전 시스템은 이 책의 주제이며, 1,000kW를 넘는 규모의 것도 있다. 자가소비, 잉여분의 매전, 또 매전 전용 시스템이 있다. 해외에서는 대규모 에너지 사업의 일환으로 구축이 활발하며 일본에서도 FIT 도입 후 설치가 빠르게 늘고 있다.

〈그림 2-19〉와 〈그림 2-20〉에 기본적인 시스템 구성을 나타낸다. 〈그림 2-19〉는 자가소비형 시스템의 구성 예이고, 〈그림 2-20〉은 전량 매전형 시스템의 구성 예이다. 시스템 구성은 자가소비만, 잉여분의 매전, 매전 전용에 따라 다르다. 일반적으로 고압 배전선 및 특별고압 배전선망에 연계하지만, 50kW 미만이면 저압 배전선에 연계하는 것도 가능하다(저압 계통 연계).

설계 시 유의할 점도 많고 시공 시의 공정관리도 비용에 크게 반영된다. 계통 연계를 위한 장치도 복잡하고 시스템 비용도 고가이다.

주로 중규모 시스템을 구축할 경우 고압 배전선에 연계되는 경우가 많고 태양광 발전에서의 발전은 직접 매전을 위한 전용선으로 전력회사의 고압계통에 연계한다. 수전설비를 공유할 수 없기 때문에 신설해야 한다.

파워컨디셔너부터 변압기, VCT, 전력량계, PAS 등을 설치할 때는 전력회사의 승인 후에 설계 단계에서 검토한다. 단, 50kW 미만이면 저압 배전선에 연계하는 것도 가능하다(저압 계통 연

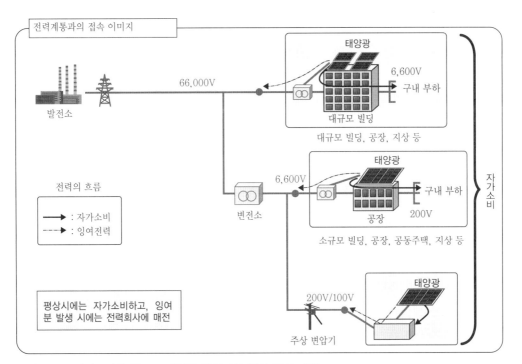

그림 2-19. 자가소비형 중규모 태양광 발전 시스템의 구성 예시

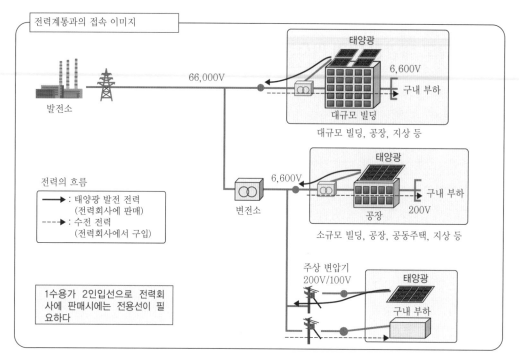

그림 2-20. 전량 매전형 중규모 태양광 발전 시스템의 구성 예시

계).

또한 설계 시에는 축전지 설비의 유무도 검토한다. 축전지 설비는 태양광 발전에서 발생한 전력을 야간이나 비상시에 사용하려는 경우 설치되지만, 설치비용이나 운용비용이 상승하기 때문에 시스템 구축의 목적에 맞게 도입 여부를 결정한다.

2.16.1 특별고압으로 연계하는 대규모 태양광 발전 시스템

특별고압으로 연계하는 대규모 태양광 발전 시스템의 경우, 용량 규모상 광활한 설치 면적이 필요해 대부분은 지상 설치형 시스템이다. FIT 시작 이후 10MW를 초과하는 대규모 시스템이 구축되어 발전에 들어갔다. 반면, FIT 인증만 받고 바로 설치하지 않은 예나 설치량의 급격한 증가로 전력계통의 조정력이 부족하기 하기 때문에 계통 연계가 제약을 받는 등의 문제도 있었다.

이 책의 앞 컬러 페이지에 중대규모 태양광 발전소의 사진을 게재했다. 일본 국내에 설치된 용량이 큰 대규모 태양광 발전 시스템은 82MW의 오이타 파워솔라와 70MW의 가고시마 나나츠지마 메가솔라 발전소 등이 있다. 또한 해외에서는 100MW 이상의 발전소도 많은데, 미국 캘리포니아에 설치된 550MW의 Topaz Solar Farm과 중국 칭하이성에 설치된 550MW의 Longyangxia Hydro-solar PV Station 등이 있다. 이처럼 메가솔라가 늘어난 것은 태양광 발전 시스템의 모듈과 설치 단가의 하락에 기인하는 바가 크다.

태양광 발전 시스템의 비용구조에 대해서는 「자료 7 태양광 발전 시스템의 비용 구조」에 정리했다. 이외에도 대규모 태양광 발전 시스템의 구축 예를 컬러 페이지에 게재했으므로 참조 바란다. 대규모 태양광 발전 시스템의 대형 파워컨디셔너 용량은 대당 100~500kW가 일반적이다.

2.17_ 태양전지 발전 특성

2.17.1 전류와 전압의 특성(I-V 특성)

I-V 특성이란 태양전지 셀의 전류 I와 전압 V의 특성을 나타낸 그래프로, 〈그림 2-21〉에 나타낸다.

태양전지를 단락했을 때 흐르는 전류를 단락전류 I_{sc}(shot circuit current), 개방 시의 전압을 개방전압 V_{oc}(open circuit voltage)이라고 한다.

또한 가장 전력이 큰 점을 최대전력점(MPP : maximum power point)이라 하고, 그때의 전류를 최적동작전류(I_{pm}), 전압을 최적동작전압(V_{pm}), 얻어지는 전력을 최대전력(P_{max}: maximum power)이라고 부른다. 따라서 I-V 특성의 곡선 형태를 나타내는 지표인 곡선인자(충진율) FF(fill factor)는 다음 식으로 정의된다.

$$FF = \frac{P_{max}}{I_{SC} \times V_{OC}}$$

〈그림 2-22〉에 조사하는 빛의 강도와 I-V특성의 관계를 나타낸다.

빛의 강도는 방사 조도 또는 일사 강도(일조 강도)라고 부르며 단위는 kW/m^{2}를 사용한다.

어두운 상태(광조사되지 않는 상태)에서는 태양전지의 I-V 특성은 pn 접합 다이오드와 같은 특성이 있기 때문에 발전하지 않는다.

빛을 받았을 때의 I-V 특성은 어두운 상태일 때보다 위쪽 전류 방향으로 이동한다. 이때 단락전류 I_{sc}는 일사 강도에 비례하고 최대전력 P_{max}도 거의 비례한다.

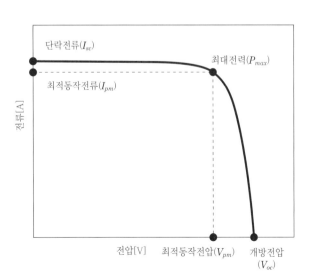

그림 2-21. 태양전지 모듈의 전류와 전압 특성

한편 개방전압 V_{oc}는 크게 변화하지 않는다. 〈그림 2-23〉은 온도와 I-V 특성의 관계를 나타낸 것이다. 일사 강도가 일정한 조건하에서 태양전지 모듈의 온도가 증가해도 단락전류 I_{sc}는 거의 변화하지 않지만 전압은 저하하고 최대전력 P_{max}도 저하한다.

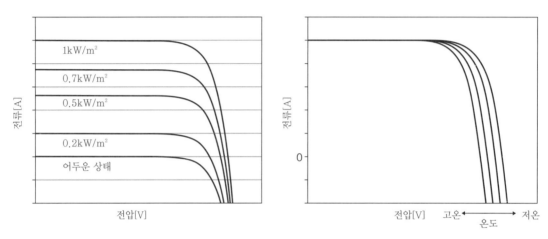

그림 2-22. 태양전지 모듈의 일사 강도 변화와 I-V 특성   그림 2-23. 태양전지 모듈의 온도 변화와 I-V 특성

2.17.2 태양전지 셀의 출력 측정 조건

태양전지 셀의 출력은 일사 강도와 빛의 분광 분포 및 태양전지 모듈 온도 등에 영향을 받는다. 현재 시판되고 있는 태양전지 모듈의 공칭 발전전력(정격전력)은 국제적으로 정해진 일정한 조건하의 출력값이 이용되고 있다. 이 출력 측정 조건을 기준 조건(standard test condition : STC)라고 부르고 일사 강도(방사 조도) 1kW/m², 모듈 온도 25℃, 빛의 분광 분포 AM 1.5G의 조건으로 정해져 있다.

AM이란 에어매스(air mass)를 가리키는 말로 태양광이 지표면에 도달하기까지 대기 통과 거리를 의미한다. G는 글로벌(전천)을 가리킨다. 1.5G란 태양광이 수직으로 도달하는 거리와 비교해 1.5배의 거리를 통과했다는 뜻이 된다.

2.17.3 태양전지 모듈의 직렬 접속, 병렬 접속과 I-V 특성

태양전지 스트링과 어레이 회로를 구성하기 위해서는 복수의 모듈을 직·병렬로 접속한다. 모듈을 직렬로 접속했을 때의 I-V 특성은 〈그림 2-24〉와 같이 전압이 증가한다. 한편 모듈을 병렬로 접속했을 때는 〈그림 2-25〉와 같이 전류가 증가한다.

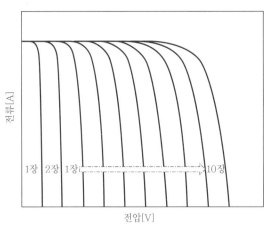

그림 2-24. 직렬 접속의 I-V 특성

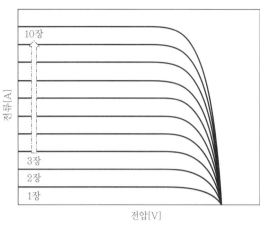

그림 2-25. 병렬 접속의 I-V 특성

2.18_ 태양전지 셀의 발전 동작과 부하 동작

태양전지 셀(태양전지 모듈)도 직·병렬로 접속하거나 외부 전원을 접속하면 전류가 역류하거나 역전압이 인가되는 일이 있다. 이때의 태양전지 셀은 부하가 되어 발열한다.

〈그림 2-26〉에 태양전지 셀의 발전 상한과 부하 상한을 나타냈다. 그림과 같이 태양전지 셀의 동작은 크게 다음 3가지로 나뉜다.

- 제1상한(전류와 전압이 '양·양'인 경우) : 발전 상한
- 제2상한(전류와 전압이 '양·음'인 경우) : 역방향으로 전압이 인가되는 부하 상한(역전압 상한)
- 제4상한(전류와 전압이 '음·양'인 경우) : 역방향으로 전류가 주입되는 부하 상한(역전류 상한)

전력은 '전류×전압'으로 나타내기 때문에 전류와 전압 부호가 다른 경우는 음의 전력이 되어 전력을 소비하기 때문에 태양전지 셀은 발열한다.

역전압 상한에서는 태양전지 셀의 특성은 어느 정도까지 일정 전류를 유지하지만 과잉 역전압이 인가되면 전류가 극단으로 흘러(역포화전압, breakdown) 태양전지 셀에 타격을 가하고 열화시키는 경우가 있다. 또한 브레이크다운 이전의 동작에서도 태양전지 셀 내에서 전류가 누설하기 쉬운 개소를 집중적으로 흐르기 때문에 고온이 되기 쉽다.

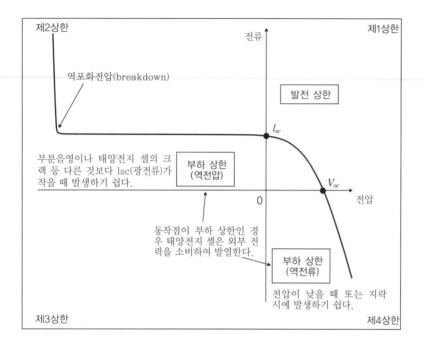

제2상한

역포화전압(breakdown)

부분음영이나 태양전지 셀의 크 랙 등 다른 것보다 lsc(광전류)가 작을 때 발생하기 쉽다.

전류

제1상한

발전 상한

l_{sc}

부하 상한
(역전압)

0

전압

V_{oc}

동작점이 부하 상한인 경 우 태양전지 셀은 외부 전 력을 소비하여 발열한다.

부하 상한
(역전류)

전압이 낮을 때 또는 지락 시에 발생하기 쉽다.

제3상한

제4상한

그림 2-26. 태양전지 셀의 발전 상한과 부하 상한

2.19_ 전기계 기기의 구성

중·대규모 태양광 발전 시스템은 태양전지 모듈을 여러 장 직렬 접속하여 태양전지 스트링을 구성하며, 이것이 접속함에서 수십 개 병렬 접속되어 어레이 회로를 구성한다. 또한 집전함은 접속함이 여러 개 병렬 접속된다(그림 2-27).

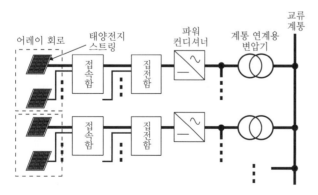

그림 2-27. 중·대규모 태양광 발전 시스템의 전기계 구성

집전함의 직류 전력은 파워컨디셔너에 의해서 상용 주파수의 교류 전력으로 변환된다. 이후 계통 연계용 변압기에 의해서 계통 전압으로 상승 후에 교류 계통에 접속된다.

메가솔라 같은 대규모 태양광 발전 시스템에서는 〈그림 2-27〉에 나타낸 계통 연계용 변압기보다 여러 대 병렬로 접속된 구성이다. 또한 2MW를 넘는 메가솔라에서는 특별고압의 교류 계통에 접속된다. 태양광 발전 시스템 용량에 대한 계통 연계 규정은 「2.29 교류 전압 구분」에서 기술한다.

2.20_ 파워컨디셔너의 개요

파워컨디셔너는 직류 전력을 상용 주파수의 교류 전력으로 변환하는 인버터와 보호 기능, 감시 기능, 태양광 발전 시스템을 계통에 연계하기 위한 각종 연계 기능 등을 가진 장치이다.

또한 파워컨디셔너는 시시각각 변화하는 일사 강도와 기타 영향을 받는 태양전지 모듈에서 최대출력을 발생시키기 위해 태양전지 모듈의 직류 전압(파워컨디셔너의 입력 직류 전압)을 상시 변화시켜 최대 출력점을 추종하는 MPPT(Maximum Power Point Tracking) 제어를 수행한다. 나아가 연계하는 교류 계통에 악영향을 미치지 않도록 무효전력을 제어해서 태양전지 출력의 변동에 의한 송전선 전압의 변동을 억제하거나 직류·교류 변환에 수반하는 고조파 전류를 억제한다. 〈표 2-4〉에 파워컨디셔터에 요구되는 기능을 나타낸다.

표 2-4. 파워컨디셔너에 요구되는 기능

기능	내용
전력변환 기능	직류 전력을 교류 전력으로 변환한다
최대 출력점 추종 제어(MPPT : Maximum Power Point Tracking) 기능	태양전지 모듈에서 최대출력을 추종하기 위한 동작점으로 설정한다
자립운전 기능	계통 정지 시의 자립운전
출력 억제 기능	계통이 경부하가 됐을 때 인버터 출력을 억제한다
FRT(Fault Ride-through) 기능	계통 사고 시의 운전 계속
보호 기능	계통 과전압, 계통 부족 전압, 주파수 저하, 주파수 상승 및 단독운전 검출 보호 기능을 설정한다

또한 연계하는 교류 계통에 악영향을 미치지 않도록 〈표 2-5〉에 나타낸 성능을 갖는 것이 요구된다.

표 2-5. 파워컨디셔너에 요구되는 성능

성능	내용
광범위한 직류 입력 전압 범위 대응	예를 들면 100~600V의 광범위에서 운전한다
고효율 파워 변환	특히 태양광 발전 전력 발생 빈도가 높은 영역에서의 고효율 운전
고품질의 발전 전력	변동이 적은 전력, 저고조파 전류와 저EMC 노이즈의 교류 전력을 출력한다
고신뢰성과 고수명	예로서, 20년 이상의 신뢰성과 수명을 유지한다

2.20.1 규모별 구성

구체적인 주회로의 구성에 대해서는 가정용으로 사용되는 소규모 용량(시스템 용량 10kW 미만)에는 단상3선식, 산업용 등으로 사용되는 중·대규모 용량(시스템 용량 10kW 이상)에는 3상3선식이 널리 사용되고 있다(표 2-6). 사양에 대한 상세한 내용은 후반부에 기술한다.

표 2-6. 표준적인 파워컨디셔너의 사양 예

파워컨디셔너 용량(kW)		100kW 미만(소·중규모용)	100kW 이상(중·대규모용)
방식	인버터 방식	전류 제어·전압형	전류 제어·전압형
	스위칭 방식	정현파 PWM	정현파 PWM
	절연 방식	상용 주파 절연 변압기, 무변압기 비절연	무변압기 비절연
	냉각 방식	강제 냉각	강제 냉각
직류 입력	정격운전전압[V]	300~450	650~720
	최대전압[V]	600~880	600~1,000
	MPPT 제어 범위[V]	240~600	550~950
교류 출력	전기 방식	단상3선식, 3상3선식	3상3선식
	정격전압[V], 주파수[Hz]	100/200, 50/60	200/220/400/440, 50/60
	전류 왜곡률	종합 5%, 각차 3%	종합 5%, 각차 3%
	효율(%)	92.0~96.0	98.0~98.7

2.20.2 자립운전, 단독운전 방지, 모니터 기능

20kW 이하 태양광 발전 시스템에서는 계통 사고 등에 의해 계통의 전압이, 가령 20% 이하로 저하한 경우와 전압이 0인(정전이 발생한) 경우에 태양광 발전 시스템을 계통에서 분리해야 하므로 계통으로 전력을 출력하지 않도록 하는 단독운전 방지 기능이 필요하다. 또한 정전 시에 자립운전을 수행하여 자가소비용으로 전력을 공급하기 위한 계통차단용과 자립운전용 개폐장치가 설치된 구성이 있다.

제어 및 보호 장치는 운전·정지와 기본 제어 보호 동작을 수행하는 외에 이상 시 등의 표시와 일사량, 온도, 전력 등의 모니터링을 수행하는 기능을 갖췄다 .

2.21_ 파워컨디셔너의 기본 구성

파워컨디셔너는 일반적으로 DC/DC 컨버터(DC 초퍼부)와 인버터부로 구성되며, 상기의 기능·성능을 실현하기 위해 제어 및 보호 장치가 갖춰져 있다(그림 2-28).

DC 초퍼부는 접속함에 모인 태양전지 스트링에서의 직류 전압(DC 초퍼의 입력 직류 전압)을 제어하고, 그 출력 전압을 인버터부에 최적인 직류 입력 전압치가 되도록 승압한다. 이때, 태양전지 모듈의 최대 출력점 추종 제어를 수행한다. 인버터부는 직류 전력을 교류 전력으로 변환하기 위해 자기 소호 기능을 가진 IGBT(Insulated Gate Bipolar Transistor)로 구성되며 전류를 제어하는 전압형의 자려식 변환기로서 운전된다.

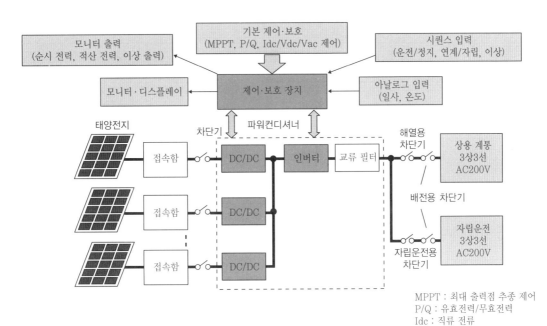

MPPT : 최대 출력점 추종 제어
P/Q : 유효전력/무효전력
Idc : 직류 전류
Vdc : 직류 전압
Vac : 교류 전압

그림 2-28. 파워컨디셔너의 기본 구성

2.22_ 파워컨디셔너의 인버터부

인버터부는 직류·교류 변환 시에 출력 전압 파형을 가능한 한 정현파에 가깝게 하고 또한 고조파 전류의 발생을 억제한다.

이를 위해 인버터부에 이용하는 IGBT의 게이트 펄스는 일반적으로 PWM(Pulse Width Modulation) 제어에 의해서 만들어진다(「2.26 파워컨디셔너의 PWM 제어 변조 방식」참조).

캐리어 주파수를 높게 하면 인버터부의 출력 전류에 포함되는 발생 고조파 전류의 차수를 높게 하여 고조파 비율을 작게 할 수 있지만 스위칭 손실과 고조파 손실이 증가해서 인버터의 변환효율이 낮아진다.

또한 인버터부는 일반적으로 dq 제어에 의해 직류 전압과 무효전력(교류 전압)을 비간섭으로 독립 제어한다[2].

제어 회로에서는 인버터 입력 직류 전압(초퍼 출력 전압)을 일정하게 유지하는 직류 전압 일정 제어를 수행함으로써 DC 초퍼부에서 검출된 태양전지 모듈의 최대 직류 출력을 상용 주파수의 교류 전력으로 변환한다(그림 2-29).

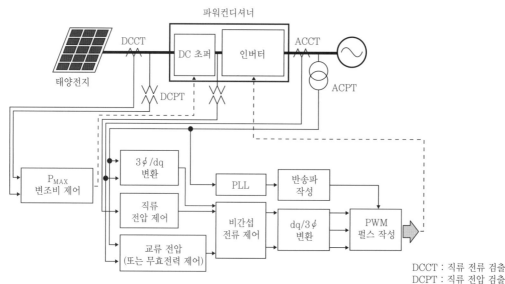

그림 2-29. 파워컨디셔너의 제어 회로 블록

DCCT : 직류 전류 검출
DCPT : 직류 전압 검출
ACCT : 교류 전류 검출
ACPT : 교류 전압 검출

2.23_ 파워컨디셔너의 절연 방식

중·대규모 용량의 파워컨디셔너에서는 직류·교류의 변환효율을 높이기 위해 변압기를 사용하지 않는 무변압기 방식이 주류를 이루며, 직류 측과 교류 측은 절연되어 있지 않다. 태양광 발전 시스템과 계통의 절연은 승압용 계통 연계용 변압기로 수행하고 있다.

2.24_ 파워컨디셔너와 직류 전압의 고압화

직류 전압은 파워컨디셔너의 용량이 같으면 전압이 높은 쪽이 전류가 작아 손실을 줄일 수 있기 때문에 최근에는 고전압화하는 추세이다. 1,000V 대응 파워컨디셔너와 태양전지 모듈이 시판되고 있으므로 기존의 600V 이하 대응 제품을 사용한 경우보다 태양전지 스트링의 직렬 수를 늘려 병렬 수를 줄일 수 있어 배선도 간소화된다.

2.25_ 최대 출력점

파워컨디셔너는 직류 전압 검출(DCPT)와 직류 전류 검출(DCCT)로부터 전력값을 구하고 DC 초퍼부의 변조비 제어에 의해서 초퍼의 입력 직류 전압을 조정하여(exploratory method) 태양전지 모듈의 최대 출력점을 찾아낸다.

교류 계통 전압을 $E_s = |E_s| \angle 0°$, 인버터부의 교류 출력 전압을 $E_i = |E_i| \angle \theta$, 송전선의 리액터를 X로 하고 파워컨디셔너의 유효전력과 무효전력 출력을 각각 P, Q라고 하면

$$P + jQ = \frac{(E_s - E_i) \times E_i}{jX} \tag{2.1}$$

로 나타내고 다음 식을 얻을 수 있다. 여기서 j는 허수를 나타내며 90° 위상이 늦어지는 것을 나타낸다.

$$P = \frac{|E_s| \times |E_i| \times \sin\theta}{X} \tag{2.2}$$

$$Q = \frac{|E_s| \times |E_i| \times \cos\theta - |E_i|^2}{X} \tag{2.3}$$

인버터부에서는 유효전력에 해당하는 인버터 입력의 직류 전압을 교류 출력 전압의 위상값 θ, 교류 계통의 전압에 해당하는 무효전력을 인버터부 교류 출력 전압의 크기 $|E_i|$를 바꾸어 제어 회로로부터 지정된 P, Q(또는 E_i)값으로 제어한다.

2.26_ 파워컨디셔너의 PWM 제어 변조 방식

아래에 PWM 제어 변조 방식의 일례로 서브 하모닉스 변조 방식을 이용한 펄스 구동 방법을 나타낸다.

〈그림 2-30〉에 인버터부에서 만들고자 하는 전압 파형의 상이 파형인 변조파 신호와 이 신호의 7배 주파수인 삼각파(반송파, 캐리어) 신호를 비교해서 만들 수 있는 PWM 신호(IGBT의 온/오프 신호)를 작성할 때의 파형 관계를 나타낸다.

일반적으로 반송파는 변조파 신호(상용 주파수)의 홀수배 주파수를 가지며 일정한 진폭의 삼각파를 이용한다.

변조파 신호는 제어·보호회로에 의해 만들어지며 제어된 진폭과 위상을 가진 신호파이다.

PWM 신호는 변조파의 진폭이 반송파의 진폭보다 클 때 인버터부 위쪽의 IGBT, 반대일 때는 아래쪽의 IGBT를 온하는 펄스 신호이다. 타 상의 IGBT 온/오프 펄스 신호와 캐리어 신호의 주파수는 마찬가지로 120° 위상차를 가지는 변조파 신호와의 교점에서 만들 수 있다.

파워컨디셔너에서 출력되는 전압의 파형은 IGBT 위쪽의 온펄스 신호 파형에서 아래쪽의 온펄스 신호 파형을 뺀 구형파 파형과 비슷하지만 전류 파형은 고조파를 포함한 근사 정현파가 된다. 때문에 인버터부의 출력에는 고조파 전류를 차단하는 교류 필터가 설치된다.

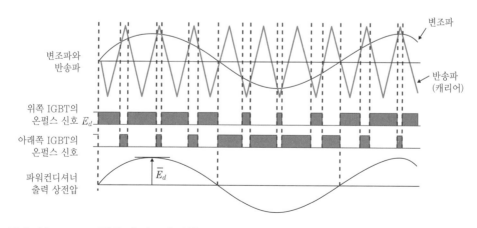

그림 2-30. PWM 파형을 만드는 각 파형

일반적으로 캐리어 주파수는 상용 주파수의 홀수배 주파수가 사용되며 주파수가 높을수록 발생하는 고조파의 기본 주파수는 높아져 교류 필터의 용량을 줄일 수 있다. 그러나 IGBT 소자의 스위칭 주파수에는 제약을 받는다. 일반적으로 가청 주파수 노이즈의 발생을 피하기 위해 소용량 파워컨디셔너에는 14~20kHz의 캐리어 주파수를 사용하고 대용량 파워컨디셔너에는 4kHz 정도가 사용되고 있다.

한편 발생하는 고조파는 인버터 출력의 전압과 전류 파형을 푸리에 급수를 통해 계산할 수 있다. 덧붙이면 인버터 교류 전압 출력의 기본파 진폭은 다음 식으로 나타낸다.

PWM 변조 시 기본파 성분의 진폭 $V_1 = \sqrt{3}K_a \times \overline{E}_d$ (2.4)

여기서 K_a는 변조도(변조파 진폭÷삼각파 진폭) (<1)이고 $\overline{E}_d$는 직류 전압이다.

2.27_ 파워컨디셔너의 구조

시스템 용량이 3~10kW인 소규모 용도의 파워컨디셔너는 비교적 구성이 간단한 단상3선식이 사용되고 있지만 시스템 용량이 큰 10kW 이상 중대규모 용도의 파워컨디셔너에는 3상3선식이 일반적으로 사용된다.

2.27.1 단상3선식 파워컨디셔너

〈그림 2-31〉에 전압형 단상3선식 파워컨디셔너의 기본 회로 예를 나타낸다. DC/DC 컨버터부(DC 초퍼)와 인버터부를 구성하는 IGBT의 단상 브리지 회로가 연결되어 있다. DC 초퍼부 출력부의 커패시터 중성점은 교류 전원의 중성점으로 연결, 접지되어 있다.

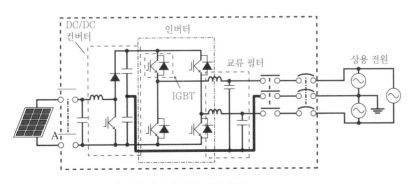

그림 2-31. 단상3선식 파워컨디셔너의 기본 회로

2.28_ 대규모용 파워컨디셔너

일반적으로 대규모용에 사용되는 3상3선식 파워컨디셔너의 기본 회로를 〈그림 2-32〉에 나타낸다.

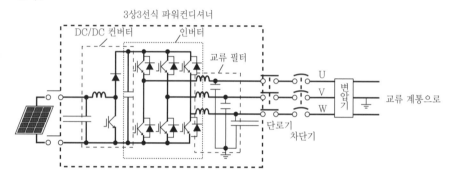

그림 2-32. 3상3선식 파워컨디셔너의 기본 회로

인버터부가 3상 풀브리지 회로로 구성되며 교류 필터는 3상 구성이다. U, V, W의 고압 3상 상용 계통에서는 전압의 기준점을 정하고 송전선 지락 사고 시의 보호를 수행하기 위해 V상이 접지되어 있다. 비절연형 파워컨디셔너를 사용한 태양광 발전 시스템에서는 계통 연계용 변압기를 계통 연계 앞단에 별도로 접속하여 절연한다.

2.29_ 교류 전압 구분

태양광 발전 시스템 파워컨디셔너의 출력 교류 전압은 일반적으로 100V, 200V 및 400V이다. 따라서 고압 또는 특별고압의 계통에 접속하는 경우에는 연계용 변압기를 거쳐 계통 전압에 맞게 승압한다. 태양광 발전 시스템 용량에 대한 계통 연계 규정을 〈표 2-7〉에 나타낸다. 원칙적으로 50kW 미만의 시스템은 저압 배전선, 2MW 미만의 시스템은 고압 배전선, 2MW 이상은 특별고압 전선로에 접속된다.

표 2-7. 연계 구분

No	계통 전압 연계 구분	태양광 발전 시스템 용량
1	저압 배전선(Vac≦600V)	원칙적으로 50kW 미만
2	고압 배전선(600V<Vac≦7kV)	원칙적으로 2,000kW 미만
3	스폿 네트워크 배전선(22~33kV)	원칙적으로 10,000kW 미만
4	특별고압 전선로(7kV<Vac)	원칙적으로 2,000kW 이상

2.30_ 접지와 감도 레벨

일반적으로 전기설비에서는 전압의 기준점을 정해 고정하고 지락사고 시의 보호를 위해 접지가 시행된다.

파워컨디셔너의 경우 사용하는 태양전지 모듈에 따라서는 PID(전위차에 의한 출력 감소) 현상에 의한 불량으로 인해 발전량이 저하되는 것을 막기 위해 접지를 한다.

한편 저압 배전선에서는 안전을 주목적으로 전원선의 1선(일반적으로 V상)을 접지한다. 때문에 저압 배전선에 접속되는 비절연 방식(무변압기)의 태양광 발전 시스템에서는 직류 회로에 접지를 시공해도 접지 회로의 루프가 생기므로 전기적인 접지가 되지 않는다.

한편 태양전지 시스템은 태양전지의 가대가 접지되어 있으므로 태양전지 모듈과 대지 간에 부유용량이 존재하여 접지를 하면 교류에 대해 폐루프가 형성된다.

〈그림 2-33〉에 비절연 방식 태양광 발전 시스템의 폐루프 형성 예를 나타낸다. 파워컨디셔너에서 Common mode 전압이 인가되면 누설전류(스위칭에 수반하는 고주파 전류)가 흐른다. 누설전류는 파워컨디셔너의 직류 전압과 부유 용량이 크면 커지고 전류가 누전차단기의 설정 레벨을 넘으면 보호 릴레이가 오동작해서 차단기를 개방하므로 발전을 정지한다. 보호 릴레이의 오동작을 방지하기 위해서는 누전차단기의 검출 레벨을 높일 필요가 있지만 지락전류 검출 감도를 저하시키므로 안전상 문제가 된다.

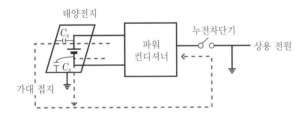

그림 2-33. 부유 용량을 거친 고주파 노이즈 환류 루프

Common mode 전압(인버터 입력 직류 전압)이 인가된 경우의 누설전류(고주파 스위칭의 전류) I_{gh}[A]는 개략적으로 다음 식으로 구할 수 있다.

$$I_{gh} = \frac{E_d \times \omega \times C_s}{1 - \omega^2 \times L \times C_s} \tag{2.5}$$

여기서 E_d는 Common mode 전압, C_s는 태양전지 시스템의 대지 정전용량, L은 파워컨디셔너의 Common mode 인덕턴스「$\omega = 2\pi f$」(각 주파수)이다. $E_d = 400V$, $L = 1mH$로 하고 스위칭 주파수(캐리어 주파수)를 14kHz로 하면 $C_s = 1[\mu F]$ 부근에서는 $I_{gh} = 5.2[A]$로 큰 누설전류가 된다.

2.31_ 지락사고 시의 조기 검출

중·대규모 태양광 발전 시스템에서는 시스템의 변환효율을 높이기 위해 무변압기의 비절연형 파워컨디셔너가 일반적으로 이용된다.

무변압기 타입의 파워컨디셔너가 여러 대 병렬 접속되는 경우는 직류 지락 시의 사고를 조기에 검출하여 건전한 부분을 분리할 필요가 있다. 이 경우의 보호 방법 예를 〈그림 2-34〉에 나타낸다. 일반적으로 계통 연계용 변압기의 중성점에 중성점 접지저항 R_g와 접지차단기를 병렬로 접속하여 접지한다.

또한 중성점에는 과전압 보호계전기를 장착하여 직류 회로의 지락사고를 검출한다. 이로써 과전압이 검출되면 과전압 보호계전기가 동작하여 접지차단기가 닫히고 지락사고가 발생한 주회로의 누설차단기(ELB)에 지락전류를 흘린다. 그리고 ELB에서는 지락전류(과전류)를 검출해서 ELB를 개방하여 사고가 발생한 회로를 분리한다.

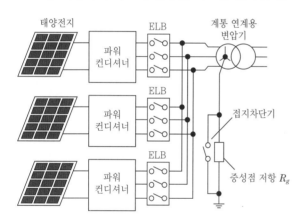

그림 2-34. 직류 지락 검출 방법

2.32_ 계통 연계 보호 기능과 요구 기능

여기서는 파워컨디셔너를 이용한 경우 일반 전기사업자의 배전선에 계통 연계할 때에 필요한 계통 연계 보호 기능과 요구사항을 설명한다.

2.32.1 계통 연계 보호

파워컨디셔너의 계통 연계 보호 요건은 주로 「전기설비의 기술 기준 해석」 및 「전력품질 보호에 관한 계통 연계 기술 요건 가이드라인」을 포괄한 「계통 연계 규정」에 준거한다.

계통 연계 규정은 〈표 2-7〉에 나타낸 연계 구분(저압 배전선, 고압 배전선, 스폿 네트워크 배전선 및 특별고압 전선로)의 전압 범위에 따라서 다른 보호장치가 요구된다.

때문에 출력이 100kW 미만인 소·중규모 태양광 발전 시스템의 대다수는 저압 배전선에 계통 연계되기 때문에 저압 배전선의 계통 연계 요건을 준용할 필요가 있다.

한편 출력이 100kW 이상인 중·대규모 태양광 발전 시스템은 승압 변압기를 거쳐 고압 배전선에 연계되는 일이 많다. 때문에 고압 배전선의 계통 연계 요건에 준용할 필요가 있다. 〈표 2-8〉과 〈표 2-9〉에 파워컨디셔너가 계통에 연계될 때 필요한 보호 릴레이의 요구사항을 나타낸다.

표 2-8. 전기설비의 기술 기준 해석에서의 보호 릴레이 요구사항(저압)

보호 릴레이 등		역변환 장치를 이용해서 연계하는 경우	
검출하는 이상	종류	역조류가 있는 경우	역조류가 없는 경우
발전 전압 이상 상승	과전압 릴레이	○[*1]	○[*1]
발전 전압 이상 저하	부족전압 릴레이	○[*1]	○[*1]
계통 측 단락사고	부족전압 릴레이	○[*2]	○[*2]
	단락 방향 릴레이		
계통 측 지락사고와 고저압 혼촉사고(간접) (저압 측만 적용)	단독운전 검출 장치	○[*3]	○[*4]
단독운전 또는 역충전	단독운전 검출 장치		
	역충전 검출 기능을 가진 장치		
	주파수 상승 릴레이	○	
	주파수 저하 릴레이	○	○
	역전력 릴레이		○
	부족전력 릴레이		

*1 분산형 전원 자체의 보호용으로 설치하는 릴레이에 의해 검출하고, 보호할 수 있는 경우는 생략할 수 있다.

*2 발전 전압 이상 저하 검출용 부족전압 릴레이에 의해 검출하고, 보호할 수 있는 경우는 생략할 수 있다.

*3 수동적 방식 및 능동적 방식의 각각 1방식 이상을 포함하는 것일 것. 계통 측 지락사고와 고압 혼촉사고(간접)에 대해서는 단독운전 검출용의 수동적 방식 등에 의해 보호할 것.

*4 역조류가 있는 분산형 전원과 역조류가 없는 분산형 전원이 혼재한 경우 단독운전 검출 장치를 설치할 것. 역충전 검출 기능을 가진 장치는 부족전압 검출 기능 및 부족전력 검출 기능의 조합 등에 의해 구성되며, 단독운전 검출 장치는 수동적 방식 및 능동적 방식 중 각각 1방식 이상을 포함하는 것일 것. 계통 측 지락사고와 고저압 혼촉사고(간접)에 대해서는 단독운전 검출용 수동적 방식 등에 의해 보호할 것.

표 2-9. 전기설비의 기술 기준 해석의 보호 릴레이 요구사항(고압)

보호 릴레이 등		역변환 장치를 이용해서 연계하는 경우	
검출하는 이상	종류	역조류가 있는 경우	역조류가 없는 경우
발전 전압 이상 상승	과전압 릴레이	○*1	○*1
발전 전압 이상 저하	부족전압 릴레이	○*1	○*1
계통 측 단락사고	부족전압 릴레이	○*2	○*2
	단락 방향 릴레이		
계통 측 지락사고	지락 과전압 릴레이	○*3	○*3
단독운전	주파수 상승 릴레이	○*4	
	주파수 저하 릴레이	○	○*7
	역전력 릴레이		○*8
	전송 차단 장치 또는 단독운전 검출 장치	○*5*6	

*1 분산형 전원 자체의 보호용으로 설치하는 릴레이에 의해 검출하고, 보호할 수 있는 경우는 생략할 수 있다.
*2 발전 전압 이상 저하 검출용 부족전압 릴레이에 의해 검출하고, 보호할 수 있는 경우는 생략할 수 있다.
*3 구내 저압선에 연계하는 경우이고 분산형 전원의 출력이 수동 전력에 비해 매우 작고 단독운전 검출 장치 등에 의해 고속으로 단독운전을 검출하고 분산형 전원을 정지 또는 분리하는 경우 또는 지락 방향 계전장치붙이 고압 교류 부하 개폐기에서 영상(零相) 전압을 지락 과전압 릴레이에 도입하는 경우는 생략할 수 있다.
*4 전용선과 연계하는 경우는 생략할 수 있다.
*5 전송 차단장치는 분산형 전원을 연계하고 있는 배전선의 배전용 변전소 차단기의 차단 신호를 전력 보안통신선 또는 전기통신사업자의 전용 회선으로 전송하고 분산형 전원을 분리할 수 있는 것으로 할 것.
*6 단독운전 검출 장치는 능동적 방식을 1방식 이상 포함하고 다음의 모두를 충족하는 것일 것.
　(1) 계통 임피던스와 부하 상태 등을 고려하여 필요한 시간 내에 확실하게 검출할 수 있을 것.
　(2) 빈번한 계통 분리가 발생하지 않는 검출 감도일 것.
　(3) 능동 신호는 계통에 미치는 영향이 문제가 없을 것.
*7 전용선에 의한 연계이고 역전력 릴레이에 의해 단독운전을 고속으로 검출하고 보호할 수 있는 경우는 생략할 수 있다.
*8 구내 저압선에 연계하는 경우이고 분산형 전원의 출력이 수전 전력에 비해 매우 작고 수동적 방식 및 능동적 방식 중 각각 1방식 이상을 포함하는 단독운전 검출 장치 등에 의해 고속으로 단독운전을 검출하고 분산형 전원을 정지 또는 분리하는 경우는 생략할 수 있다.

2.32.2 과전류 보호 릴레이와 지락 과전류 릴레이의 설치와 생략

　계통 연계 규정에는 「전기설비의 기술 기준의 해석」에서 요구되지 않는 과전류 보호에 관한 「과전류 보호 릴레이」 및 「지락 과전류 릴레이」의 설치가 요구되고 있다.

　일반 주택용 저압에 연계할 때는 분전함 내에 설치되어 있는 과전류 보호 가능 누전차단기(OC 검출 가능 ELCB)를 설치함으로써 이들 보호 릴레이를 생략할 수 있다.

　때문에 저압에 계통 연계 시에는 과전류 보호 가능 누전차단기가 설치되어 있는 것을 확인할 필요가 있다.

2.32.3 계통 이상 검출 흐름

앞 항의 보호 릴레이의 과전압, 부족전압, 고주파수 상승 릴레이, 부족 주파수 릴레이, 단독운전 검출 기능 등은 파워컨디셔너 입력단에 있는 전압과 전류 계측기에서 계통 정보를 받아 계통 이상을 검출하는 동시에 정정(整定) 시간 이상으로 이상(異常)이 지속된 경우 운전을 정지시킨다.
일련의 검출 흐름을 〈그림 2-35〉에 나타낸다.

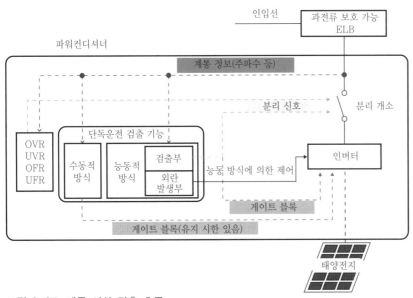

그림 2-35. 계통 이상 검출 흐름

2.32.4 단독운전 검출 기능(계통에 연계하지 않는다)

사고 등으로 송배전이 정지한 계통에 태양광 발전 시스템에 의해 전력이 공급되는 것을 단독운전이라고 한다. 단독운전이 발생한 경우 다음과 같은 대형 사고를 유발할 가능성이 있다.

- 인체 감전
- 기기 손상 발생
- 소방 활동에 미치는 영향
- 사고점 조사, 제거 작업자의 감전

화재 방지 및 피해 축소를 목적으로 저압 및 고압 배전선에 접속되는 파워컨디셔너에는 단독운전 검출 장치를 설치하도록 규정하고 있다. 그러나 고압에서는 저압보다 대용량의 교류 발전설비를 접속하는 것이 가능하며 이들을 이용한 경우에는 회전기의 관성이 크기 때문에 단독운전 이행 시의 전압과 주파수 변화가 비교적 발생하기 어려워 수동적 검출 방식에 의한 단독운전 상태를 검출하는 것이 곤란한 경우가 있다.

또한 역변환 장치와 파워컨디셔너 등을 이용한 발전설비에 비해 수동적 단독운전 검출 장치에 의한 오동작으로 인해 계통에 미치는 영향과 발전설비에 가하는 기계적 스트레스를 무시할 수 없는 것과, 한 번 계통에서 분리되면 다시 연계하기까지 시간이 필요하기 때문에 교류 발전설비의 단독운전 방지 기구에는 오동작이 적은 수동적 방식의 단독운전 검출 장치를 이용하는 일이 많다. 한편 태양광 발전 시스템의 대다수는 저압에서 사용되는 수동적 및 능동적 단독운전 검출 장치를 조합해서 단독운전을 방지하고 있다.

단독운전 검출 장치는 단독운전 사고와 계통 측 지락사고, 고저압 혼촉사고를 보호하고 있지만 일반 주택용 태양광 발전 시스템의 대량 도입에 수반하여 동일 고압 계통 내에 연계되어 있는 발전설비의 출력과 전 부하가 평형 혹은 여기에 가까운 상태이다.

때문에 정해진 시간 이내에 보호 릴레이가 동작하지 않을 우려가 있다. 이 문제를 해결하기 위해 발전설비가 다수 연계된 경우에도 대응할 수 있는 신형 능동적 방식(스텝 주입식 주파수 피드백 방식)이 개발됐다. 신형 능동적 방식은 최초에 단상용 모델에만 채용되어 계통 연계 규정에 적용하였다. 이후 저압의 3상3선식에서도 유용성이 확인되어 적용할 수 있게 됐다.

2.32.5 수동적 방식의 단독운전 검출 장치

수동적 방식의 특징은 배전선 정지 시의 전압 파형과 위상 등의 변화를 검출하여 단독운전을 고속으로 검출한다. 그러나 검출 감도를 지나치게 엄격하게 설정하면 불요 동작(오동작)이 자주 발생하여 파워컨디셔너의 운전을 정지하여 계통 연계가 차단된다. 때문에 배전선 전압이 불안정해지는 결점이 있다.

아래에 주요 수동적 방식(전압 위상 도약 검출 방식, 제3차 고조파 전압 왜곡 검출 방식, 주파수 변화율 검출 방식)의 검출 원리를 설명한다.

또한 각 방식을 사용할 때의 정수 값 예를 〈표 2-10〉에 나타낸다.

표 2-10. 수동적 방식의 정정 값 예

수동적 방식	검출 기준	검출 시한	유지 시한
전압 위상 도약 검출	위상 변화 : ±3~±10도		
제3차 고조파 전압 왜곡 검출	3차 고조파 변화 : +1~+3%	0.5초 이내	5~10초
주파수 변화율 검출	주파수 변화 : ±0.1~±0.3%		

검출 시한 : 단독운전 발생 시에 스위치를 게이트 블록하여 발전설비를 정지시키기까지의 시한.
유지 시한 : 유지 시한 동안에는 게이트 블록을 지속하여 발전설비를 재기동해서는 안 된다.

(1) 전압 위상 도약 검출 방식

전압 위상 도약 검출 방식은 〈그림 2-36〉과 같이 단독운전 이행 시에 파워컨디셔너 출력과 부하의 불평형에 의해 발생하는 전압 위상의 급변을 검출하는 것이다.

때문에 파워컨디셔너 출력과 부하의 유효전력과 무효전력이 평형 상태인 경우는 단독운전을 검출하기 어렵다.

또한 배전선에 용량성 부하가 투입되어 연계에 오동작을 일으킬 가능성이 있다.

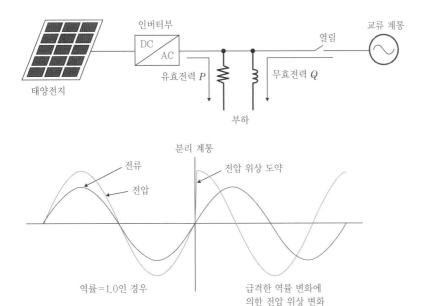

그림 2-36. 전압 위상 도약 검출 방식(전류 제어형 인버터의 예)

(2) 제3차 고조파 전압 왜곡 급증 검출 방식

제3차 고조파 전압 변형 급증 검출 방식은 파워컨디셔너의 인버터부(역변환 장치)에 전류 제어형을 사용하여 단독운전 이행 시에 변압기에 의존하는 제3차 고조파 전압의 급증을 검출하는 것이다.

이 방식은 분산형 전원의 출력과 부하의 평형도에 좌우되지 않지만 불평형이 없는 3상 회로와 전압 제어형 역변환 장치에는 적용할 수 없다. 또한 반도체를 사용한 전기기기의 보급으로 전압 변형이 커져 제3차 고조파 급증 검출은 지나치게 과민해지는 결점도 있다.

(3) 주파수 변화율 검출 방식

주파수 변화율 검출 방식은 〈그림 2-37〉과 같이 단독운전 이행 시에 분산형 전원의 출력과 부하의 불평형에 의해 발생하는 주파수의 급변을 검출한다. 그러나 단독 계통 내에 대용량의 안정된 전원이 연계해 있는 경우는 단독운전 현상을 검출하지 못할 수 있다.

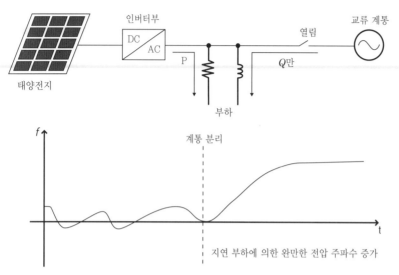

그림 2-37. 주파수 변화율 검출 방식(전류 제어형 인버터의 예)

2.32.6 능동적 방식의 단독운전 검출 장치

능동적 방식은 통상은 검출되지 않는 변동 요인(인버터 출력에 가해 둔다)이 계통 정지 시에 출현하는 것을 검출하는 것이다.

원리적으로 불감대 영역이 없다는 점에서 우수하다. 그러나 변동 요인이 큰 경우는 계통에 악영향을 미치므로 변동값 설정 시에는 주의가 필요하다.

아래에 주요 능동적 방식(주파수 시프트 방식, 슬립 모드 주파수 시프트 방식, QC 모드 주파수 시프트 방식, 유효전력 변동 방식, 무효전력 변동 방식, 부하 변동 방식, 스텝 주입식 주파수 피드백 방식)의 검출 원리를 설명한다.

각 능동적 방식의 정정값 예를 〈표 2-11〉에 나타낸다.

표 2-11. 능동적 방식의 정정값 예

능동적 방식	변동 폭	검출 요소	분리 시한
주파수 시프트 방식	주파수 바이어스 : 정격 주파수의 수%	주파수 이상	0.5초 이상 1초 이내
슬립 모드 주파수 시프트 방식	–	주파수 이상	
유효전력 변동 방식	유효전력 : 운전 출력의 수%	전압, 전류, 주파수 등의 주기 변동분	
무효전력 변동 방식	무효전력 : 정격 출력의 수%	전류, 주파수 등의 주기 변동분	
부하 변동 방식	삽입 저항 : 정력 출력의 수% 삽입 시간 : 1주기 이하	전압 및 부하에의 유입 전류 변동분	

(1) 주파수 시프트 방식

주파수 시프트 방식은 계통 전압 주파수에 대해 인버터 출력 주파수를 일정 주기로 바이어스해 두고, 단독운전 이행 시에 나타나는 주파수 변동을 검출하는 것이다.

이 방식은 발전 출력과 부하의 평형 시에도 유효하며 수동 방식의 전압 위상 도약 검출 방식과 병용하면 고감도 검출이 가능하다. 그러나 바이어스 주파수를 과조정하면 동기가 불안정해진다. 때문에 회전기에 의한 연계에는 부적합하다.

(2) 슬립 모드 주파수 시프트 방식

슬립 모드 주파수 시프트 방식은 〈그림 2-38〉과 같이 계통 전압 주파수에 대해 외부에 접속한 위상 시프트 회로에 의해 주파수에 변화를 가해 단독운전 발생 시에 주파수 변동을 검출한다. 불감대가 없어 여러 대를 연계할 때도 감도가 저하되지 않는 것이 장점이다. 그러나 회전기에 의한 연계에는 부적합하다.

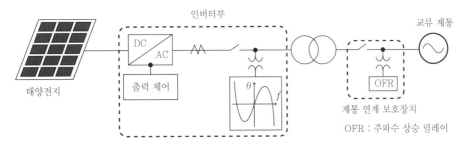

그림 2-38. 슬립 모드 주파수 시프트 방식(인버터를 이용한 경우의 예)

(3) QC 모드 주파수 시프트 방식

QC(무효전력 조정) 모드 주파수 시프트 방식은 계통의 주파수 변동을 검출하고 주파수 변동의 특성과 크기에 따라서 변화를 조장하는 방향으로 무효전력을 변동시켜 단독운전 이행 시에 나타나는 주파수 변동을 검출하는 것이다.

회전기에 의한 연계, 다수점 연계에 적합한 것이 장점이다. 한편 평상시 연계 중인 무효전력 변동이 증가하는 결점이 있다.

(4) 유효전력 변동 방식

유효전력 변동 방식은 발전 출력에 주기적인 유효전력 변동을 가하고 단독운전 이행 시에 나타나는 주기적인 주파수 변동 혹은 전압 변동을 검출하는 것이다.

이 검출 방식은 유효전력을 변동시켜 단독운전을 검출하기 때문에 유효전력의 변동이 우려된다. 따라서 실용화되고 있지 않다.

(5) 무효전력 변동 방식

무효전력 변동 방식은 전류 제어형 인버터부의 출력 전류를 연계점 전압에 대해 일정 주기로 진상 또는 지상으로 하고 무효전력의 변동을 일정 주기로 출력하여 이들의 영향에 의해 검출하는 것이다. 통상 계통 연계 시는 인버터부에서 출력하는 무효전력의 변동은 계통에 흡수되므로 연계점 전류만 무효전력 변동에 의해 작은 값의 진상 또는 지상 위상 변동이 발생한다.

그러나 단독운전 시의 연계점 전압은 〈그림 2-39〉와 같이 인버터 출력 전류가 부하로 유입하기 때문에 발생한다. 이때 인버터부가 출력하는 무효전력 변동이 연계점 전압 파형에 위상 변동으로 나타난다. 이에 동기하여 추종하려고 하기 때문에 무효전력 변동이 진상 위상일 때는 주파수가 계속 상승하고 무효전력 변동이 지상 위상일 때는 주파수가 계속 하강한다.

즉 연계점 전압의 주파수는 무효전력 변동과 같은 주기로 변동한다.

무효전력 변동 방식은 이를 이용하여 연계점 전압의 주파수 변동 주기를 계통에 거의 존재하지 않는 주파수 변동 주기로 함으로써 이상 동작을 발생시켜 검출한다.

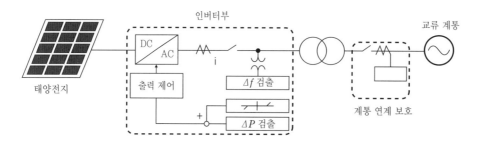

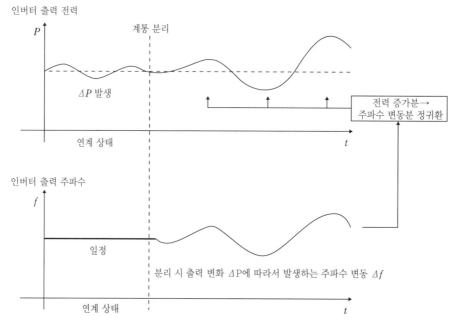

그림 2-39. 유효 또는 무효전력 변동 방식(정귀환 루프 적용 유효전력 변동 방식의 예)

(6) 부하 변동 방식

부하 변동 방식은 〈그림 2-40〉과 같이 태양광 발전 시스템과 병렬로, 더미(dummy) 부하를 순간적이고 주기적으로 삽입하고 단독운전 이행 후에 드러나는 계통의 임피던스 변화를 포착해 단독운전을 검출하는 것이다.

인버터의 제어 기능에 의존하지 않기 때문에 외부에 독립해서 설치할 수 있다는 이점이 있다.

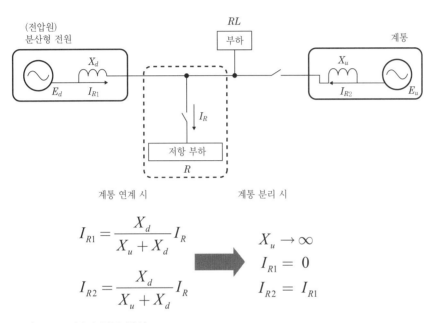

그림 2-40. 부하 변동 방식

(7) 스텝 주입식 주파수 피드백 방식

신형 능동적 방식과 구분되는 스텝 주입식 주파수 피드백 방식은 계통의 주파수 변화율에서 계통의 주파수 변화를 조장하도록 빠르게 무효전력을 계통에 주입해서 고속으로 단독운전을 검출하는 것이다.

발전 출력과 부하가 평형한 상태의 단독운전에서는 주파수에 변화가 생기기 어렵다. 때문에 고조파 전압과 계통 기본파 전압의 변화에 맞춰 무효전력을 주입하여 주파수를 변화시킴으로써 단독운전의 검출을 수행한다. 이들의 구조는 어느 한쪽(고조파 전압 또는 계통 기준파 전압)의 변화가 작은 경우에도 확실하게 단독운전을 검출할 수 있도록, 고조파 전압 및 계통 기준파 전압 모두를 검출하는 기능이 필요하다.

단독운전의 판정에는 알고리즘을 고안하는 방법으로 오판정(불요 동작)을 방지하고 있다.

계통의 주파수 변화율에서 주파수 변화를 장시간 발생시켜 2대 이상 연계한 경우에도 능동 신호(무효전력의 주입)의 상호 간섭에 따른 단독운전의 검출 감도는 저하하지 않고 또한 주파수 변화율이 작은 때에도 무효전력의 주입량을 줄여 계통에 영향을 미치지 않는 방식이다.

2.33_ 사고 시 운전 계속 기능(FRT : Fault Ride Through)

사고 시 운전 계속 기능은 태양광 발전 시스템의 대량 도입을 가정한 것이다. 태양광 발전 시스템을 대량으로 갖는 계통에서 경미한 사고(일시적인 주파수 변동과 순시 전압 저하)가 발생한 경우에 단독운전 검출 기능을 포함한 파워컨디셔너가 일제히 분리되어 태양광 발전 시스템의 방대한 에너지를 잃는 것을 방지하는 것이다. 만약 방지하지 못한 경우는 다른 전력계통에서 신속히 전력을 공급받지 않으면 전력계통 전체의 공급 전력이 균형을 잃어 발전설비가 과부하 상태가 되고, 이어서 발전설비 자체가 긴급 정지해서 대규모 정전이 발생할 가능성이 있다.

이러한 현상은 향후 도입이 확대할 것으로 예상되는 재생가능에너지를 전력계통에 연계할 때에 가장 중요하게 고려해야 할 점이며 대규모 정전을 회피하기 위해 파워컨디셔너에 FRT 기능을 구비하는 것이 중요하다.

현재 FRT 기능은 일본 이외에도 독일, 스페인을 비롯한 유럽 등에서 요구되고 있다. 그러나 유럽에서는 저압 배전선에는 FRT 기능은 필요 없고 중고압 배전선에는 LVRT(Low Voltage Ride Through) 기능이 필수다.

2.34_ 축전설비

동일본대지진 이후 방재 의식의 고조와 전력의 안정 공급 측면에서 태양광 발전 시스템에 축전설비를 조합한 시스템이 증가하고 있다.

일본의 환경성도 「그린 뉴딜 기금 제도」를 책정하고 재생가능에너지와 미이용 에너지를 활용한 자립 분산형 에너지를 도입하여 '재해에 강하고 환경 부하가 작은 지역 구축'을 추진하고 있다. 또한 일반 주택에서도 소규모 축전설비를 설치하여 방재용뿐 아니라 각종 발전설비와 조합한 에너지 매니지먼트 시스템의 핵심 기기로 활용되고 있다.

한편 2012년 7월에 시작한 발전 전력의 「고정가격매입제도」에 의해 메가솔라 등 대규모 태양광 발전 시스템 설치가 급증하고 있으며 일부 지역에서는 계통 변동 대책으로서 축전설비의 설치가 필요한 상황이다. 또한 V2H(Vehicle to Home) 등 전기자동차를 축전설비로 활용하는 방안도 검토되고 있으며 2015년에는 계통 연계 규정에 전기자동차의 축전지를 역변환 장치를 거쳐 계통 연계하는 발전설비로 이용하는 내용이 추가됐다. 태양광 발전 시스템이 새로운 국면을 맞이하는 가운데 축전설비는 중요한 역할을 할 것으로 기대된다.

2.34.1 축전지 종류와 특징

〈그림 2-41〉에 주요 축전지 종류를 나타낸다. 축전지에는 실용화가 전망되는 NAS 전지와 레독스 플로 전지 등이 있지만 태양광 발전 시스템에 내장되는 축전지로는 납 전지와 리튬 이온 전지가 많다. 기존에는 저렴하고 실적도 있는 납 전지가 사용됐지만 최근에는 납 전지에 비해 소형 경량에 사이클 수명이 길고 대전류의 충방전에도 강한 리튬 이온 전지(그림 2-42)가 채용되는 사례가 늘고 있다.

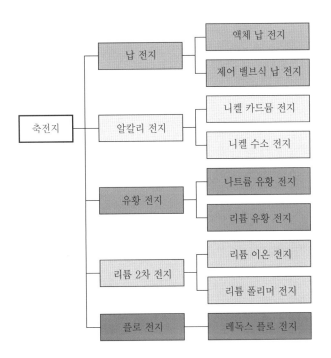

그림 2-41. 주요 축전지의 종류

그림 2-42. 리튬 이온 전지 모듈의 예

2.34.2 비상용 EMS용 축전설비

축전지와 태양광 발전 시스템을 조합하여 비상시 전원을 확보하고 야간 전력을 유용하게 이용하는 외에 HEMS의 일환으로 이용하는 시스템이 실용화되고 있다. 〈그림 2-43〉은 그 일례를 나타낸 것으로, 일체형 파워컨디셔너를 사용하여 태양전지와 축전지 각각을 적절하게 제어하는 시스템이다.

이 시스템은 태양광 발전 시스템의 최대 전력점 추종 제어를 수행하여 효율적으로 전력을 얻는 동시에 축전지에 대해서는 정전압 정전류(정전력) 제어를 수행하여 충방전 전력을 제어한다. 비교적 소용량으로 축전지의 용량은 수kWh에서 수십kWh인 것이 많다.

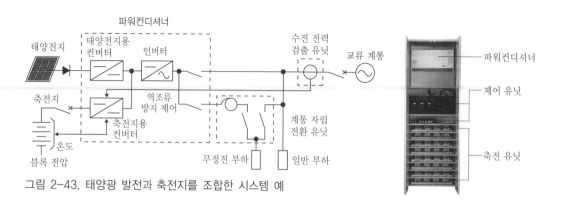

그림 2-43. 태양광 발전과 축전지를 조합한 시스템 예

2.34.3 태양광 발전 출력 변동 흡수용으로 사용한 예

낙도 등에 메가솔라를 설치하는 경우 계통 용량이 비교적 작기 때문에 발전 전력의 변동에 의한 계통 교란을 무시할 수 없다. 이 경우 축전지를 이용한 전력 평준화 시스템이 실용화되고 있다. 축전지 용량은 수MWh에서 수십MWh 규모의 대용량 시스템이어서 고빈도의 충방전에 강한 축전지가 필요하다. 축전지 수납 형태는 용량이 크기 때문에 〈그림 2-44〉와 같은 컨테이너에 수납하는 방법이 실용화되고 있으며 1컨테이너당 수백kWh~1MWh 정도의 축전지가 수납된다. 또한 파워컨디셔너를 내장하여 교류에 접속할 수 있는 것도 있다.

그림 2-44. 컨테이너식 축전지

2.34.4 축전지의 보수

태양광 발전 시스템에 사용되는 납 전지는 주액(注液) 등의 유지보수는 기본적으로 불필요한 제어 밸브식이 대다수다. 다만, 일반적으로 온도가 10℃ 상승할 때마다 수명이 약 절반으로 줄어들므로 설치 장소에는 주의가 필요하다. 또한 최근 설치가 증가하고 있는 리튬 이온 전지도 기본적으로 유지보수가 불필요하지만 납 전지와 마찬가지로 온도 상승에 유의해야 한다. 두 충전지 모두 과충전, 과방전에는 약하기 때문에 설치할 때는 물론 정기적으로 전압을 확인하는 것이 바람직하다.

[칼럼]　계통 연계 보호장치의 검사 방법

　지금은 태양광 발전 시스템이라는 단어가 널리 일반인들 사이에서도 알려졌고 일반 주택의 지붕과 빌딩 옥상 등에 설치되어 있는 광경을 쉽게 볼 수 있다. 최근에는 70MW를 초과하는 대용량 태양광 발전 시스템(메가솔라)이라는 20년 전에는 상상도 못했던 태양광 발전소까지 등장하여 기간 에너지로서 인지되고 있다.

　그러나 일본의 태양광 발전 시스템은 국가가 선도적으로 실시한 계통 연계 보호장치의 연구개발과 이들을 검사하는 방법이 개발되지 않았다면 보급되지 못했을 것으로 생각한다.

　태양광 발전 시스템은 오일쇼크 후에 수입 에너지 탈피를 목적으로 연구개발이 추진됐다. 그러나 전력계통의 말단에서 전기를 생산하여 송전하는 개념이 전혀 없던 당시 전력회사는 신뢰할 만한 보호장치를 개발해야 했다. 그래서 당시의 간사이전력주식회사와 재단법인 전력중앙연구소가 공동으로 고베에 있는 롯코(六甲)아일랜드 내에 1기 2kW의 태양광 발전 시스템을 100기 설치한 연구시설을 구축했다. 여기서 태양광 발전 시스템을 계통 연계하는 데 필요한 보호장치 등의 연구개발과 현재의 태양광 발전 시스템용 인버터의 사용과 인증시험 방법의 기초를 구축했다.

　롯코아일랜드의 설비에서는 계통 정전 시에도 연계된 태양광 발전 시스템이 정지하지 않고 운전을 계속하는 단독운전 현상을 발견·실증하고, 이를 방지하기 위한 단독운전 검출 기능을 개발하여, 이 문제에서는 세계적인 메카로 인정받았다. 많은 전문가들이 이를 계기로 방문하여 관련 규격이 국제 규격으로 채용됐다.

　이후 재단법인 일본전기용품시험소(현재의 일반재단법인 전기안전환경연구소)에서 「소형 분산형 발전 시스템용 계통 연계 보호장치」로서 태양광용 인버터 보호장치의 평가·인증 제도를 발족하고 계통 연계 보호 기능의 시험 평가를 중심으로 전기적 안전성, 전자 환경성 및 주위 환경성 등을 평가하고 시험 기준에 적합한 기기에는 인증 증명서를 발행한다. 이 증명서는 전력회사와 연계 협의 단계에서 활용되며 이후 연계 운전이 개시된다. 그러나 해당 인증제도는 정격출력 10kW까지가 대상이며 출력이 10kW를 넘는 기기는 인증 대상에서 제외된다.

　또한 현재는 전기사업법의 개정으로 출력 50kW까지는 일반 전기공작물의 소출력 발전설비로 분류되기 때문에 이 범위에서 도입이 활발하다. 때문에 정격출력이 10kW 이상 50kW 이하까지의 파워컨디셔너를 계통 연계하는 경우는 인증제도와 거의 같은 평가 결과를 제출해야 하며 TUV Rhein Japan에서는 파워컨디셔너 제조사의 요망에 따라 시험을 실시하고 있다.

그림 2-45. 롯코아일랜드

제3장

태양광 발전 시스템의 기본 원리

이 장에서는 몇 가지 시스템 설계 방법에 대한 원리를 설명한다. 그 가운데 특히 추천하는 것은 불규칙한 사상을 직접 다루지 않고 정형화한 경험식을 이용하는 파라미터 분석법이다. 가장 실용적이라고 생각할 수 있는 파라미터 분석법에 대해 자세히 설명하고 구체적인 파라미터의 크기 설정에 대해서도 살펴본다.

3.1_ 태양광 발전 시스템 설계에 이용할 수 있는 방법

태양광 발전 시스템의 입력 에너지는 불규칙적으로 변화하는 일사 에너지(또는 태양 방사 에너지)이다. 시시각각 순간의 일사 세기를 일사 강도라고 한다. 또한 일정 시간 내 일사 강도의 적산 값을 일사량[*1]이라 한다.

1일의 일사강도와 일사량은 또는 1개월이든 1년이든 시시각각 변동한다. 한편 부하 에너지 수요도 일정하지 않은 일이 많다. 태양전지의 성능도 기후 조건에 따라서 일정하다고는 할 수 없다. 그러한 변동량을 다루려면 시스템의 설계 자체가 만만치 않다.

일반적으로 태양광 발전 시스템 설계에 이용하는 방법은 〈그림 3-1〉과 같고, 해석적 방법과 시뮬레이션에 의한 방법으로 나뉜다.

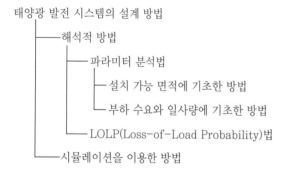

그림 3-1. 태양광 발전 시스템의 설계 수법 분류

해석적 방법에서는 우선 시스템의 거동을 나타내는 대수관계를 고려한다. 다음은 컴퓨터와 설계선도 등을 이용해서 식이 나타내는 절차에 따라서 풀면 목적하는 설계에 필요한 미지수가 구해진다. 그러나 각종 상태량과 계수가 불규칙으로 변동하기 때문에 단순하고 직접적으로 취급하는 것은 어렵다.

널리 채용되고 있는 해석적 접근 방법은 파라미터 분석법[1],[2]이다. 이것은 복잡하고 비선형인 태양광 발전 시스템의 동작을 간단하게 선형이라고 단정하는 방법이다. 우선 제1 전제로서 모든 파라미터를 일정 기간의 에너지 평균값으로 표현한다. 당연히 어느 부분에서 모순이 생기지만 이 경우에도 보정을 위한 파라미터를 도입해서 적용한다. 이 방법으로 하면 설계에 직접 이용하는 식의 형태는 매우 단순해진다. 시스템 설계 초보자도 이해하기 쉽다. 특히 시스템의 기본 계획 단

---

*1 기상계에서는 일사량만 이용하고 순시값을 빼는 경우에는 '시간당 일사량'과 같이 나타낸다. 또한 이학계에서는 일사 강도에 대해 태양 방사 조도를 이용하는 일이 많다. 국제적으로는 태양광 발전 관련 IEC 규격에서 일사량(irradiation), 일사 강도(irradiance)를 규정하고 있다(JIS C 8960:2012 태양광 발전 용어 참조)

계에서는 신속하게 케이스스터디를 반복할 수 있기 때문에 실용 가치가 높은 방법이라고 할 수 있다. 이 책이 이 방법을 중심으로 권장하는 것은 이런 이유에서이다.

두 번째는 시스템을 확률 변수로 기술하는 방법이 있다. 이 방법은 이론적으로는 언뜻 스마트하지만 각종 파라미터를 확률 변수화하기 위한 데이터 수집과 가공법은 아직 확립되어 있지 않다. 실제로 사용할 수 있을 정도의 완성도를 가진 것은 없다고 해도 좋다. 이 방법을 대표하는 것이 LOLP법[3](Loss of Load Probability)이다. 이 방법이 확립되면 독립형 시스템의 정전 확률을 설계에 반영할 수 있게 된다.

시뮬레이션에 의한 방법은 일사 강도, 부하 패턴 그리고 시스템의 상태를 다이내믹하게 표현해서 실제로 시스템이 동작하는 상태를 재현한다. 기본적으로 컴퓨터 프로그램 이용에 적합한 방법이다. 일반적으로는 태양전지와 축전지의 특성을 이론식대로 나타내고, 예를 들어 30분마다 시스템의 상태량을 계산하여 1년간 시스템 운전을 모의한다. 데이터로는 일사강도와 부하의 전력을 30분 간격으로 1년 값을 준비해야 한다. 어느 정도의 계산 시간도 필요하다.

시뮬레이션 방법은 일사 패턴과 부하 패턴의 시각 변화 차이도 어느 정도 정확하게 표현할 수 있기 때문에 파라미터 분석법보다 정확도가 높아서 사전 타당성 평가가 가능하다. 파라미터 분석법으로 실시한 기본 설계의 세부 사항을 확인하는 데 이용하기도 한다. 또한 상반되는 케이스스터디의 시뮬레이션 결과를 파라미터 분석법의 파라미터 결정에 반영하는 것도 가능하다.

또한 시시각각의 일사 조건 변화에 따른 태양전지 발전 특성 변화에 맞추어 파워컨디셔너의 입력 측 전류와 전압을 조정하는 최대 출력점 추종(MPPT) 제어에서, 제어 알고리즘을 검증하는 목적을 위해서는 시뮬레이션 수법이 바람직하다. 그 경우에는 계산 단계를 초 단위로 추종하는 일도 있어 추종 알고리즘의 시간적 표현과 일사강도 급변 데이터도 필요하다.

이 장에서는 파라미터 분석법의 이론적 전개에 대해 해설하고 후반부에서는 시뮬레이션법의 개요를 소개한다. 여기에서는 원칙적으로 파라미터 분석법을 전제로 기술하였다.

3.2_ 파라미터 분석법 Ⅰ : 발전 전력량 기본식

3.2.1 전제가 되는 시스템 형태와 에너지 흐름

이 절에서 다루는 태양광 발전 시스템의 형태는 〈그림 3-2〉와 같은 구성과 에너지 흐름을 최대한 염두에 두고 있다. 다시 말해, 태양전지 어레이에 입사하는 경사면 일사량에서 시작하고, 여기에서 발전된 어레이 발전 전력량이 파워컨디셔너를 거쳐 시스템 출력 전력량이 된다. 이후 소내 부하로 소비하는 자가소비 전력량과 전력계통으로 송전되는 매전 전력량(역조류 전력량)으로 분할된다.

자가소비가 없는 시간대에는 전량이 매전된다. 부하에 공급되는 부하 소비 전력량은 자가소비 전력량+매전 전력량이 된다. 다만, 현재의 고정가격매입제도의 전량 매수(10kW 이상)에는 자가소비를 고려하고 있지 않기 때문에 시스템 출력 전력량＝매전 전력량이 된다. 여기까지를 제1의 흐름으로 고려했으며, 이 그림에는 이외에 태양광 발전을 보간(補間)하는 보조전원(하이브리드 전원)과 축전지에 의해서 우천 시나 야간에 보간하는 시스템 형태도 상정하고 있다.

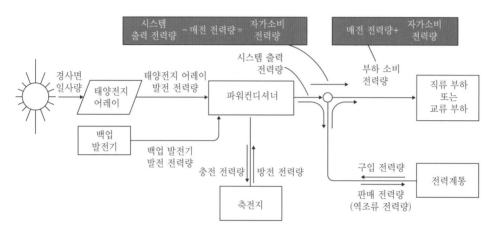

그림 3-2. 전제가 되는 시스템 형태와 에너지 흐름

3.2.2 주요 설계 파라미터의 상호 관계

어레이가 수광하는 일사 에너지는 광발전 소자에 의해서 전기에너지로 변환되어 부하에 공급된다. 이 과정에서 각종 효율과 출력이 저감되는 요인이 존재한다. 관련해서 주요 내용을 〈그림 3-3〉 및 〈표 3-1〉에 나타낸다. 이들을 설계 파라미터 K_x라고 정의하고 개개의 설계 파라미터를 곱의 형태로 구해서 그림과 같은 구조의 모델식을 세웠다. 또한 각각의 계수에 대응하는 손실 인자 비율은 λ_x로 나타냈지만, 이 경우에는 전 입사 일사량에 대한 비율로 취급하고 있으므로 총손실량 $\lambda = \Sigma \lambda_x$와 같이 합의 형태가 되므로 주의한다.

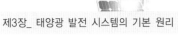

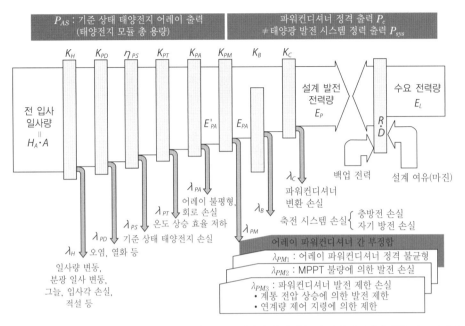

이 책에서는 각 파라미터는 각 단의 입력에 대한 출력 비이며 각 손실은 전 입사 일사량에 대한 비로 나타낸다.

그림 3-3. 주요 설계 파라미터의 관계 도식 표현

표 3-1. 주요 설계 파라미터의 의미 개략 설명

기호	설명	기호	설명
P_{AS}	태양전지 어레이 출력 @STC[kW]	E'_{PA}	어레이가 P_{max}에서 운전을 지속한 경우의 출력[kWh 기간$^{-1}$]…통상은 실측 불능
A	태양전지 어레이 총 면적[m²]	E_{PA}	어레이 파워컨디셔너 부정합 존재하에서 실측 가능한 어레이 출력[kWh 기간$^{-1}$] $\therefore K_{PM}=E_{PA}/E'_{PA}$
H_A	일정 기간의 어레이면 일사량[kWhm^{-2} 기간$^{-1}$]	K_B, λ_B	전류 측에 축전 회로에 분기가 있는 경우의 충방전 손실을 고려
K_H, λ_H	일사량 변동, 분광 일사 변동, 그늘, 적설 등	K_C, λ_C	파워컨디셔너의 직교 변환 손실을 대상
P_{AS}	기준 상태의 태양전지 어레이 출력[kW]	E_P	태양광 발전 시스템 발전 전력량[kWh 기간$^{-1}$]
G_S	표준 상태의 일사 강도[1kWm^{-2}]	P_{SYS}	태양광 발전 시스템 정격 출력[kW]
K_{PD}, λ_{PD}	태양전지 모듈 표면의 오염, 외부 열화	P_C	파워컨디셔너 정격 출력[kW]≒P_{SYS}
η_{PS}	기준 상태의 태양전지 어레이 변동 효율	K	시스템 출력계수(또는 종합 설계계수)
K_{PT}, λ_{PT}	온도 상승에 의한 효율 저하	E_L	수요 전력량[kWh 기간$^{-1}$]
K_{PA}, λ_{PA}	직병렬 언밸런스, 직류 회로 손실	R	설계 여유율
$K_{PM}, \lambda_P M$	태양광 발전 어레이 출력, 파워컨디셔너 입력 부정합에 의한 손실 : 어레이 P_{max} 추종 제어(MPPT) 부정합, 파워컨디셔너 출력 제한에 의한 P_{max} 이탈	D	백업 전력 의존율

이 책에서는 각 파라미터는 각 단의 입력에 대한 출력 비이며 각 손실은 전 입사 일사량에 대한 비로 나타낸다.

설계 파라미터 K_x의 곱의 형태는 각 단계에서 모델을 각각 취급할 수 있기 때문에 설계 단계에서 고려하는 것이 적절하다. 또한 실제의 운전 데이터를 평가 분석하려면 합의 형태 $\lambda = \Sigma \lambda_i$를 이용해서 분석하고 〈그림 3-4〉와 같이 손실 막대 그래프로 표시할 수 있기 때문에 다루기 쉽다.

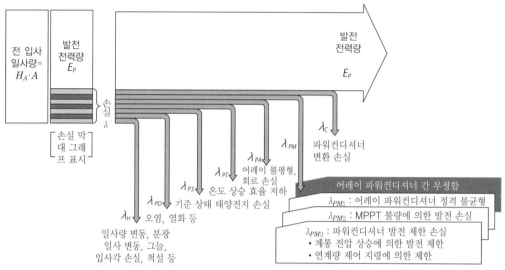

그림 3-4. 손실 파라미터의 합에 의한 도식 표현

3.2.3 설계 기본식

태양광 발전 시스템을 설계하는 경우 기본적으로는 2가지 경우가 발생한다. 최근에는 사전에 정해진 설치 가능 면적과 지붕 면적이 제약 인자가 되는 경우가 많다. 그 경우에는 후보가 되는 태양전지 모듈을 주어진 설치 장소 형태에 맞추어 도식적으로 나열하고 설치 가능한 태양전지 어레이 용량을 결정한다. 현재의 고정가격매입제도하에서 설치 장소 탐색부터 시작한 상황에서는 압도적으로 이 경우가 많다. 그러나 태양광 발전 시스템의 대량 보급에 의해 송전선과 배전선의 용량 제약 등으로 계통 측의 수용 제약 조건이 더해지는 일도 있으므로, 이 경우의 설계 절차 단계에서는 계통 측과 조정하는 것이 중요하다. 더욱이 주변 지역과 조화가 요구되는 경우도 있어 사전 계획 단계의 정보 수집과 협의 등도 절차에 반영해야 한다.

한편 개발도상국의 전기를 이용할 수 없는 일부 지역과 비상 재해 시의 방재용 전원에는 축전지를 구비한 독립형 태양광 발전 혹은 비상시의 독립운전 모드에서는 필요한 목표 부하 전력량이 먼저 정해져 있는 경우가 많아, 이것을 충족시켜 설계하는 것이 주요 요건이다. 이 경우에는 우선 부하가 요구하는 전력 공급 조건을 예측하는 것이 중요한 사항이며 선행해야 한다. 다음으로 이 요구를 충족하는 태양전지 용량, 면적, 축전지 용량을 결정하는 순으로 진행한다. 이를 위해 필요한 태양전지 모듈 등 시스템 기기의 규모(용량)를 결정하게 되는데, 공급 신뢰도(정전 확률)의 설정 등은 사용자 측과 협의도 중요한 사항이다.

어레이 면적이 정해진 경우의 발전 전력량 계산 1 : 태양광 발전 시스템 발전 전력량 계산식

주택용 시스템과 같이 지붕에 설치하는 경우, 첫 단계인 어레이 용량은 태양전지 모듈의 변환 효율을 알면 계산할 수 있다. 그러나 실제로는 선정하고자 하는 태양전지 모듈의 형상과 치수에 맞게 주어진 장소와 토지에 잘 배치할 수 있고 적절한 태양전지 스트링 내의 태양전지 모듈 직렬 수와 태양전지 스트링 병렬 수의 조합에 의한 어레이 회로를 실현할 수 있을지를 결정하는 것이 중요하다. 여기서는 견적의 제1단계인 태양전지 어레이 용량이 주어진 경우의 연간 발전 전력량을 계산하는 기본식을 나타낸다.

이 경우에는 〈그림 3-3〉의 왼쪽에 나타낸 태양광 발전 출력의 흐름만 따라 기본적으로는 발전 했을 뿐, 현장에서의 소비 또는 연계 계통에 송전이 가능하다는 조건하에 계산을 진행한다. 가정 내 부하 측의 자가소비와 함께 잉여가 있으면 모두 계통이 흡수한다고 고려한다. 또한 태양광 발전 측의 공급력이 가정 내 부하에 불충분하면 그 몫은 계통 측이 보완하게 된다. 따라서 실제로는 우선 태양전지의 배치 계획에 따라서 설치 가능 용량(kW)을 구하고 나서 다음 식에 의해 태양광 발전 시스템이 공급 가능한, 일정 기간의 발전 전력량을 계산한다.

$$E_P = P_{AS} \times \frac{H_A}{G_S} \times K = P_{AS} \times \frac{H_A}{G_S} \times (1-\lambda) \tag{3.1}$$

$$P_{AS} = \eta_{PS} \times A \times G_S \tag{3.2}$$

E_P : 태양광 발전 시스템 발전 전력량[kWh/기간]

P_{AS} : 표준 상태의 태양전지 어레이 출력[kW]

H_A : 일정 기간에 얻을 수 있는 어레이면 일사량[kWh/m²/기간]

G_S : 표준 상태의 일사강도[1.0kW/m²]

K : 시스템 출력계수(또는 종합 설계계수)

λ : 종합 시스템 손실률(=1-K)

η_{PS} : 표준 상태의 태양전지 어레이 변환효율

A : 태양전지 어레이 면적[m²]

어레이 면적이 정해진 경우의 발전 전력량 계산 2 : 태양광 발전 시스템 발전 전력량 계산식의 변형

태양광 발전 시스템의 발전 전력 계산 시 지금까지 설명한 파라미터 이외에 자주 등장하는 3가 지 파라미터를 소개한다. 식 (3.1)과 같은 의미이지만 여기서는 기간을 8,760시간(1년)으로 표현 했다.

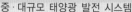

$$E_P = P_{AS} \times Y_P = P_{AS} \times 8760 \times F_C \qquad (3.3)$$

$$Y_P = \frac{H_A}{G_S} \times K = Y_I \times K = 8760 \times F_C \qquad (3.4)$$

$$F_C = \frac{Y_P}{8760}, Y_I = \frac{H_A}{G_S} \qquad (3.5)$$

Y_P : 연간 등가 시스템 가동 시간[h/년]

F_C : 연간 등가 시스템 이용률

Y_I : 연간 등가 일사 시간[h/년]

이들 세 파라미터는 시스템 출력계수 K와 함께 자주 사용된다. 실제의 시스템 운전 특성을 평가하는 경우에도 자주 이용된다. 시스템 출력계수 K는 시스템 성능을 단적으로 나타내는 파라미터이다. 일본에서는 일반적인 계통 연계형 태양광 발전 시스템이라면 대략 70~80%의 값을 나타낸다. 시스템 파라미터의 상호 관계를 일괄해서 〈그림 3-5〉에 정리했다.

에너지 균형식 $H_A \times A \times \eta_{PS} \times K = E_L \times D_P \times R$	H_A : 어레이면 일사량[kWm^{-2}] A : 어레이 면적[m^2] η_{PS} : 기준 상태의 변환효율
태양전지 어레이 변환효율 정의식 $\eta_{PS} = P_{AS}/(G_S \times A)$	K : 시스템 출력계수 (=종합 설계계수) E_L : 부하 소비 전력량[kWh] D_P : 태양광 발전 의존율
어레이 용량 설계식 $P_{AS} = \dfrac{E_L \times D_P \times R}{(H_A/G_S) \times K}$	R : 설계 여유계수 P_{AS} : 기준 상태 어레이 출력[kW] G_S : 기준 일사 강도(=1kWm^{-2})
시스템 발전 전력량 계산식 $E_P = P_{AS} \times (H_A/G_S) \times K$ $= P_{AS} \times Y_H \times K = P_{AS} \times Y_P$	E_P : 시스템 발전 전력량[kWh] Y_H : 등가 일조 시간[h] Y_P : 등가 시스템 가동 시간[h]

그림 3-5. 시스템 파라미터의 상호 관계

부하가 정해진 경우(독립형 태양광 발전 시스템)의 계산 1 : 필요한 태양전지 어레이 용량

전력을 공급하고자 하는 부하의 사용 전력량과 부하 측 요구 파라미터 등을 우선 정해야 한다. 이 요구에 맞춰 태양광 발전 측의 필요한 크기를 결정(사이징)할 필요가 있다. 양자의 균형을 최적화하려면 여러 차례의 반복 과정이 필요하며 경험이 필요한 작업이 된다.

여기서는 부하의 요구를 어느 수준에서 충족시키기 위해 백업 전원으로서 축전지의 설치를 우선 전제로 했지만 디젤 발전기와 타 재생가능에너지 전원의 하이브리드화가 가능하다. 〈그림 3-1〉에 나타낸 에너지 흐름 선도를 고려하면 식 (3.6)이 주어진다. 이것을 전개하면 부하의 요구를 만족하는 어레이 용량 P_{AS}는 식 (3.8)에 의해 주어진다.

$$H_A \times A \times \eta_{PS} \times K = E_L \times D \times R \tag{3.6}$$

$$\eta_{PS} = \frac{P_{AS}}{G_S \times A} \tag{3.7}$$

$$P_{AS} = \frac{E_L \times D \times R}{(H_A/G_S) \times K} \tag{3.8}$$

E_L : 일정 기간의 부하 수요 전력량[kWh/기간]

D : 부하의 태양 에너지 의존율

R : 설계 여유계수(안전율, 증설 여유)

$$D = \frac{E_P}{E_P + E_U} \tag{3.9}$$

$$E_U = E_{UF} - E_{UT} \tag{3.10}$$

E_P : 참조 기간의 태양광 발전 시스템의 발전 전력량[kWh]

E_U : 백업 에너지[kWh]

E_{UF} : 계통에서의 수전 에너지[kWh]

E_{UT} : 계통에의 송전 에너지[kWh]

$$R = R_S \times R_L \tag{3.11}$$

R_S : 설계 안전계수(시스템 설계 전체의 불확실성을 고려한 값)

R_L : 설계 여유계수(부하 에너지 수요에 포함되는 여유 값)

수급과 균형이 맞지 않으면 일정 확률로 공급 부족이 일어나 정전에 이른다. 때문에 경험에 기초한 안전율을 발전 측과 부하 측 양자의 견적에 반영해야 한다. 이 정확도를 높이기 위해서는 다음에 기술하는 정전 확률을 평가하는 방법이나 시계열 시뮬레이션을 실시할 필요가 있다.

부하가 정해진 경우(독립형 태양광 발전 시스템)의 계산 2 : 축전지 용량(안정 공급의 경우)
부하 사용 전력량이 비교적 평균화되어 있고 특정일에 부하 사용 전력량이 집중하는 일이 없으면 아래의 식으로 계산할 수 있다.

$$B_{kWh} = E_{LBd} \times N_d \times \frac{R_B}{C_{BD} \times U_B \times \delta_{BV}} \tag{3.12}$$

B_{kWh} : 축전지 용량[kWh]

E_{LBd} : 축전지에 의존하는 1일당 부하 수요 전력량[kWhd^{-1}]

N_d : 부조일 연속 일수[d]

R_B : 축전지의 설계 여유계수

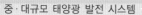

C_{BD} : 용량 저감계수

U_B : 축전지를 이용할 수 있는 방전 범위

δ_{BV} : 축전지 방전 시의 전압 저하율

E_{LBd}는 축전지 용량에서 정의되므로 부하단의 값에서 계산하려면 파워컨디셔너 회로 보정계수로 나눌 필요가 있다. 또한 이 값은 축전지 기여율이 고려되어 있으면 다음 식으로 구할 수 있다.

$$E_{LBD} = \frac{\eta_{BA} \times \gamma_{BA}/K_C}{1 + \eta_{BA} \times \gamma_{BA} \times \gamma_{BA}} \times E_{Pd} \tag{3.13}$$

E_{Pd} : 시스템 발전 전력량[kWh/일]

부하가 결정된 경우(독립형 태양광 발전 시스템)의 계산 3 : 축전지 용량
(일사강도에 따라서 부하의 용량을 조절하는 경우)

우천 시나 야간에도 최저 부하 전력을 상정하여 정전되는 일 없이 전력을 공급할 수 있도록 설계하는 경우가 많다. 이 경우 위에서 설명한 연속 부조일 동안 부하에 최저 전력을 공급할 수 있을 만큼의 축전지 용량이 필요하다.

$$B_{kWh} = \frac{\left\{ E_{LE} - P_{AS} \times (H_{A1}/G_S) \times K \right\} \times N_d \times R_B}{C_{BD} \times U_B \times \delta_{BD}} \tag{3.14}$$

E_{LE} : 부하의 최저 수요 전력량[kWhd⁻¹]

H_{A1} : 부조일 연속 일수에 얻어지는 평균 어레이면 일사량[kWhd⁻¹]

축전지의 용량은 방전 시간율에 따라서 달라진다. 즉 방전 시간율이 작아질수록(방전 전류가 커진다) 용량은 감소한다. 따라서 부하의 크기(운전 시간)를 토대로 축전지의 시간율을 정해서 용량을 결정한다.

부하가 정해진 경우(독립형 태양광 발전 시스템)의 계산 4 : 하이브리드 시스템의 경우

하이브리드 발전기에 따라서 제각각이다. 시스템의 요구에 따라서 즉석에서 기동할 수 있고 또한 용량이 충분히 큰 디젤 발전기를 가진 하이브리드 시스템의 경우는 위의 식 (3.12)에서 $N_d =$ 2(d) 정도로 선정해서 계산하는 경우가 있다. 상세한 것은 시뮬레이션 등에 의해서 시스템마다 검토할 필요가 있다. 이 계산식은 이 책의 범위를 벗어나므로 설명은 생략한다.

인버터 용량 계산 1 : 계통 연계 시스템의 경우

일반적으로 태양광 발전 시스템용 파워컨디셔너에는 태양전지 I-V 곡선상의 최대 전력점을 추종하는 제어 기능(MPPT)이 장비되어 있다. 이 기능에 의해 태양전지 어레이가 발전하는 능력을 최대한 많이 계통에 보낼 수 있다. 한편 파워컨디셔너는 부하율이 낮은 상태에서는 통상은 효율이 매우 저하한다. 또한 가격이 정격 용량에 비례하여 높아지므로 불필요하게 큰 용량의 인버터를 설치하는 것은 피해야 한다. 일사강도가 최대치에 가까워지면 소자 온도가 상승해서 태양전지 어레이 출력이 저하한다. 또한 태양광 발전용 인버터 효율은 정격 용량 값보다 정격의 $1/2$ 이상에서 $2/3$에 걸쳐 효율 최대값을 나타내도록 설계되는 경우가 많다. 그러므로 인버터 용량은 태양전지 어레이 총 용량보다 작게 설정하는 경우가 많다.

$$P_{IN} = P_{AS} \times C_A \tag{3.15}$$

P_{IN} : 인버터 용량[kVA]

C_A : 태양전지 어레이 용량에 곱하는 저감률, 통상 (0.8~0.9) 정도

인버터 용량의 계산 2 : 독립형 시스템의 경우

$$P_{IN} = P_{LA\max} \times R_{RUSH} \times R_{IN} \tag{3.16}$$

P_{LAmax} : 증설을 고려한 부하의 최대 용량(최대 피상전력)[kVA]

R_{RUSH} : 돌입률

R_{IN} : 설계 여유계수(안전율로도 생각되며 통상 1.5~2 정도에 선정된다)

돌입률은 모터 등의 큰 전류를 수반하는 부하를 기동하는 경우의 최대 전류를 고려하는 것으로 모터가 순차 기동하는 조건하에 최대 용량의 모터가 마지막에 기동하는 것으로 해서 계산한다. 다시 말해, 최대 용량 시의 정상 전류를 I_a, 최대 용량의 모터 정상 전류를 I_b, 최대 용량의 모터의 돌입전류를 I_m이라고 하면 다음의 식이 얻어진다.

$$R_{RUSH} = \frac{I_a - I_b + I_m}{I_a} \tag{3.17}$$

3.2.4 설계 파라미터 정의

어레이 용량의 계산에서 정의한 시스템 출력계수 K를 식 (3.18)과 같이 계통 구조의 설계 파라미터로 분할한다[2]. 이들 파라미터는 최종적으로 곱의 형태로 설계에 이용된다. 설계의 기본식은 에너지량(전력량)에 대해 기술한 것이며 설계계수에 대해서도 전력비가 아니라 전력량의 비율을 이용해서 값을 매기는 것이다. 계측한 일사강도와 발전량 등을 대상 기간에 걸쳐 적산해서 전력량비를 구할 필요가 있다. 연간 계절차 등을 생각해서 참조하는 데이터 기간은 최소 1년 정도가 되어야 한다.

$$K = K_H \times K_P \times K_B \times K_C \quad \text{또는} \quad K = K_{*H} \times K_P \times K_B \times K_C \tag{3.18}$$

K_H : 입사량 보정계수(어레이면 일사량 기준)

K_{*H} : 입사량 보정계수(수평면 전천 일사량 기준) $K_{*H} = K_{HG} \times K_H$

K_{HG} : 수평면 전천 일사량에서 어레이면 일사량에의 환산계수

K_P : 태양전지 변환효율 보정계수

K_B : 축전지 회로 보정계수

K_C : 파워컨디셔너 회로 보정계수

$$K_H = K_{HD} \times K_{HS} \times K_{HG} \quad \text{또는} \quad K'_H = K_{HG} \times K_{HD} \times K_{HS} \times K_{HC} \tag{3.19}$$

K_{HD} : 일사량 연 변동 보정계수

K_{HS} : 그림자 보정계수

K_{HC} : 입사광 공헌도 계수

$$K_{HC} = K_{HCD} \times K_{HCT} \tag{3.20}$$

K_{HCD} : 법선면 직달 일사계수

K_{HCT} : 게인 계수

$$K_P = K_{PD} \times K_{PT} \times K_{PA} \times K_{PM} \tag{3.21}$$

K_{PD} : 경시변화 보정계수

$$K_{PD} \times K_{PDS} \times K_{PDD} \times K_{PDR} \tag{3.22}$$

K_{PDS} : 오염 보정계수

K_{PDD} : 열화 보정계수

K_{PDR} : 광발전 응답 변동 보정계수

$$K_{PDR} = K_{PDRS} \times K_{PDRN} \tag{3.23}$$

K_{PDRS} : 분광 응답 변동 보정계수

K_{PDRN} : 비선형 응답 변동 보정계수

K_{PT} : 온도 보정계수

K_{PA} : 어레이 회로 보정계수

$$K_{PA} = K_{PAU} \times K_{PAL} \tag{3.24}$$

K_{PAU} : 어레이 회로 부정합 보정계수

K_{PAL} : 어레이 회로 손실 보정계수

K_{PM} : 부하 정합 보정계수

$$K_B = (1 - \gamma_{BA}) \times \eta_{BD} + \gamma_{BA} \times \eta_{BA} \tag{3.25}$$

γ_{BA} : 축전지 기여율

η_{BD} : 바이패스 에너지 효율(축전지를 경유하지 않고 통과하는 부분의 회로 효율)

η_{BA} : 축전지 단자의 에너지 저장 효율

$$\eta_{BA} = K_{B,OP} \times \eta_{BTS} \tag{3.26}$$
$$K_{B,OP} = K_{B,sd} \times K_{B,ur} \times K_{B,au} \times \eta_{BC} \tag{3.27}$$

$K_{B,OP}$: 축전지 운전효율 종합 보정계수

η_{BTS} : 축전지 스택 시험 효율

$K_{B,sd}$: 자기 방전 저감계수

$K_{B,ur}$: 언밸런스 보상 저감계수(균등 충전 저감계수)

$K_{B,au}$: 보조기기 동력 저감계수

η_{BC} : 충방전 제어장치의 효율

$$K_C = \gamma_{DC} \times K_{DD} + (1 - \gamma_{DC}) \times K_{IN} \tag{3.28}$$

γ_{DC} : 직류 전력량 비율

K_{DD} : DC/DC 컨버터 회로 보정계수

$$K_{DD} = \eta_{DDO} \times K_{DDC} \tag{3.29}$$

K_{DDC} : DC/DC 컨버터 출력 회로 보정계수

η_{DDO} : DC/DC 컨버터 에너지 효율

K_{IN} : 인버터 회로 보정계수

$$K_{IN} = \eta_{INO} \times K_{ACC} \tag{3.30}$$

η_{INO} : 인버터 에너지 효율

K_{ACC} : 인버터 AC 회로 보정계수

$$K_{ACC} = K_{INAU} \times K_{ACTR} \times K_{ACFT} \times K_{ACLN} \times K_{ACSA} \tag{3.31}$$

K_{INAU} : 인버터 출력에 대한 인버터 보조회로 전력 소비를 고려한 에너지 효율

K_{ACTR} : 변압기 에너지 효율

K_{ACFT} : 필터 에너지 효율

K_{ACLN} : 인버터 출력에서 부하까지의 교류 선로 에너지 전송 효율

K_{ACSA} : 인버터 출력에 대한 인버터가 공급하고 있는 시스템 보조 전원의 전력 소비를 고려한 에너지 효율

입사 보정계수 K_H는 기상 관측 데이터에서 일사 모델을 이용해서 산출된 어레이면 일사량을 저하시키는 요인에 대해 고려하는 것이다. K_{HG}는 증가 요인이 되므로 0.1보다 커진다.

태양전지 변환효율 보정계수 K_P는 표준 상태에서 측정된 태양전지 어레이의 출력을 설치 장소의 조건에 따라서 태양전지 변환효율의 각종 저하 요인(때로는 증가 요인)을 고려해서 보정하는 것이다.

축전지 회로 보정계수 K_B는 축전지 자체의 에너지 저장 효율, 충방전 제어 회로 등의 주변 회로의 효율 등을 고려한 회로 효율로 일정 기간의 에너지 효율로 정의된다.

파워컨디셔너 회로 보정계수 K_C는 파워컨디셔너 및 그 주변 전기회로의 효율이며, 이것 역시 일정 기간의 에너지 효율로 정의된다.

일반적으로 말하면 각각의 설계계수 K_x는 〈그림 3-6〉에 나타낸 원리에 따라서 규정된다. 즉 일반 전기기기에서 사용되고 있는 입출력 전력비 P_{xo}/P_{xi}에 의한 효율이 아니라 일정 기간의 에너지비 E_{xo}/E_{xi}인 점에 유의해야 한다.

$$p_{xi} \longrightarrow \boxed{K_x} \longrightarrow p_{xo}$$

$$K_x = \frac{E_{xo}}{E_{xi}} = \frac{\int_{\tau_p} p_{xo}\,\mathrm{d}\tau}{\int_{\tau_p} p_{xi}\,\mathrm{d}\tau} \neq \frac{p_{xo}}{p_{xi}}$$

순시효율이 아니라 '일정 기간의 실효효율=에너지 효율'로 정의
(주 : 전력비가 아니다)

그림 3-6. 시스템 운전 성능 파라미터의 원리적 표현

3.3_ 파라미터 분석법 Ⅱ : 시스템 구성 기기 설계식

3.3.1 시스템 구성 결정

〈그림 3-7〉은 본 절에서 거론한 태양광 발전 시스템 설계의 전체 흐름을 나타냈다. 최초에 시스템 전체의 구성을 결정하고 이것을 구성하는 요소와 기기의 설계로 이행한다. 그 결과 정해진 각 요소의 기본 사양과 정격에 기초해서, 가령 연간 발전 전력량 등 시스템 출력 특성과 같은 기본 사항에 대해 산정한다. 여기서 중요한 것은 각 요소 간의 인터페이스 조건을 분명히 해두는 것이다. 이 시점에서 충분한 설계 사항이 설정되어 있지 않은 경우는 그 후에 연결되는 상세 설계 단계에서 되돌아가야 하므로 기본 설계의 재검토를 위해 타 공정에도 큰 영향을 미칠 수밖에 없다.

〈그림 3-8〉에 태양광 발전 시스템의 시스템 구성 결정 흐름을 나타낸다. 태양전지 어레이를 제외한 구성 기기는 시스템 운용 방법, 부하 특징, 백업 체계 등에 의해서 필요 또는 불필요가 결정되고, 그 결과 기본적인 시스템 구성이 결정된다. 또한 독립형인지 연계형인지의 선택, 하이브리드 전원의 접속, 부하 제한 조치의 유무, 태양전지 어레이의 방위각과 경사각, 인버터의 종류 등도 구성 기기의 용량을 설계하기 전에 결정해야 한다. 여기서는 우선 정성적인 조건 검토로 결정되는 항목의 결정에 대해 설명한다.

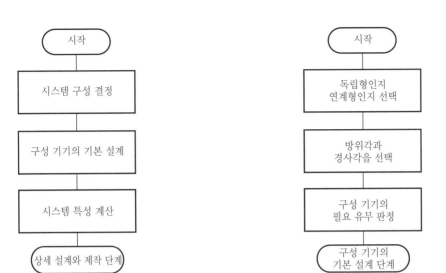

그림 3-7. 태양광 발전 시스템 설계의 전체 흐름   그림 3-8. 시스템 구성 결정 흐름

독립형 혹은 연계형 선택

태양광 발전 시스템이 기존의 전력계통에서 수전이 선택 가능한 경우는 연계형으로 하고 그 이외는 독립형으로 한다. 〈그림 3-9〉에 독립형과 연계형의 구성 방법을 정리했다.

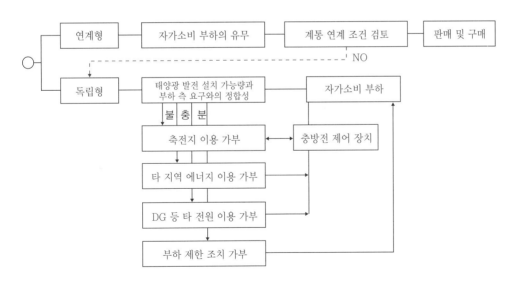

그림 3-9. 독립형 또는 연계형의 구성 방법

전력계통에의 역조류가 가능한 일반 경우에는 거의 자동적으로 연계형을 선택한다. 그러나 역조류 전력이 연계 가능 용량을 넘는 경우, 혹은 대상 태양광 발전 시스템이 축전지와 보조전원 등에서 계통 측으로 역조류가 발생할 수 있는 경우에는 계통 연계 제약 조건에 의해 역조류 없는 연

계를 선택할 수밖에 없는 경우도 있다.

독립형인 경우

독립형의 경우 우선 축전지, 디젤 발전, 국지적으로 이용할 수 있는 다른 전원(이후 단순히 국지전원이라 한다)과 하이브리드 접속이 가능한지의 여부를 판단해야 한다. 다음으로 태양광 발전 전력과 국지전원의 연료가 부족한 경우 또는 축전지 잔존 용량이 저하한 경우에 부하 전력을 일정 값 이하로 제어하는 제어(부하 제어, 최악인 경우에는 부하 차단)를 반영하는 것이 가능한지 여부를 판단한다.

디젤 발전이나 국지전원과 조합한 태양광 발전 시스템을 하이브리드 시스템이라고 부르며, 여기서는 디젤 발전과 국지전원을 하이브리드 전원이라고 부른다. 디젤 발전은 연료의 공급이 확보되면 안정적으로 이용할 수 있다. 국지전원의 이용 가능성에 대해서도 유의할 필요가 있다.

공급 신뢰성 확보를 높게 요구하지 않으면 부하 제한 조치를 선택하는 것도 가능하다. 소규모 독립형 전원에서는 축전지 용량이 과방전된 경우에 대비해서 사전에 차단하는 부하 순위를 정하고 있다. 그 경우에는 축전지 용량이 과대해지는 것을 방지할 수 있어 경제성은 개선된다. 이러한 독립 시스템에서는 연간 정전 확률을 사전에 예상하지 않으면 안 되기 때문에 강수 연속 일수와 일사량 연간 변동 등을 확률변수를 이용해서 분석하는 것이 필요하다.

연계형의 설계 단계에서는 널리 이용되는 파라미터 분석법은 독립형의 경우에는 초기 단계에 불과하며 정전확률분석법(LOLP) 혹은 다음에 개략적으로 소개하는 일사량과 사용 부하 등의 변화 파라미터를 시계열 변수로서 다루는 '시뮬레이션법'에 의해 취급하는 것이 신뢰도를 높이기 위해 바람직하다.

태양광 발전 시스템과 하이브리드 전원의 접속은 소규모 시스템인 경우에는 접속이 용이한 직류 측 접속으로 한다. 태양광 발전 직류 측에 접속하고자 하면 축전지와 교류 하이브리드 간에는 정류장치(교류–직류 변환)와 충전 제어가 필요하다.

하이브리드 전원이 교류 출력인 경우에는 교류 측(태양광 발전 파워컨디셔너 출력)에서 접속하는 것이 많다. 태양광 발전 시스템 출력이 인버터를 거쳐 최종적으로 교류가 되는 경우에는 교류 국지전원 → 교류–직류 변환 → 축전지 → 인버터 → 교류 출력으로, 다단 변환에 의한 효율 저하 때문에 대형 시스템에서 특히 불리하다.

교류 접속의 경우에는 시스템 주파수와 전압 유지 능력을 태양광 발전 측과 국지전원의 어느 쪽을 주체로 하는가에 따라 제어계의 개념이 크게 영향을 받는다. 국지전원이 기계식 발전기인 경우에는 내장 거버너(governor) 제어를 사용한다. 한편 태양광 발전용 인버터는 고속 제어가 가능한 전력전자에 의존하고 있다. 초기에는 기계식 발전기가 많이 채용됐지만 최근에는 태양광 발전 측이 교류 계통의 주체가 되어 스마트그리드 실증실험 등에서 실증되고 있다. 이를 통해 전력전자 제어 방식의 고속성과 높은 정확성이 널리 알려지게 됐다.

3.3.2 태양전지 어레이의 방위각과 경사각

〈그림 3-10〉에 태양전지 어레이의 방위각 및 경사각을 결정할 때 고려해야 할 사항을 정리했다.

태양전지 어레이의 방위각은 태양전지의 단위 용량당 발전 전력량이 최대가 되는 정남향, 즉 0°(남쪽 기준)을 선택하게 된다. 다만, 설치 장소에 제약이 있는 경우에는 지붕과 토지의 방위각, 산과 건물의 그림자를 피할 수 있는 각도, 일일 최대 부하 발생 시의 시간을 토대로 선택하기도 한다.

기존의 지붕을 이용하는 지붕형 설치의 경우에는 특히 시공 및 설치 비용 최소화와 미관상 지붕과 동일 경사각을 이용하는게 보통이다. 절판 지붕을 이용한 공장 건물의 경우 지붕 경사각은 거의 수평 설치가 보급되어 있기 때문에 태양광 발전 어레이의 시공 및 설치 비용을 줄이기 위한 수평 설치가 빠르게 보급되고 있다. 이 방법은 각 태양전지 모듈의 최대 일사량은 아니지만 태양전지 모듈 간 상호 그늘이 생기지 않아 밀착해서 설치할 수 있기 때문에 지붕 면적당 발전량을 최대화할 수 있다는 점에 착안한 개념이다. 또한 지붕 면적을 효율적으로 이용하려면 당연히 지붕의 방위각과 동일하게 어레이를 시공 및 설치한다.

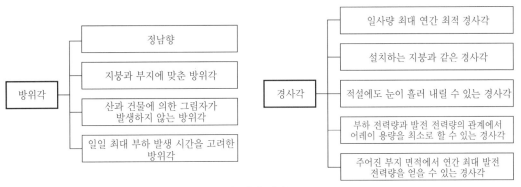

그림 3-10. 태양전지 어레이의 방위각과 경사각 선택 인자

한편 지상 설치형도 토지를 효율적으로 이용하고자 하는 경우에는 토지의 방위각에 맞추는 방식도 있다. 산과 건물의 그림자가 있으면 시간대별 일사강도와 그림자 비율을 고려해서 위치와 각도를 선택하는 것이 바람직하다.

원칙론적으로 말하면 태양전지 어레이의 방위각과 경사각의 최적화(태양전지 면적당 발전 전력량을 최대)가 어레이 정격 용량 베이스의 가동률이 가장 높다. 그러나 현재 경향을 보면 파워컨디셔너 출력 정격 베이스에서 이용률을 높이려는 추세가 강하다.

태양전지 모듈 가격＋어레이 건설비용과 파워컨디셔너＋계통 연계 공사 비용 등을 비교하여 후자에 중점을 두는 경우도 있다.

또한 방위각을 조정해서 한낮의 부하 피크에 발전 피크를 맞추는 방식은 특정 산업 프로세스에서는 있을 수 있는 경우다. 방위각은 1시간당 15° 진행하므로 서쪽으로 30° 움직이면 오후 2시에 최대 일사를 얻을 수 있다. 다만, 이 경우의 시각은 그 장소의 '태양시'이므로 각지의 표준시 차이를 반영해야 한다.

적설 지대에서는 눈이 쉽게 흘러내리는 경사각으로 설정하도록 했다. 연간 최적 경사각이 이 경사각보다 큰 경우는 연간 최적 경사각을 채용한다. 눈을 쉽게 흘러내릴 수 있는 경사각은 대략 50~60° 이상이다.

연간 최적 경사각으로 하면 원래 적설지의 동절기 일사량은 낮으므로 적설기에 발전이 불가능해도 오히려 여름에 주목한 경사 각도를 선택해서 경제성을 높이는 것이 연간 발전 전력량의 최대화에 효과적이므로 연계형의 경우에는 눈이 쉽게 흘러내리는 것에 크게 신경 쓰지 않는 선택지도 있을 수 있다. 오히려 적설 하중에 의해 어레이가 무너질 수 있어서 유의가 필요하다. 건설 시에 설정한 투자 회수 연수를 넘어 건전한 상태를 계속 유지하는 것이 중요하다.

디젤 발전을 이용하지 않는 독립형의 경우는 월 단위로 설계하므로 월간 최적 경사각을 이용한다. 이때 경사각은 12개월의 월간 최적 경사각 중에서 부하 전력량과 발전 전력량의 관계에서 태양전지 어레이의 용량을 최소화할 수 있는 것을 선택한다.

3.3.3 축전지의 필요성

축전지는 태양전지 출력 변동과 부하 변동 대응, 부조일 시의 전력 공급, 잉여전력의 유효 이용을 위해 이용한다. 아래에서 설명하는 축전지의 필요성 판정 조건을 〈그림 3-11〉에 정리한다.

독립형 태양광 발전 시스템의 경우에는 구름 낀 날, 비오는 날, 야간과 같이 일조를 얻을 수 없을 때의 전력 공급과 부하에 돌입전류가 있는 경우에 필요하다. 돌입전류는 모터 부하의 경우에는 대응이 필요하다.

연계형 태양광 발전 시스템의 경우에는 전력이 높은 공급 신뢰성이 필요한 때와 대낮의 부하 피크와 발전 피크가 어긋나 태양광 발전의 피크 가치를 높이고 싶지만 방위각만으로는 조정할 수 없을 때 필요하다. 역조류가 없는 연계형의 경우에는 태양전지의 발전 전력량이 부하 전력량을 넘는 경우에 이용하기도 한다.

계통 정전 시와 재해 시의 대책으로 연계형 태양광 발전의 자립운전 모드 기능을 구비하는 사례가 늘고 있다. 주택용에 이 기능은 축전지가 없지만 이미 상당히 보급됐다. 학교용과 공공시설에 설치되는 시스템의 경우 동일본대지진 이후 중요성이 부각되면서 자립운전 모드 기능은 표준 사양화되고 있다. 이들 시설은 재해 시의 피난시설과 관리시설로서 운영되기 때문에 야간 운용을 위한 조명, TV, 휴대 충전, 개수대 급수 등을 고려한 축전설비를 갖추는 것이 바람직하다.

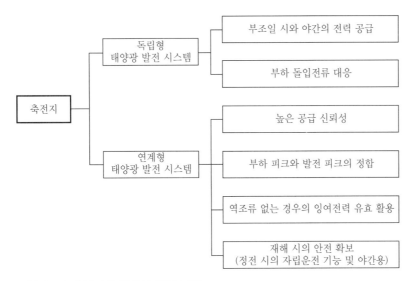

그림 3-11. 축전지의 필요성 판정 조건

😎 3.3.4 파워컨디셔너(인버터 및 DC/DC 컨버터 등) 방식

파워컨디셔너는 직역하면 전력변환장치를 의미하며 인버터(직류→교류)라고 부르는 개념보다 넓은 기능을 포함한다. 가령 가정용 태양광 발전 시스템의 파워컨디셔너는 인버터 외에 계통 연계 장치와 시스템 감시나 집전 기능 등 나아가 정전 시의 자립운전 기능이 하나의 상자에 수납되어 있는 것을 파워컨디셔너라고 하는, 보다 폭넓은 개념을 포함한 장치이다.

파워컨디셔너에 포함되는 각종 기능의 필요성에 대해 판정 조건을 설명한다. 전체의 흐름을 〈그림 3-12〉에 정리했다.

태양광 발전 시스템의 출력은 직류이기 때문에 부하가 교류인 경우와 연계형인 경우에 인버터 (직류→교류)가 필요하다. 독립형 시스템에서 부하가 직류인 경우에는 극히 소용량이면 직접 연결도 가능하지만 직류 부하 제어를 위해 DC/DC 컨버터가 일반적으로 사용된다.

이것은 직류 전원에서 원하는 직류 전압과 전류를 일정 제어 혹은 가변 제어를 수행하는 파워컨디셔너이며 줄여서 DC/DC 컨버터라고도 한다.

연계형 태양광 발전 시스템이기는 하지만, 가령 소내 부하가 직류인 경우와 독립형에 교류 측 접속 하이브리드 전원에서 축전지에 충전하는 경우에는 교류 측에서 직류 측으로 전력을 변환할 필요가 있기 때문에 양방향 컨버터가 필요하다. 즉, 직류 측에서 교류 측으로 전력을 변환하는 인버터 기능(역변환)과 교류 측에서 직류 측으로 변환하는 정류기 기능(순변환)을 겸비한 것을 양방향 컨버터라고 칭한다.

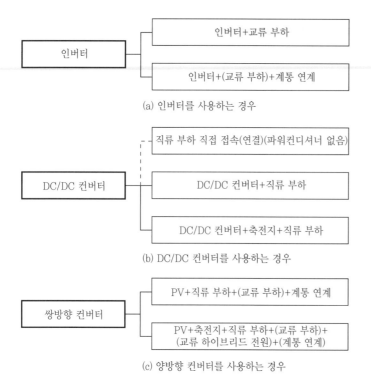

(a) 인버터를 사용하는 경우

(b) DC/DC 컨버터를 사용하는 경우

(c) 양방향 컨버터를 사용하는 경우

그림 3-12. 파워컨디셔너의 필요성 판정 조건

독립형에서 모터 부하와 같이 부하에 돌입전류가 있는 경우에는 VVVF(가변 전압, 가변 주파수 제어)의 모터 부하 전용 인버터를 도입하면 돌입전류의 영향을 억제하면서 충분한 토크를 가질 수 있다. 또한 피크 부하와 상시 부하의 격차가 큰 경우에도 인버터를 분할하여 피크 부하 전용 인버터를 도입함으로써 운전효율을 개선한다.

부하에 돌입전류가 없거나 모터 부하 전용의 인버터를 도입해서 돌입전류의 영향이 적은 경우 교류 부하가 일정 전압 및 일정 주파수라면 CVCF 인버터(정전압, 정주파수 제어)를 채용한다. 또한 독립형이고 부하의 전압 범위가 여러 개일 때, 이들의 동작 시간대가 어긋난 경우, 상수(相數)가 다른 부하가 있는 경우 또는 부하의 공급 신뢰성을 높일 필요가 있는 경우에는 다수의 인버터가 필요한 때도 있다.

한편 직류 부하가 있고 부하의 전압을 안정화할 필요가 있으면 DC/DC 컨버터가 필요하다.

3.3.5 주요 태양광 발전 기기의 설계 흐름

여기서는 앞에서 설명한 태양광 발전 시스템의 설계에 관한 기본적인 개념을 더욱 구체화하여 설계 수순을 기술한다. 설계 수순은 각 구성 기기별로 설명했으므로 전 항까지 결정한 시스템 구성에 대응하는 구성 기기 부분을 참조하면 된다. 〈그림 3-13〉에 태양광 발전 시스템 주요 구성 기기의 설계 전체 흐름을 나타낸다.

그림 3-13. 태양광 발전 시스템의 주요 구성 기기 설계 전체 흐름

3.3.6 태양전지 어레이

태양전지 어레이의 설계에서 중요한 항목은 태양전지 어레이 용량의 결정과 어레이를 구성하는 태양전지 모듈의 선택이다. 후자에 관해서는 태양전지 모듈 정격 출력, 최적 동작 전압 및 외형 치수에 따라서 시판품 중에서 선택하게 된다. 여기서는 태양전지 어레이 용량을 결정하는 방법에 대해 설명한다. 설계식에 따른 태양전지 어레이의 설계 흐름 전체를 〈그림 3-14〉에 나타낸다. 태양전지 어레이의 용량 결정 절차는 설치 가능 면적을 기준으로 하는 경우와 결정된 부하를 기준으로 하는 경우가 있다.

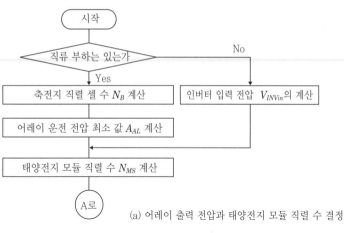

(a) 어레이 출력 전압과 태양전지 모듈 직렬 수 결정

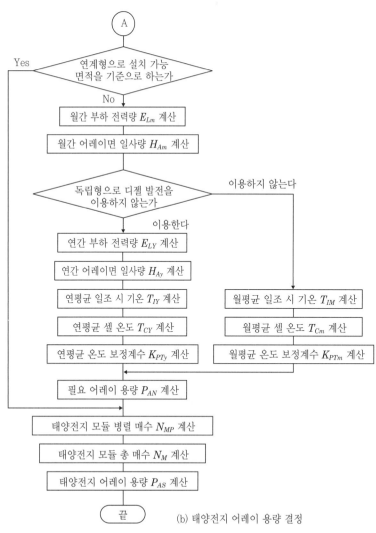

(b) 태양전지 어레이 용량 결정

그림 3-14. 태양전지 어레이 용량 결정 절차

설치 가능 면적을 기준으로 하는 경우의 태양전지 어레이 용량

지붕 등의 설치 가능 면적을 기준으로 해서 태양전지 어레이의 용량을 결정하는 경우이다. 주택용 등과의 연계 시스템에서 설치 가능 면적에 제약이 있는 경우에 이용하는 일이 많다. 독립형 시스템에서도 하나의 면으로는 발전 전력량이 부족하기 때문에 방위각과 경사각이 다른 복수의 면에 태양전지 어레이를 설치하는 경우에는 단위 면적당 경사면 일사량이 큰 면부터 순서대로 이 절차를 적용한다.

부하를 기준으로 하는 경우의 태양전지 어레이 용량

부하 전력량을 기준으로 해서 태양전지 어레이의 용량을 결정하는 경우이다. 디젤 발전을 이용하지 않는 독립형 시스템의 경우에는 부하 전력량에 대응하는 발전 전력량에서 월별로 필요한 태양전지 어레이 용량을 구하고 이들의 최대 값을 태양전지 어레이의 용량으로 정한다. 한편 디젤 발전을 이용하는 독립 시스템의 경우에는 연간 부하 전력량과 발전 전력량이 같아지는 태양전지 어레이 용량으로 선정하는 경우가 일반적이다. 연계 시스템의 경우에도 이 방법을 적용해서 어레이 용량을 결정할 수 있다.

실제 설계에서는 태양전지 어레이 출력 용량은 태양전지 모듈 1개당 출력 용량과 태양전지 모듈 매수로 주어진다. 앞에서 말한 두 설계 절차는 이 태양전지 모듈의 개수를 결정할 때 선택해서 적용하게 된다. 태양전지 어레이의 용량은 다음 식으로 주어진다.

$$P_{AS} = P_{MS} \times N_M \tag{3.32}$$

P_{AS} : 태양전지 어레이 용량[kW]
P_{MS} : 태양전지 모듈 정격 출력[kW]
N_M : 태양전지 모듈 매수

태양전지 모듈 매수 N_M은 다음 식으로 주어진다.

$$N_M = N_{MS} \times N_{MP} \tag{3.32}$$

N_{MS} : 태양전지 모듈 직렬 수
N_{MP} : 태양전지 모듈 병렬 수

이어서 태양전지 어레이 용량을 결정하기 위해 필요한 태양전지 모듈 직렬 수와 병렬 수의 결정 방법에 대해 순서대로 설명한다. 태양전지 모듈의 직렬 수 N_{MS}는 통상은 인버터 입력 전압에 기초해서 결정한다. 때문에 직류 부하가 없는 경우와 있는 경우로 나누어 구하는 방법을 설명한다.

직류 부하가 없는 경우의 태양전지 모듈 직렬 수

직류 부하가 없는 경우에는 반드시 교류 부하가 있으며 인버터를 이용하게 된다. 이때 태양전지 모듈 직렬 수 N_{MS}는 다음 식으로 주어진다.

$$N_{MS} = V_{INVin}/V_{MOL} \qquad\qquad (3.34)$$

V_{INVin} : 인버터 입력 전압[V]
V_{MOL} : 태양전지 모듈 동작 전압 최소 값[V]

N_{MS}가 정수가 되지 않는 경우 소수점은 절상한다. 인버터 입력 전압 V_{INVin}은 시장 내 모델에서 파워컨디셔너의 입력 전압 범위를 참조할 수 있으므로 특수한 설계를 목적으로 하지 않는 한 이들을 사전 조사해 두기를 권한다. 또한 축전지를 이용하는 경우에는 축전지의 최저 전압에서 최고 전압의 범위가 맞도록 한다.

추후 설명하겠지만 인버터 용량은 태양전지 어레이 용량에 기초해서 정하는 경우도 있다. 이 경우에는 미리 태양전지 시스템의 규모를 고려하고 임시 인버터 용량을 기준으로 태양전지 모듈 직렬 수를 계산한다. 그리고 이 값에서 구한 태양전지 어레이 용량과 가정한 인버터 용량이 적합하도록 계산한다.

직류 부하가 있는 경우의 태양전지 모듈 직렬 수

직류 부하가 있는 경우 태양전지 모듈 직렬 수 N_{MS}는 다음 식으로 주어진다.

$$N_{MS} = V_{AL}/V_{MOL} \qquad\qquad (3.35)$$

V_{AL} : 태양전지 어레이 연간 최저 전압[V]
V_{MOL} : 태양전지 모듈 동작 전압[V]

N_{MS}가 정수가 되지 않는 경우 소수점은 절상한다. 직류 부하가 있는 경우의 태양전지 어레이 연간 최저 전압 V_{AL}은 다음 식으로 주어진다.

$$V_{AL} = V_{bH} \times N_B \qquad\qquad (3.36)$$

V_{bH} : 축전지 단셀 충전 시 전압[V]
N_B : 축전지 셀 수

축전지 셀 충전 시 전압 V_{bH}는 실제로 이용하는 축전지의 값을 이용한다. 축전지를 이용하지 않는 경우에는, 예를 들면 2.3V로 한다. 또한 직류 부하가 있는 경우의 축전지 셀 수 N_B는 다음 식으로 주어진다.

$$N_B = V_{LD}/V_b \tag{3.37}$$

V_{LD} : 직류 부하 전압[V]

V_b : 축전지 단셀 공칭 전압[V]

N_B가 정수가 되지 않는 경우 소수점은 절상한다. 직류 부하 전압 V_{LD}는 가급적이면 12V, 24V, 48V, 100V, 200V, 300V 등의 전압으로 설정한다. 축전지 단셀 공칭 전압 V_b는 실제로 이용하는 축전지의 값을 사용한다. 축전지를 이용하지 않는 경우에는, 예를 들면 2V로 한다.

태양전지 모듈 동작 전압

태양전지 모듈 동작 전압 V_{MOL}은 다음 식으로 주어진다.

$$V_{MOL} = V_{MO} \times K_{PTL} \tag{3.38}$$

V_{MO} : T_s에서의 태양전지 모듈 최적 동작 전압[V]

K_{PTL} : T_{Cx}에서의 온도 보정계수

태양전지 모듈 최적 동작 전압 V_{MO}는 실제로 이용하는 태양전지의 값을 사용한다. 온도 보정계수 K_{PTL}은 다음 식으로 주어진다.

$$K_{PTL} = 1 + \alpha_{Pmax} \times (T_{Cx} - T_S) \tag{3.39}$$

α_{Pmax} : 태양전지 최적 동작 전압 온도계수[℃$^{-1}$]

T_{Cx} : 태양전지 셀 온도의 최대값보다 약간 낮은 값 : ~50℃ 정도

T_S : 표준 상태의 태양전지 셀 온도 : 25℃

온도 보정계수 K_{PTL}을 가하기 위해서는 본래 전압의 온도계수를 이용해야 하지만 여기서는 편의적으로 P_{max}의 온도계수를 이용한다. 태양전지 최적 동작점의 온도계수 α_{Pmax}는 기본 설계에서는 0.004~0.005℃$^{-1}$을 이용하고 상세 설계에서는 실제로 이용하는 태양전지의 값을 사용한다.

설치 가능 면적을 기준으로 하는 경우의 태양전지 모듈 병렬 수

태양전지 어레이의 용량 설계 개념이 2가지로 나뉘는 것은 이미 설명했다. 부하를 기준으로 하는 경우와 설치 가능 면적을 기준으로 하는 경우의 설계 절차 차이는 태양전지 모듈 병렬 수를 결정할 때 나타난다. 여기서는 두 경우 태양전지 모듈 병렬 수를 결정하는 방법을 각각의 경우에 대해 차례로 설명한다.

태양전지 모듈 병렬 수 N_{MP}는 설치 가능 면적을 기준으로 하는 경우 다음 식으로 주어진다.

$$N_{MP} = A_A / (R_A \times A_M \times N_{MS}) \tag{3.40}$$

> A_A : 태양전지 어레이 설치 가능 면적[m²]
> R_A : 태양전지 어레이 면적 여유계수[1.1]
> A_M : 태양전지 모듈 면적[m²]

N_{MP}가 정수가 되지 않는 경우 소수점은 절사한다. 식 (3.40)은 A를 A_A로 치환하고 여유계수를 고려함으로써 다음 식에서 쉽게 도출할 수 있다.

$$A = A_M \times N_M \tag{3.41}$$

> A : 태양전지 어레이 면적[m²]

부하를 기준으로 하는 경우의 태양전지 모듈 병렬 수

부하를 기준으로 하는 경우 태양전지 모듈 병렬 수 N_{MP}는 다음 식으로 주어진다.

$$N_{MP} = P_{AN} / (P_{MS} \times N_{MS}) \tag{3.42}$$

> P_{AN} : 필요 태양전지 어레이 용량[kW]

필요 태양전지 어레이 용량이란 계산상 얻을 수 있는 최소 필요한 태양전지 어레이 용량을 말한다. N_{MP}가 정수가 되지 않는 경우는 소수점은 절상한다. 필요 태양전지 어레이 용량 P_{AN}을 구하는 방법은 앞에서 설명한 대로인데 실제의 설계 절차는 발전 전력량으로 부하 전력량을 만족시키는 기간 등의 시스템 구성에 따라 다르다.

독립형에 디젤 발전을 이용하지 않는 경우

필요 태양전지 어레이 용량 P_{AN}은 독립형에 디젤 발전을 이용하지 않는 경우 다음 식으로 주어진다. 다시 말해 월별 부하 전력량과 발전 전력량이 같아지는 태양전지 어레이 용량을 구하고 그 최대 값을 태양전지 어레이의 용량으로 한다.

$$P_{AN} = \max_{m=1}^{12} E_{Lm} \times \frac{D_m}{(H_{Am}/G_S) \times K_{HDm} \times K_{HSm} \times K_{PTm} \times K_{PD} \times K_{PA} \times K_{PM} \times K_B \times K_{Cm}} \tag{3.43}$$

> m : 1~12월
> max : 최대 값

E_{Lm} : 월간 부하 전력량[kWh]

D_m : 월평균 태양에너지 의존율

K_{Cm} : 월평균 파워컨디셔너 회로 보정계수

H_{Am} : 월간 어레이 면 일사량[kWhm^{-2}]

K_{HDm} : 월평균 일사량 변동 보정계수

K_{HSm} : 월평균 음영 보정계수(적설 보정을 포함)

K_{PTm} : 월평균 염도 보정계수

실제의 설계 절차에서는 R 및 K 가운데 K_{HC}와 K_{PM}은 1로 했다. E_L, D, K_C, H_A, K_{HD}, K_{HS}, K_{PT}는 월 단위로 주어진다. 월평균 태양에너지 의존율 D_m은 다음 식으로 주어진다.

$$D_m = 1 - E_{LEm} \times \eta_{CH} \times K_B / (E_{Lm} \times K_{Cm}) \tag{3.44}$$

E_{LEm} : 월간 내부 에너지 발전 전력량[kWh]

η_{CH} : 충전기 효율

월간 내부 에너지 발전 전력량 E_{LEm}은 발전단의 값이 사전에 정해져 있는 것으로 한다. 다만 식 (3.44)는 내부 에너지 발전기가 직류 측 접속인 경우이다. 교류 측 접속인 경우에는 $E_{LEm} \times \eta_{CH} \times K_B$를 E_{LEm} / η_{IN}으로 치환한다. 축전지 회로 보정계수 K_B와 충전기 효율 η_{CH}는 축전지 혹은 충전기를 이용하는 경우는 기본 설계인 경우에는 각각 0.8과 0.95가 되고 상세 설계인 경우에는 실제의 값으로 하고 이용하지 않는 경우는 1로 한다. 한편 월평균 파워컨디셔너 회로 보정계수 K_{Cm}은 다음 식으로 주어진다.

$$K_{Cm} = \frac{\gamma_{DCm}}{\eta_{DD}} + \frac{1 - \gamma_{DCm}}{\eta_{IN}} \tag{3.45}$$

γ_{DCm} : 월간 직류 전력량 비율

η_{DD} : DC/DC 컨버터 효율

η_{IN} : 인버터 효율

DC/DC 컨버터 효율 η_{DD}와 인버터 효율 η_{IN}은 각각 DC/DC 컨버터와 인버터를 이용하는 경우는 기본 설계일 때 0.8, 상세 설계일 때 실제의 효율로 하고 이용하지 않는 경우는 1로 한다.

독립형에 디젤 발전을 이용하는 경우 및 연계형인 경우

독립형에 디젤 발전을 이용하는 경우 및 연계형인 경우에는 필요 태양전지 어레이 용량 P_{AN}은 다음 식으로 주어진다. 즉 연간에 부하 전력량과 발전 전력량이 같아지는 태양전지 어레이 용량으로 한다.

$$P_{AN} = E_{Ly} \times \frac{K_{Cy}}{H_{Ay} \times 1/G_S \times K_{HDy} \times K_{HSy} \times K_{PTy} \times K_{PD} \times K_{PA} \times K_B} \tag{3.46}$$

E_{Ly} : 연간 부하 전력량[kWh]

K_{Cy} : 연평균 파워컨디셔너 회로 보정계수

H_{Ay} : 연간 어레이면 일사량[kWhm^{-2}]

K_{HDy} : 연평균 일사량 변동계수

K_{HSy} : 연평균 음영 보정률(적설 보정률을 포함)

K_{PTy} : 연평균 온도 보정계수

이 경우도 실제의 설계 절차에서는 R 및 K 가운데 K_{HC}와 K_{PM}은 1로 했다. E_L, D, K_C, H_A, K_{HD}, K_{HS}, K_{PT}는 월 단위로 주어진다. 단 $D_y = 1$이다. 한편 K_{Cy}는 다음 식으로 주어진다.

$$K_{Cy} = \frac{\gamma_{DCy}}{\eta_{DD}} + \frac{1 - \gamma_{DCy}}{\eta_{IN}} \tag{3.47}$$

γ_{DCy} : 연간 직류 전력량 비율

부하 전력량

월간 부하 전력량 E_{Lm}은 다음 식으로 주어진다.

$$E_{Lm} = E_{LDm} + E_{LAm} \tag{3.48}$$

E_{LDm} : 월간 직류 부하 전력량[kWh]

E_{LAm} : 월간 교류 부하 전력량[kWh]

연간 부하 전력량 E_{Ly}는 월간 부하 전력량 E_{Lm}을 12개월 분 합해서 구한다.

경사면 일사량

월간 경사면 일사량 H_{Am}은 다음 식으로 주어진다.

$$H_{Am} = H_{Ad} \times d_m \tag{3.49}$$

H_{Ad} : 월평균 경사면 일사량 일일 적산 값[kWhm^{-2}]

d_m : 각 월의 일수(28~31)

한편 월평균 사면 일사량 일 적산값 H_{Ad}는 NEDO와 기상협회의 「연간 월별 일사량 데이터베이스(MONSOLA-11)」 등을 이용해서 구한다. 이용 방법은 「자료 10 일사량 데이터 확보 및 사용 방법」에서 설명한다. 여기에서 연간 경사면 일사량 H_{Ay}는 월간 경사면 일사량 H_{Am}을 12개월 분 합해서 구한다.

설계 파라미터

월평균 일사량 변동 보정계수 K_{HDm} 및 연평균 일사량 변동 보정계수 K_{HDy}는 부하의 공급 신뢰도를 높일 필요가 있는 경우는 각각 0.9와 0.96으로 하고 그렇지 않은 경우는 1로 한다.

월평균 음영 보정계수 K_{HSm} 및 연평균 음영 보정률 K_{HSy}는 실제의 값을 적용한다. 한편 이 값은 적설 보정도 포함하므로 적설에 의해서 태양전지가 덮인 경우는 이 계수로 발전 전력량의 감소분을 고려한다. 적설이 많은 지역, 기간에 대해 3%의 감소를 반영하여 설계한 예가 있다[1].

월평균 온도 보정계수 K_{PTm}과 연평균 온도 보정계수 K_{PTy}는 다음 식으로 주어진다.

$$K_{PTy} = 1 - \alpha_{P\max} \times \left(T_{Cy} - T_S \right) \tag{3.50}$$

$$K_{PTm} = 1 - \alpha_{P\max} \times \left(T_{Cm} - T_S \right) \tag{3.51}$$

T_{Cy} : 연평균 태양전지 셀 온도[℃]

T_{Cm} : 월평균 태양전지 셀 온도[℃]

연평균 태양전지 셀 온도 T_{Cy}와 월평균 태양전지 셀 온도 T_{Cm}은 다음 식으로 주어진다.

$$T_{Cy} = T_{1y} + T_{2y} \tag{3.52}$$

$$T_{Cm} = T_{1m} + T_{2m} \tag{3.53}$$

T_{1y} : 연평균 일조 시 기온[℃]

T_{1m} : 월평균 일조 시 기온[℃]

T_{2y} : 연평균 태양전지 동작 시 온도 상승값(12℃)

T_{2m} : 월평균 태양전지 동작 시 온도 상승값(5~10월 15℃, 11~4월 10℃)

연평균 일조 시 기온 T_{1y}과 월평균 일조 시 기온 T_{1m}은 데이터가 없는 경우에는 각각 연평균 기온 T_y와 월평균 기온 T_m에서 다음 식을 이용해서 구할 수 있다

$$T_{1y} = T_{y+2} \tag{3.54}$$

$$T_{1m} = T_{m+2} \tag{3.55}$$

T_y : 연평균 기온[℃]

T_m : 월평균 기온[℃]

한편 태양전지 셀 온도(어레이 온도)는 실용적으로 평균 기온에 직접 15℃ 정도를 가산하는 방식을 권장하고 있다.

3.3.7 축전지

리튬 이온 전지의 설계 및 취급에는 매우 전문성이 높은 지식이 필요하기 때문에 여기서는 비교적 취급이 용이한 납 축전지만을 고려했다.

축전지를 특정하기 위해서는 Ah 용량과 시간율을 결정할 필요가 있다. 아래에서 설명하는 설계식은 필요 최소한의 것을 요구하는 것뿐이므로 시판품을 이용하는 경우에는 이들 값보다 큰 것 중에서 최소인 것을 선택할 필요가 있다. 〈그림 3-15〉에 아래의 설계식을 이용한 축전지 설계 흐름을 나타낸다.

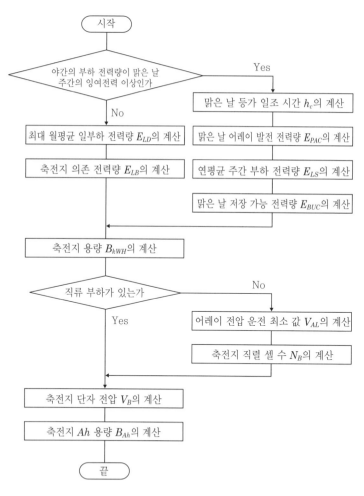

그림 3-15. 축전지의 설계 흐름

Ah 용량은 축전지의 kWh 용량에서 구한다. kWh 용량은 일반적으로는 축전지에서 부하로 공급하는 전력량에 따라서 결정한다. 다만 디젤 발전을 이용하고 있어서 주간의 잉여전력을 항상

야간에 다 사용하는 경우에는 발생하는 잉여전력의 최대 값을 저장할 수 있는 용량으로 할 수 있으며, 통상 전자와 비교해서 용량을 적게 할 수 있다.

$$H_r = N_D \times 24 \tag{3.56}$$

$\quad H_r$: 시간율[h]

식 (3.56)에서 주어진 값보다 작게 한 설계 예도 있다[1].

3.3.8 파워컨디셔너(인버터, DC/DC 컨버터)

인버터의 용량은 부하의 돌입전류에 대해 태양광 발전 시스템이 대응하는 독립형인지, 전력계통이 대응할 수 있는 연계형인지에 따라 설계 개념이 다르다. 아래에서 설명하는 설계식은 필요 최소한의 것을 구하면 되므로 시판품을 이용하는 경우에는 이들 값보다 큰 것 중에서 최소인 것을 선택해야 한다.

$$P_{IN} = P_{AS} \times C_A \tag{3.57}$$

$\quad C_A$: 저감률(0.8~0.9)

한편 최근에는 인버터 용량을 지금보다 작게 선택하고 인버터 기준의 시스템 가동률이 높도록 설정하는 일도 있다.

DC/DC 컨버터

DC/DC 컨버터의 용량은 최대 직류 부하 전력에 기초해서 정한다. NEDO가 발행한「전원 개발 : 독립 분산형 등 태양광 발전 시스템 도입 안내서」[1]에 설계 예가 제시되어 있다.

충전기

충전기의 전류와 전압은 디젤 발전기 용량에 기초해서 정한다. NEDO가 발행한「전원 개발 : 독립 분산형 등 태양광 발전 시스템 도입 안내서」[1]에 설계 예가 제시되어 있다.

3.4_ 파라미터 분석법 Ⅲ : 시스템 파라미터의 실제

여기서는 시스템 파라미터의 수치를 정하는 방법에 대해 설명한다. 취급하는 파라미터 수치의 대부분은 1990년대 NEDO가 위탁 연구로 JQA 하마마쯔 사이트에서 체계적인 연구를 실시한 「시스템 평가 기술의 연구개발」성과를 「태양광 발전 시스템 설계 가이드북(1994년 8월, 태양광 발전기술연구조합 감수, 黑川浩助·若松淸司 공편, 옴사)」으로 정리했다.

본서는 이른바 원조 책으로 자리매김되며 일본의 태양광 발전 시스템 설계 기술과 시스템 평가 체계의 근원은 이때로 거슬러 올라갈 수 있다. 이번에 이 책을 간행하면서 기존 책의 이론 체계를 유지하면서 이후의 각종 연구 및 실증 프로젝트의 경험과 최근의 연구 동향을 추가한 것이다.

본절의 마지막 〈표 3-2〉에 각종 시스템 파라미터를 신속하게 찾아내기 위한 일람표를 게재하였다.

☀ 3.4.1 입사량 보정계수 K_H

일사량 연변동 보정계수 K_{HD}

$$K_{HD} = 1 - d_H \times \sigma_{HG}/H_{H,a} \tag{3.58}$$

$\quad d_H$: 일사 변동계수

$\quad \sigma_{HG}$: 규정 연수에 대한 연간 수평면 일사량의 표준편차[kWhm^{-2}]

$\quad H_{H,a}$: 규정 연수에 대한 연간 수평면 일사량의 평균값[kWhm^{-2}]

$\sigma_{HG}/H_{H,a}$(이후 변동도라고 한다)는 사이트에 따라서 다른 값을 갖는다. 〈그림 3-16〉에 변동도 맵을 나타냈다. 일사량 부족이 발생할 확률을 각각 6년, 10년, 20년에 1회로 하면 d_H의 값은 각각 1.0, 1.28, 1.65가 된다. K_{HD} 값은 일사 기후에 따라서 다르지만 가령 d_H=1.0(일사량 부족이 6년에 1회 발생)이라고 하면 0.94~0.97이 된다.

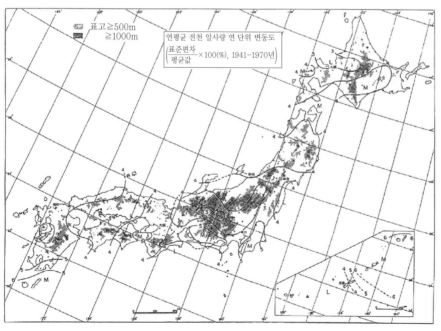

그림 3-16. 일사 변동도 맵(1941~1970) 일본기상협회에서

음영 보정계수 K_{HS}

산이나 구릉 등의 지형, 인접한 건물이나 수목 등의 그림자, 적설 등에 대한 보정계수이다. 일반적으로 나타내는 것은 어려워 개개의 경우에 대해 검토해야 하지만, 멀리 있는 산 등을 각 방위에 대해 같은 앙각인 경우는 일반화할 수 있으므로 이 관계를 〈그림 3-17〉에 나타낸다. 또한 앞열(前列) 어레이 가대의 그림자(影) 영향에 대해서는 〈그림 3-18〉에 나타냈지만 양자가 겹친 경우에는 K_{HS}가 작은 쪽 값을 채용한다.

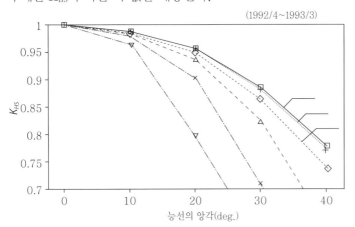

그림 3-17. 능선의 앙각을 변화시켰을 때의 K_{HS}(동경 137.74° 파라미터는 북위)

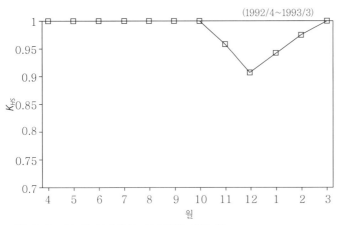

그림 3-18. 앞 열 어레이를 고려했을 때의 K_{HS}

한편 개별 설치 장소에서 평가하는 방법으로는 어안 카메라를 이용하는 방법이 비교적 용이하다. 건설 장소에서 수평과 정남 방위를 확인하고 천구 화상을 디지털카메라로 촬영한다. 이 화상에는 천공 이외에 설치 장소를 둘러싼 주위의 일조 장해물이 주위에 촬영된다. 참고 정보로 건설 장소의 위도와 경도 정보가 필요하지만 이들은 국토지리원 지도 등에서 조사 가능하다.

다음으로 얻어진 사진 화상에 연간 태양 궤도(등시각 음영도)를 기입하면 〈그림 3-19〉 및 〈그림 3-20〉에 나타낸 화상을 얻을 수 있으므로 차폐물 화상에 겹친 음영도의 일시 정보에서 일조

차폐 가능성 일시를 특정할 수 있다. 얻어진 일시 정보를 이용하여 태양광의 차폐 시간대 적산과 MET-PV 등의 시간대별 일사량 데이터베이스에서 음영률을 산정하는 것이 가능하다. 휴대용 현장 계기 타입인 해석 소프트웨어가 내장된 일체형 제품도 있다.

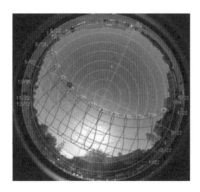

그림 3-19. 어안 사진과 동시각 음영도를 겹친 화상 예(사진 제공 : 大谷謙仁)

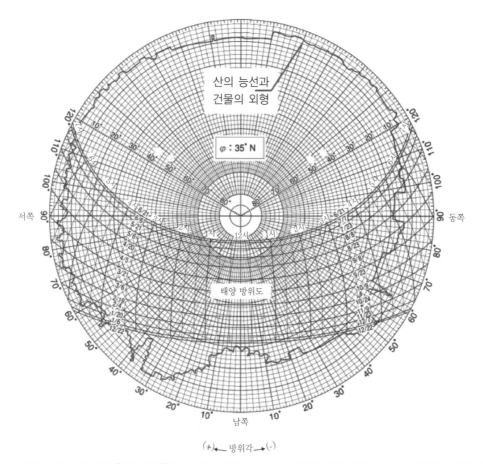

그림 3-20. 동시각 음영도(移藤克三, 일조 관계 도표 보는 방법·사용 방법, 옴사, 1979)에 일영선을 그려 넣은 화상 예

입사광 공헌도 보정계수 K_{HC}

K_{HC}는 다음 식으로 계산한다.

$$K_{HC} = K_{HCD} \times K_{HCT} \tag{3.59}$$

$\quad K_{HCD}$: 법선면 직달 일사계수

$\quad K_{HCT}$: 평판 추적식 게인 계수

평판 고정식 가대의 경우는 K_{HCD}와 K_{HCT} 모두 0.1이 된다. 또한 평판 추적식 방식의 가대(2축 추적식)인 경우 K_{HCD}의 값은 1.0이지만 1992년의 하마마쓰 측정값에서 K_{HCT}의 값은 1.22였다. 또한 집광 추적 방식의 가대(2축 추적)는 마찬가지로 하마마쓰의 측정값에서는 K_{HCD}의 값이 0.67, K_{HCT}의 값은 0.1이었다.

하마마쓰의 어레이 가대 경사각은 30°로 거의 최적 경사각이다. 이들 수치는 경사면 일사량과의 비(比)다. 사이트에 따라서 값이 다르지만 하마마쓰에 설치한 시험 설비에서는 직달 일사강도 및 2축 추적 일사강도를 측정했기 때문에 그 데이터를 집계한 결과이다. 한편 하마마쓰의 시험 장소는 이미 철거됐다.

일본의 다른 지역에서는 필요한 직달 일사강도 등의 데이터 정비가 거의 축적되어 있지 않다. 최근에는 미야자키대학에서 고집광형 태양전지 시험이 개시됐으며 직달 일사강도 등의 측정이 개시됐다.

3.4.2 태양전지 변환효율 보정계수 K_P

K_P는 다음 식으로 계산한다.

$$K_P = K_{PD} \times K_{PT} \times K_{PA} \times K_{PM} \tag{3.60}$$

수식의 K_{PD}는 경도 시간 변화 보정계수이며 다음 식으로 계산된다.

$$K_{PD} = K_{PDS} \times K_{PDD} \times K_{PDR} \tag{3.61}$$

아래에 식 (3.60)과 식 (3.61) 각각의 계수에 대해 설명한다.

오염 보정계수 K_{PDS}

K_{PDS}는 통상은 0.99로 계산한다. 이 계수는 태양전지 모듈 표면의 오염에 의해 입사광이 감소하는 정도를 평가하는 것이지만 사이트에 의한 차이가 크다. 하마마쓰의 시험 설비에서는 조용한 주택지인 점에서 현저한 오염은 관측되지 않았다. 일반적으로 매연과 기름성 먼지가 없는 곳에서는 일정한 강우에 의해 씻겨나가므로 오염은 심각하지 않다. 이 경우에는 기존 0.95~0.97 정도의 값을 이용하는 일이 많다. 화산재가 내려앉거나 먼지가 심하거나 도로 가까이에서는 먼지가

많다. 비가 거의 내리지 않는 건조 지역은 개별 검토가 필요하다. 한편 도로 주변 시설에서 0.90 으로 한 예도 있다.

열화 보정계수 K_{PDD}

K_{PDD}는 다음 식으로 계산한다.

$$K_{PDD} = (1-d_P)^{n_{YL}} \tag{3.62}$$

d_P : 광 발전효율의 경년열화

n_{YL} : 경과 연수[년]

결정계 실리콘 태양전지는 1년에 상대적으로 0.5~1% 정도 열화한다는 보고가 많다.

아몰퍼스 실리콘 태양전지는 특히 저온기의 광조사 상태에서 지속적으로 열화하고 하절기의 고온 상태에서 회복하는 사이클을 기본적으로 갖는다. 기준은 설치 후 1~2년 정도에는 $d_P=$ 수%~십수% 정도이다. 이후 열화 정도가 완만해지는 것으로 생각되며 장기적으로는 값이 작아지는 것 같다. 카탈로그 성능값에는 수십 시간 광조사를 한 초기 열화 후의 값이 이용된다. 또한 실제로 광조사 후에 값을 측정하고 나서 출하한다.

한편 광 조사에 의해서 증가한 결함 밀도는 광 조사가 이어지면 포화한다. 또한 열이 더해짐으로써 시간과 함께 회복하기 때문에 계절적으로 동절기의 효율 감소와 하절기의 효율 회복 사이클이 반복된다.

분광감도 응답 변동 보정계수 K_{PDR}

K_{PDR}은 보통은 1.0으로 해서 계산한다. 이 계수는 다시 상세한 계수로 분할되지만 현 시점에서는 명확하지 않는 점이 많아 일단 1.0으로 했다. 분광감도 응답 변동 보정계수는 계절, 태양의 입사각, 비오는 날 등 대기 중의 수분 농도에 따라서 태양광선의 스펙트럼이 달라지는 것을 평가하는 것으로 무시할 수 없는 계수이지만 관측이 충분하지 않다. 때문에 장기간에 걸쳐 1.0을 이용해왔다.

또한 비선형 응답 변동 보정계수는 어레이의 발전 전력이 일사강도에 대해 다소 아래로 내려간 곡선이 되는 점을 평가하는 것이다. 확실히 이 경향은 실제의 플랜트 계측에서도 관측되는 부분이지만 에너지 레벨이 낮은 곳이기도 하므로 파워용으로는 1.0으로 한다.

옥내 용도의 태양전지는 저조도 특성에 유의해야 한다. 최근 새로운 태양전지로 등장하고 있는 유기 박막 태양전지는 저조도 영역에서 처짐 경향이 보이지 않았기 때문에 센서넷의 전원용(에너지 하베스팅)으로 바람직한 특징을 갖고 있다고 여겨진다.

온도 보정계수 K_{PT}

K_{PT}는 다음 식으로 계산한다.

$$K_{PT}=1-a_{Pmax}\times(T_{CR}-T_S) \tag{3.63}$$

a_{Pmax} : 최대 전력 P_{max}의 온도 보정계수[/℃]

이 값은 결정계라면 1.0041이 되고 아몰퍼스계라면 0.0020이 된다. 이것은 태양전지 모듈의 온도 특성을 실내에서 측정한 결과이다.

T_{CR} : 어느 기간에 걸쳐 시스템의 운전 상태를 대표하는 등가적인 셀 온도[℃]

이 값은 가령 연간 대표 셀 온도가 되는 것인데, 태양전지 모듈 온도를 일사강도로 가중 평균한 것이다. 다만 일사강도와 풍향 풍속 등의 환경 조건과 태양전지 모듈의 방열 조건에 따라서 값이 다르다. 기준으로 연간 평균 기온에 12~19℃(평균 15℃)를 가산한 값으로 했다.

T_s : 표준 상태의 셀 온도(25℃)

어레이 회로 보정계수 K_{PA}

K_{PA}는 다음 식으로 계산한다.

$$K_{PA}=K_{PAU}\times K_{PAL} \tag{3.64}$$

K_{PAU} : 어레이 회로 언밸런스 보정계수

K_{PAU}의 값은 0.995로 한다. 이 계수는 태양전지 모듈을 다수 직병렬로 결선하는 것에 의해 어레이 출력이 각 태양전지 모듈의 출력 합보다 작아지는 것을 평가하는 것이다. 현재 우리가 구할 수 있는 태양전지 모듈의 편차 정도라면 상기의 수치 정도라고 생각한다.

K_{PAL} : 어레이 회로 손실 보정계수

K_{PAL}은 직류 회로에 발생하는 손실을 평가하는 것으로 설계 시에 정격 상태의 손실로서 계산한 값을 이용한다.

$$K_{PAL}=1-(0.6\times정격\ 시의\ 배선\ 손실률+정격\ 시의\ 다이오드\ 손실률)$$

배선 손실은 정격 시의 전류에 대해 3% 정도가 되도록 전선의 굵기를 선정하는 예가 많지만 이 경우 정격 시의 배선 손실률은 0.03이다. 다이오드 손실률은 순방향 전압 강하를 V_{dF}[V]로 하면 거의 V_{dF}를 정격 회로 전압으로 나눈 값이 되어 보통 1.0 정도가 된다.

어레이 부하 정합 보정계수 K_{PM}

K_{PM}은 부하와의 상황에 따라 결정되는 어레이 전력의 동작점이, 어느 정도 태양전지 어레이의 최적 동작점에서 어긋나 있는지를 나타내는 보정계수이다. 이 값은 다음과 같다.

- 연계형, 물펌프(최대 전력 제어의 오차) : 0.9
- 독립형, 안정 전력 공급(축전지 전압과의 매칭을 평가) : 0.86
- 독립형, 일사 추종(축전지 전압과의 매칭을 평가) : 0.89

한편 하마마쓰의 시험 설비에서는 30분마다 I-V 커브를 계측한 어레이의 P_{max}와, 1분마다 계측한 참조 태양전지 모듈의 P_{max}에서 매분의 어레이 P_{max}를 산출하였다. 배선 손실의 계산에서는 P_{max}를 이용해서 평가했다.

🔆 3.4.3 축전지 회로의 시스템 파라미터

축전지 회로 보정계수 K_B

K_B는 다음 식으로 계산한다.

$$K_B = (1 - \gamma_{BA}) \times \eta_{BD} + \gamma_{BA} \times \eta_{BA} \tag{3.65}$$

$$\eta_{BA} = K_{B,OP} \times \eta_{BTS} \tag{3.66}$$

$$K_{B,OP} = K_{B,ed} \times K_{B,ur} \times K_{B,au} \times \eta_{BC} \tag{3.67}$$

- 축전지 기여율 γ_{BA}
  - 안정 전력 공급을 목적으로 하는 시스템 : 0.8
  - 일사 추종에 의한 전력 공급을 목적으로 하는 시스템 : 0.37
- 바이패스 효율 η_{BD}
  - 이 부분을 직접 접속하는 경우가 많기 때문에 직접 접속되어 있는 경우는 0.1이 된다. DC/DC 컨버터 등 전력변환장치를 접속하는 경우에는 변환효율 값을 넣는다.
- 충방전 효율 η_{BTS}
  - 납 축전지의 경우 : 0.8~0.85

자기 방전계수 $K_{B,sd}$는 태양광 발전 시스템으로서 운용하는 경우 기본적으로는 식 (3.68)로 계산한다. 간단한 방법으로는 축전지의 타입에 따라 자기 방전율이 제시되어 있으므로 이것을 이용해서 평가 기간의 자기 방전 전력량을 계산한다.

$$K_{B,sd} = 1 - \frac{\text{자기 방전 전력량}}{\text{축전지 방전 전력량}} \qquad (3.68)$$

하마마쓰 납 축전지의 실측 예에서는 자기 방전계수=0.5% 이하/일(1992년 4월~1993년 3월)이 관측됐다. 자기 방전 전력량은 아래 식으로 나타낸다.

$$\text{자기 방전 전력량} = \frac{\text{자기 방전계수 } 0.5\%}{\text{월}} \times \text{기간} \times \text{정격} AH \qquad (3.69)$$

실측 예를 이용하면 자기 방전계수 $K_{B,sd}$는 다음과 같이 계산된다.

$$\text{자기 방전 전력량(년)} = 0.5/100 \times 424\text{Ah} \times 250\text{V} \times 365$$
$$= 193450[\text{Wh}]$$
$$K_{B,ed} = 1 - 193450/4626000$$
$$= 0.958$$

$K_{B,ur}$은 납 축전지의 관리에서 필수인 균등 충전에서 소실되는 에너지를 예측하기 위한 균등 충전 저감계수이며 다음과 같다.

- 과충전 시에 균등 충전을 겸비하는 것을 전제로 한 경우 : 1.0
- 상기 이외의 경우

  $K_{B,ur}$ = 1 - 균등 충전 전력량/축전지 방전 전력량

$K_{B,au}$는 축전지계의 보조기기 동력에 의한 손실을 감안한 보조기기 동력 저감계수이며, 다음과 같다.

- 전해액 교환 장치가 없는 경우 : 1.0
- 전해액 교환 장치가 있는 경우

  $K_{B,au}$ = 1 - 교환 전력량/축전지 방전 전력량

한편 실용 예(1992년 4월~1993년 3월)로는 105W의 에어 펌프를 30분간 매일 2회 회전한 경우에 $K_{B,au}$ = 1 - (105 × 0.5 × 2 × 365)/4626000 = 0.992가 된 예가 있다.

η_{BC}는 충방전 제어 장치 효율이며 다음과 같다.

- 충방전 제어 장치가 없는 경우 : 1.0
- 충방전 제어 장치가 있는 경우 : 장치의 효율값

축전지 용량 B의 계산 파라미터

$$B_{kWh} = E_{LBd} \times N_D \times \frac{R_B}{C_{BD} \times U_B \times \delta_{BV}}$$ (3.70)

축전지에 의존하는 1일당 부하 전력량 E_{LBd}를 매일의 부하 패턴에서 설정하면 「기기 소비 전력 ×1일의 사용 시간[kWh·d⁻¹]」으로 계산할 수 있다.

부조일 연속 일수 N_D는 동일본 측에서는 5일에 가깝고 서일본 측에서는 8일에 가깝다. 한편 스마트 커뮤니티와 같은 경우에는 완전자립이 아닌 주택 지역 커뮤니티로, 또한 외부 조달도 가능한 계통 구성이므로 1개월의 자립운전을 지향하는 것이라면 3도 가능하다고 생각된다.

설계 여유 R_B는 1.1~1.2가 된다. 한편 부하의 증설 계획이 있다면 증설 여유를 고려할 필요가 있다.

또한 축전지는 온도 저하에 따른 용량 저하가 예상되므로 용량 저감계수 C_{BD}를 고려할 필요가 있다. 한랭지에서는 특히 중요한 관점이다. 축전지는 축전 용량을 최대한(0~100%) 이용할 수 있는 것은 아니다. 과방전과 과충전은 축전지를 급속하게 열화시키므로 권장 범위를 벗어나지 않도록 관리 시스템을 구축해 두는 것도 중요하다.

납 축전지의 경우 이용 가능 폭 U_B의 전형적인 예는 0.7이지만 보유 에너지 범위를 0.25~0.95로 한 경우는 방전 시의 허용 단자 전압 저하율 δ_{BV}가 0.98이 되고, 이때의 단셀 단자 전압은 1.96V에 대응한다.

🔆 3.4.4 파워컨디셔너 회로의 시스템 파라미터

파워컨디셔너 회로 보정계수 K_C

K_C는 다음 식으로 계산한다.

$$K_C = \gamma_{DC} \times K_{DD} + (1 - \gamma_{DC}) \times K_{IN}$$ (3.71)

K_{IN} : 인버터 회로 보정계수 전력량

γ_{DC} : 직류 전력량 비율

단, 직류로 전력을 꺼내는 경우에는 γ_{DC}는 직류 측 전력량 비율로 한다.

DC/DC 컨버터 효율 K_{DD}는 다음 식으로 구한다.

$$K_{DD} = \eta_{DDO} \times K_{DCC}$$ (3.72)

η_{DDO} : DC/DC 컨버터 에너지 효율

K_{DCC} : DC/DC 컨버터 출력 회로 보정계수

K_{DD}는 보통은 1.0이지만 DC/DC 컨버터 등의 직류 교환기가 있는 경우에는 그 효율값이 된다. 광의의 파워컨디셔너 중 직류에서 교류로 변환하는 인버터 부분에 착안한 파라미터 K_{IN}에 대해서는 정의에 따라서 다음 식으로 나타냈다.

$$K_{IN} = \eta_{INO} \times K_{ACC} \qquad (3.73)$$

η_{INO} : 인버터 실효 효율
K_{ACC} : 인버터 AC 회로 보정계수

인버터 효율 K_C는 파라미터 분석법의 원칙에 따른 에너지 효율로 나타낸다. 태양광 발전 시스템의 입력이 날씨에 따라 시시각각 변화하는 일사량에 의존하기 때문으로 통상의 전력기기와는 크게 다른 점이다.

전력 변환기는 저부하 상태에서는 전압 손실(스위칭 손실)이 무부하에서도 생긴다. 또한 부하가 크면 전류 손실이 커진다. 이것은 이른바 $i^2 r$ 손실을 낳기 때문에 원리적으로는 비선형 효율 곡선이 된다. 때문에 최대 부하에서의 효율보다 출현 빈도가 많은 낮은 포인트에서 최대 효율을 제시한 것이 실용적이다. 부분 부하 상태의 출현 빈도로 가중치를 부여한, 이른바 실효 효율 K_{CO}가 실용상의 의미를 갖는다.

그러나 최근의 파워컨디셔너 회로 기술의 발전으로 낮은 범위에 걸쳐 고효율을 나타내는 것이 태양광 발전 시스템용으로 공급되고 있다. 〈그림 3-21〉은 파워컨디셔너 시장에서 얻어지는 변환 효율 곡선의 예를 나타낸다. 그림에서는 가정용 영역 4.5kW에서 최대 1,000kW까지 8종류의 출력 대 변환효율을 나타냈다. 이것을 관찰하면 모두 부하율 10%를 넘으면 대략 97%의 고효율 영역으로 기동한다. 엄밀하게는 최고 효율점은 부하율 30~40% 정도의 영역에 있다. 따라서 이 책에서 취급하는 파워컨디셔너의 평균적인 변환효율은 97% 정도라고 해도 좋고 대략적으로 95%를 권장한다. 그 외의 주의점으로는 계통 접속을 위한 승압 변압기가 요구되는 경우에는 변압효율을 대략 1% 정도로 고려해도 무방하다.

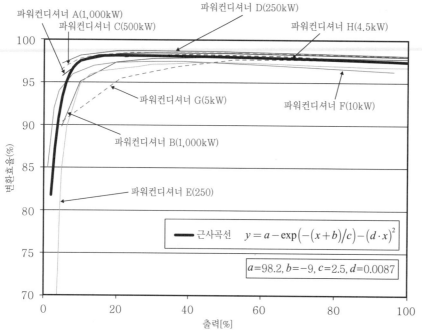

그림 3-21. 인버터의 효율 예

파워컨디셔너에 변압기가 내장되어 있거나 혹은 무변압기인 경우는 변압기 효율 K_{ACTR} 및 필터 효율 K_{ACFT}은 보통 인버터 효율에 포함되어 있기 때문에 모두 1.0이 된다.

다만 전력회사에서 계통 접속을 위한 변압기를 추가적으로 요구하는 경우가 있다.

3.4.5 시스템 파라미터 일람표

이 장에서 거론한 각종 시스템 파라미터의 상호 위치매김을 알 수 있도록 일람표로 정리했다 (표 3-2). 각종 시스템 파라미터를 신속히 찾아내기 위한 안내판으로 활용하기 바란다.

또한 〈표 3-3〉은 「NEDO 태양광 발전 필드 테스트 사업」의 각 지역 발전 실적을 토대로 정리했다. 모두가 같은 기준으로 건설된 시스템은 아니지만 10~300kW를 대상으로 지붕 위나 옥상에 설치된 태양광 발전 시스템의 평가 결과이다. 이 표가 게재되어 있는 보고서[2]에서는 더욱 개략적으로 1kW당 연간 발전량이 대략 1,100kWh의 전력량을 생산된다고 기입되어 있다.

표 3-2. 이 장의 시스템 파라미터 일람표

레벨 1	레벨 2	레벨 3		레벨 4		레벨 5	
K	K_{*H} K_H	K_{HD}	0.94~0.97(연평균) 0.81~0.96(월평균)				
		K_{HS}	그림 3-17, 그림 3-18	K_{HCD}	1.0 평판 고정 1.0 평판 추적 0.66 집광 추적		
		K_{HC}		K_{HCT}	1.0 평판 고정 1.22 평판 추적 1.0 집광 추적		
	K_P	K_{PD}	$\rightarrow$	K_{PDS}	0.99		
				K_{PDD}	1.0 결정계 식 (3.62) 박막 Si계		
				K_{PDR}	1.0	K_{PDRS}	1.0
						K_{PDRN}	1.0
		K_{PT}	식 (3.63) TCR은 연간 평균 기온에 12~19℃(평균 15 ℃) 가산한 값				
		K_{PA}	$\rightarrow$	K_{PAU}	0.995		
				K_{PAL}	1−(0.6×정격 시의 배선 손실률+1.0× 정격 시의 다이오드 손실률)		
		K_{PM}	연계계, 물펌프(최대 전력 제어 오차) : 0.9 독립형, 안정 전력 공급(축전지 전압과의 매 칭을 평가) : 0.86 독립형, 일사 추종(축전지 전압과의 매칭을 평가) : 0.89 연계계, 물펌프(최대 전력 제어 오차) : 0.9 독립형, 안정 전력 공급(축전지 전압과의 매 칭을 평가) : 0.86 독립형, 일사 추종(축전지 전압과의 매칭을 평가) : 0.89				
K	K_B	λ_{BA}	0.8 안정 공급 0.37 일사 추종				
		η_{BD}	1.0 바이패스 변환기 없음				
		η_{BA}	1.0 바이패스 변환기 없음				
				$K_{B,OP}$		$K_{B,sd}$	0.96
						$K_{B,ur}$	
						$K_{B,au}$	0.99
						η_{BC}	1.0(충방전 제어 장치 없음)
				η_{BTS}	0.84~0.87		
	K_C	λ_{DC}	0.0 직류 부하 없음				
				K_{DCC}	1.0		
		η_{DD}	1.0	η_{DD0}	1.0		
		η_{IN}		η_{IN0}	표 3-4		
				K_{ACC}			
						K_{INAU}	1.0

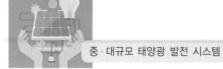

표 3-3. 도도부현별 1kW당 연간 발전량[kWh/kW/년]

홋카이도	1,048	이시가와현	972	오카야마현	1,118
아오모리현	853	후쿠이현	1,084	히로시마현	1,139
이와테현	– (*1)	야마나시현	1,236	야마구치형	1,159
미야시로현	1,049	나가노현	1,218	도쿠시마현	1,134
아키타현	– (*2)	기후현	1,115	가가와현	1,148
야마가타현	1,063	시즈오카현	1,239	아이이현	1,074
후쿠시마현	1,015	아이치현	1,191	고치현	1,033
이바라키현	1,156	미에현	1,122	후구오카현	1,096
도치키현	1,075	사가현	1,066	사가현	1,016
군마현	1,152	교토후	926	나가사키현	1,005
사이타마현	1,084	오사카후	1,080	구마모토현	1,077
치바현	1,099	효고현	1,099	오이타현	1,106
도쿄도	1,078	나라현	935	미야자키현	1,154
가나가와현	1,030	와카야마현	1,091	가고시마현	1,094
니가타현	922	돗토리현	1,115	오키나와현	1,049
토야마현	847	시마네현	1,039	전국 평균	1097

*1 설치 사이트는 있지만 데이터가 유효한 사이트가 없다.
*2 설치 사이트가 없다.

3.5_ 시스템 이용률 계산

최근의 대형 태양광 발전 시스템에서는 고정가격매입제도의 설비 인정에서 시스템 정격의 개념이 일반 발전소의 '송전단의 출력'에 따라 표시하는 방법이 채용되게 됐다. 기존에는 태양광 발전 시설은 일사 에너지를 받아 발전하는 태양전지 모듈이 중심 역할을 하기 때문에 설비의 규모를 '태양전지 공칭 정격'으로 표시해 왔다. 태양전지 모듈 자체의 정격 출력 측정 등에 대해서는 국내 JIS와 국제적으로는 IEC TC 82에서 논의를 거쳐 체계를 구축해왔다. 그 값은 어느 정도의 신뢰성을 확보했다고 판단된다.

주택용 시스템에서는 태양전지의 총 용량과 교류 측 출력의 파워컨디셔너 정격에는 큰 차이는 없고 또한 많은 일본의 주택용 시스템 제조사의 대부분은 태양전지 모듈 공급자이기도 하기 때문에 오로지 태양전지 총량으로서의 '공칭 정격'이 큰 의미를 가졌다.

고정가격매입제도의 실시와 동시에 대규모의 이른바 메가솔라에서는 '송전단 출력 용량'과 연간 어느 정도의 '시스템 이용률'을 얻을 수 있을지 관심이 높아졌다. 시스템 이용률은 투자 회수 측면에서 중요한 평가 인자이기 때문에 파워컨디셔너 출력 용량을 태양전지 총 용량보다 의식적으로 낮게 설정함으로써 본래라면 '반원파'의 일일 출력에서 윗부분이 잘린 발전 패턴으로 보이는 모습을 볼 수 있게 됐다.

이 동작 상태를 도식으로 나타내면 〈그림 3-22〉와 같다. 여기서는 쾌청한 날의 1일을 이미지해서 그렸다. 〈그림 3-22(a)〉와 같이 시스템이 비례 상태를 유지하며 가동하거나 〈그림 3-22(b)〉와 같이 파워컨디셔너의 출력 제한으로 윗부분이 제한을 받는 것과 같이 변형되어 새로운 피크는 평탄해지는 대신 피크의 등가적인 계속 시간이 연장되므로 새로운 파워컨디셔너 출력 정격에 대한 출력 에너지량의 비율(즉 시스템 이용률)이 증가한다. 이 말의 의미를 본 절에서는 정량적인 예시로 좀더 분명히 하고자 한다.

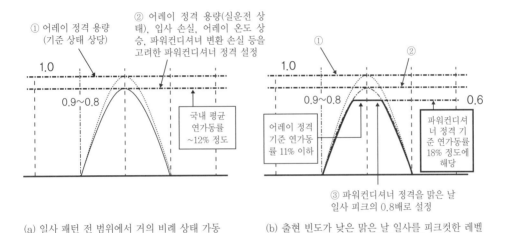

그림 3-22. 어레이 정격 용량 기준과 파워컨디셔너 정격 용량 기준에 의한 가동률 차이
　　　　　 (개념도이며 수치 등도 이미지로 나타냈다)

우선 태양전지 어레이에서 최종단 파워컨디셔너 출력까지 각 스텝을 대략 고려한 출력과 손실률 플로를 나타낸 블록도를 〈그림 3-3〉에 나타냈다.

주로 고려해야 할 인자는 태양전지 모듈 온도 상승에 의한 태양전지 출력 변환효율의 저하(출력용량의 저하)와 어레이의 공칭 정격과 태양광 발전 전력을 흡수할 파워컨디셔너 정격 출력의 (적극적인) 차이에 따르기 때문에 발전 기회 이탈 인자 λ_{PM2}는 커진다.

주요 손실분은 온도 상승에 의한 손실을 주로 하는 어레이 측 손실 외에 파워컨디셔너의 변환 손실 0.05를 합산한 전 손실로, 어레이 용량에 대해 0.25 정도의 비율을 봤다. 이외에 유효전력 영역은 아니지만 최근의 새로운 경향은 계통 접속의 조건으로 10% 정도의 무효전력 공급 요구도 지역에 따라서는 있기 때문에 이 책의 해석에서는 90% 정도의 파워컨디셔너 역률도 고려했다. 이것은 실질적으로 파워컨디셔너의 유효전력 상한을 그 만큼 저하시키므로 어레이와 파워컨디셔너의 용량 비율 차이는 보다 확대된다.

도쿄 지구에서는 표준적인 설치 조건을 토대로 태양전지 어레이 용량과 비교해서 동 용량의 파워컨디셔너와 50% 정격 용량의 파워컨디셔너 2가지 경우를 1년분의 운전으로 표시해 봤다(그림 3-23). 맑은 날에는 파워컨디셔너 정격 용량으로 출력이 제한되기 때문에 출력이 평평하게 되는 것을 알 수 있다. 또한 최종적인 경제적 최적화를 도모하기 위해서는 태양전지 어레이 주변과 파워컨디셔너 등 전력설비 측의 비용 할당이 문제가 된다. 이 책에서는 태양전지 어레이 공칭 용량과 파워컨디셔너 정격 용량 비를 정격 오프셋비로 했다.

$$정격\ 오프셋비(\%) = \frac{파워컨디셔너\ 정격\ 용량}{태양전지\ 어레이\ 공칭\ 용량} \times 100$$

이처럼 1년분의 일사 변화 패턴을 입수해서 평가하지 않으면 상호 비교하는 것은 불가능하지만 여기서는 대표적인 기후구에 대해 10개소 정도 데이터를 참조했다.

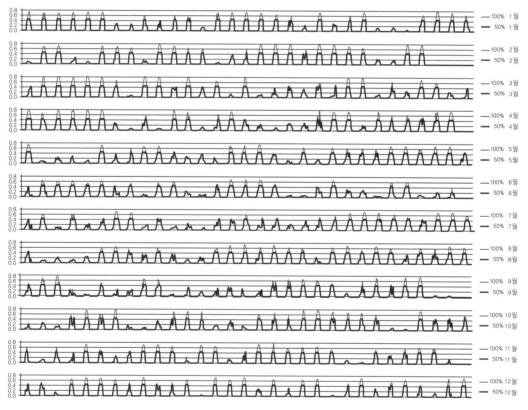

그림 3-23. 태양전지 어레이 공칭 정격값(100%)을 고려한 경우와 파워컨디셔너 출력을 낮게(50%) 선정한 경우의 연간 운전 상태 비교

이 그림과 같은 시뮬레이션을 다음 2가지 경우에 대해 〈표 3-4〉와 〈그림 3-24〉에 정리했다.

- 태양전지 어레이 공칭 정격값(100%)을 고려하여 파워컨디셔너 출력을 어레이 용량과 동 값으로 한 경우
- 파워컨디셔너의 용량비를 50~100%로 한 경우

표 3-4. 태양전지 어레이 공칭 정격값 기준과 파워컨디셔너 정격 출력 기준인 경우의 연간 이용률 비교(파워컨디셔너 정격 출력비=0.5인 경우, 참조 일사량 데이터베이스 : MET-PV-11, 기상관서 : 44132(도쿄), 경사각 : 32.8°)

어레이 공칭 정격비	1,000					
연간 경사면 일사량	1,363[kWh/m²/Y]					
어레이 연간 출력 등가 시간(초기 값)	1,090[h]					
어레이 기준 연간 이용률(초기 값)	0.124					
파워컨디셔너 정격 용량비	1.0	0.9	0.8	0.7	0.6	0.5
어레이 기준 연간 이용률(계산 값)	0.118	0.118	0.118	0.115	0.109	0.100
파워컨디셔너 연간 등가 이용 시간	1,036[h]	1,036[h]	1,030[h]	1,006[h]	956[h]	880[h]
파워컨디셔너 연간 이용률	0.118	0.131	0.147	0.164	0.182	0.201

어레이 공칭 정격=1.0
파워컨디셔너 정격 용량비=파워컨디셔너 정격출력/어레이 공칭 정격
직류 회로 손실=0.8
파워컨디셔너 효율=0.95
파워컨디셔너 역률=0.9
어레이 기준 연간 설비 이용률(현실 값)=어레이 기준 연간 설비 이용률(본래 값)×파워컨디셔너 연간 등가 이용 시간/어레이 연간 출력 등가 시간(초기 값)

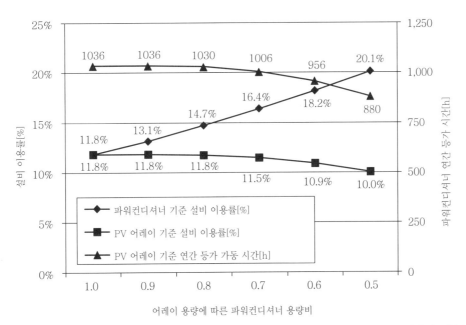

그림 3-24. 태양전지 어레이 공칭 정격값 기준(a)과 파워컨디셔너 정격 출력 기준(b)인 해(年)

어레이 기준 연간 이용률(본래 값)이란 어레이가 본래 갖고 있는 발전 능력을 활용한 경우의 이용률, 즉 파워컨디셔너 용량비를 말하며 그 값은 1.0이다. 또한 계산 값이란 파워컨디셔너 정격 용량을 낮춘 경우에 어레이 출력이 제한되어 최대 출력점에서 동작점이 어긋나 미스매치에 의해 낮아진 어레이 이용률에 해당한다.

이 결과에서 파워컨디셔너 연간 이용률을 높이기 위한 파워컨디셔너 용량 축소 설정은 유효한 수단으로 보이지만 출력비를 극단으로 낮추면 태양전지의 능력을 크게 떨어뜨려 발전소의 출력 전력량 자체가 저하된다. 예를 들면, 파워컨디셔너 정격 출력비=0.5인 경우 파워컨디셔너 연간 이용률은 1.7배로 대폭 개선된 것으로 보이지만 어레이 기준 연간 이용률(현실 값)과 함께 파워컨디셔너 연간 등가 이용 시간이 15% 저하했음을 나타낸다. 이것은 송전단의 실 발전 전력량 자체가 저하한 것을 의미한다.

최종적으로는 트레이드오프 관계로 어레이 주변과 파워컨디셔너 등 설비 측 비용도 고려한 경제적인 최적 평가가 중요해진다.

한편 파워컨디셔너 출력비가 1.0~0.8의 범위라면 파워컨디셔너 연간 등가 이용 시간은 거의 같다. 파워컨디셔너 정격 용량은 태양전지 모듈 공칭 출력 용량의 0.8배 정도로 설정하면 된다는 이 장의 3절에서 제시한 지침과도 모순되지 않는다. 〈표 3-5〉에 마찬가지의 계산 내용을 전국 10지점에 대해 정리했다. 각 지점의 연간 1시간 평균 일사량 데이터베이스는 MET-PV-11에 따른다. 일본의 대일사 기후구 Ⅰ~Ⅴ별로 2개소 정도를 추출한 결과 예다.

표 3-5. 전국 10개소의 어레이 기준 연간 이용률과 파워컨디셔너 기준의 연간 시스템 이용률 비교

PV 용량에 따른 파워컨디셔너 용량비		1.0	0.9	0.8	0.7	0.6	0.5
삿포로 Ⅰ	어레이 기준 연간 이용률(현실 값)	0.117	0.117	0.116	0.113	0.107	0.099
	파워컨디셔너 연간 이용률	0.117	0.130	0.145	0.161	0.179	0.198
	파워컨디셔너 연간 등가 가동 시간	1,027	1,027	1,017	987	939	868
오비히로 Ⅲ	어레이 기준 연간 이용률(현실 값)	0.131	0.131	0.130	0.125	0.117	0.107
	파워컨디셔너 연간 이용률	0.131	0.146	0.162	0.179	0.196	0.213
	파워컨디셔너 연간 등가 가동 시간	1,151	1,149	1,135	1,095	1,028	934
센다이 Ⅲ	어레이 기준 연간 이용률(현실 값)	0.119	0.119	0.118	0.114	0.108	0.100
	파워컨디셔너 연간 이용률	0.119	0.132	0.147	0.163	0.181	0.199
	파워컨디셔너 연간 등가 가동 시간	1,044	1,043	1,033	1,002	949	873
도쿄 Ⅲ	어레이 기준 연간 이용률(현실 값)	0.118	0.118	0.118	0.115	0.109	0.100
	파워컨디셔너 연간 이용률	0.118	0.131	0.147	0.164	0.182	0.201
	파워컨디셔너 연간 등가 가동 시간	1,036	1,035	1,030	1,006	956	880
니가타 Ⅰ	어레이 기준 연간 이용률(현실 값)	0.115	0.115	0.114	0.111	0.105	0.098
	파워컨디셔너 연간 이용률	0.115	0.128	0.143	0.159	0.176	0.195
	파워컨디셔너 연간 등가 가동 시간	1,009	1,009	1,000	972	924	854

오사카 Ⅳ	어레이 기준 연간 이용률(현실 값)	0.121	0.120	0.120	0.118	0.113	0.105
	파워컨디셔너 연간 이용률	0.121	0.134	0.150	0.169	0.189	0.211
	파워컨디셔너 연간 등가 가동 시간	1,056	1,056	1,052	1,035	993	924
나라 Ⅱ	어레이 기준 연간 이용률(현실 값)	0.120	0.120	0.120	0.117	0.112	0.104
	파워컨디셔너 연간 이용률	0.120	0.134	0.150	0.167	0.186	0.207
	파워컨디셔너 연간 등가 가동 시간	1,055	1,055	1,050	1,026	979	908
후쿠오카 Ⅱ	어레이 기준 연간 이용률(현실 값)	0.117	0.117	0.116	0.113	0.107	0.098
	파워컨디셔너 연간 이용률	0.117	0.130	0.145	0.161	0.178	0.196
	파워컨디셔너 연간 등가 가동 시간	1,024	1,023	1,017	990	937	857
미야자키 Ⅳ	어레이 기준 연간 이용률(현실 값)	0.131	0.131	0.130	0.125	0.117	0.106
	파워컨디셔너 연간 이용률	0.131	0.146	0.163	0.179	0.195	0.211
	파워컨디셔너 연간 등가 가동 시간	1,151	1,151	1,140	1,097	1,024	925
나하 Ⅴ	어레이 기준 연간 이용률(현실 값)	0.123	0.123	0.122	0.119	0.114	0.104
	파워컨디셔너 연간 이용률	0.123	0.136	0.153	0.171	0.189	0.209
	파워컨디셔너 연간 등가 가동 시간	1,074	1,074	1,070	1,046	995	914

이것에 따라서도 파워컨디셔너 정격 출력비가 1.0~0.8이라면 어레이 이용률과 파워컨디셔너 등가 이용 시간은 큰 영향은 받지 않는다. 이 레벨까지는 오히려 파워컨디셔너 용량은 과잉이며 초기 기준 값으로부터 모순되지 않는다. 한편 지역차는 볼 수 있지만 파워컨디셔너 정격비가 1.0인 경우의 파워컨디셔너 이용률 1.5~13.0%가 정격비 0.8에서는 이용률이 14~16%로 확실히 개선되었기 때문에 오히려 이 결과를 향후 용량비 선정에 고려할 필요가 있다.

태양광 발전 시스템의 대형화는 급속히 진행하고 있지만, 시스템 운전 개시 시의 발표에는 다음 3가지 패턴이 있다.

- 태양전지 공칭 정격에 따라 총 용량을 나타낸다.
- 설비 인정에서 신청한 시스템 정격(파워컨디셔너의 정격 용량)이며 이 베이스로 산정한 시스템 이용률을 함께 표시한다.
- 상기의 2가지를 병기한다.

다만, 이 책에서는 4번째 패턴을 권장한다. 왜냐하면 태양광 발전의 입력은 태양에너지이며 해당 토지에서 입수할 수 있는 일사량 이상으로 획득할 수 없다. 이것이 태양광 발전의 시스템 이용률의 기본적인 제약 인자이다. 이것을 뛰어넘은 시스템 이용률은 거짓이라고 말할 수밖에 없기 때문이다. 파워컨디셔너 용량 기준의 이용률은 높아져도 표시되지 않은 태양전지 용량 기준의 이용률은 어느 값 이상을 파워컨디셔너의 최대 출력 제한에 의해 버려지며, 이는 오히려 시스템 이용률이 저하되고 있는 것을 간과하고 있다. 이것을 이 절의 계산 예에서 확인하기 바란다.

3.6_ 시뮬레이션법 개요

태양광 발전 시스템의 시뮬레이션은 시스템 규모의 최적화와 운용 모드를 결정하기 위해 사용한다. 특히 실제 일사 변화와 운전 모드의 영향을 받는다고 여겨지는 시계열 내용을 다루는 경우에는 에너지 흐름을 결정하는 데 있어 중요하다.

이 절에서는 시뮬레이션 개념과 수법을 소개하고 각 구성 요소 기기의 개념과 기본 식에 대해서도 해설한다. 한편 시계열의 취급이 가능하고 현재 입수 가능한 일사 데이터 주체의 국내 기상 데이터 형태로 정비된 METPV-11에 대해서는 「자료 10 일사량 데이터의 입수 방법·사용 방법」을 참조하기 바란다.

3.6.1 시뮬레이션의 개념과 방법

태양광 발전 시스템의 시뮬레이션은 시스템 규모의 보다 정확한 결정과 운용 모드의 상세한 확인을 위해 유용하다. 예를 들면 시스템 내에 축전지를 내장한 경우에 태양광 발전 상태와 축전지 충방전 부하의 균형에서 과잉 혹은 과부족이 되지 않도록 시뮬레이션한다. 보통 시뮬레이션은 1년간의 시계열 변화를 대상으로 하지만 〈그림 3-25〉에 대략적인 플로 차트를 예로 나타냈다.

여기서 문제가 되는 것은 시계열의 일사강도와 태양전지 모듈 온도 등 주위의 기상 조건이나 부하 상태와 축전지의 충전 심도 등에 의해 변화하는 축전지 단자 상태를 모의해야 한다는 점이다. 또한 계통 연계 시스템에서는 항상 태양전지 어레이의 최대 효율점을 추미하는 것이 널리 시행되기 때문에 그 알고리즘 평가를 위해서도 시뮬레이션은 유력한 수단이 될 수 있다.

시뮬레이션에서는 기본적으로 발전 특성을 좌우하는 일사와 온도 등의 주위 조건하에서 전기 회로와 접속된 태양전지의 동작점을 축차적으로 분석하게 된다. 접속되어 있는 부하, 인버터, 축전지 등과의 전압 평형식과 전류 연속식에 기초해서 결정하지만 태양전지 I-V 이론식은 비선형이며 또한 전압과 전류가 양형식으로 분리되지 않기 때문에 그 해법은 개선이 필요하다. 이론식을 그대로 취급하기 위해서는 일반적으로 뉴턴랩슨법을 이용한 반복식을 이용해서 근사해에 수속시키는 방법이 이용되고 있다.

한편 이론식 자체도 실측된 태양전지 모듈의 I-V 특성을 제대로 표현하지 못한다. 때문에 기준 상태의 시험 결과나 대표적인 다른 일사강도와 태양전지 모듈 온도에서 내삽법과 외삽법으로 수정하는 방식이 제안되어 왔다. 이론식에서는 나타내지 못한 실제 태양전지 모듈의 I-V 곡선에 보이는 성질을 보존한 상태에서 취급할 수 있고, 또한 수렴을 위한 반복 과정이 없는 것이 이점이다.

이 책에서는 현재의 태양광 발전 시스템 분야는 계통 연계형이 주류이며 발전한 것은 거의 모두 소내 부하와 계통에의 역조류에 이용되고 있다. 이 경우에는 파라미터 분석법에 의해 어느 정도 발전 전력량의 추정이 가능하며 계획 단계에서 널리 이용되고 있다.

이러한 현상에서 I-V 이론식에 기초한 시뮬레이션 해법의 개요를 설명하되 구체적인 방법론은 다루지 않기로 한다.

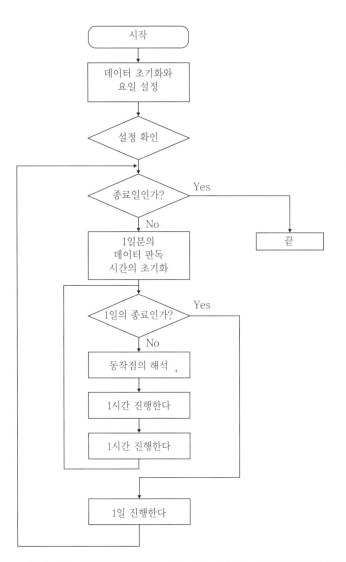

그림 3-25. 스텝 바이 스텝에 의한 시뮬레이션 절차(1년 단위의 경우)

3.6.2 발전 요소의 기초 식

태양전지 어레이

여기서는 태양전지 어레이가 동일 특성의 셀로 구성되어 있는 경우에 대해 설명한다. 태양전지의 등가회로를 〈그림 3-26〉에, 기초 식을 식 (3.74)에 나타낸다.

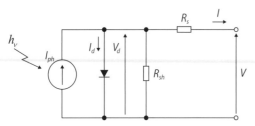

그림 3-26. 태양전지의 등가회로

$$I = I_{ph} - I_0\left[\exp\left\{\frac{q\left(V + R_s \times I\right)}{n \times k \times T}\right\} - 1\right] - \frac{V + R_s \times I}{R_{sh}} \qquad (3.74)$$

I : 태양전지 셀 출력 전류

V : 태양전지 셀 출력 전압

I_{ph} 광 유기 전류

I_0 : 다이오드 포화 전류

q : 전자의 전하량(1.6×10^{-19}C)

R_s 셀 내부의 직렬 저항

n : 다이오드 인자

k : 볼츠만 상수

T : 셀 절대 온도

R_{sh} 병렬 저항

일반 실리콘 단결정 태양전지와 실리콘 다결정 태양전지에서는 R_{sh}를 무시하는 경우가 많다. 어레이의 출력 전압과 전류는 어레이를 구성하는 태양전지 셀의 병렬 수와 직렬 수를 각각 N_{cp}와 N_{cs}로 하면 식 (3.75)와 식 (3.76)이 된다.

$$I_A = N_{CP} \times I \qquad (3.75)$$
$$V_A = N_{CS} \times V \qquad (3.76)$$

태양전지의 등가회로는 〈그림 3-26〉에 나타낸 바와 같이 태양광의 강도에 비례한 전류를 흘리는 전류원과 그것에 병렬 접속된 다이오드, 병렬 저항, 직렬 저항으로 구성된다. 이 그림에서 다이오드의 양끝 전압을 V_d라고 하면 다이오드에 흐르는 전류 I_d는 식 (3.77)이 된다.

$$I_d = I_0\left[\exp\left(\frac{q \times V_d}{n \times k \times T}\right) - 1\right] \qquad (3.77)$$

이 전류는 다이오드의 순방향 전류이다. 병렬 저항에 흐르는 전류는 V_d/R_{sh}이지만 V_d는 태양전지의 단자 전압 V와 출력 전류 I에 의해 식 (3.78)로 주어진다.

$$V_d = V + R_s \times I \qquad (3.78)$$

따라서 1셀당 출력 전류는 광 생성 전류에서 이들의 값을 뺌으로써 식 (3.74)로 주어진다.

태양전지 출력의 온도 보정

태양전지 출력의 온도 보정에는 몇 가지 방법이 있다. 여기서는 2가지 방법에 대해 간단하게 설명한다. 첫 번째는 다이오드의 온도 특성을 고려하는 방법이며, 두 번째는 온도 보정계수인 α, β, K를 사용하는 방법이다. 이상적인 다이오드의 온도 특성은 포화전류 I_0의 온도 특성에 크게 의존한다. 포화전류의 온도 의존성을 식 (3.79)에 나타낸다.

$$I_0 = C_1 \times T^3 \times \exp\left(-\frac{E_{g0}}{k \times T}\right) \qquad (3.79)$$

C_1 : 상수
E_{g0} : 절대영도에서 추정한 금지 대역 폭

온도 보정계수에 의한 보정은 실제의 특정 조건을 표준 상태로 환산하기 위해 이용되지만 이 경우는 반대로 표준 조건을 아래와 같이 해서 임의의 온도로 환산해서 보정한다.

$$I_A = \left\{I_{st} + I_{sc}\left(\frac{H_A}{H_{st}} - 1\right) + \alpha\left(T - T_{st}\right)\right\} N_{mp} \qquad (3.80)$$

$$V_A = \left\{V_{st} + \beta\left(T - T_{st}\right) - R_{sm}\left(I - I_{st}\right) - K \times \frac{I_A}{N_{mp}\left(T - T_{st}\right)}\right\} N_{ms} \qquad (3.81)$$

I_{st} : 표준 조건에서의 태양전지 모듈 전류
I_{sc} : 표준 조건에서의 태양전지 모듈의 단락 전류
H_A : 어레이면 일사량(1시간 값)
H_{st} : 표준 조건에서의 어레이면 일사량(1시간 값)
α : 온도가 1℃ 변화했을 때 태양전지 모듈의 단락 전류 I_{sc}의 변동치
T_{st} : 표준 조건에서의 태양전지 모듈 온도
N_{mp} : 태양전지 어레이를 구성하는 병렬 접속 태양전지 모듈 수
V_{st} : 표준 조건에서의 태양전지 모듈 출력 전압
β : 온도가 1℃ 변화했을 때 태양전지 모듈의 개방전압 V_{oc}의 변동치
R_{sm} : 태양전지 모듈의 직렬 저항
K : 곡선 보정 인자
N_{ms} : 태양전지 어레이를 구성하는 직렬 접속 태양전지 모듈 수

태양전지 어레이의 온도 상승

태양전지의 온도는 기상 조건에 따라 결정되며 표준 상태의 출력 특성과 다른 특성을 나타낸다. 일조 시의 태양전지 온도는 외기 기온 이상의 온도가 된다. 바람이 있으면 태양전지 온도는 내려간다. 통상은 이들 인자에 비례한다고 보고 해석을 수행한다.

이 비례계수는 태양전지 모듈의 구조와 어레이 설치 방법 등에 따라 영향을 받으므로 기술 자료에 따르거나 실증 데이터에 기초한 경험치에 의해 결정할 필요가 있다(예를 들면 야간에는 복사 냉각에 의해서 외기 기온보다 저하하는 일도 있다).

3.6.3 시스템 구성에 따른 기초적인 취급

구성과 동작 상태에 따라 시스템 상태가 변화한다

현재 보급하고 있는 태양광 발전 시스템은 극히 일부의 경우를 제외하고 가정용, 중규모, 산업용, 대규모(이른바 메가솔라)를 포함해서 발전된 전력은 거의 모두 소내 부하에서의 소비 및 잉여 전력 매전 혹은 전량을 전력계통으로 매전하는 것을 전제로 하고 있다. 다시 말해 기본은 발전할 수 있을 때는 가능한 한 발전하는 시스템이다. 이 타입의 시스템이 실은 가장 다루기 쉽다. 일사가 있는 만큼 발전하고 그 전기를 전량 거래한다. 거의 비례 관계가 성립한다.

그러나 개발도상국이나 도서 지역과 같이 전력계통이 존재하지 않는 곳에서는 주간에 발전한 전기를 축전했다가 야간에 이용하는 경우가 많다. 이 경우에는 발전 타이밍과 소비 타이밍이 어긋나는 일이 자주 발생한다. 축전지는 만충전이 되면 태양전지의 전기를 수용할 수 없다(정확히는 과충전 상태가 되어 이후의 전기는 열이 되어 방출한다). 이 상태에서는 일사가 있어도 발전 전력량은 제로가 된다. 즉 비례 관계가 성립하지 않는다. 발전 패턴과 부하 패턴 타이밍의 차이, 그리고 축전지의 충·방전 가능성을 시계열로 쫓아가야 한다.

발전과 부하 소비와 축전지 충전 상태의 3가지 인자의 가능한 조합에 대해 우선 모드 분석을 수행하고 모드의 수만큼 시스템 방정식의 세트를 준비하게 된다.

시뮬레이션의 상세 기법은 이 책에서는 다루지 않지만 3장 내용의 원본에 해당하는 참고문헌을 참조 바란다[4].

제4장

태양광 발전 시스템의 설계

태양광 발전 시스템은 다양한 용도와 장소에서 사용되고 있으며 그 형태도 다양하지만 이 장에서는 현재 주류인 지붕형 설치 시스템과 지상형 설치 시스템의 설계에 대해 설명한다. 또 대규모 시스템과 중규모 시스템의 주요 차이는 설치 용량의 차이에 따라 계통 연계 전압이 변하는 점과 그에 수반하는 수변전 설비와 변압기의 필요 여부가 다른 점 등을 들 수 있는데, 태양광 발전 시스템의 기본적인 시스템 구성에는 차이가 없다.

이 장에서는 지붕형 설치 시스템에 대해서는 고압 연계하는 중규모 용량 시스템, 지상형 설치 시스템에 대해서는 고압 연계 또는 특별 고압 연계하는 대규모 용량 시스템을 고려하여 설명한다.

4.1_ 태양광 발전 시스템 설계의 기본

 4.1.1 설계 흐름

설계 절차를 아래에 나타낸다.

(1) 검토 단계

태양광 발전 시스템의 검토 단계에서는 주로 아래의 내용을 검토한다.

- 용도 검토
- 설치 장소 검토
- 규모 검토
- 설계 · 시공업자 검토
- 시공 기간 검토
- 리스크 검토
- 비용 검토

(2) 상세 설계 단계

상세 설계에서는 시공을 위해 주로 아래 내용을 검토한다.

- 전기(발전 규모)에 관련된 사항
- 토목건축공사(조성 · 기초 · 가대 · 방위)에 관련된 사항
- 공정(공사 · 반입)에 관련된 사항
- 관공서 및 지방 단체와 협업
- 전력회사와 계통 연계
- 각종 계약 사항
- 차입 비용 등 사업화 가능 여부
- 리스크 해결
- 유지보수에 관련된 사항

4.1.2 기본적인 태양광 발전 시스템 구성

설계 예시로 거론하는 태양광 발전 시스템 구성을 〈그림 4-1〉에 나타낸다.

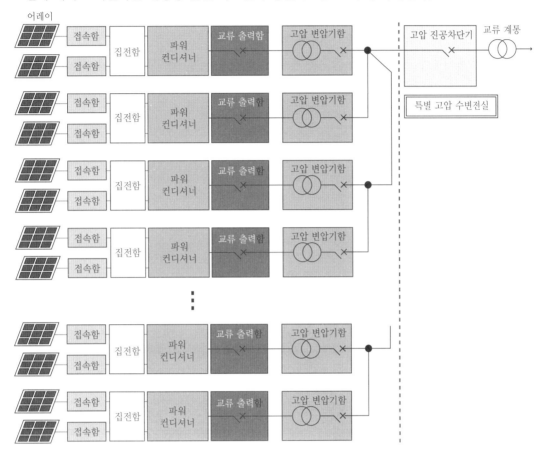

그림 4-1. 태양광 발전 시스템 구성도
田中 良, 「2013년 광산업 기술조사연구 보고서」, NTT Facilities, 2013

4.2_ 전기 관련 설계 포인트

4.2.1 태양전지 스트링의 설계 포인트

태양전지 스트링은 파워컨디셔너의 입력 가능 전압에 따른 직렬 수를 고려한다. 중·대용량 파워컨디셔너에는 접속되는 스트링 수도 많기 때문에 배선 비용과 파워컨디셔너의 직류 입력 단자 수 등을 고려해서 집전함의 도입도 검토한다.

지붕 위에 설치하는 경우든 지상에 설치하는 경우든 기초·가대공사가 다를 뿐 기본적인 시스템 구성에 차이는 없다.

4.2.2 어레이 회로의 용량과 배선 포인트

어레이 회로의 용량은 10~30kW로 하는 것이 일반적이다. 하나의 어레이 회로를 20kW로 하면 1MW에는 50개의 어레이 회로를 사용하게 된다.

태양전지 모듈 1매당 출력은 100~300W 정도로 정격 전압은 결정 실리콘계의 경우에는 30V 전후가 많다. 300W의 모듈을 12매 직렬 접속한 태양전지 스트링의 출력은 3.6kW 정도이다. 때문에 6개를 병렬 접속하면 출력 20kW의 어레이 회로가 된다.

1개의 태양전지 스트링에는 플러스선과 마이너스선 2개가 한쌍인 직류 선로가 있으며 6개의 태양전지 스트링에서는 12개의 직류 선로가 구성된다. 각 직류 배선은 집전함에 집약되어(규모가 작은 것은 집전함은 생략) 파워컨디셔너의 입력 단자에 접속한다.

4.2.3 파워컨디셔너 용량과 승압 변압기의 포인트

파워컨디셔너 용량은 1대당 100~500kW 정도의 것을 사용하는 경우가 많다. 시스템 전체의 용량에 따라 다수 대로 구성한다.

파워컨디셔너 교류 출력 측은 저압(200V 또는 400V 정도)인 것이 많고 고압 연계 시에는 승압 변압기에 의해 계통 측 전압인 6.6kV 등으로 승압해 계통과 연계시킨다. 〈그림 4-1〉에서는 파워컨디셔너와 승압 변압기를 1대 1로 각각 대응하여 설치했지만 이것을 한 대의 변압기로 통합하는 것도 가능하며 최종적으로는 도입비용, 설비 가동률, 보수 여부 등을 고려해서 시스템 형태를 결정한다. 특별 고압에 접속하는 경우는 다시 승압 변압기를 설치한다.

4.2.4 계통과의 접속 포인트

계통과의 접속에는 전기사업법을 준용하여 각종 보호 릴레이와 차단기 등을 설치할 필요가 있다(「4.16 접지와 뇌해대책, 과전압 보호」참조). 자가 소비형과 고정매입가격제도에서의 매전형의 차이는 계통 접속점과 전력회사의 책임 분계점이 설치되는 위치뿐이다.

4.2.5 시스템 종합효율과 손실 요인을 고려한 전체 설계

〈그림 4-1〉에 나타낸 기본 시스템에서 발전량을 최대화하기 위해 발전소 전체의 시스템 종합효율을 고려하여 설계하는 것이 대단히 중요하다.

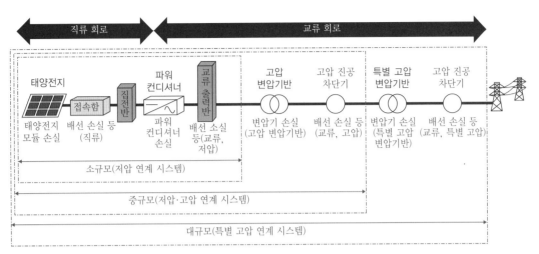

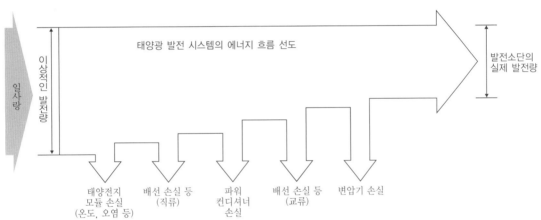

$$\text{시스템 종합효율 } \eta_{sys}(\%) = \frac{\text{발전소단의 실제 발전량}}{\text{이상적인 발전량}} \times 100$$

$$= 1 \times \eta_{PV} \times \eta_{DC} \times \eta_{PCS} \times \eta_{AC} \times \eta_{Tr}$$

η_{PV} : 태양전지 모듈의 발전효율(일사, 열화, 온도 등)

η_{DC} : 직류 회로의 효율(배선, 접속함, 집전함 등의 손실 등)

η_{PCS} : 파워컨디셔너의 효율(변환 손실, 최대 출력 동작점 미스매치 등)

η_{AC} : 교류 회로의 효율

η_{Tr} : 변압기의 효율(저압 연계 시스템에서는 불필요. 고압 연계 시스템에서는 고압 변압기만. 특별 고압 연계 시스템에서는 고압 변압기+특별 고압 변압기를 고려할 것)

그림 4-2. 시스템 종합효율의 개념과 에너지 흐름 선도

〈그림 4-2〉에 태양광 발전 시스템 전체의 종합효율 개념에 대해 나타냈다. 대규모 태양광 발전 시스템에서는 방대한 수의 태양전지 모듈로 발전한 직류 발전 전력을 집전하고 교류 전력을 변환해서 계통에 송전하게 되는데, 그 과정에서 손실 전력을 어떻게 낮출지가 효율적인 설비 구축에서 중점 과제이다. 전기 판매 수입을 목적으로 한 시스템 구축에서는 대략적인 기준으로 시스템 종합효율을 85% 이상 되도록 설계하는 것이 바람직하다.

4.3_ 지붕형 중규모 태양광 발전 시스템

4.3.1 지붕 위에 설치를 검토할 때 흐름 선도

지붕 위 설치 시스템은 설치 장소의 지붕 면적에 따라 용량이 중규모 정도가 되는 경우가 많다. 지붕 위에 설치를 검토할 때의 흐름을 〈그림 4-3〉에 나타낸다. 개별 검토 사항에 대해서는 뒤에서 설명하겠지만, 이러한 흐름에 따라 설치 용량 결정과 상정 용량의 설치 가능성을 검토한다. 설치 사례를 〈그림 4-4〉 및 〈그림 4-5〉에 나타낸다.

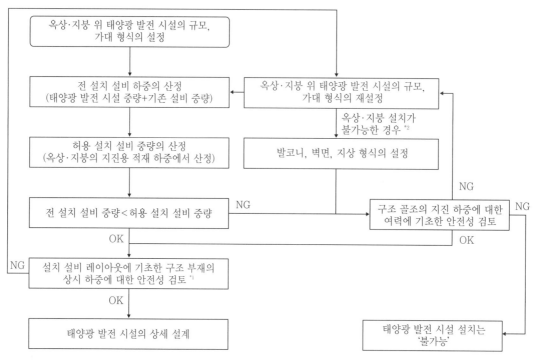

*1 구조 검토는 신축 시의 구조 계산서, 내진 진단·보강 설계 보고서, 구조 설계도 등의 기존 설계 도서류의 내용이 맞다고 보고 그 내용에 기초하여 설치에 수반하는 증가 응력에 대한 구조 골조의 여력에 기초한 안전성 검토를 수행한다.

*2 옥상·지붕에 태양광 발전 시설의 설치가 구조 성능상 불가능한 경우는 별도 협의에 의해 다른 장소에서 설치하는 방법을 검토하기로 하고 본 설계·공사에서는 건물의 내진 보강 공사는 하지 않는 검토를 상정하고 있다.

그림 4-3. 옥상 위 설치 검토 흐름 선도

그림 4-4. 옥상 설치 사례 1「프로로지스파크 자마 1 및 2(용량 : 약 2MW)」

그림 4-5. 옥상 설치 사례 2「도쿄 일렉트론 규슈(용량 : 약 2MW)」

4.3.2 평지붕 설치와 금속 지붕(절판 지붕) 설치

지붕 위 설치는 크게 나누어 평지붕 설치와 금속 지붕(절판 지붕) 설치가 있으며 특징 등은 〈그림 4-6〉에 나타냈다.

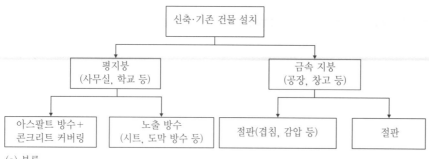

(a) 분류

기존 건물의 경우는 방수 개수 공사 시기를 확인할 필요가 있다. 또한 방수 보장 문제가 있다.

절판 지붕에서 구조적으로 안정시키기 위해서는 타이트 프레임 부분에 태양전지 모듈의 적재 하중을 전달할 필요가 있다. 기본적으로는 메인 부분에 타이트 프레임이 있으므로 (일반적인 설계) 건물의 위치를 확인하는 것이 중요하다.

(b) 설치 예

그림 4-6. 지붕 위 설치 분류

4.3.3 기존 건물의 내진 성능

지붕 선정 시에는 기존 건물의 경우는 내진 성능상 설치 가능 여부를 검토하는 것이 중요하다.

설치 건물의 설계 연도를 확인하고 특히 구 내진 기준이 적용된 건물(1981년 6월 이전의 건축 확인)의 경우 내진 진단을 한 후 내진 보강 공사가 필요한지 여부를 확인해야 한다.

신 내진 기준을 적용한 건물의 경우는 설치하는 태양광 발전 시스템 등의 중량 및 지붕 위에 설치되어 있는 공조 실외기 등의 설비 중량도 고려해서 설치를 검토한다.

4.3.4 기초 설치 장소

태양전지 가대의 기초 설치 장소는 원칙적으로 건물의 들보 또는 주상으로 한다.

태양전지 어레이(기초 포함)의 하중과 옥상에 설치된 설비기기의 중량을 가산한 수치가 옥상의 전 적재 하중(지진용) 이하인지를 확인한다.

태양전지 어레이의 기초 자중(自重)과 그 기초가 부담하는 하중의 합계가 그 기초를 실은 대량(大梁) 등을 부담할 수 있는 설계상의 적재 하중(기둥, 들보용) 이하인지를 확인한다.

그 외에 건물의 옥상 방수를 확인하고 필요에 따라서 시공 시기와 방수 개수 계획 등을 검토한다.

4.4_ 태양전지 어레이용 지지물 설계 표준

가대의 설계 기준은 2004년에 「태양전지 어레이용 지지물 설계 표준(JIS C 8955)」으로 제정 됐다. 이후 2011년에 개정됐다(JIS C 8955:2011). 아래에 JIS C 8955에 의한 풍토 하중 계산법 을 설명한다.

다만 건물에 설치되는 태양광 발전 설비는 JIS C 8955의 내용에 추가해 건축기준법의 규정을 만족시킬 필요가 있으며(국토교통성 주택국 건축지도 1152호 2012년) 필요한 강도는 건축기준법 제20조에 정해져 있다. 풍압 하중의 구체적인 견적 방법은 국토교통성 고시 1454호 및 1458호 에 기재되어 있다. 가대를 어느 쪽 고시에 따라 계산할지는 가대의 구조에 따라서 결정해야 한다. 한편 태양전지 모듈의 내하중은 고시 1458호에 따라서 산정하는 것이 타당하다.

설계 지지물에 가해지는 하중은 〈표 4-1〉의 4종류가 고려된다. 하중 조건과 조합을 〈표 4-2〉 에 나타낸다.

표 4-1. 지지물에 가해지는 하중의 종류

하중	내용
고정 하중 G	모듈의 질량과 지지물 질량의 총합
풍압 하중 W	모듈에 가해지는 풍압력과 지지물에 가해지는 풍압력의 총합(벡터합)
적설 하중 S	모듈면의 수직 적설 하중
지진 하중 K	지지물에 가해지는 수평 지진동

표 4-2. 하중 조건 및 하중의 조합

하중 조건		일반 지역	다설 지역*1
장기	상시	G	$G+S$
	적설 시		$G+0.7S$
단기	적설 시	$G+S$	$G+S$
	폭풍 시	$G+W$	$G+W$
			$G+0.35S+W$
	지진 시	$G+K$	$G+0.35S+K$

*1 다설 구역은 JIS-C 8955-6.c에 의한 수직 적설량이 1m 이상인 구역 또는 적설의 초종간 일수(해당 구역 중 적설 부분의 비율이 2분의 1을 넘는 상태가 계속되는 기간의 일수를 말한다)의 평균치가 30일 이상인 구역 중 어느 하나에 해당하는 구 역으로 한다.

4.5_ 풍압 하중

풍압 하중 W는 모듈에 가해지는 풍압력(W_M)과 지지물에 가해지는 풍압력(W_K)의 합계이다. 풍압 하중의 산정 방법은 「태양전지 어레이용 지지물 설계 표준(JIS C 8955)」에 따른다. 어레이에 작용하는 설계용 풍압 하중의 산출식은 아래와 같다.

$$W = C_W \times q \times A_w$$

W : 풍압 하중[N] $\quad\quad\quad\quad\quad$ C_W : 풍력계수

q : 설계용 속도압[N/m²] $\quad\quad$ A_w : 수풍 면적[m²]

설계용 속도압 q는 다음 식에 따라 산출한다.

$$q = 0.6 \times V_0^2 \times E \times I$$

V_0 : 설계용 기준 풍속[m/s] (설치 장소의 주소를 보고 기준 풍속의 설정을 확인한다)

E : 환경계수

I : 용도계수(매우 중요한 태양광 발전 시스템 : 1.32, 통상의 태양광 발전 시스템 : 1.0)

환경계수 E는 다음 식에 따라 산출한다.

$$E = E_r^2 \times G_f$$

E_r : 평균 풍속의 높이 방향 분포를 나타내는 계수

G_f : ⟨표 4-3⟩에 나타낸 유리 영향계수(돌풍률)

표 4-3. 유리 영향계수

어레이면 평균 지상고 H[m] 지표면 조도(粗度) 구분	(1) 10 이하인 경우	(2) 10 이상 40 미만인 경우	(3) 40 이상인 경우
Ⅰ	2.0	(1)과 (3)의 수치를 직선적으로 보간한 수치	1.8
Ⅱ	2.2		2.0
Ⅲ	2.5		2.1
Ⅳ	3.1		2.3

(H가 Z_b 이하인 경우) $\quad$ $E_r = 1.7 \times \left(\dfrac{Z_b}{Z_G}\right)^{\alpha}$

(H가 Z_b 이상인 경우) $\quad$ $E_r = 1.7 \times \left(\dfrac{H}{Z_G}\right)^{\alpha}$

Z_b, Z_G 및 α : 지표면 조도 구분(그림 4-7)에 따라 ⟨표 4-4⟩에 나타낸 수치

H : 어레이면의 평균 지상고[m]

건축물의 높이	도시계획 구역 내			도시계획 구역 내
	해안선 또는 호안선(대안까지의 거리가 1,500m 이상인 것에 한한다)까지의 거리			
	200m 이하	200m 이상~500m 이하	500m 이상	
31m 이상	II			II
31m 이하 ~13m 이상	III			
13m 이하				III

그림 4-7. 지표면 조도 구분에 대해

표 4-4. Z_b, Z_G 및 α

	지표면 조도 구분	Z_b [m]	Z_G [m]	α
I	도시계획 구역 외에 있고 매우 평탄하고 장해물이 없는 것으로서 특정 행정청이 규칙으로 정하는 구역	5	250	0.10
II	도시계획 구역에 있고 지표면 조도 구분 I의 구역 이외의 구역(어레이의 지상고가 13m 이하인 경우를 제외한다) 또는 도시계획 구역 내에 있고 지표면 조도 구분 IV의 구역 이외의 구역 중 해안선 또는 호안선(대안까지의 거리가 1,500m 이상인 것에 한한다. 이하 동일)까지의 거리가 500m 이내인 구역(다만, 어레이의 지상고가 13m 이하인 경우 또는 해당 해안선 혹은 호안선으로부터의 거리가 200m 이상 또한 어레이의 지상고가 31m 이하인 경우를 제외한다)	5	350	0.15
III	지표면 조도 구분 I, II 또는 IV 이외의 구역	5	450	0.20
IV	도시계획 구역 내이고 도심화가 매우 현저한 것으로서 특정 행정청이 규칙으로 정하는 구역	10	550	0.27

한편 설계용 기준 풍칙 V_0은 드물게 발생하는 중간 정도의 폭풍 시를 상정해서 지표면 조도 구분 II의 지상 10m에서의 재현 기간이 대략 50년인 폭풍의 10분간 평균 풍속에 상당하는 값이며 (2000년 5월 31일 건설성 고시 1454호), 일본 전국에서 30~46m/s까지 정해져 있다[1].

이상에서 풍압 하중은 건설 높이가 높을수록 크고 또한 패널의 설치 각도가 클수록 크다.

4.6_ 풍력계수와 적설계수

(1) 풍력계수

모듈면의 풍력계수는 풍동실험에 의해서 정하지만 〈표 4-5〉에 나타내는 설치 형태의 경우는 근사식에 의해서 산정하거나 또는 해당 표의 비고에 나타내는 수치를 이용해도 좋다.

---

[1] 재현 기간 50년이란 '50년에 1번밖에 불지 않는다' 는 얘기는 아니다. 설비 사용 기간을 20년간으로 하면 그 사이에 30% 이상의 확률로 그 풍속을 초과한다.

표 4-5. 태양전지 모듈면의 풍력계수

설치 형태	풍력계수(C_W)		비고
	순풍(정압)	역풍(부압)	
지상 설치 (단독)			가대가 복수인 경우에는 주위 단부는 근사식의 값을, 중앙부는 근사식의 값의 2분의 1을 사용해도 좋다.
$15° \leq \theta \leq 45°$	$C_W = 0.65 + 0.009\theta$	$C_W = 0.71 + 0.016\theta$	
지붕 설치형			지붕의 동에 기와 등 높이 10cm 이상의 돌기가 있는 경우, 근사식 부하의 값은 2분의 1로 해도 좋다. 또한 적용 범위는 벽선이 안쪽으로 하고 처마 및 다락은 제외한다.
$12° \leq \theta \leq 27°$	$C_W = 0.95 - 0.017\theta$	$C_W = -0.1 + 0.077\theta - 0.0026\theta^2$	
육상 지붕형			지붕 주변부에 설치하는 경우는 적용 범위 외로 한다. 지붕 주변부란 지붕 단부에서 각각 길이의 10%가 3m를 넘는 경우는 3m로 한다.
$0° \leq \theta < 15°$	$C_W = 0.785$	$C_W = 0.95$	
$15° \leq \theta \leq 45°$	$C_W = 0.65 + 0.009\theta$	$C_W = 0.71 + 0.016\theta$	

◁═는 풍향 ➜는 풍압력의 방향을 나타낸다.

(2) 적설 하중

기본적으로 건축기준법 시행령 제86조에 준용하고 있다.

4.7_ 지진 하중

건축기준법 시행령 제12조의 2의 4 제2항 및 건설성 고시 제1389호에 준용하고 있다. 설계용 지진 하중은 일반 지방에서는 식 (4.1), 다설 구역에서는 식 (4.2)에 의해 산정한다.

$$K = k \times G \tag{4.1}$$
$$K = k(G + 0.35S) \tag{4.2}$$

단, K는 지진 하중(N), k는 설계용 수평 진도, G는 고정 하중(N), S는 적설 하중(N)을 말한다. 설계용 수평 진도는 건물에 긴결(緊結)하는 방식에 대해 산정 방식을 규정하고 있다.

4.8_ 지붕형 구조의 선정

4.8.1 평지붕 설치

평지붕 설치의 기본 구성을 〈그림 4-8〉에 나타낸다.

원칙은 들보와 기둥 등의 건물 구조 부재 위에 기초를 신설한다.

시공 시에는 유지보수 시의 안전성 확보를 위해 패러핏, 난간의 유무, 높이를 확인한다. 지붕 마무리와 옥상 방수를 고려한 가대 기초 형상으로 하고 장래의 옥상 방수 개수를 고려할 필요가 있다.

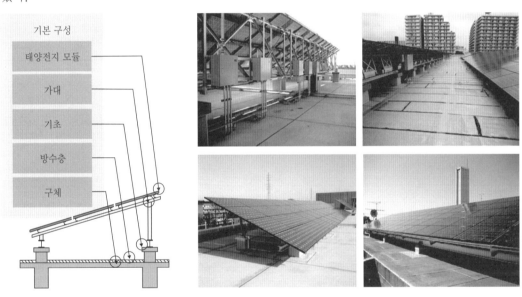

그림 4-8. 평지붕 설치의 기본 구조와 설치 사례

4.8.2 금속 지붕 설치

금속 지붕 설치의 기본 구성을 〈그림 4-9〉에 나타낸다.

금속 지붕에서 구조적으로 안정시키기 위해서는 타이트 프레임 부분에 모듈의 적재 하중을 전달할 필요가 있다. 기본적으로는 메인 건물 부분에 타이트 프레임이 있으므로(일반적인 설계의 경우) 메인 건물의 위치를 확인하는 것이 중요하다.

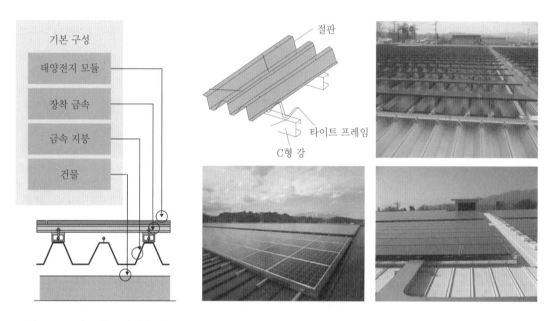

그림 4-8. 금속 지붕 설치의 기본 구조와 설치 사례

[칼럼] 태양전지 어레이용 지지물 설계 표준의 과제와 개정 동향

「태양전지 어레이용 지지물 설계 표준(JIS C 8955)」의 규정 내용은 10년 이상 전에 책정된 내용을 기본으로 하고 있다. 태양광 발전을 둘러싼 환경과 도입 형태는 크게 변화하고 있어 현재의 규정 내용으로는 충분히 대응할 수 없는 부분이 몇 가지 있다. 때문에 현황에 맞는 JIS의 재검토가 필요하며 현재 경제산업성의 위탁사업(미쓰비시종합연구소 재위탁사업) 내에서 검토 중이다. 아래에 JIS의 과제와 개정 동향을 설명한다.

적용 범위

건축기준법의 적용 범위 대상에서 제외되기 때문에 '높이 4m 이하'로 규정하고 있지만 2011년 10월 1일자 건축기준법 시행령의 개정으로 지상 설치형에 대해서는 높이에 상관없이 건축 공작물에서 제외됐다.

또한 메가솔라의 경우 높이가 4m 이상인 것도 있어 JIS의 적용 범위도 이러한 상황과 정합성을 기하기 위해 높이의 적용 범위를 재검토하고 있다. 다만 높이 상한을 두는 것은 필요하지만 구체적으로 몇m로 할지와 상한치를 넘는 어레이에 어떻게 대처할지가 검토 과제이다. 특히 후자는 아무런 법 규제 및 규격에 구속되지 않는 영역이 생겨 버리면 저품질의 지지물이 현장에 공급될 수 있어 주의해야 한다. 또한 본 JIS의 규정 내용이 설계용 하중의 산출 방법에 대해 한정된다는 점을 밝혀둔다.

풍력계수

지상 설치형과 평지붕 설치형 어레이의 풍력계수를 풍동실험에서 구한 근사식에서 산출할 수 있도록 했지만 적용 가능한 태양전지의 경사 각도 범위가 15~45°로 비교적 좁다. 이것은 약 20년 전에 실시한 풍동실험 결과에 기초하고 있지만 당시는 도쿄와 오사카 등 중위도 지역에서는 경사 각도는 30°가 상식으로 통했으며 가장 경사 각도가 작았던 오키나와현 미야코지마의 시스템이 약 15°였기 때문에 이러한 경사 각도에서 풍동실험이 시행됐다.

그러나 현재는 경사 각도가 15°를 밑도는 시설이 많고, 또 풍동실험의 방법, 풍력계수에 대한 개념도 당시와 다르다. 따라서 최근의 메가솔라 등도 고려하여 새로이 풍동실험을 실시해서 풍력계수를 재검토하고 있다. 2012년에는 일본건축종합시험소에서 지상 설치형 어레이의 풍동실험을 실시하고 앞서 말한 적용 가능한 경사 각도의 범위를 5~60°로 확대하는 동시에 풍력계수 값(근사식)도 개정 예정이다. 또한 2014년 평지붕 설치형 어레이의 풍동실험도 실시했다.

설계용 수평 진도

JIS C 8955에서는 옥상 설치용 어레이의 설계용 수평 진도만을 규정하고 있지만, 이는 이전에는 지상 설치형 어레이가 거의 없었기 때문이다. 그러나 현재는 지상 설치형 메가솔라가 수많이 도입되기 때문에 지상 설치형에 대해서도 규정을 추가하도록 하고 있다.

태양광 발전 시스템의 현행 문제점

구조상의 강도는 설계·시공자에 위임했다고 해도 과언이 아니다. 강풍에 의한 태양전지 모듈의 파손과 무모한 개발 행위에 의한 토사 붕괴, 홍수 피해의 확대 등이 발생한 경우 자신만이 아니라 주변에 끼치는 인적·물적 피해도 막대하다. 피해 사례는 태풍 시의 풍해와 수해·설해 등의 보도에서도 볼 수 있다. 이는 태양광 발전 시스템 자체의 장래성에 큰 사회적 영향을 미친다. 따라서 설계·시공자 스스로가 장기간의 운용에 견딜 수 있도록 시스템을 구축하는 것이 바람직하지만 고정가격매입제도의 급속한 확대로 인해 많은 신규 참가자가 법적 규제를 충분히 주지하지 못하고 있으며 심한 경우 구조 설계를 하지 않은 논외의 설비와 기준이 불충분하기 때문에 의도치 않게 예측치 못한 사태로 발전하는 경우가 있다.

특히 저압 연계하는 50kW 미만의 태양광 발전 시스템은 일반용 전기 공작물로서 공사 계획의 제출, 사용 전 검사, 사용 개시 신고, 보안기술자의 설정, 보안 규정 신고 등의 절차가 필요 없어 법적으로는 제약이 있기는 하지만 사실상 아무런 제약이 없는 것이나 마찬가지이다.

기초 및 가대 설계의 경위

이 책에서는 태양광 발전 시스템 설치에 임해 지반 조사 및 구조 계산의 필요성을 설명하겠지만 그 일환으로 설계 풍하중에 관한 새로운 지견을 소개한다.

JIS C 8955 「태양전지 어레이용 지지물 설계 표준」에서는 2000년 건설성 고시 제1454호 「구조 골조용 풍하중」과 같은 풍하중 산정 방식을 이용하고 있다. 같은 해의 건설성 고시 제1458호의 외장재 풍하중이 피크 풍력계수를 이용하는 반면 동 JIS에서는 평균 풍력계수를 이용한 계산식을 이용한다.

이것은 JIS C 8955의 전신인 TR C 0006 「태양전지 어레이용 지지물 설계 표준」(2000년 1월 1일 폐지. JIS C 8955로 이행)의 검토를 개시한 당시는 풍동실험에 의한 풍력계수 산정 시에 어레이에 대한 피크 풍력을 고정도로 계측하는 것이 곤란했던 점과 건축기준법에서 구조재와 외장재가 구분되지 않았던 점, JIS 제정 시의 가대가 중량 철골 등을 이용한 건축물의 구조 골조재에 가까웠던 점 등이 추정되지만 현재와 같은 대량 도입 시대에서는 외장재와 마찬가지의 사양이 많아졌기 때문에 과소한 풍하중이라는 지적을 받게 됐다.

어레이용 지지물에 관한 새로운 개념

2012년에는 경제산업성 위탁사업「태양전지 어레이용 지지물에 관한 JIS 개발」및「태양광 발전 시스템에 관한 국제 표준화」에 의해 새로운 풍동실험이 실시됐다. 여기서는 태양전지 모듈이 수많이 배열된 어레이군의 중앙부와 단부에서, 변동 풍속하에서는 풍력계수가 변하는 것으로 확인됐다. 단부의 풍력계수를 기준으로 풍하중을 계산해야 한다는 점이 시사된 것이다.

이 풍동실험 결과 중앙부에서는 JIS C 8955의 기준과 거의 다르지 않지만 단부에서는 1.43배나 되는 풍력계수가 필요한 것으로 확인됐다. 아울러 기존의 건축기준법에서는 평균적인 풍력계수를 이용하도록 정해져 있지만 최근의 새로운 지견으로서 피크 풍력계수를 전제로 해서 재검토하므로 이에 따르면 안전 측에서의 강도 설계가 가능해지고 있다.

앞으로의 과제와 제안

이 결과에서 지금까지의 내풍 설계 평가를 바꾸는 동시에 법적으로 의무화할 필요가 생겼다는 점은 말할 것도 없지만, 아직 태양광 발전 시스템의 풍하중 설정에 따른 과제는 산더미처럼 쌓여 있다. 모든 태양광 발전 시스템이 풍동실험을 거쳐 풍력계수를 구하는 것은 불가능한 일이며 여러 예를 통해 풍력계수를 연구, 제시할 필요가 있다.

가령, 경사지에 설치할 때 풍력계수 데이터의 정비도 급선무라고 생각된다. 또한 역풍에 의한 인발 하중 및 적설에 의한 어레이 기초의 침하현상에 대해서도 지반의 지내력 평가를 포함한 고려가 중요 과제임을 제기한다.

마지막으로 강풍에 의한 건축물의 피해는 지붕과 벽 등 외장재와 구조재의 접합부에서 파손하여 비산하는 사례가 많다는 점을 언급한다. 풍하중 특유의 관점에서 자칫하면 간과되기 쉬운 태양전지 모듈과 가대의 접합부를 포함한 적절한 연구를 수행하여 보다 안심·안전한 태양광 발전 시스템을 구축하는 것이 요구된다.

4.9_ 지상형 대규모 태양광 발전 시스템

대규모 태양광 발전 시스템을 구축할 때는 관련 법규와 사업 리스크에 대해 충분히 검토해야 한다. 아래에 검토 흐름을 정리했다.

4.9.1 지상형 검토 시의 절차

〈그림 4-10〉에 지상 설치 시에 검토해야 할 내용을 정리했다.

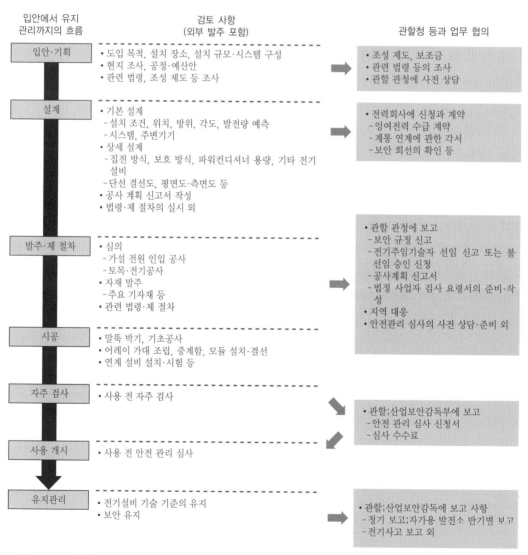

그림 4-10. 지상형 대규모 태양광 발전 시스템 검토 절차

4.9.2 관련 법규와 리스크 대응

(1) 적용되는 법 제도

대규모 태양광 발전 시스템의 도입에 임해서는 〈표 4-6〉에 나타냈듯이 각종 법률이 존재하기 때문에 이들을 확실하게 해결해야 한다. 또한 설치 지역에 따라서는 더욱 상세한 신고를 의무화하는 경우도 있기 때문에 계획 단계에서 관련 법규와 조례 등을 빠짐없이 확인하는 것이 원활한 구축과 사업 개시에 불가결하다.

표 4-6. 관련 법규

토지 이용 관련	국토이용계획법(시가화 구역 2,000m² 이상, 시가화 조정 구역 5,000m² 이상, 그 외 10,000m² 이상 대상)
	도시계획법(도시계획 구역, 준도시계획 구역, 도시계획 구역 외)
	농지법(권리 이동과 농지 전용의 제한)
	농업 진흥 지역의 정비에 관한 법률(농진법)
	삼림법
	하천법
	도로법
	문화재보호법
	토지수용법
	항공법
	차지차가법
토지 등기 관련	지상권 설정
	지붕 임대인 경우의 부동산 등기
환경 관련	자연공원법·지구경관조례(국립공원 및 근방에서의 설치)
	절멸 우려가 있는 야생생물의 보존에 관한 법률(자연환경 보호)
	공장입지법(원칙 적용 대상 외, 환경 시설 취급)
	토양오염대책법(3,000m² 이상의 토지 개발을 지사에 신고)
건축·소방법 관련	건축기준법
	소방법
전기 관련	전기사업법
	보안·안전 기준
	전기기술기준 및 해석
	연계 가이드라인
	전기용품안전법
기타	건설리사이클법
	금융상품거래법

(2) 규제 완화 현황과 전망되는 완화책

원활한 도입을 위해 각종 규제 완화가 계획되어 있다. 〈표 4-7〉과 〈표 4-8〉에 주요 규제 완화 항목과 완화가 기대되는 규제 항목을 나타냈다.

표 4-7. 주요 규제 완화 항목

관련 법규	규제 완화 항목	완화 내용
공장입지법	태양광 발전 설비의 자리매김	적용 제외
건축기준법	용적률 등	지붕 위 설치 시에는 용적률에서 제외
도시계획법	주로 시가화 조정 구역	환경 시설로서 적용 제외
전기사업법	주임기술자 제도 등	2MW 이하라면 1명이 복수(5개소 정도)의 설비를 보수할 수 있다

표 4-8. 조속히 완화가 기대되는 규제 항목

규제 항목	현재의 완화	기대되는 완화책
농지 전용	특고압만 인정되고 있다	솔라 셰어링 적용
건축기준법과 JIS의 관계	전기공작물로 한다	JIS C 9855의 개정
전기보안 관련	각 경산국에 의한 해석의 차이 전력회사 간 해석의 차이	이상기후에 따른 보안 관련 개선

건축기준법 완화와 농지 전용이 없어도 농지 등에 설치를 가능케 하는 등 태양광 발전의 도입 인센티브를 얻을 수 있는 시책이 기대된다. 조속한 과제 해결과 관련 법령·제도의 재검토 등을 통해 사업성을 부여할 수 있는 시책과 모든 기업·개인이 도입할 수 있는 장치를 구축하는 것이 필요하다.

(3) 실시 시 유의사항

〈표 4-9〉는 검토 초기 단계에서 고려해야 할 사항이다. 한편 태양광 발전 사업에서는 토지 소유자가 직접 수행하는 경우와 토지를 차용해서 수행하는 경우에 따라 검토 내용이 다르다. 토지를 차용해서 사업을 하는 경우, 그 차지에 저당권이 설정되어 있는지 아닌지가 중요한 요소가 된다. 저당권이 설정되어 있으면 사업이 곤란하기 때문에 저당권을 해제하고 토지권을 설정할 필요가 있다. 또한 자가 소유지의 경우에도 금융기관과 충분히 협의할 필요가 있다. 때문에 ①, ②는 특히 중요한 요소다. ③ 이하의 내용은 공통으로 검토해야 하는 항목이지만 특히 중요한 것이 ⑥ 인근 주민의 동의이다. 한편 ⑦은 다음에 설명하는 사업 리스크와 밀접한 관계가 있다.

표 4-9. 실시에 임해 유의해야 할 사항

유의사항
① 토지의 과목·구분(농지, 시가화 조정 구역, 기타)
② 지권자(단독 또는 복수인지도 포함)의 동의
③ 20년이라는 장기간의 사용
④ 도시계획상의 과제점을 해결
⑤ 계통 접근
⑥ 인근의 동의
⑦ 발전량 예측을 포함한 사업성/기술적 과제의 극복
⑧ 환경 조건
⑨ 환경 평가
⑩ 행정 협력

(4) 고려해야 할 사업 리스크

대규모 태양광 발전 시스템은 20년이라는 장기 사업이기 때문에 사업 리스크에 대해 고려할 필요가 있다. 〈표 4-10〉에 주요 리스크를 나타냈다. 리스크는 기술적인 것, 제도적인 것, 자연재해적인 것 등 다방면에 걸쳐 있지만 발전 사업자는 이들 리스크를 하나씩 해결할 필요가 있다.

표 4-10. 대규모 태양광 발전 시스템 도입 시의 리스크

상정되는 리스크	리스크 내용
설비 인정 리스크, 계통 접속 리스크	설비 인정·연계 협의·특정 계약 지연 리스크 계통 대책 비용 리스크 조달·공사·시공 지연
상정 연간 수익 감소 리스크	설비면의 리스크 기기의 사고·물손 리스크 기기 제조사의 도산 리스크 발전량 억제 리스크
연간 발전량에 대한 리스크	연간 상정 발전량 리스크 태양광 발전의 발전량 열화 리스크 발전량의 기후 변화에 따른 리스크 FIT 기간 종료 후의 리스크
자연 재해에 대한 리스크	화재 리스크 지진 리스크
자금에 대한 리스크	자금 리스크 도산 리스크
환경 평가에 대한 리스크	환경 평가 리스크
정책에 대한 리스크	정책 리스크

이들 리스크를 회피할 수 있는 장소 등에 설치하는 것이 바람직하지만 리스크를 어떻게 받아들이고 대처하느냐에 따라 사업 실시 범위를 확대하는 것이 가능하다.

4.9.3 토지의 선정 요건과 규제

지상형 태양광 발전 시스템을 설계할 때 토지 선정 시의 사전 조사 항목 및 내용을 〈표 4-11〉에 나타낸다. 또한 설치 사례를 〈그림 4-11〉에 나타낸다. 자치단체에서는 산업 폐기물 처리장 흔적지와 사용하지 않은 공사 예정 단지 등의 유휴지를 태양광 발전 사업자에 빌려주는 계획과, 자치단체가 직접 리스를 활용하여 구축한 사례가 있다. 민간 기업에서도 자사의 유휴지를 활용한 사례가 다수 설치되어 운용되고 있다.

표 4-11. 사전 조사 항목 및 내용

조사 항목		조사 내용
부지, 인근 상황 등	수전 인입	전원 사정, 수전 인입 루트 등
	기상 상황	기온, 적설, 일사량 등
	환경 상황	염해, 대기오염, 조해, 수목, 주거, 풍토 구분, 지표 면적 조도 구분, 동결 심도 등
	기기 반입로	도로 사정, 주차 공간 등
부하 설비 등	수전설비	수전반, 저압 분기반·배전반별 실적 전력 사용량 등

그림 4-11. 지상 설치 사례 「F 사쿠라 태양광 발전소(용량 : 2.3MW)」

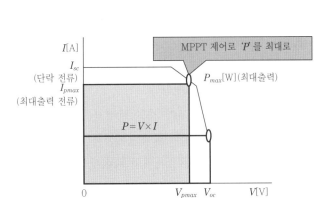

(a) 어레이의 태양광 발전 출력 특성

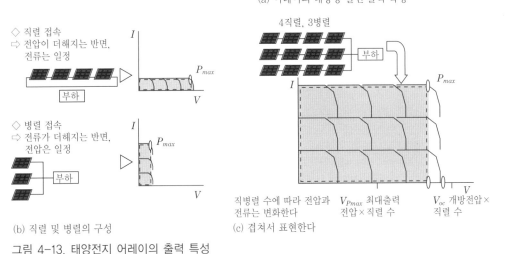

(b) 직렬 및 병렬의 구성

(c) 겹쳐서 표현한다

그림 4-13. 태양전지 어레이의 출력 특성

4.11_ 어레이의 방위각 및 경사각 설정

어레이 배치 설계에서 어레이의 방위각 및 경사각을 설정하는 일은 태양전지 모듈의 수광량을 결정하는 데 있어 매우 중요한 요소이다. 발전 전력량이 최대가 되도록 하는 것이 이상적이지만 구축 비용, 설치 장소의 면적 제약(토지 비용), 의장성, 보수성을 종합적으로 판단해서 시행한다.

4.11.1 방위각과 경사각의 포인트

(1) 방위각

발전 전력량을 최대화하려면 남중시의 방위가 원칙이지만 설치 장소의 조건(그림자 등)과 의장성 등을 고려하여 종합적으로 판단한다. 방위각에 따라 일사량에 미치는 영향은 방위각 $\pm45°$에 약 10%, $\pm90°$에 약 20% 저하한다.

(2) 경사각

발전 전력량을 최대화하는 데 있어서 지역에 따른 최적 경사 각도(연간 적산 일사량이 최대가 되는 경사 각도)가 기본이다. 그러나 경사각을 크게 한 경우 후방으로 드리우는 그림자도 커지고 남북으로 설치하는 경우에는 어레이 간의 이격거리를 크게 할 필요가 있다. 때문에 발전량과 어레이 이격거리, 구축비용, 의장성, 보수성 등을 종합적으로 판단해서 경사각을 결정한다.

〈그림 4-14〉에 경사각과 어레이 계획의 관련성을 나타낸다. 한편 경사각을 최적 경사 각도에서 ±15° 정도 변경하면 약 3~5% 일사량이 저하한다.

〈표 4-12〉에 주요 도시의 연간 최적 경사각을 나타낸다.

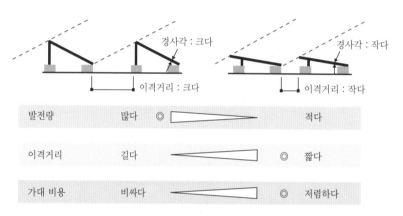

그림 4-14. 경사각과 어레이 계획의 관련성

표 4-12. 주요 도시의 연간 최적 경사각

도시명	각도[°]	도시명	각도[°]	도시명	각도[°]
삿포로	34.8	가나자와	25.7	오카야마	30
아오모리	28.3	도쿄	32.8	고치	31.8
센다이	34.5	나고야	32.5	후쿠오카	26.1
니가타	25	돗토리	25.1	가고시마	27.7
나가노	30	오사카	29.2	나하	17.6

4.11.2 어레이 간 이격과 그림자의 관계

어레이 배치 설계에서는 어레이 또는 장해물 등이 연간을 통해 어떻게 그림자를 생기게 하는지를 검토하고 어레이 수를 몇 개로 할지를 검토한다.

어레이 간 이격

• 태양광 위치와 그림자의 관계

해가 뜨고 나서 남중까지 태양 고도가 높아질 때 그림자가 짧아지고 반대로 남중 후부터 일몰까지 태양 고도가 내려갈 때는 그림자가 길어진다.

또한 동 시각에서도 시간에 따라서 태양의 고도는 다르며 그림자 길이도 다르다.

그림자의 길이는 하지 < 추분 = 춘분 < 동지의 관계가 있다.

태양의 고도와 그림자의 관계 개념을 〈그림 4-15〉에 나타낸다. 그림과 같은 어레이 배치의 경우에는 하지에는 전방 어레이 그림자는 후방 어레이에 지지 않지만 동지 무렵이 되면 14시가 지나서는 후방 어레이의 하단에는 항상 그림자가 진다.

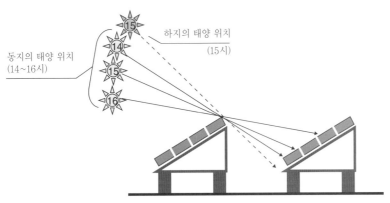

그림 4-15. 하지의 태양 고도와 그림자의 관계

• 방위각과 그림자의 관계

방위각에 따른 그림자의 영향 예를 〈그림 4-16〉에 나타냈다. 이 그림의 예에서는 남향 설치라면 그림자가 지지 않지만 남서향 설치라면 그림자가 지는 것을 알 수 있다. 설치 장소를 선정할 때는 주위 장해물과의 방위각도 중요하다.

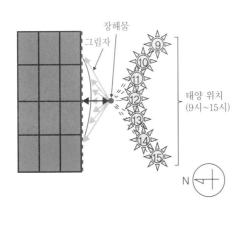

(a) 남향(방위각 0°)으로 설치한 경우

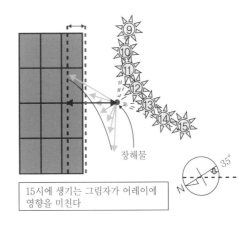

(b) 남서향(방위각 35°)으로 설치한 경우

그림 4-16. 방위각에 따른 그림자의 영향

• 남북 방향의 그림자 검토

가장 그림자가 길어지는 동지의 대낮(남중 시각 ±3시간)에 건물 기둥과 벽 등의 그림자 및 어레이 간 그림자가 영향을 미치지 않도록 어레이 설치 장소를 결정한다. 다만 장해물의 그림자를 검토하는 경우 탑 등의 높은 장해물이 있는 경우는 춘분, 하지, 추분에도 그림자가 생길 우려가 있기 때문에 연간을 통한 검토가 필요하다. 또한 방위각이 0°(정남향)가 아닌 경우 앞에서 말한 바와 같이 춘분, 하지, 추분의 그림자 형상에 유의한다.

일반적으로 〈그림 4-17〉에 나타냈듯이 수평면에 수직으로 세운 높이 L의 봉이 만드는 그림자의 남북 방향 길이를 L_s, 태양의 고도를 h, 방위각을 α라고 하면 그림자의 배율 R 및 그림자의 길이 L_s는 다음 식과 같다.

$$R = \frac{L_s}{L}\cot h \times \cos \alpha$$

$$L_s = L \times R$$

전방 어레이에 따른 후방 어레이에 미치는 영향은 어레이 남북 방향의 간격을 넓혀서 저감시킬 수 있지만 어레이 배치를 검토하는 데 있어서는 계획지의 유효 면적과 형상 등도 고려해서 상세하게 검토를 한다. 〈그림 4-18〉에 나타낸 동지의 태양 위치도를 참고하여 종합적인 판단하에 어레이 간 이격거리를 선정한다.

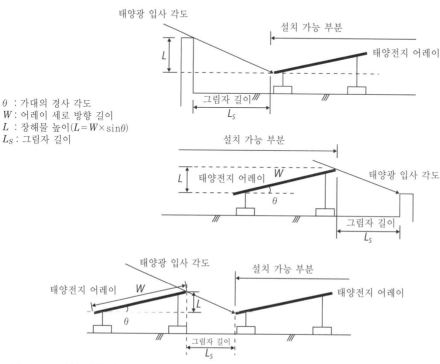

그림 4-17. 남북 방향의 그림자 검토

태양전지 모듈에 그림자가 드리울 때의 영향

어레이의 일부가 그림자에 가렸을 경우의 발전량 저하를 그림자 면적과 그림자의 농도에서 단순히 판단하는 것은 어렵다. 「2.7 태양전지 모듈에 미치는 그림자의 영향」에서 설명한 바와 같이 발전량은 크게 떨어진다. 이유는 태양전지 셀 1매의 그림자여도 태양전지 모듈 전체의 전류를 제약하고, 그 결과 태양전지 스트링의 전류 제약 또는 어레이의 전압 저하가 발생하기 때문이다. 이것을 계산할 수 있는 소프트웨어로 Solar Pro, HelioBase, EcoPlannerPro 등이 유상으로 발표되어 있다. 또한 간단한 계산 방법으로 야마다 등은 I-V 곡선을 직사각형으로 근사하는 동작점 매트릭스법을 제안하고 있다.

반드시 정확한 결과가 나오지는 않지만 부분 그림자의 영향을 계산하는 방법으로 효과적이다. 상세한 방법은 (일본 특허공개 2007-003390)을 참조하기 바란다.

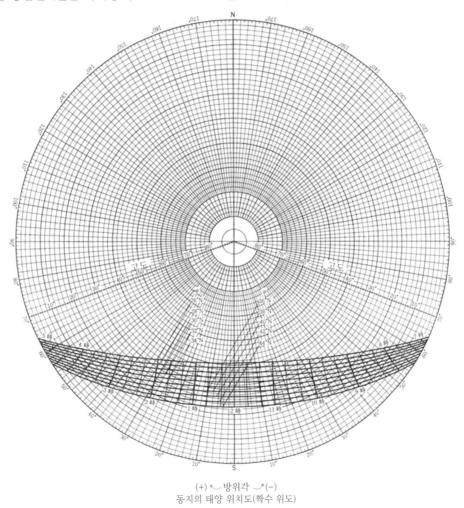

(+) ⌢ 방위각 ⌢ (−)
동지의 태양 위치도(짝수 위도)

그림 4-18. 동지의 태양 위치도

伊藤克三, 일조 관계 도표 보는 방법·사용 방법. 옴사, 1976.

4.12_ 경사각에 따른 발전량

특히 지상 설치형은 단순하게 생각하면 그 토지의 연간 최적 경사각에 태양전지의 경사각을 맞추면 태양전지 단위 용량당 발전량을 최대화할 수 있다.

그러나 최근 설치된 중·대규모 태양광 발전 시스템은 경사각을 작게(수평에 가깝게) 하고 어레이 간격을 작게 해서 한정된 부지 면적 내에 가능한 한 많은 태양전지를 설치할 수 있는 레이아웃으로 구축한 예가 많다.

그 이유는 특히 고정가격매입제도 개시 이후 한정된 토지 면적에 대해 태양전지 모듈의 조달가격 단위 저하로 경제적인 최적화를 검토한 결과에 따른 것으로 추측된다.

추정 발전량에 따른 매전 수입, 태양전지 어레이 주변과 파워컨디셔너 등의 전력설비 측 비용 할당에 추가해 토지의 임차료와 조성비 등을 검토하여 종합적인 판단을 하는 것이 중요하다.

4.12.1 최적의 경사각과 10°로 한 경우의 비교

실제의 시공 사례에 근거해 동일 면적 부지에서 최적 경사각에 가까운 각도로 레이아웃한 경우와 경사각을 10°로 해 어레이 간격을 작게 해서 레이아웃한 경우에 대해 얻을 수 있는 발전량을 계산했다.

계산 절차 이미지도를 〈그림 4-19〉에, 산출 결과를 〈표 4-13〉에 나타냈다.

표 4-13. 경사각 계산(연간 최적 경사각과 10°로 설치한 경우의 발전량 시뮬레이션)

지점명	연간 최적 경사각[°]	면적 산출 검토에 사용한 경사각[°]	구축에 필요한 면적[m²]	10°로 설치한 경우의 부설 가능 용량 비[%]	최적 경사각과 10°로 설치한 경우의 연간 발전량 비[%]
삿포로 Ⅰ	34.8	35	44510	172.8	169.6
오비히로 Ⅲ	42.9	45	49390	192.0	181.1
센다이 Ⅲ	34.5	35	36363	153.6	149.6
도쿄 Ⅲ	32.8	35	34946	148.8	144.7
니가타 Ⅰ	25.0	25	32174	134.4	133.2
오사카 Ⅳ	29.2	30	31791	139.2	137.6
나라 Ⅱ	27.5	30	31791	139.2	137.8
후쿠오카 Ⅱ	26.1	25	29340	129.6	128.0
미야자키 Ⅳ	29.9	30	29665	134.4	131.7
나하 Ⅴ	17.6	20	25485	120.0	120.9

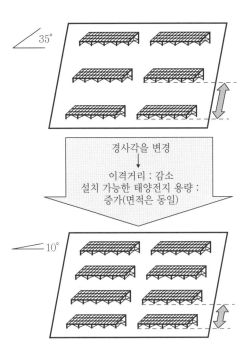

그림 4-19. 계산 절차 이미지(삿포로의 예)

〈표 4-13〉에서는 일본의 일사 기후구 Ⅰ~Ⅴ별로 2지점, 전국에서 합계 19지점을 선정했다.

또한 이 표는 일반적인 고압 연계 발전소로 태양전지 용량 2MW, 파워컨디셔너 용량 500kW×4대의 시스템 구성을 고려하고 2MW분의 태양전지에 대해 각지의 최적 경사각(MONSOLA의 연간 최적 경사각을 참조했다)을 참고로 근방 5° 단위로 전방 어레이의 그림자가 걸리지 않도록 이격거리를 설정한 후 대략 정방형으로 레이아웃하여 필요 면적을 산출한 것이다.

구축 사례에서 많이 볼 수 있는 경사각 10°의 태양전지 어레이에서는 이격거리가 작아지기 때문에 설치 가능한 어레이 수가 남북 방향으로 증가하고, 그 결과 동일 면적에 설치할 수 있는 태양전지 용량은 커진다.

상기에 의해 각각의 레이아웃에 의해 얻어지는 발전량에 대해 연간 발전량 비율을 비교했다.

그러면 모든 지점에서 경사각을 작게 함으로써 태양전지 모듈 전체가 얻을 수 있는 일사 에너지는 작아지지만(즉 태양전지 모듈 1매당 발전량은 작아진다) 태양전지 설치 가능 용량이 증가함에 따라 시스템의 발전량은 증대한 것을 계산 결과에서 알 수 있다.

한편, 본 계산에서는 앞서 말한 태양전지 용량과 파워컨디셔너 용량의 미스매치에 의한 영향을 배제하기 위해 10°로 레이아웃한 경우의 발전량 계산 시에는 파워컨디셔너에 의한 피크컷이 발생하지 않도록 지점별로 파워컨디셔너의 대수를 조정(5~7대로 증가)한 점에는 유의해야 한다. 또한 필요 면적을 산출하는 데 있어 유지보수용 통로를 확보하여 레이아웃을 했지만 수전설비 등의 공간은 고려하지 않았다.

기상 조건은 METPV-11의 평년치를 이용하고 발전량 시뮬레이션에는 NEDO 「대규모 태양광 발전 시스템 도입을 위한 검토 지원 툴(STEP-PV)」을 이용했다.

계산 절차를 정리하면 아래와 같다.

① MONSOL에서 연간 최적 경사각을 취득(34.8°)

    ⇒ 실제 시공을 고려하여 35°로 시산한다.

② 35°로 2MW분을 구축하는 데 필요한 면적을 산출

    ⇒ 44,510m²

③ 절차 ②에서 산출한 면적에 경사각 10°로 변경하여 재차 레이아웃

    ⇒ 2MW와 비교하여 10°로 설치한 경우에 설치 가능한 태양전지 용량비를 산출

④ 2MW의 경우와, 절차 ③에서 레이아웃한 2가지 경우에 STEP-PV에 의해 발전량 추정

    ⇒ 2MW와 비교하여 10°로 설치한 경우의 발전량비를 산출

4.13_ 기기 배치 계획

4.13.1 기본 레이아웃의 포인트

일반적으로 기기 배치 계획에서는 도입하는 태양전지 모듈과 파워컨디셔너 제조사와 사양 등이 결정되어 있지 않은 경우에는 고려되는 기기와 기본 레이아웃을 작성하여 각각 비용을 포함하여 비교한다.

레이아웃 중에서도 특히 중요한 어레이 경사각은 연간 최대 발전량을 얻을 수 있는 각도로 설정하는 것이 바람직하며, 또한 가대와 태양전지 모듈 강도를 고려하여 기타 조건(적설과 풍토 등)도 검토한 후 결정한다.

적설이 많은 지역에서는 가대의 높이를 높게 하는 동시에 경사각을 크게 하는 편이 내적설 하중을 경감할 수 있어 가대 비용을 낮출 수 있다. 또한 동절기에도 어느 정도의 발전량이 필요한 경우는 연간 발전량은 저하하지만 경사각을 크게 높여 낙설을 확실하게 수행할 필요가 있다. 단, 낙설로 주위에 피해를 미칠 가능성이 있는 경우는 경사각을 크게 높일 수 없다는 점에 주의가 필요하다. 한편 풍압 하중이 많은 지역(태풍 등의 영향을 고려)에서는 경사각을 작게 하는 편이 내풍압 하중을 낮출 수 있어 가대 비용이 작아지는 경우가 많다.

운용 단계에서는 유지관리 작업의 안전성 확보를 위해 충분한 유지보수 루트를 고려하고 레이아웃하는 것이 중요하다.

또한 도쿄소방청에서 「태양광 발전 설비 관련 소방안전대책 지도 기준」이 공표됐다.

- 태양광 발전 설비 관련 방화안전대책 지도 기준에 대해
  http://www.tfd.metro.tokyo.jp/hp-yobouka/sun/shidoukijun.html

여기에는 다음 4가지 사항에 대해 지도하고 있다.
- 소방대원이 활용하는 시설 주위에 설치를 제한
- 태양전지 모듈의 옥상 설치 방법
- 소방법령상 규제 장소에 태양전지 모듈 설치
- 방재 대상물에 요구되는 감전방지 대책

이 지도에 의해서 태양전지 모듈과 파워컨디셔너의 레이아웃을 고려할 필요가 있다.

4.13.2 파워컨디셔너의 2가지 배치 방식

파워컨디셔너의 배치 방식에는 크게 분산 배치 방식과 집중 배치 방식이 있다.
집전 구성에 의한 발전효율에 영향을 미치므로 어레이의 레이아웃과 동시에 검토한다.
〈그림 4-20〉에 1MW 파워컨디셔너 배치 예를 나타낸다.
분산 배치는 설치 후에 각 기기별로 변경과 증설 작업을 하는 경우에 효과적이다. 또한 기기가 고장 난 경우에도 고장점을 분리하기 쉬운 이점이 있다.
한편 집중 배치는 직류로 집전하여 전력손실이 큰 저압 교류 배선을 줄였기 때문에 분산 배치에 비해 발전효율은 높다.
발전 용량이 대규모화됨에 따라 단기(單機) 용량이 큰 파워컨디셔너의 개발 및 도입이 진행되고 있으며 대수가 적을수록 경제성과 유지관리 면에서도 유리하다. 또한 어느 배치 방식으로 하든 태양전지 온도가 높아지지 않는 장소를 선정한다.

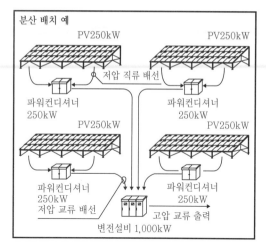

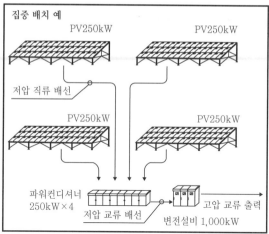

그림 4-20. 파워컨디셔너 배치 예

출처 : 대규모 태양광 발전 시스템 도입 안내서. 신에너지산업기술종합개발기구(NEDO), 2011.

4.13.3 파워컨디셔너 설치 방식

설치 방법에 따라 크게 벽걸이형과 자립형으로 나뉜다.

어느 경우든 운전 중에 팬 소리와 인버터 구동음, 전자 개폐기의 투입음이 소음의 원인이 되기 때문에 설치 장소를 고려한다. 건물 안에 설치하는 경우 전기실 등 설치 장소의 바닥 하중과 공조 능력을 확인한다. 또한 반입 시에는 건물 내에 가설물과 양생재를 설치하여 건물이 훼손되지 않도록 한다.

자립형은 하부 인입선이 많기 때문에 상부에서 배선하는 경우는 방법을 고안한다. 옥외 수용함 내에 설치하는 경우도 공조 능력을 확인한다. 또한 제어 전원, 공조 전원, 감시·계측 시스템의 전원이 필요한 경우는 해당 배선을 추가한다.

유지보수에 필요한 중전기기의 진입을 고려하는 동시에 기초 타설 시에는 케이블 인입 선로를 확인한 후 케이블 제조사의 매뉴얼에 기재된 케이블 굽힘 반경을 고려해서 무리없이 시공할 수 있도록 배려한다.

4.14_ 전기계 기본계획 책정 절차

4.14.1 설계 시 기본 요건

설계 시 기본 요건을 〈표 4-14〉에 나타냈다. 중·대규모 태양광 발전 시스템의 설치에서 옥상 위 또는 지하에 상관없이 대략 공통되는 사항이며, 입안·기획 시점부터 설계, 시공, 검사, 유지 운용까지 전체의 흐름과 필요 기간, 제약 사항을 파악하는 것이 중요하다. 관련 관청이나 자치단체 등과 충분한 사전 협의와 검토를 한 후에 기본계획을 책정한다.

표 4-14. 기본 설계 요건

기본 설계 요건		• 도입 목적(발전 사업, 전력 사용량 삭감, 예비전원, CO_2 삭감, 무전화 전원 등) • 설치 예정 장소(건물 형상, 지상, 면적, 지반, 주변 환경, 연계 전기소·지점 등) • 설치 규모(시스템 발전 출력, 초기/최종 출력) • 시스템 종류(계통 연계 시스템/독립 시스템, 자립 전환 있음/없음, 역조류 있음/없음, 고압/특별 고압, 축전지 있음/없음) • 신청 시기(보조금 신청 3~4개월 정도, 고정가격매입제도) • 예산(시스템 가격, 조성비용, 말뚝 및 기초 공사비용, 가대 공사비용, 수전설비, 전설 공사비용, 유지관리비용 외, 예산 설정과 집행 시간) • 설치 후의 유지보수(순시 및 정기점검, 긴급 시의 대응) 외
기술적 및 법령 등 절차 요건	설치 장소	• 설치 예정지 상황(평지/법면), 배수 상황, 지반 상황(지내력), 정지(整地) 공사 필요성, 반입 도로, 위도·방위, 옥상 방수 가공 상황 • 일사량, 발전량 예측 • 최대 풍속, 적설 정도(일 강설량의 최대, 최심 적설), 토양의 동결 심도 등
	주변 환경	• 수광 장해 유무 • 주변 민가 유무 • 소음, 진동 규제 유무 • 염해, 공해 유무
	전기설비	• 단선 결선도(보호 계전 방식, 계측 항목 및 부위, 기기 정격, 집배 방식) • 기기 배치도(평면도, 단면도), 배관 및 케이블 포설도 • 기본 검토(기초 및 가대 설계, 태양전지 모듈 종류 및 결선, 접지 및 내뢰 설계 등) • 전력회사와 반기(발전 실적) 보고에 필요한 계량 개소(적산 전력량계) 등
	법령 및 절차	• 관할 관청, 전력회사, 조성기관 등에 관한 제 조건(각 웹사이트 참조) • 관련 법령(전기사업법 및 관련 시행 규칙, 토지 이용, 환경 관련 법령, 공장입지법, 건축기준법, 소방법, 소음 규제 및 진동 방지 조례 등) • 계통 연계 규정(JEAC 9701-2012. 사단법인 일본전기협회, 2013.2.) • 기타(지역 사정, 장래 계획 등)

4.14.2 연계에 관한 안내서

태양광 발전 시스템 등의 직류 발전설비 가운데 역변환장치를 이용한 발전설비의 전력계통 연계에 관한 안내서에는 다음 3가지가 있다.

- 보안에 관한 사항을 제시한「전기설비의 기술 기준 해석」
- 품질에 관한 항목을 제시한「전력 품질 확보에 관한 계통 연계 기술 요건 가이드라인」
- 상기 2가지 내용을 반영한「분산형 전원계통 연계 기술 지침(JEAG 9701)」

또한 전력계통 연계에 관한 협의를 원활히 추진하기 위한 내용을 구체화한「계통 연계 규정 (JEAC 9701-2012)」이 있다.

전력계통 연계 시에는 다음의 개념을 기본으로 하고 있다.

- 공급 신뢰도(정전 등) 및 전력 품질(전압, 주파수, 역률 등) 면에서 다른 수용가에게 악영향을 미치지 않을 것
- 공중 및 작업자의 안전 확보, 전력 공급 설비 또는 다른 수용가의 설비에 악영향을 미치지 않을 것

4.14.3 설계 시 필요한 규정, 지침, 가이드라인

설계 시에 필요한 규정, 지침, 가이드라인을 〈그림 4-21〉에 나타냈다. 계통 연계에 대해서는 「2.32 계통 연계의 원리 기능과 요구 기능」을 참조하기 바란다.

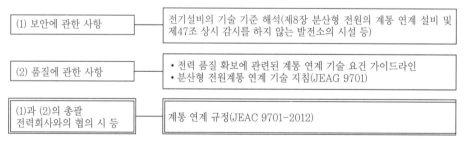

그림 4-21. 전력계통 연계 설계 시 필요한 규정, 지침, 가이드라인
출처 : 대규모 태양광 발전 시스템 도입 안내서, 신에너지산업기술종합기술개발, 2011.

4.14.4 연계 전압 선택

발전 용량과 전력계통 연계 기술 요건을 〈표 4-15〉에 나타냈다.

표 4-15. 태양광 발전 시스템의 용량과 전력계통 연계 기술 요건

항목		설비 대책			
		저압 배전선	고압 배전선	스폿 네트 워크 배전선	특별 고압 전선로
전력 용량		원칙적으로 50kW 미만	원칙적으로 2,000kW 미만	원칙적으로 10,000kW 미만	–
역률	공통	원칙적으로 수전점 역률이 계통에서 보았을 때 85% 이상 또한 진상 역률이 되지 않는다			
	역조류 있음	전압 상승을 방지하는 데 있어서 어쩔 수 없는 경우는 역률을 80%까지 제어 가능 소출력의 역변환장치를 이용하는 경우 또는 수전점 역률이 적정하다고 생각하는 경우는 수전설비 등의 역률을 무효전력으로 제어할 때에는 85% 이상, 제어하지 않을 때는 95% 이상에서 가능	–		계통의 전압을 적정하게 유지할 수 있는 값으로 한다
	역조류 없음	역변환장치를 거쳐 연계하는 경우는 발전설비 등 자체의 역률이 95% 이상에서도 가능	–		

4.14.5 계통 절연

일반 전기사업자(전력회사) 및 도매 전기사업자 이외의 자가 역변환장치를 이용해서 발전설비를 전력계통과 연계하는 경우, 「전기설비의 기술 기준 해석」 제8조 제221조 「직류 유출 방지 변압기 시설」에 기초하여 수전과 역변환장치 사이에 변압기를 설치한다. 저압에 대해서는 파워컨디셔너 측에서 직류가 흐르지 않도록 하는 장치가 필요하다.

4.14.6 이상 시 해열

태양광 발전 시스템에서 이상 및 고장이 발생한 경우에는 영향이 연계된 계통으로 파급하지 않도록 하기 위해 전력회사의 설비와 협조를 취한 후 보호장치를 설치한다.

연계에 필요한 보호장치에 대해서는 「전기설비의 기술 기준 해석」에 기재되어 있다. 아울러 「2.32 계통 연계 보호 기능과 요구 기능」을 참조해서 구축하는 시스템에 따라 적절한 장치를 선택해야 한다.

● 「전기설비의 기술 기준 해석」 제8조
• 제227조 저압 연계 시의 계통 연계용 보호장치
• 제229조 고압 연계 시의 계통 연계용 보호장치
• 제231조 특별 고압 연계 시의 계통 연계용 보호장치

4.15_ 전기계 주회로

4.15.1 주회로 전압과 총용량

「4.10 어레이 설계」에서 정한 태양전지 모듈의 직병렬 수에 따라 설치하는 태양광 발전 시스템의 총 용량은 다음과 같다.

총 용량=태양전지 직렬 수×태양전지 병렬 수×태양전지 모듈 정격출력

주회로 전체의 전압을 검토할 때는 전압 강하에 대해 〈그림 4-22〉와 같이 직류부 및 교류부를 개별로 검토한다. 전압 강하 산출 방법은 〈표 4-16〉과 같으며 교류부의 장치 간 전압 허용 강하율은 〈표 4-17〉과 같다.

또한 태양전지 스트링 회로를 개방 상태로 하면 태양전지 어레이 최대 출력 전압의 약 1.2~1.3의 전압(개방전압)이 발생한다. 따라서 최대 출력전압이 개방전압인 기기와 부품의 선정이 필요하다.

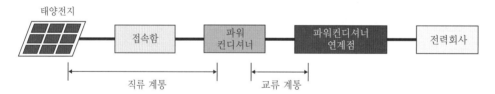

그림 4-22. 허용 전압 강하 검토 범위

표 4-16. 전압 강하 및 전선의 단면적 시산 예(동 도체)

회로의 전기 방식	전압 강하 [V]	전선의 단면적[m²]
직류 2선식 교류 2선식	$e=\dfrac{35.6 \times L \times I}{1000 \times A}$	$A=\dfrac{35.6 \times L \times I}{1000 \times e}$
단상3선식	$e'=\dfrac{17.8 \times L \times I}{1000 \times A}$	$A=\dfrac{17.8 \times L \times I}{1000 \times e'}$
3상3선식	$e=\dfrac{30.8 \times L \times I}{1000 \times A}$	$A=\dfrac{30.8 \times L \times I}{1000 \times e}$

e : 각 선 간 전압 강하[V]
e' : 외측선 또는 각 상의 1선과 중성선 간 전압 강하[V]
A : 전선 단면적[m²]
L : 전선 1개의 길이[m]
I : 전류[A]

표 4-17. 교류부의 허용 전압 강하율(내선 규정 1310절 「전압 강하」를 참고로 작성)

	전기사업자로부터 저압에 공급	사용 장소 내 변압기에서 공급
60m 이하	2% 이하	3% 이하
120m 이하	4% 이하	5% 이하
200m 이하	5% 이하	6% 이하
200m 초과	6% 이하	7% 이하

＊m 수는 공급 변압기 2차 측 단자 또는 인입선 설치 지점에서의 거리

4.15.2 예 : 총 용량 250kW 시스템을 설치하는 경우의 직류 측 집전 방식

고압에 연계하는 총 용량 250kW 태양광 발전 시스템을 설치하는 경우 직류 측 집전 방식의 각종 검토 결과를 제시한다.

회로 전압은 파워컨디셔너의 최대 허용 전압에 가까운 것이 효율면에서 바람직하며 또한 태양전지 모듈 매수가 적은 쪽이 비용면에서도 유리하다. 따라서 하기 설계 예에서는 ④가 최적이라고 생각된다. 접속함은 유지보수와 타 회로의 전압 및 전류 비교를 위해 접속 방법을 파워컨디셔너별로 같은 사양으로 하고 설치 수는 파워컨디셔너 용량과 집전용 케이블 용량을 고려해서 결정한다.

결정계 태양전지 모듈을 추운 지역에 설치하는 경우 저온 발전 시는 통상보다 전압이 높아지는 일이 있다. 특히 이른 아침(일출 부근)에는 개방전압이 된다. 때문에 태양전지 모듈의 사양서 등에 기재되어 있는 온도 의존 특성 그래프를 참조하여 최대 개방전압을 고려할 필요가 있다.

● 설계 조건
• 태양전지 모듈 매수 : 250kW/178.6W≒1,400매 이상
• 직류 입력전압 범위 : 250~450V
• 개방전압 : 500V 이하
• 파워컨디셔너 입력 회로 : 2~15회로 정도(임의 설정)
• 개방전압 배율 : 1.2~1.3

● 태양전지 모듈 사양
• 태양전지 모듈 종류 : 다결정 실리콘
• 개방전압 : 29.4V
• 최대 출력 동작 전압 : 23.8V
• 최대 시스템 전압 : 600V
• 정격 최대 출력 : 178.6W
• 단락 전류 : 8.15A
• 최대 출력 동작 전류 : 7.51A

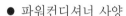

● 파워컨디셔너 사양

• 용량 : 250kW

• 전력 제어 : 최대 전력점 추종 제어

• 직류 최대 허용전압 : 500V

• 인버터 제어 : 전압형 전류 제어 방식

• 직류 정격운전 전압 : 250~450V

• 교류 정격전압 : 420V

● 설계 예(4패턴)

① 11직렬 128병렬=1,408매

　　입력전압 23.8V×11매=261.8V

　　개방전압 29.4V×11매×1.2=388.08V

② 12직렬 117병렬=1,404매

　　입력전압 23.8V×12매=285.6V

　　개방전압 29.4V×12매×1.2=423.36V

③ 13직렬 108병렬=1,404매

　　입력전압 23.8V×13매=309.4V

　　개방전압 29.4V×13매×1.2=458.64V

④ 14직렬 100병렬=1,400매

　　입력전압 23.8V×14매=333.2V

　　개방전압 29.4V×14매×1.2=493.92V

● 집전 검토 결과

• 태양전지 모듈 : 1,400매(178.6W×1,400매=250.04kW)

• 접속함 : 25kW×10면(10회로)

• 파워컨디셔너 입력전압 : 333.2~493.92V(계산치)

• 파워컨디셔너 입력전류 : 0~751A(계산치)

• 파워컨디셔너 입력회로 : 10회로

4.16_ 접지와 낙뢰 대책, 과전압 보호

접지의 목적은 역할에 따라서 강전용 접지와 약전용 접지 2종류로 나뉜다. 강전용 접지는 보안용으로, 상시는 접지계에 전류가 흐르지 않는 '안전'을 목적으로 한다. 한편 약전용 접지는 회로 기능용이며 상시에도 전류가 흐르는 '안정'을 목적으로 한다.

여기서는 안전이 목적인 강전용 접지를 대상으로 발전소 구내의 설치 방식 등 시스템 전체 개요를 설명한다. 파워컨디셔너의 기능을 설명한 「2.20 파워컨디셔너의 개요」도 함께 참조하기 바란다.

　또한 태양광 발전 시스템은 차폐물이 없는 옥외에 설치되기 때문에 낙뢰가 발생하기 쉬운 지역과 시스템의 중요도가 높은 경우에는 낙뢰 피해 대책이 중요하다. 특히 지상 설치형은 부설 면적이 광대할수록 같은 시스템 내에서 기상 조건이 일정하지 않다. 또한 복잡한 지형에 설치하는 사례도 향후 증가할 것으로 전망된다. 따라서 부지 내 기상 조건의 차이와 편차를 고려한 대책과 설계가 중요하다.

4.16.1 접지 방식

　접지 방식 검토 절차를 〈그림 4-23〉에 나타낸다. 접지 공사의 종류에 대해서는 「전기설비의 기술 기준 해석」 제17조 「접지 공사의 종류 및 시설 방법」에 규정되어 있다. 기본적으로 등전위 본딩(뇌해 시에 발생하는 유도 뇌서지가 진입해도 금속 부분 간 및 각 기기 간의 전위차를 발생시키지 않고 기기를 보호하는 접속 방식)으로 해 유도뇌로부터 시스템을 보호하는 것이 목적이다.

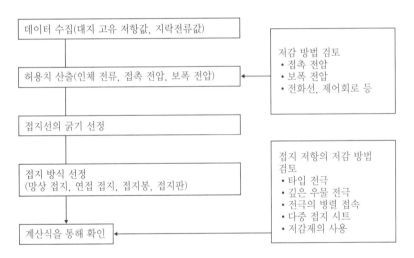

그림 4-23. 접지 방식 검토 절차(개요)
출처 : 대규모 태양광 발전 시스템 도입 안내서. 신에너지종합기술종합개발기구, 2011.

4.16.2 접지극

　매설 또는 매립 접지극으로는 동판과 동봉 등을 사용하는 것이 바람직하다. 또한 매설 장소는 가능한 한 물기가 있는 곳이 좋다. 토질이 균일하며 가스와 산 등에 의한 접지극의 부식 우려가 없는 장소를 선정하고 지중에 매설 또는 타입한다. 접지극과 접지선은 은 납땜과 같은 확실한 방법으로 접속해야 한다. 접지극의 종류와 치수를 〈표 4-18〉에 나타낸다.

표 4-18. 접지극의 종류와 치수(「내선 규정 1350절 7」)을 참고로 작성)

종류	치수
동판	두께 0.7mm 이상, 면적 900cm²(편면) 이상
동봉, 동 용복 강봉	직경 8mm 이상, 길이 0.9m 이상
아연 도금 가스관 후강 전선관	외경 25mm 이상, 길이 0.9m 이상
아연 도금 철봉	직경 12mm 이상, 길이 0.9m 이상
동복 강판	두께 1.6mm 이상, 길이 0.9m 이상, 면적 250cm²(편면) 이상
탄소 피복 강봉	직경 8mm 이상(강심), 길이 0.9m 이상

 ### 4.16.3 뇌해 대책

태양광 발전 시스템의 뇌해 대책 방법은 확립되어 있지 않지만, 설치 환경에 따라서 건축물의 뇌보호 시스템 등을 참고로 피뢰설비를 설치한다.

피뢰설비의 설치 기준으로는 높이 20m 이상의 건축물, 공작물 및 위험물 저장고 등에는 유효한 피뢰설비를 설치하도록 규정되어 있다(「건축기준법」 제33조 「피뢰설비」). 따라서 태양광 발전 시스템을 설치함에 따라 높이 20m를 넘는 상황이 발생한 경우는 대책 설비를 설치한다. 건축물의 피뢰설비에 대해서는 「건축물 등의 뇌보호(JIS A 4201:2003)」에 규정되어 있다.

뇌해 대책은 외부 뇌보호 시스템과 내부 뇌보호 시스템으로 분류된다. 외부 뇌보호 시스템이란 수전부, 인하 도체 및 접지 시스템으로 구성되며 뇌를 수전부에서 포착하여 뇌서지를 효과적으로 대지로 흘린다. 또한 내부 뇌보호 시스템이란 뇌전자 임펄스를 이용한 영향을 저감시키기 위해 등전위 본딩, 차폐 등의 시공, 서지 보호 바이어스(SPD) 등의 대책을 가리킨다.

한편 법규와는 별도로 낙뢰에 의해 재해를 받을 우려가 있는 건축물에는 자체적으로 뇌해설비를 설치한 경우가 있다. 자체 설치하는 주요 장소 예를 아래에 들었다.

● 자체 설치하는 주요 장소
• 과거 낙뢰가 있고 또한 부근에 낙뢰가 있었던 건물
• 평지의 단독주택, 산 또는 언덕 정상의 건물
• 다수의 사람이 모이는 건축물
• 가축을 다수 사육하는 축사 등(예 : 학교, 병원, 백화점, 극장 등)
• 중요 업무를 수행하는 건조물
• 미술상, 과학상, 역사상, 귀중한 건물 및 귀중한 물품을 수용하는 건축물
• 많은 전자기기가 가동하는 건조물

4.16.4 뇌서지 대책

태양광 발전 시스템의 뇌서지 침입 경로는 어레이에서의 침입, 배전선과 접지선에서의 침입 및 둘 모두를 통한 침입이 있다. 접지선에서 침입하는 경우는 근방의 낙뢰에 의해 대지 전위가 상승해서 상대적으로 전원 측 전위가 낮아져 접지선에서 반대로 전원 측을 향해 흐르는 경우에 발생한다.

뇌서지 대책에는 다음 3가지를 권장한다.

- 피뢰 소자를 어레이 회로 내에 분산시켜 장착하는 동시에 접속함에도 설치한다.
- 저압 배전선을 통해 침입하는 뇌서지에 대해 분전함에 피뢰 소자를 설치한다.
- 뇌우가 다발하는 지역에서는 교류 전원 측에 내뢰 변압기를 설치한다.

4.16.5 각종 계통 연계 보호

전력계통에 연계하여 역조류하는 경우 같은 계통에 접속되어 있는 타 수용가에 악영향을 미치지 않도록 전력 품질을 일정 이상 유지할 필요가 있다.

또한 계통 측과 파워컨디셔너 측에 이상이 발생한 경우에는 신속하게 감지하여 파워컨디셔너를 정지시키고 계통 측의 안전을 확보해야 한다.

계통 연계 보호장치는 일반적으로 파워컨디셔너에 내장되어 있는 경우가 많다(「2.20 파워컨디셔너의 개요」). 계통 연계 보호장치는 전력회사와 사전 협의가 필요한 사항이기 때문에 충분한 협의 후에 결정해야 한다. 보호 릴레이의 종류별 및 동작 조건을 〈표 4-19〉에 제시한다.

표 4-19. 보호 릴레이의 종별 및 동작 조건

보호 릴레이 종류	동작 조건
과전압(OVR)	파워컨디셔너의 제어계 이상 등에 의해 전압이 상승한 경우에 검출해서 차단한다. 단독운전에 의해 전압이 상승한 경우에 검출해서 차단한다.
부족전압(UVR)	파워컨디셔너의 제어계 이상 등에 의해 전압 저하가 발생한 경우에 검출해서 차단한다. 연계 계통의 단락사고 발생 시에 전압 저하를 검출해서 차단한다.
주파수 상승(OFR)	단독운전에 의해 주파수 상승이 발생한 경우에 검출해서 차단한다.
주파수 저하(UFR)	단독운전에 의해 주파수 저하가 발생한 경우에 검출해서 차단한다.
역전력(RPR)	파워컨디셔너의 출력 제어 이상과 단독운전 상태에서 만일 전력계통에 전력이 유출한 경우에 검출해서 차단한다.
단독운전 검출 기능 • 수동적 방식 • 능동적 방식	단독운전 상태가 된 경우, 전압 및 주파수 릴레이로는 검출 곤란한 조건하에서도 확실하게 검출해서 차단한다.
부족전력(UPR)	단독운전에 의해 수전전력이 저하한 경우 이를 검출한다.
지락 과전압(OVGR)	연계 전력계통의 지락사고 발생 시에 지락 전압을 검출해서 차단한다.

4.16.6 계통 연계 보호장치(저압 연계)

저압 연계의 경우는 파워컨디셔너에 내장되는 보호 릴레이에 대응할 수 있지만 역조류가 없는 경우는 역전력 보호 릴레이(RPR)를 설치한다. 저압 연계 구성 예를 〈그림 4-24〉에 나타냈다.

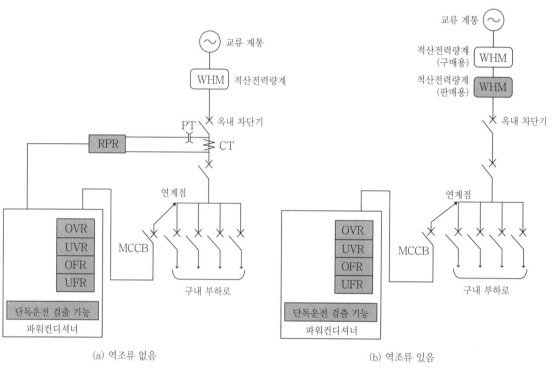

(a) 역조류 없음　　　　　　　　(b) 역조류 있음

그림 4-24. 저압 연계 구성 예

4.16.7 계통 연계 보호장치(고압 연계)

고압 연계에서도 파워컨디셔너에 내장되는 보호계전기로 대응할 수 있는 경우도 많지만 역조류가 없는 경우는 역전력 보호 릴레이(RPR)를 설치하고 필요에 따라 지락 과전압 릴레이(OVGR)를 설치한다. 고압 연계 구성 예를 〈그림 4-25〉에 나타낸다.

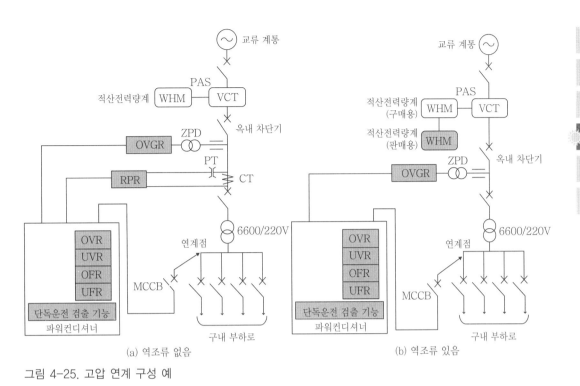

그림 4-25. 고압 연계 구성 예

4.16.8 계통 연계 보호장치(특별 고압 연계)

특별 고압 연계인 경우는 연계하는 전력계통 측과 보호 협조를 고려해야 할 필요가 있기 때문에 설치 개소별로 전력회사와 협의를 한다. 연계에 필요한 설비 대책에 대해서는 「계통 연계 규정(JEAC 9701-2012)」를 참고하기 바란다.

4.17_ 전기계 주회로 배선 루트

4.17.1 배선 길이와 전압 강하

대규모 태양광 발전 시스템의 배선 설계 시에는 배선 길이에도 주의해야 한다.

광대한 부지에 설치하는 경우 전압 강하에 의한 전력 손실의 저감이 중요하다. 우선 태양전지 모듈로부터 파워컨디셔너까지의 직류 배선은 케이블의 도체 저항을 고려하되, 다소 배선 거리가 길어도 전압 강하는 작다. 또한 고압 교류 배선도 전류가 작기 때문에 전압 강화에 의한 손실은 작다.

전력 손실이 문제가 되는 개소는 파워컨디셔너로부터 서브 변전설비까지 등 대전류가 흐르는 저압 교류 배선이다. 설계 시에는 이 부분의 배선 거리를 충분히 고려해서 전압 강하 제어와 비용 저감을 양립시키도록 설계하는 것이 바람직하다. 특히 지붕 위에 설치하는 경우 배선 루트에 따라서는 설치 가능한 케이블선 지름과 조건에 따른 케이블 수가 정해져 있으므로 검토 시 잘 확인하고 설계한다.

4.17.2 접속함 배치

접속함은 '복수의 태양전지 스트링을 정연하게 접속하고', '보수 점검 시에 회로를 분리해서 점검 작업을 용이하게 하며', '태양전지 모듈에 고장이 발생해도 정지 범위를 최대한 작게 하는' 등의 목적으로 보수 점검이 용이한 장소에 설치한다. 특히 함 입구 개방 시에 타 기기와 펜스 등에 접촉하지 않도록 유지보수 동선을 확보한다. 일반적으로 출력부의 차단 용량은 다음 식으로 나타낸다.

최대 동작 전류×입력하는 태양전지 병렬 수×1.1<차단 용량×0.8

단, 옥외에 설치하는 경우 차단기의 주위 온도가 60℃를 넘을 우려가 있으면 고려해야 할 사항은 다양하며, 설치 환경 및 선정한 기기 제조사에 확인한 후 검토한다.

제5장

태양광 발전 시스템의 시공

이 장에서는 태양광 발전 시스템의 시공 사례를 통해 개선점, 유의사항 및 사고 방지 대책을 정리한다. 또 안전을 확보하면서 고품질의 효율적인 시공을 수행하기 위한 포인트를 설명한다. 실제로 각 현장에서는 이 장을 참고한 후 현장에 맞는 시공을 실시하기 바란다.

5.1_ 지붕형 태양광 발전 시스템 시공

5.1.1 경제성을 고려한 작업 공정과 계획 작성

지붕의 종류는 크게 '기초가 불필요한 금속 지붕'과 '기초와 가대가 필수인 평 지붕' 2종류가 있다(상세한 내용은 「4.8 지붕형 구조의 선정」을 참조). 두 종류의 지붕 각각에 대해 작업 공정과 계획 시점의 포인트를 설명한다. 주요 포인트는 지붕 하중과 방수이다.

(1) 금속 지붕

금속 지붕의 특징은 기초를 타설하지 않는 점과 일반적으로 가대에 의한 경사가 없다는 점이며 다른 개념은 지붕형과 공통된다.

〈그림 5-1〉은 금속 지붕에 설치한 예다.

그림 5-1. 금속 지붕에 설치한 예

현장 확인에서는 태양전지를 장착하는 금속물을 설치할 장소가 있는지, 시공에 견딜 수 있는 강도인지를 확인한다. 또 지붕에 구멍을 뚫는 설계인 경우는 구멍을 뚫은 곳에서 누수가 되지 않는지 등을 확인한다.

금속 지붕에서는 많은 경우 물건을 올리는 것을 고려하지 않으므로, 가령 시공자가 걸을 때 옥상을 훼손하는 일도 일어날 수 있다. 따라서 하중은 물론 지붕 설치 방법, 시공자의 보행 장소와 작업 공간을 감안한 유지보수를 고려하여 작업 공정과 계획을 세우는 것이 좋다.

(2) 평 지붕

〈그림 5-2〉에 평 지붕에 설치한 예를 나타냈다. 앞 장에서 설명한 구조 계획에 기초하여, 우선 들보의 위치와 방수 마무리 상황, 파라펫(parapet)의 상황 등이 설계 도면과 맞는지를 현장 확인한다.

그림 5-2. 평 지붕에 설치한 예

특히 태양광 발전 설비의 하중이 가하는 기초를 타설할 때 기본은 들보가 지나는 개소가 되므로 들보의 위치를 확인하는 것이 매우 중요하다.

또한 당연하지만 시공하는 계절에 따른 저해 요인(장마, 천둥, 온도 변화, 태풍, 결로, 눈, 동결 등)도 감안하여 작업 공정과 계획을 작성한다.

한편 〈그림 5-3〉과 같은 방수 마무리에 관해서는 많은 경우 옥상 방수 개보수 공사를 고려하여 태양광 발전 시스템 기초 설치 부분의 방수 시트 등을 일단 자른 후에 기초 위까지 방수 시트 등을 감아올려 설치한다. 때문에 옥상 방수 개수 계획과 설비 설치 계획의 정합성을 확인하고 나서 작업 계획을 세우는 것이 바람직하다.

그림 5-3. 방수 마무리

(3) 작업 안전성 확보

지붕 위 설치는 고층 작업이기 때문에 지상 설치에 비하면 위험 요소가 많이 잠재되어 있다. 안전성에 대해서는 「노동안전위생규칙」 및 관련 법에 기초해 작업을 해야 한다. 또한 사전에 「안전관리계획서」를 작성하여 계획에 따라 공사를 추진한다.

평 지붕에서는 펜스에 둘러싸여 있지 않은 경우는 ㄱ자형 양생을 하여 시공자의 추락과 공구의 낙하에 따른 사고를 방지한다.

기재를 평 지붕 위에 보관할 때는 돌풍 등에 의해 기재가 날아가지 않도록 고정하는 등 작업의 안전성을 확보하면서 2차 재해가 일어나지 않도록 대책을 강구한다.

금속 지붕의 지붕면을 보행할 때는 미끄러지기 쉬우므로 안전대를 설치하는 등 안전을 고려한다. 배선 작업에서는 작업 공간이 좁은 경우 무리한 자세로 작업하는 시간이 길기 때문에 적당한 휴식을 취하며 안전에 만전을 기하는 것이 중요하다.

(4) 방화 안전 대책

일본 도쿄소방청에서는 2013년에 도쿄소방청 화재예방규정에 따라 태양광 발전 설비에 관련된 방재안전대책검토부회를 설치하고 소방법 시행령 별표 제1에 거론한 방재 대상물에 태양광 발전 설비를 설치하는 경우의 지도 기준을 책정했다.

여기에는 아래의 4가지 지도 기준이 마련되어 있다.

① 소방대원이 활용하는 시설 주위에 설치 제한

옥외 계단, 비상용 진입구, 대체 개구부 및 주위 반경 50cm 범위에는 태양전지 모듈, 직류 배선 등을 설치하지 않는다.

② 태양전지 모듈의 지붕 설치 방법

대규모로 설치하는 경우는 소방 활동용 통로를 모든 태양전지 모듈과 24m 이내의 거리에 설치한다.

③ 소방법령상 규제 장소에 태양전지 모듈 설치

일정 조건을 충족하는 태양전지 모듈은 옥상 설비 주위에서 소방법령상 건축설비 등을 설치할 수 없는 규제 장소에 설치할 수 있다.

④ 방재 대상물에 요구되는 감전 방지 대책

소방 활동 시 소방대원의 감전 위험을 방지하는 표식 등을 한다.

상세한 것은 도쿄소방청 해당 페이지를 참고하기 바란다.

- 태양광 발전 설비 관련 방재 안전 대책 검토 결과
  http://www.tfd.metro.tokyo.jp/hp=yobouka/sun/

5.2_ 지상형 태양광 발전 시스템 시공

태양광 발전 시스템은 재생가능에너지 고정가격매입제도(FIT)가 개시되기까지는 민간기업의 유휴지와 자치단체의 미이용지 등 비교적 평탄한 토지에 설치하는 일이 많았다. 그러나 고정가격 매입제도가 개시된 이후에는 조성 공사가 필요한 목초지와 산림, 경사지 등에 설치해도 사업성이 있기 때문에 설치 장소가 다양해지고 있다.

이러한 배경하에 몇 가지 단계로 나누어 설명한다.

한편, 일반적으로 가대 고정까지는 토목건축공사, 각종 기기 고정부터는 전기공사로 구분한다.

5.2.1 현황 확인 포인트

고정가격매입제도 개시 이후에는 조성을 수반한 태양광 발전 시스템의 계획이 많아졌다. 때문에 우선 당초의 설계대로 조성되어 있는지 여부를 확인하고 필요에 따라서 현황을 바르게 설계 도면에 반영한다.

그리고 지반 경도와 지하 매설물에 대해서도 주의해야 한다. 많은 경우 평판적재하중시험으로 지반의 경도를 확인하고 매설물은 보링 조사로 확인한다(그림 5-4).

확인 결과는 태양광 발전 시스템의 기초 부분에 크게 영향을 미친다. 예를 들면 말뚝 기초를 이용할 예정이라면 기초 위치에 바위가 매설되어 있을 가능성이 없는지를 확인해야 하며 가능성이 높다면 말뚝 기초 자체를 단념해야 한다.

또한 콘크리트 기초를 예정한 경우에 지반이 취약한 장소인 것이 밝혀졌을 때는 지반 침하를 방지하기 위해 지반 강화 공사를 하거나 기초 방식을 변경해야 한다.

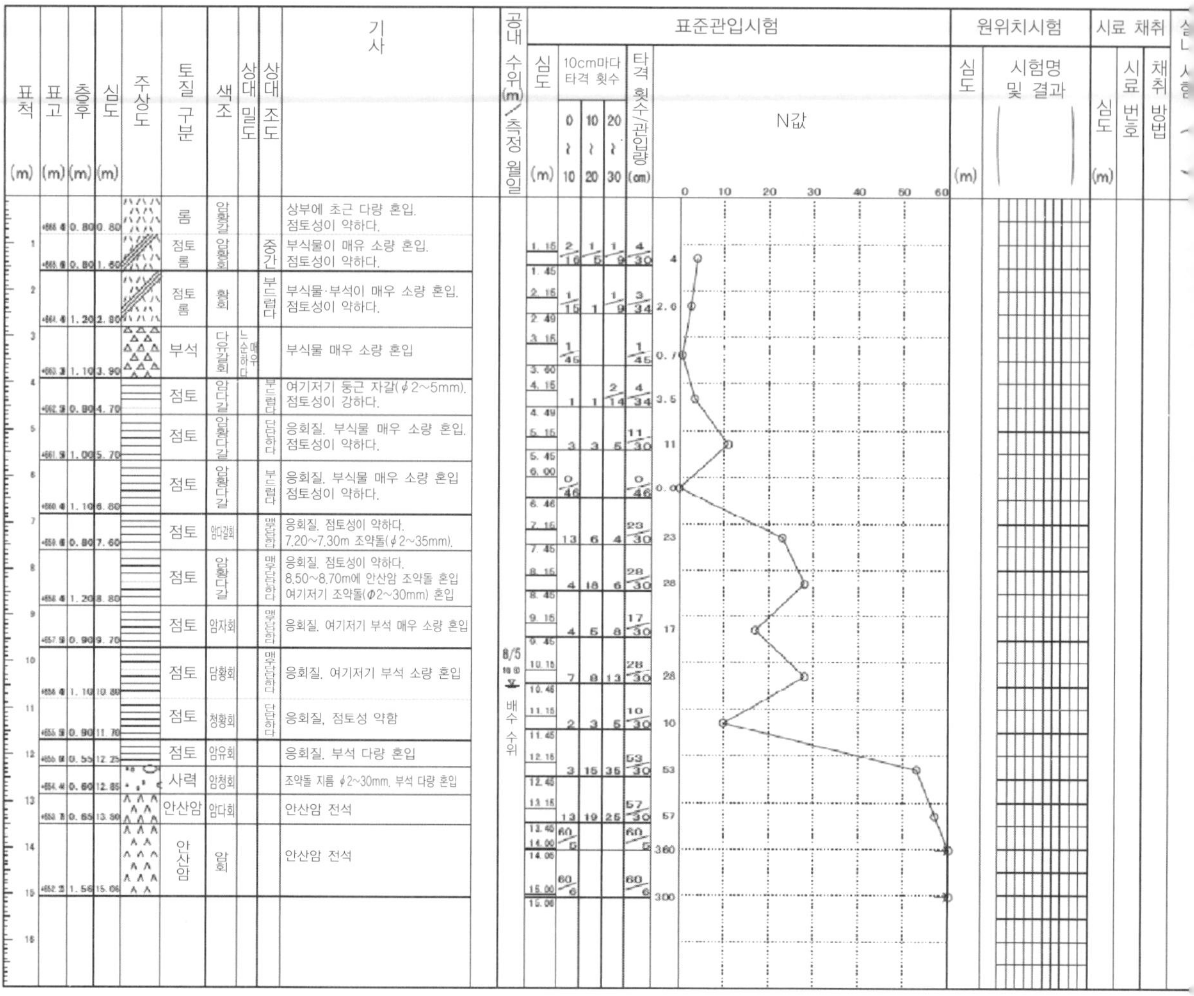

그림 5-4. 지질 주상도 예

5.2.2 정지(整地), 기초 및 가대 공사의 포인트

현황을 확인한 후 설계 도면에 기초해 마킹하여 정지를 실시한다. 또한 현재의 지형을 변경하는 행위는 충분한 주의가 필요하며 경우에 따라서는 배수구와 저수지를 검토한다.

5.2.3 기초 타설(콘크리트 기초)의 포인트

콘크리트 기초는 〈그림 5-5〉에 나타낸 것처럼 타설한다.

콘크리트가 굳어 강도가 생길 때까지 수시간 걸리므로 시공 범위를 구획으로 나누어 공정을 정리하여 작업의 효율화를 기하는 것이 중요하다.

그림 5 기초 타설 예(콘크리트 기초)

콘크리트 기초 공사에서 중요한 포인트는 기초의 천단 레벨을 어레이별로 허용 범위로 하는 것이다. 천단 레벨이 극단적으로 어긋나면 이를 조정하는 데 사용하는 재료에 의해 현장 재작업이 발생해서 시공비용이 증가하거나, 최악의 경우 예정했던 앵커로 고정할 수 없게 된다. 공사 전체가 지연될 우려가 있다.

또한 최근에는 태양광 발전 시스템을 설치하는 장소가 다양해져 산업폐기물 등의 매립지와 염전 흔적지 등에 설치하는 사례가 증가하고 있다. 산업폐기물 등의 매립지는 매설물이 주위로 비산하는 것을 막기 위해 콘크리트 기초로 실시하는 등의 고안이 필요하다.

5.2.4 기초 타설(매립 기초)의 포인트

매립 기초의 경우는 매립하기 위해 파낸 흙 중량과 기초가 같아지도록 한다.

5.2.5 기초 타설(말뚝 기초)의 포인트

말뚝 기초의 경우는 〈그림 5-6〉에 나타냈듯이 말뚝 기초를 말뚝 타설기로 타설한다.

말뚝 기초는 첨단 부분이 스크루상(날개상)이다. 제대로 지반에 고정하는 부재를 사용하는 것이 장기간 운용하는 시스템을 구축하는 데 있어 매우 중요하다. 또한 타설기의 이동과 시공성을 고려하여 타설하는 순서를 계획한다.

① 시공 전체도

② 말뚝 기초 부재(첨단부)

③ 말뚝 타설기

④ 말뚝 기초(타설 후)

그림 5-6. 갱타 공사 예(갱 기초)

5.2.6 가대 고정 공사의 포인트

가대 고정 공사에서 가장 유의해야 할 사항은 볼트너트를 확실히 체결하는 것이다.

시공 시에는 가대의 강재를 임시 고정하고 미세 조정한 후에 본체결하는데, 이때 토크를 체크하여 바르게 토크가 가해진 경우는 마킹을 한다. 이처럼 인위적인 실수에 의한 체결 미스를 방지한다. 또한 확실히 하기 위해 다른 시공자가 중복 체크를 하면 좋다.

5.2.7 태양전지 모듈, 파워컨디셔너, 접속함 등 기기 고정 공사의 포인트

태양전지 모듈 고정 공사는 가대 고정 공사가 끝나는 대로 바로 개시할 수 있으므로 기초공사의 구획 나누기와 일정을 조율하면 공기를 단축할 수 있다.

태양전지 모듈을 고정하는 데는 볼트 고정이 주류이며 리벳과 틀에 끼우는 고정 방법은 아직 일부에서 채용되고 있는 정도이다.

태양전지 모듈을 고정할 때 유의해야 할 점은 임시 고정 상태의 태양전지 모듈이 비산하지 않도록 하는 것이다.

대규모 시스템에서는 설치 매수가 많기 때문에 임시 고정 다음 날에 다시 조이는 일이 있다. 그러나 돌풍으로 임시 고정 상태의 태양전지 모듈이 날아가는 일이 있다.

시공성 관점에서는 임시로 고정해 두고 가대 조립을 서두르는 것이 좋지만 기상 상황의 변화가 심한 환경하에서는 그 날 중에 추가 잠금까지 실시할 것을 권한다. 또한 PID 현상을 고려하면 동시에 접지공사를 구성하는 것이 바람직하다.

파워컨디셔너와 접속함 고정 공사에서는 특히 빗물과 열의 관점에서 기기 고정 장소에 유의해야 한다. 〈그림 5-7〉에 나타낸 설치 예와 같이 접속함과 소용량 파워컨디셔너라면 가대에 설치하여 어레이를 구성할 수 있어 빗물이 침입할 가능성은 낮다.

한편 기초 위에 눕혀서 설치하는 경우는 직접 빗물과 가대로부터 떨어지는 물방울의 영향을 생각해야 한다. 또한 열의 관점에서는 시스템이 운용되면 열이 발생하는 위치, 장소이기 때문에 함 내의 환기가 가능한 위치에 설치했는지 확인해야 한다.

그림 5-7. 접속함 설치 예(가대에 설치하여 어레이를 가림막 대신 활용)

5.2.8 배선 공사와 배관 공사의 포인트

배선 공사와 배관 공사는 보통은 기기 설치 공사와 같은 타이밍에 시공한다. 〈그림 5-8〉에 나타낸 바와 같이 콜게이트 튜브의 최소 곡률에 주의한다.

접속함 등의 배선 접속 볼트 조임이 느슨하면 운전 시에 아크로 인한 화재가 발생할 가능성이 있기 때문에 공사 관리자가 주의 깊게 확인해야 한다.

콜게이트 튜브의 굽힘 반경에 주의한다.

그림 5-8. 배선 공사 예(굽히는 위치에는 공간 확보도 필요)

 ## 5.2.9 수전설비 연결과 계통 연계

이 공정에서는 전압이 고압 또는 특별 고압이므로 연결 시에는 파워컨디셔너의 스위치를 끄고 무전압인지를 확인한 후 절연 보호구를 장착한 상태에서 작업한다.

감전사고를 방지하기 위해 양생에 만전을 기하되 절연 보호구의 착용은 필수이다.

[칼럼]   GPS 위치 결정 자동 설치 공법과 어스 스크루

거대한 메가솔라 설치 시에는 효율적인 시공이 요구된다. 기존의 콘크리트 기초는 비교적 불안정한 토지에도 설치할 수 있지만 바닥 파기, 형틀 설치, 콘크리트 타설, 마무리 작업에 시간이 걸린다.

한편 어스 스크루(그랜드 스크루)는 지면에 알루미늄과 철 등의 큰 나사를 비틀어 박는 말뚝 기초로, 공기의 단축을 기대할 수 있고 폐토(廢土)가 발생하지 않는 등의 이점이 있다. 또한 금속은 재이용이 가능하기 때문에 CO_2 배출량도 콘크리트 기초와 비교해서 유리하다.

어스 스크루 타설 장치에는 GPS를 탑재한 것도 있어 사전에 CAD 등에 의해 위치 정보를 입력하면 측량에 따른 수고를 덜 수 있다. 또한 독일 Krinner사는 위치 결정에서 타설까지 자동으로 처리하는 로봇을 개발했다. 로봇은 무인으로 동작하며 원격지에서 모니터가 가능하다.

그림 5-9. 어스 스크루

어스 스크루 타설 로봇(독일 Krinner사 팸플릿에서)

5.3_경제적인 작업 공정과 반입 계획 작성

대규모 태양광 발전 시스템은 설치하는 면적도 광대하여 2MW 태양광 발전 시스템을 설치하는 데 필요한 면적은 약 4만m²나 되며 태양전지 모듈 매수도 약 8,000매가 된다. 이렇게 대규모이기 때문에 전체를 몇 개 구획으로 나누어 같은 공사가 겹치지 않도록 하고, 또한 공사별 시공반을 조직하여 시공 기간을 단축하고 비용을 줄이는 것이 바람직하다.

5.3.1 시공반

일반적으로 건축공사와 전기공사의 작업자는 다르므로 적어도 다른 시공반을 조직한다.

따라서 건축과 전기 각 시공반의 공사장과 현장대리인은 정보를 공유하고 시공을 추진할 수 있는 체제를 구축한다.

5.3.2 반입과 현장 보관

건축공사 및 수전설비 등의 대형 기기를 반입할 때는 중장비가 부지 내에 들어갈 필요가 있으므로 펜스 등의 부설 타이밍도 계획에 포함한다.

또한 반입 타이밍도 8,000매나 되는 패널을 한꺼번에 반입할 정도의 작업 공간을 확보하는 것은 낭비이므로 시공반의 진척 상황에 맞춰 반입량과 시기를 조정·계획한다.

그러나 계획보다 시공 속도가 더딘 경우도 있어, 이때는 현장 보관해야 하는데 돌풍에 의한 비산·파손 등 공사 청부회사에 리스크가 따르므로 반입 계획은 실제의 시공 공간도 감안하여 면밀하게 조정해야 한다.

5.3.3 공기 단축

태양광 발전 시스템 시공은 규모와 공사 수가 거의 비례하므로 대규모라면 공기가 길어진다. 그러나 경제적 작업 공정과 반입 계획을 세우면 공기를 단축할 수 있다.

일반적인 2MW 태양광 발전 시스템을 설치할 때 스케줄 예를 〈그림 5-10〉에 나타냈다.

이 정도 규모의 태양광 발전 시스템을 구축하려면 약 6개월의 공기가 필요하지만 기초 타설, 가대 고정, 패널 고정 및 배선공사까지 일련의 작업을 구획별로 시공반을 나누어 작업을 효율화하고 공기 단축과 인건비를 줄이는 것이 바람직하다.

또한 실제 시스템 구축에서는 〈그림 5-10〉에 나타냈듯이 착공 전에 각종 행정 절차가 있으며 금속 지붕 설치에서는 방수개수공사가, 지상 설치에서는 조성공사가 있다. 이러한 공정과도 연동해서 공기 단축을 기해야 한다.

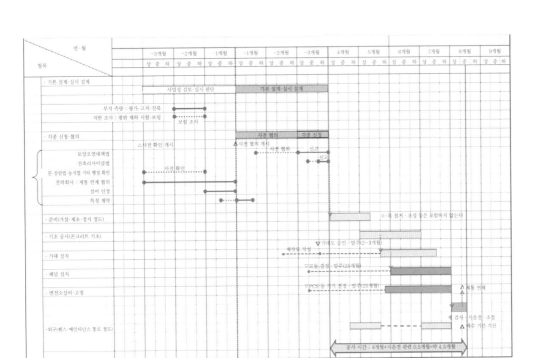

그림 5-10. 일반적인 구축 스케줄

☀ 5.3.4 금융상품보험(손해보험)

태양광 발전 시스템의 착공에서 운용 개시까지는 장기간이 소요되므로 자연재해(화재, 수재, 설재, 풍재, 뇌해, 지진, 쓰나미, 액상화 등)와 제3자에 의한 과실(도난, 타석에 의한 손괴 등)이 발생할 가능성이 있다. 따라서 이에 대한 대책을 세워야 한다.

〈그림 5-11〉은 시공 개시부터 운용까지를 크게 3단계로 나누고 관련 보험에 관해 정리한 것이다. 각 단계가 내재하는 리스크에 관해서는 보험 등을 활용하여 만일의 사태에도 대비하는 것이 중요하다(리스크의 상세는 「4.9.2 관련 법규와 리스크 대응」을 참조).

(1) 시공 시

시공 시 공사청부회사는 자연재해와 제3자에 의한 과실 리스크를 회피하기 위한 보험에 가입하는 일이 많다.

조립보험은 지진, 쓰나미, 액상화를 제외한 자연재해와 제3자의 과실에 기인하는 경우에 적용할 수 있는 보험으로, 옵션으로 지진, 쓰나미, 액상화를 보험 대상 범위에 넣는 것도 있다. 그러나 옵션 보험료는 비싸 옵션을 포함해서 가입하는 공사청부회사는 적다.

청부배상책임보험은 시공 중 시공회사의 과실에 의한 신체 및 재물에 대한 배상책임을 보상하는 것이다. 일반적으로 공사청부회사는 이 2가지 보험에 많이 가입한다.

시기	보험 가입자	보험 등의 종류	보험 및 보증 개요
시공 시	시공업자	조립보험	태양광 발전 시스템 등의 설치 공사 중에 공사현장에서 예기치 않은 돌발적인 사고로 공사의 목적물 등에 일어난 손해를 보상한다
		청부배상 책임보험	시공 및 설치 공사 중의 과실에 기인해서 제3자의 신체 및 생명을 해하거나 또는 재물을 손괴한 것에 대해 부담하는 법률상의 배상책임을 보상한다
		생산물배상 책임보험	인도 후 업무 결과(시공 및 설치)에 기인하여 제3자의 신체 및 생명을 해하거나 또는 재물을 손괴하는 것에 대해 부담하는 법률상의 배상책임을 보상한다
인도 시	제조사, 시공업자	하자보증 연장보험	제조물의 성능 하자에 대해 제조사가 보증한다
	제조사, 시공업자	출력보증	제조사가 정한 규격치 및 기간에 규격치를 밑돈 경우 대체 제조물 비용 또는 일정 금액을 보상한다(화재 등 천재는 제외한다)
운용 시	소유자, 판매자	시설배상 책임보험	발전 시스템의 소유 사용 관리 유지를 원인으로 제3자의 신체 및 재물을 손괴한 것에 대해 부담하는 법률상의 배상책임을 보상한다
		화재보험동산 종합보험	화재, 뇌해, 파열 폭발, 물체 비래에 의한 파손 등 우연한 사고에 의한 손해를 보상한다(지진 및 쓰나미는 제외한다)
		이익보험	태양광 발전 시스템이 우연한 사고에 의해 손해를 입은 경우 영업 휴지 또는 지해된 것에 의해 발생하는 이익 손실을 보상한다
		날씨 파생 상품 (일조 시간)	운천, 우천, 설천 등에 의해 현저하게 일사량이 감소하여 발전량이 감소하는 리스크에 대응하는 보상을 가리킨다

그림 5-11. 일반적인 태양광 발전 시스템 관련 보험

(2) 인도 시

공사청부회사로부터 발전 사업자에게 시스템을 건넬 때는 각 기기의 하자 보증을 부가하는 일이 많다. 이것은 각 기기의 제조사가 보증하는 것이다.

특히 태양전지 모듈에는 출력 보증이라는 것이 있으며 제조사가 정한 기준을 충족하지 않는 경우 태양전지 모듈을 교환 또는 교환하는 것과 동등한 금액을 보상하는 것이다.

(3) 운용 시

운용 시에 관해서는 자연재해 피해를 입었을 때에도 태양광 발전 시스템을 재구축할 수 있도록 동산종합보험이나 재해보험을 부보(付保)하거나 태양광 발전 시스템이 제3자에게 손해를 입혔을 때 리스크를 회피하는 시설배상책임보험을 부보하는 것이 있다.

이들은 어디까지나 손해에 대해 보험이 적용되는 것이며 천재지변이 원인인 이익 보증과는 별도의 것이다.

5.4_ 효율적인 기초 공사 방식

5.4.1 기초 공사 구축 사례

태양광 발전 시스템은 매년 시스템 단가를 낮추기 위해 태양전지 패널의 가격뿐 아니라 기타 관련 기기와 기초 및 가대까지 포함한 시스템 전체의 가격 저감을 위해 기술 개발이 진행하고 있다.

평 지붕형은 학교의 옥상과 자치단체의 관공서에서 설치하는 사례가 많다. 설치 건물이 1981년 6월 1일 이후에 건축 확인을 받은 신 내진 기준을 충족시키는지의 여부가 설치 가부에 큰 영향을 미친다.

여기서는 설치 방법별로 실제 시공 예를 토대로 특징 등을 소개한다.

5.4.2 기초 공사 예(지상 설치형)

지상 설치형 태양광 발전 시스템의 대다수는 콘크리트 기초 또는 말뚝 기초를 이용해서 시공한다. 각 기초의 예를 〈그림 5-12〉와 〈그림 5-13〉에 나타낸다.

그림 5-12. 콘크리트 기초 예

〈그림 5-12〉의 예는 콘크리트 기초라 불리는 것으로 소재는 콘크리트를 사용하고 정지(整地) 후에 형틀을 짜서 현지에서 흘려 넣는 시공 방법이 많다.

〈그림 5-13〉의 예는 말뚝 기초라 불리는 것으로 딱딱한 흙에는 끝이 스크루상 형상을, 부드러운 흙에는 끝이 날개 모양 형상을 이용한다. 말뚝을 지중에 타입하고 침하와 인발에 대한 설계 내력을 충족시키는 것이다.

그림 5-13. 말뚝 기초 예

🔆 5.4.3 기초 공사 예(금속 지붕형)

금속 지붕형이 채용되고 있는 것은 주로 공장과 물류창고, 자재 거치장 등이지만 이들 지붕의 대다수는 지붕 위에 물건을 두는 것을 고려하지 않고 설계되는 일이 많다. 때문에 기존 건물 위에 태양광 발전 시스템을 구축하는 경우에는 내하중을 확인하는 것이 중요하다.

그림 5-14. 금속 지붕형 예

5.5_ 시운전 조정 및 검사

본 절에서는 시공회사가 태양광 발전 시스템을 발전 사업자에게 건넬 때 실시하는 시운전과 검사에 대해 실제로 실시하고 있는 내용을 소개한다. 소개하는 시험 항목과 검사 항목은 어디까지는 일례다.

5.5.1 시운전 조정

시운전 조정이란 시공한 태양광 발전 시스템의 정상 운전을 확인하는 작업이다. 태양광 발전 설비의 현지공사 시험 및 시운전 시 다음 표의 각 항목에 주의하여 실시한다.

표 5-1. 현지공사 시험 및 시운전 시에 확인이 필요한 항목

항목	내용
외관 점검	검사 대상이 되는 전기공작물의 설치 상황 확인
접지 저항시험	접지 방법에 따른 접지저항치를 측정
고압 절연저항시험	사용 전압에 따른 절연저항치를 측정
고압회로 절연내력시험	시험전압을 인가하여 절연의 이상 유무를 확인
저압 절연저항시험	사용 전압에 따른 절연저항치를 측정
과전류 계전기시험	설정값을 확인하고 보호장치의 동작에 따른 안전 정지를 확인
방향성 SOC 제어장치시험	설정값을 확인하고 보호장치의 동작에 따른 안전 정지를 확인
지락과전압 계전기시험	설정값을 확인하고 보호장치의 동작에 따른 안전 정지를 확인
기기 기능동작시험	각 기기의 동작 조건을 확인하여 적정하게 동작하는지를 확인
인터록 시험	인터록의 정상 동작을 확인
태양전지 개방전압 확인	개방전압을 측정하여 적정한지를 확인
태양전지 전압과 전류 확인(연계 시)	연계 시의 전압과 전류를 측정하여 적정한지를 확인
태양광 파워컨디셔너 운전 전 확인	파워컨디셔너 제조사와 협력하여 적정 동작을 확인
태양광 파워컨디셔너 운전 시험	파워컨디셔너 제조사와 협력하여 운전 시험을 확인
경보전송시험	원격감시 등을 실시하는 경우 경보전송시험을 실시
연계보호장치의 설정치	보호(연계)장치의 설정값을 확인하여 보호 협조가 취해졌는지를 확인

표 5-2. 2MW 이상 대규모 태양광 발전 시스템의 사용 전 검사 항목과 확인이 필요한 기술 기준

항목	내용
외관 검사	검사 대상이 되는 전기공작물의 설치 상황 확인
접지저항 측정	접지 방법에 따른 접지저항치를 측정
절연저항 측정	사용 전압에 따른 절연저항치를 측정
절연내력시험	시험전압을 인가하여 절연의 이상 유무를 확인
보호장치시험	보호장치의 동작에 의해 관련 기기의 정상 동작을 확인
차단기 관련 시험	차단기 조작용 구동 전원의 부속 탱크 용량 시험 등
종합 인터록 시험	사고를 모의하여 보호장치의 동작에 의한 안전 정지를 확인
제어전원소실시험	제어 전원 소실 시, 차단기 등이 정상으로 동작하는지를 확인
부하차단시험	1/4~4/4까지 부하 차단 시의 이상 유무를 확인
원격감시제어시험	원격에 의한 차단기 개폐 조작 등의 정상 동작을 확인
부하시험(출력시험)	정격출력 등의 연속운전 시에 이상이 없는지를 확인
소음 측정	소음값이 규제 기준에 적합한지를 확인
진동 측정	진동값이 규제 기준에 적합한지를 확인

5.5.2 시공 검사 관련 기준

태양광 발전 시스템을 공사회사가 발전 사업자에 건네기 전에 「전기설비의 기술 기준」이나 「내선 규정」을 충족하는지를 검사해야 한다. 검사 시 주요 관련 기준을 〈표 5-3〉에 나타냈다.

기술 기준은 구축한 전기설비가 신체와 주위의 전기설비에 영향을 미치지 않도록 시공되어 있는지의 관점에서 정해져 있으며 크게 전기 배선이나 특수한 장소에 설치되는 것에 관한 항목이 있다.

당연히 이 표의 기준에 기초해서 시공하는 것이지만 설계대로 완성된다고는 할 수 없기 때문에 인도 시에는 충분한 확인이 필요하다.

표 5-3. 시공 관련 기준 일람표

항목	전기설비의 기술 기준·해석	내선 규정
태양전지	성령* 제5조, 해석 제16조, 46조	3595절
전압 종별 전선 전선 규격	성령* 제2조, 해석 제143조 해석 제4~6조, 8~11조 해석 제12조	1105절 1355절
전로 절연	해석 제13조, 19조	1345절
접지	해석 제17~19조, 24조	1350절
배전반 및 분전반		1365절
저압 가공 인입	해석 제71~82조, 해석 제113조, 116조	1370절
충전 부분의 노출 제한	해석 제144조, 145조, 150조, 151조	1325절
저압 배전 방법	해석 제82조, 144조, 146조, 151조	3100절
금속관 배선	해석 제159조, 167조	3110절
합성수지관	해석 제158조, 167조	3115절
금속제 가동 전선 배관선	해석 제160조, 167조	3120절
금속 전선로 배선	해석 제161조	3125절
합성수지 전선로 배선	해석 제156조	3130절
금속 덕트 배선	해석 제157조, 162조	3145절
라이팅 덕트 배선	해석 제165조	3150절
비닐 외장 케이블 배선, 클로로프렌 외장 케이블 배선 또는 폴리에틸렌 외장 케이블 배선	해석 제12조, 164조	3165절
캡 타이어 케이블 배선	해석 제8조, 12조, 17조	3185절
습기가 많은 장소 또는 물기가 있는 장소에 관한 규정	해석 제150조, 156조, 158조, 159조, 160조, 163조, 173조	3435절
지중 전선로	해석 제120~125조	2400절
특수 장소의 시설 제한	해석 제175~178조	2320절-3

＊성령(省令)

5.6_ 공정 관리 포인트

아래에 공정 관리의 일례를 나타낸다. 많은 경우 시공회사는 공기 준수 또는 공기 단축을 요구한다. 그러나 실제로는 자연재해와 물품의 공급 부족 등도 있을 수 있다. 공기 준수를 위해서는 공정 관리의 재조정 능력이 매우 중요하다.

〈그림 5-15〉에 공사 관리 플로의 일례로서 축전지가 없는 경우를 나타낸다.

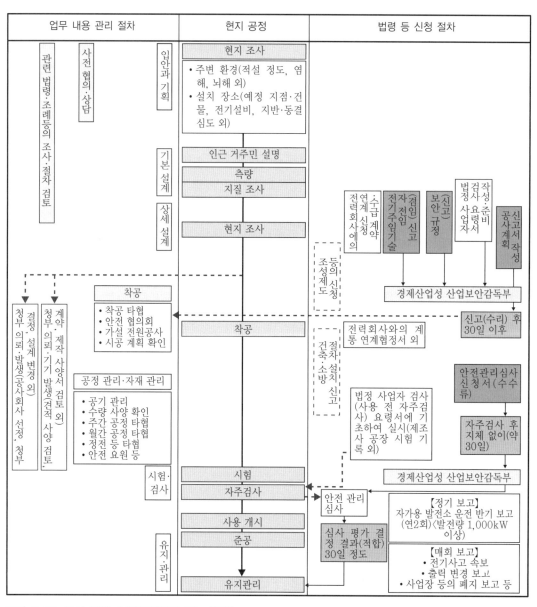

그림 5-15. 공사 관리 흐름(축전지가 없는 경우)

그림에 나타냈듯이 현지의 공정뿐 아니라 자치단체와 관공서 신고까지도 고려한 공정 관리가 필요하다.

5.7_ 리스크 대비

태양광 발전 시스템을 운용 개시부터 장기간 운전을 지속하기 위해서는 기본계획 단계부터 〈표 5-4〉에 나타낸 리스크와 그에 대한 대응을 고려한다.

표 5-4. 태양광 발전 시스템 도입에 따른 리스크

고려되는 리스크	리스크 내용
설비 인정 리스크 계통 접속 리스크	설비 인정, 연계 협의, 특정 계약 지연 리스크 계통 대책 비용 리스크 조달, 공사, 시공 지연
연간 수익 감소 리스크	설비면의 리스크 기기의 사고와 물손 리스크 기기 제조사의 도산 리스크 발전량 제어 리스크
발전량 리스크	연간 상정 발전량 리스크 태양광 발전 시스템의 열화 리스크 발전량의 상정 기간 종료 후의 리스크
재해 리스크	화재 리스크(보험으로 대응) 지진 리스크(보험으로 대응)
자금 리스크	자금 리스크 도달 리스크
환경 평가 리스크	환경 평가 리스크
정책 리스크	정책 리스크

5.7.1 발전사업자의 리스크

발전사업자의 입장에서는 장기 운전이 가능한 것이 태양광 발전 시스템에 대한 필요 조건이다. 따라서 〈표 5-5〉의 각 항목을 중점적으로 고려해야 한다.

태양광 발전 시스템 구축에 적합한 토지를 선정하고 신용할 수 있는 설계·시공회사 및 유지운용회사를 선택해야 어느 정도의 리스크를 회피할 수 있다. 다만 회사 정세·경제 정세(금리 등의 변동 리스크 등)를 고려한 자금 계획을 책정하는 것이 바람직하다.

표 5-5. 발전사업자가 고려해야 할 리스크 항목

항목	내용
환경 조건	연간 일사량 기온, 주위의 장해물, 연간 적설량, 동결 심도 등
부지 조건	각종 위험 맵의 상황, 연계점까지의 거리, 지목, 등기 상황 등
자금 조달	융자 담보 조건, 금리 변동·환율 변동 등
설계·시공	장기 운전 가능한 설계, 시공회사 선정, 설계·시공회사의 재무 상황 등
유지·운용	자연재해, 법정 점검, 고장 시의 조기 복귀

5.7.2 설계 회사 및 시공회사의 리스크

설계와 시공을 계약하는 기업 입장에서는 설계 지침과 시공 기술을 명확히 하지 않으면 발전사업자와 지역 거주민으로부터 고소당할 수도 있기 때문에 아래 표의 각 항목을 특히 고려할 필요가 있다.

착수 전 계약 리스크와 시공 후 시스템 하자에 대해 확실히 검토하기 바란다.

표 5-6. 설계회사 및 시공회사가 고려해야 할 리스크 항목

항목	내용
계약 조건	발전사업자의 재무 상황 지불 회피 등
공기	공기 준수, 전력회사와 연계 조정, 보조금 신청 조정 등
인도	설계 도면 등의 승인, 완성 검사 등

【칼럼】 태양광 발전 시스템 공사의 안전 대책

태양광 발전 시스템 공사의 안전 대책은 일반적인 건축공사와 전기공사의 기본과 다르지 않다. 여기서는 태양광 발전 시스템의 안전 대책의 중요성을 짚고 넘어간다.

(1) 작업자의 안전 배려 포인트

일반적인 전기공사와 다름없이 반소매가 아닌 긴소매를 입어야 한다. 절연 타입의 안전모, 장갑, 안전화도 일반적인 전기공사와 다르지 않다. 특히 주의해야 할 것은 고층 작업의 경우이며 「노동안전위생법」에 기초하여 헬멧 착용, 안전대 사용, 발판 설치를 준수한다.

특히 작업자의 컨디션 관리가 중요한 만큼 휴게실의 공조에도 신경을 써야 하며 한여름에는 상황에 따라서 임시 휴식을 취해야 한다. 또한 비가 온 후에는 미끄러질 우려가 있으므로 작업 장소의 청소에도 주의를 기울여야 한다.

한편 태양광 발전 시스템 공사에서는 계통 연계 전의 무전압 상태(파워컨디셔너를 정지시킨 상태)에서 작업을 완료하되 연계 후에 공사가 남아 있지 않도록 계획한다. 계통 연계 후에는 고객의 승인을 얻지 않는 한 통전을 멈출 수 없으므로 작업자의 안전을 위해서라도 활선 상태에서 작업하지 않도록 신경 쓴다. 연계 전에는 일반적인 전기공사 시험과 마찬가지로 시공업체의 자체 검사와 원청업체의 검사를 통해 이중 점검한다.

(2) 자재 반입과 작업 환경의 포인트

태양전지 모듈을 설치할 때 다른 공사와 동시 진행하지 않는 경우라면 자재의 반입 경로와 작업용 통로를 확보하는 것은 비교적 용이하지만 시스템 규모가 커서 공구(工區)를 나누어서 작업하는 경우는 반입을 조정하는 방안도 검토해야 한다. 태양전지 모듈은 크레인을 이용해서 팰릿으로 반입하지만 사람이 장거리를 이동시키지 않도록 작업 장소 가까이까지 반입하도록 하고 있다. 또한 반입 장소는 지반이 안정된 평평한 장소를 확보해야 한다. 한편 태양전지 모듈과 케이블 등의 도난 방지 혹은 장난 방지를 위해 공사 중에도 경비원을 배치할 필요가 있다.

작업 환경은 작업용 통로를 충분히 확보할 수 있도록 기기를 배치한다. 지붕 설치형에서는 지붕 끝까지 태양전지 모듈을 깔지 않는 등 설계 시부터 배려해야 한다.

작업 시 풍속은 중요한 요소이므로 기상 정보를 통해 시간별로 풍속을 체크하고 풍속이 8m/s 이상인 경우는 태양전지 모듈의 시공을 중지하고 다른 작업을 하는 시공업체도 있다.

한편 특히 지붕 위 설치 시스템의 경우는 발판에 세심한 주의를 기울여 낙하 사고 방지에 노력해야 한다.

(3) 케이블 접속 시 포인트

태양전지 자체는 놓아두기만 해도 발전하지만 대규모 공사에서는 비용상 차폐 시트 등을 이용할 수 없기 때문에 활선으로 취급해야 한다. 따라서 '플러그를 젖은 손으로 만지지 않고', '우천 시에는 플러그가 젖지 않도록 태양전지 모듈 아래에 물기가 없는 장소에 보관하는' 등 수분에 특히 신경 써야 한다.

한편 인위적인 실수는 매우 단순한 것이 많지만 단순한 일일수록 주의가 필요하다. 접속함에서는 전선의 피복을 벗겨야 해 주의가 필요한데, 그때 플러스 마이너스를 구분하기 쉽도록 해둬야 하고 차단기가 '오프' 상태인지를 확인해야 한다. 특히 차단기는 꼼꼼하게 점검하되, 언제나 차단기는 '오프' 상태일 거라고 단정하지 말고 반드시 확인하기 바란다.

케이블을 끼워 넣을 때도 주의해야 한다. 또한 케이블을 고정한 후 태양전지 모듈을 고정하는 볼트를 추가로 조이는 것이 원칙이지만 이를 빼먹는 경우도 있다. 따라서 모든 볼트에 마킹을 하고 추가 조임을 확인하는 것이 좋다.

(4) 파워컨디셔너 주변 공사 포인트

파워컨디셔너의 설치 장소를 선정할 때는 충분한 주의가 필요하다. 파워컨디셔너는 중량이 나가므로 지붕 위 설치 시스템의 경우에도 지붕에 설치해서는 안 된다. 또한 콘크리트 구조의 바닥 강도는 중요하며 내하중을 고려하여 들보 위에 두는 등의 배려가 필요하다.

케이블 접속일 때와 마찬가지로 통전된 상태에서 공사를 하지 않도록 한다. 가능하다면 고장 시와 점검 시를 고려해서 파워컨디셔너와 접속함 사이에 집전함을 준비하여 회로의 분리가 가능하도록 한다. 안전 문제는 아니지만 파워컨디셔너 주변 공사에서 중요한 것이 운전 시의 소음을 고려해서 인근에 주택이 있는 경우는 가능한 한 주택에서 먼 곳에 설치한다. 또 작은 동물이 진입하는 것을 방지하는 것도 중요한데, 케이블을 갉아먹어 쇼트시킬 가능성이 있기 때문에 그에 대한 대책으로 메시상 철판으로 막는 등의 대책이 필요하다.

(5) 서부전기공업의 취재를 통해 배운 점

이 칼럼은 1997년부터 태양광 발전 시스템 공사 실적을 가진 서부전기공업주식회사의 취재를 토대로 구성했다. 취재를 하면서 매우 중요한 사실을 알게 됐다. 바로 가대 조립이든 태양전지 모듈 설치든 반드시 '첫걸음'을 소중히 한다는 점이다. 첫걸음이란 각 공사의 최초 단계를 말하며 이 단계에서 문제가 있으면 전원이 모여서 검토해서 해결하고 단결해서 공사를 추진하고 있다. 태양광 발전 시스템에만 적용되는 말은 아니지만 안전과 기본으로 돌아가는 것이라고 할 수 있다.

취재 : 서부전기공업주식회사

소재지 : 후쿠오카 하카다구 하카다역 히가시 3초메 7-1

　　　　http://www.seibu-denki.co.jp

제6장

태양광 발전 시스템의 운전 감시와 보수 점검

태양광 발전 시스템의 투자 회수를 위해서는 고려한 운용 기간 내에 예상한 이상의 발전 전력량을 안정적으로 확보하는 것이 필수 조건이다.

계획 시점에서 입력 에너지가 되는 태양으로부터의 일사량은 30년간에 걸쳐 평균화된 표준 해의 데이터가 기본이므로 통계적인 변동을 예측할 수 있다. 오히려 생애 태양광 발전 시스템의 발전 전력량을 확보하기 위해서는 시스템의 성능이 안정되고 건전한 상태를 이어가는 것이 가장 중요하다.

이를 위해 빼놓을 수 없는 것이 불량을 발견하는 운전 감시와 보수 점검이다. 관련 비용을 경감하기 위해 무인화 시스템의 개발·도입을 요구하는 목소리도 높다.

6.1_ 시스템 모니터링의 필요성

태양광 발전 시스템의 장기 신뢰성 향상을 위한 여러 가지 대응이 가속화되고 있다. 그 배경으로는 장기 실증시험과 필드 데이터의 분석을 통한 각종 사례가 거론된 점이 있다.

시스템 레벨의 발전 열화 특성으로는 미국 국립재생가능에너지연구소(NREL)의 논문에서 중앙값으로서 0.5%/년이 보고된 바 있다(모듈 실증도 포함)[1]. 모듈 레벨로 압축하면 유럽의 대표적인 값으로는 공동연구센터(JRC)가 20년 이상에 걸쳐 수집한 40샘플에서 평균 9.7%/년의 결과 등이 있다[2]. 일본에서는 일반재단법인 일본품질보증기구(JQA)의 보고에 10년 경과한 107샘플의 중앙값으로 6.2%/년의 열화 결과가 있다[3]. 이들 결과에서 보면 10년간에는 큰 열화특성은 없어 보이지만 최근 실제 시스템의 운용 특성을 분석한 결과 10년 이내에 크게 출력이 저하하는 예가 보고되면서[4], 신뢰성 대응이 가속했다고 할 수 있다. 그 일환으로 설치 후의 시스템 운용과 유지보수 기술도 주목을 받고 있다. 태양광 발전 시스템은 분산형 전원 시스템이기 때문에 원격 모니터링에 의한 운전 데이터에서 알람을 발생시켜 온라인으로 사이트를 점검하여 상세 조사하는 방법이 필요하다[5][6].

6.2_ 원격 모니터링 시스템

6.2.1 이용 가능한 기상 데이터의 리소스

운전 데이터 분석에서 분석 방법과 아울러 중요한 것은 일사량, 외기온도, 풍속 등으로 대표되는 기상 데이터의 취득 방법이다. 공공 및 산업용이나 메가솔라와 같이 현장에 일사계 등을 설치하는 경우는 이들을 직접 이용하는 것이 유용하지만 주택용에서 기상 센서를 설치하는 것은 비용과 유지보수 측면에서 효율적이지 않다. 또한 현장의 기상 센서도 설치 조건에 따른 반사와 그림자, 또한 센서의 유지보수 미흡 등으로 계획 데이터 품질 진단은 필수이며 일정한 레퍼런스로서 외부 기상 데이터와 비교할 필요가 있다[7].

대표적인 외부의 기상 데이터 리소스는 기상청과 지상기상관서(기상대 등) 및 아메다스(일본 기상청의 지역 기상 관측 시스템)의 데이터이다.

(1) 지상기상관측에서는 수평면 전천 일사량 데이터와 아메다스 데이터

일부 지상기상관측에서는 수평면 전천 일사량을 계측하고 있다. 1970년에 개시된 일사 관측 재정비에 의해서 67개소로 늘어간 계측 사이트는[8], 현재는 아쉽게도 재정비로 인해 약 40개소 정도로 감소했다.

수평면에서 받은 방사 조도로서 측정된 전천 일사량 데이터는 기상청이 일정한 관리를 하고 있는 데이터 중에서도 매우 중요하다. 또한 나머지 지상 기상 개소 및 아메다스의 일부 계측 개소(약 800개소)에서는 일조 시간을 계측하고 있다. 일조 시간은 $0.12kW/m^2$ 직달 일사량 시간을 카운트하기 때문에 에너지량은 아니다. 때문에 일사량으로 변환할 필요가 있지만 일조 시간에서 수평면 전천 일사량을 추정하는 모델은 일본기상협회 모델[9]과 확장 아메다스에서 이용되고 있는, 가고시마대학 공학부 건축학과 아카사카(赤坂) 등이 제창하는 모델이 대표적이다[10]. 양자 모두 일조 시간 0과 1의 조건을 함께 회귀하는 모델이지만 일조율의 분류 등 세부 설정이 다르다.

또한 지상기상관측을 통한 실측과 아메다스 등의 일조 시간 추정 모두 수평면의 일사량 데이터다. 태양광 발전에 응용하려면 경사면 일사량으로 변환해야 한다. 경사면의 변환 추정 모델에는 직산 분리와 경사면 합성이 필요하다.

(2) 일본기상협회

일본에서는 일본기상협회가 국내용으로 조정한 모델이 대표적이다[11]. 또한 일본기상협회의 베이스가 되고 있는 Erbs의 직산 분리 모델[12]도 많이 이용한다. 직산 분리 모델의 비교 검토에 대해서는 가고시마대학대학원 공학연구과 소가 카즈히로(曾我和弘)의 논문 「전천 일사량에서 직달 일사량과 천공 일사량을 추정하는 각종 모델의 비교와 평가」[13]에 상세히 소개되어 있다. 또한 경사면의 합성은 수평면 산란 일사량의 경사면 변환 모듈에 중요하다.

가장 권장할 만한 것은 Perez 모델이다[14]. 수평면 산란 일사량의 경사면 변환 모델 비교 검토에 대해서는 전술한 소가 카즈히로의 논문 「전천 일사량에서 경사 일사량을 추정하는 각종 모델의 비교」[15]가 참고할 만하다. 이들 기상청 인프라 데이터는 최근에는 1분치(値) 등의 계측 데이터도 공개되고 있어 시간 적분에 의한 각종 추정 정도의 향상도 기대된다.

(3) 해외 리소스

해외에서는 기준지상방사관측망(BSRN)의 관측망과 시판하는 데이터베이스로서 Meteotest가 작성한 「Meteonorm」이 있다.

(4) 기상 위성 리소스(일본)

지상이 아닌 기상 위성을 이용한 일사량 추정 기술이다. 위성 화상을 이용한 추정 기술로는 일본에서는 전자기술총합연구소의 그룹이 일찍이 검토에 착수했다[16]. 구름 화상 알베도와 일사 강도의 상관성 회귀 모델을 이용한 것이다.

지표면 알베도의 추정 방법은 각 지점의 최저 알베도를 구함으로써 적설과 분리하는 것이 특징이다. 민간에서는 일본기상협회가 마찬가지의 회귀 모델을 베이스로 한 방법을 실용화했다[17].

또한 일본에서는 orel주식회사가 전자기술총합연구소의 모델을 응용해서 태양광 발전의 발전 전력량 예상 서비스를 제공하고 있다[18].

연구 레벨에서는 도쿄전력주식회사가 위성 화상의 기울기 등을 고려해서 기본적인 검토를 수행하고 있다[19]. 또한 국립대학법인인 치바대학은 회귀 모델이 아니라 수치 기상 데이터 등과 조합하여 방사 모델을 푸는 방법을 개발하고 있으며 스펙트럼 레벨의 추정도 가능하다[20]. 태양광 발전 시스템의 고장 진단에 적용과 솔라 카 지원 등의 실적이 있으며 현 단계에서는 가장 선행하고 있는 모델이라고 할 수 있다[21].

(5) 기상 위성 리소스(해외)

미국에서는 오래전부터 위성 화상에 기초한 추정 모델 개발이 활발하며 R.Perez 등의 그룹[22]과 NASA의 그룹[23] 등이 연구개발을 추진하고 있다. 또한 최근에는 국제에너지기관(IEA)의 IEA SHC Task 48 그룹에서도 마찬가지 방법으로 태양에너지의 리소스 데이터베이스를 작성하고 있다[24]. 양자 모두 전자기술총합연구소와 마찬가지로 회귀 모델을 베이스로 개발하고 있다. 유럽에서는 PVSAT의 그룹이 역시 회귀 방법을 이용한 모델을 개발하고[25], 고장 진단 기술과 연계하고 있다.

또한 JRC에서는 PVGIS로서 발전 전력량 잠재량 지도의 유럽 및 아프리카의 데이터베이스를 작성하고 있다[26]. 이 베이스가 되는 것은 위성 화상에 기초한 추정이지만 GIS와의 제휴와 월적산 베이스의 데이터를 일일 동향으로 전개하는 등의 검토를 하고 있다. 위성 화상은 시간 분해능의 문제로 현재의 추정 정도에 한계가 보이지만 시간 분해능이 30분 단위 1~4km 메쉬에서 히마와리 8호와 9호는 2.5분에 1매의 화상 취득, 나아가 관측 밴드 수도 증가하기 때문에 응용 분야가 확대할 것으로 기대된다.

또한 실측과는 다르지만 독립행정법인 신에너지산업기술종합개발기구(NEDO) 프로젝트에서 일본기상협회가 작성한 MET-PV와 MONSOLA 같은 데이터베이스가 있다[27].

이들은 기본적으로는 평년값과 같은 특정 통계값이기 때문에 고장 진단에 이용하는 경우 연간치 레벨의 비교 시에는 참고가 되지만 실측과는 다르므로 짧은 간격의 진단 입력에는 부적합하다.

6.2.2 운전 데이터를 이용한 고장 진단 방법

운전 데이터를 이용한 고장 진단 방법으로 크게 다음과 같이 3가지로 분류해서 설명한다.

① 데이터 분석 진단 방법

각종 운전 데이터와의 상호관계 등에서 직접적으로 분석하는 방법이다

② 시뮬레이션 비교 진단 방법

일사량과 모듈 온도에서 추정한 시뮬레이션을 베이스로 비교하는 방법이다

③ 상대 비교 진단 방법

시뮬레이션이 아니라 실측값을 비교하는 방법이다.

6.2.3 데이터 분석 진단 방법

데이터 분석 진단 방법이란 운전 데이터의 상호관계를 통계 방법이나 요인 분석하는 것을 말하며 고장 진단에 이용하는 방법이다. 대표적인 방법으로 태양광 발전 시스템의 각종 손실 요인 모델인 SV(Sophisticated Verification)법[28]이 있다.

SV법이란 전자기술총합연구소와 국립대학법인도쿄농공대학 그룹이 개발한 방법이며 비교적 간단하게 시스템 발전 성능과 발전 손실을 요인별로 분리 및 정량화할 수 있다. 이 방법은 시스템 설치 장소의 위도, 경도, 어레이의 경사각과 방위 등의 기초 정보를 토대로 계측 가능한 시스템의 직류 출력, 교류 출력, 모듈 온도와 어레이면 일사량을 이용한다.

한편 NEDO의 「태양광 발전 시스템 평가 기술 연구개발」[29]과 필드 테스트 사업[30], 「집중 연계형 태양광 발전 시스템 실증연구」[31], 「대규모 전력 공급용 태양광 발전 계통 안정화 등 실증연구」[32] 등에서도 이용되는 등 현재 일본 국내에서 가장 실적 있는 평가 해석 방법의 하나이다.

SV법은 레벨 5까지로 분류되며 1시간 값을 이용한 레벨 4와 1분 값을 이용한 레벨 5 등도 포함해서 최대 11항목의 손실 추정이 가능하다. 특별한 점은 그림자 특성을 일정 정도 추정 가능한 모델이라는 점이다. 또한 SV법은 기본적으로 경사면 일사량 등의 실측이 필수이므로 일사계의 설치가 곤란한 주택용 시스템을 대상으로 SV법의 알고리즘을 응용해서 계산값인 이론 일사량 데이터를 이용한 분석 방법도 제안되고 있다[33]. 이 방법은 그림자의 유무에 상관없이 이용할 수 있는 점도 장점이다.

유럽에서는 풋프린트 방법이라 불리는 진단 알고리즘을 연구한 사례가 있다[34]. 이 방법은 시간, 태양 고도 등을 분류하고 실제의 출력 이력을 통해 통계적인 범위를 학습하는 방법이다. 기타 뉴럴 네트워크와 학습 방법을 응용하는 방법도 제안되고 있지만[35], 그림자와 고장의 분리는 충분하지 않다. 그림자의 분리는 가장 중요한 핵심 기술이며 운용력이 우수한 음영 분류 방법 또는 그림자의 영향에 의존하지 않는 고장 진단 알고리즘의 개발이 기대된다.

6.2.4 시뮬레이션 비교 진단 방법

발전 전력량을 추정하는 방법은 모듈 레벨과 시스템 레벨에 따라 다르다. 모듈 레벨에서 가장 기본이 되는 것은 I-V 곡선의 이론식이며 등가회로에 의한 다이오드 모델이다. 발전 전력량을 추정하려면 임의의 일사 강도와 모듈 온도를 계산할 필요가 있지만 보통은 스펙치와 측정 데이터에서 각 파라미터를 조정한다.

그때 다이오드 인자 N과 로컬의 션트 요소 등을 가미한 Two 다이오드 모델을 이용한 피팅 연구가 진행되고 있다. 그러나 이 연구는 파라미터 값에 대한 타당성과 범용성이 결여되어 있다[36].

이외에도 IEC 61853-1에 의한 3가지 방법이 권장되고 있다[37]. 이중 두 방법은 옥내외 계측 데이터에서의 파라미터 피팅이 원칙적으로 필요하지만 전자기술총합연구소가 제안하고 있는 Proceduere에서는 옥내외에서 4가지 I-V 곡선을 계측하여 선형 내삽(외삽입)하는 방법이며 정도는 나머지 두 방법과 비교해서 우수하다[38]. 그외 대표적인 I-V 곡선의 추정 모델은 Sandia National Lab 모델이 있으며 실측에서의 파라미터 조정은 필요하지만 표준 상태의 I-V 곡선의 5점을 이용한 방법을 제안하고 있다[39].

6.2.5 시뮬레이션 비교 진단 방법(일사 강도와 온도 이용)

I-V 곡선을 이용하지 않고 일사 강도와 온도를 입력 파라미터로 한 최대 출력점 전력과 관계식으로 나타낸 시뮬레이션 방법을 개발하는 방법이 있다. 대표적인 모델로는 Sandia National의 Lab 모델[39]과 구 BP솔라의 Steve Ransome 모델이 있다[40].

시스템 레벨에서 전개하려면 태양전지 어레이의 I-V 곡선을 계산하기 위해 다른 I-V 곡선에 대해 직병렬을 가미한 합성이 필요하다. I-V 곡선을 기본으로 하는 경우는 이론식에서 직접 수치적으로 푸는 것인데, 실제로는 앞서 말한 바와 같이 이론식을 피팅으로 이용하는 방법은 범용적이지 않기 때문에 I-V 곡선은 이산적인 수치로 이용하는 경우가 많다. 이 경우는 수치적으로 키르히호프의 법칙에서 정상해를 중첩시켜 푸는 방법이 제안되고 있다[41]. 또한 더욱 간소한 방법으로 바이패스 다이오드를 전자 스위치로 대체해서 최대 전력점 전력(P_{max})의 동작점만을 고려한 동작점 매트릭스 계산 방법도 제안되고 있다[42]. 다만 일반적으로는 개개의 모듈 I-V 곡선에 의한 P_{max}의 단순 덧셈과 대표적인 모듈 I-V 곡선을 단순하게 어레이의 I-V로 대체하는 방법도 있다.

이 경우에는 모듈 간의 편차가 직병렬에 의해 미스매치가 일어나는 미스매치 손실을 가미할 수 없다. 또한 I-V 곡선을 이용하지 않고 직접 출력 전력을 추정하는 방법에는 이 과정은 없다. 기타 주의사항으로는 반사 등 입사각 의존성을 고려해야 하며 정격 베이스로 계산할지 개별 모듈 출하 시의 값을 이용할지의 검토, 단시간의 출력 변화(아몰퍼스의 초기 변화, 어닐 효과, CIS의 광조사 효과)에 대해서는 비교적 중요한 항목이지만 감도는 크지 않기 때문에 대표적인 값으로 대체하는 것이 일반적이다.

상세한 설정이 가능한 소프트웨어도 일부 있지만 개별 태양전지 모듈과 시스템 단위에서 태양광 발전 시스템의 시스템 통합화와 판매망에서 입수 가능한 데이터인 점이 범용성에서는 중요하기 때문에 감도가 낮은 데이터는 대표적인 데이터를 이용하는 일이 많다.

어레이의 출력까지 모의할 수 있으면 나머지는 파워컨디셔너의 특성이다. 일반적인 방법으로는 부하율-파워컨디셔너 효율 특성(파워컨디셔너 효율 곡선)에서 추정하는 방법이 있다. 파워컨디셔너 효율 곡선은 입력 전압에 따라서도 다르기 때문에 입력 전압별 특성이 있는 것이 바람직하다. Photon이 파워컨디셔너의 측정 결과를 공표하면서[43] 데이터의 입수성도 높아졌다.

그러나 이들의 데이터를 가미하려면 입력 전압을 추정할 수 있어야 해 I-V 곡선의 추정 혹은 최대 전력점의 전류와 전압을 따로따로 계산할 필요가 있다. 파워컨디셔너의 또 하나의 중요한 특성으로 최대 출력점 추종 제어(MPPT) 효율이 있다.

변동 특성과 단차 커브에 의해 특성이 달라지는 것으로 알려져 있으며 실내 측정 방법으로는 모의 전원을 이용해서 특정 일사 강도를 변동시킨 시험 방법 등이 제안되고 있다[44][45]. 현재는 연간 발전 전력량에 적용하기는 어렵다.

여기까지 설명한 것이 기본적인 시뮬레이션 방법이지만 보다 간소한 방법으로 파라미터 분석법이 있다. 파라미터 분석법이란 일정 기간의 에너지량을 추정하는 방법으로 비선형성을 선형의 보정계수로 나타내서 추정하는 방법이다. 전자기술총합연구소가 제안하고[46] 이후 JQA 등이 일본의 대표적인 파라미터를 추정하여 JIS 8907:2005를 작성하였다[47]. 최근에는 「대규모 전력 공급용 태양광 발전 계통 안정화 등 실증연구」 결과를 JIS C8907에 반영한 「STEP-PV」가 NEDO에서 공개됐다.

파라미터 분석법을 응용하여 전자기술총합연구소는 저일사 영역의 비선형성 항을 추가한 시계열 모델을 개발했다. 출력은 월간치를 베이스로 하고 NEDO 프로젝트의 주택용 태양광 발전 시스템 100건분의 운전 데이터를 활용하여 대표적인 파라미터를 결정하고 있다[48]. 이것을 기상청 지상기상관측의 수평면 일사량과 기온 및 풍속을 이용하는 간이 모델로 개발했다[11]. 경사면 변환은 기상협회 모델, 모듈 온도 추정은 니시카와 모델을 이용하고 있다[49]. 이 시뮬레이션을 이용하여 태양광 발전소 네트워크(PV-Net) 등의 태양광 발전 유저 단체가 고장 진단 방법으로 활용하는 사례도 있다[50].

마찬가지의 시뮬레이션으로 주(住)환경계획연구소의 솔라클리닉이 있지만[51], 이것은 아메다스의 일조 시간에서 일사량을 추정하는 모델을 기본으로 해서 초기의 실측을 이용한 보정계수를 곱하는 모델이다. 솔라클리닉은 2012년부터 웹사이트에서 무상 서비스를 제공하고 있으며 특히 생활 클럽 생협을 중심으로 한 태양광 발전소 설치자 모임(CELC)의 유저용으로 긴 세월 분석을 지속적으로 실시하고 있다[52].

마찬가지의 방법으로 민간에서도 서비스를 전개하고 있는 주식회사 NTT 스마일 에너지 「에코 메가네」 등이 있다.

또한 분석 방법은 같지만 입력인 일사량 데이터를 그 지역을 대표하는 일사계를 학교 등에 설치해서 활용하는 대응이 있다. 가령 군마현 오타시의 집중 연계 프로젝트 종료 후에 프로젝트 내에서 추정한 파라미터를 활용하는 예가 있다. 또한 시즈오카현 가케가와시의 실증연구도 있다[53]. 한편 진단보다는 주로 설계에 이용하는 것이 중심이지만 태양광 발전 업계가 카탈로그 등에서 표준으로 이용하고 있는 JPEA법이라 불리는 방법이 있다. 이것은 사계절별로 온도계수를 곱하는 JIS C 8907보다 더욱 간편한 방법이다.

한편 시뮬레이션에서 중요한 파라미터인 모듈 온도의 추정도 몇 가지 연구가 있다. 기본적으로는 기온에서 증가분 ΔT를 추정하는 모델이며 경사면 일사 강도와 풍속이 중요한 파라미터이다. 일본에서는 지붕 설치를 기본으로 니시카와 등의 모델[49], JQA의 유가와 등의 모델 베이스[54]에 JEMA 프로젝트에서 파라미터 결정한 JIS C 8907:2005에서 이용하는 모델이 있다[55]. 해외에서는 Sandia 모델이 개발한 모델이 있으며 마찬가지로 경사면 일사 강도와 풍속에서 ΔT를 추정하는 모델이다[39].

일본에서는 2000년경에 개발한 후 연구는 중단됐으며 더욱 범용적이고 고정도의 모델 개발이 기대된다. 또한 시뮬레이션과 비교했을 때 기술 과제로 남은 것은 그림자의 영향이다.

GIS의 이용과 3D-CAD를 이용한 시판 소프트웨어도 있지만[56][57][58], 설치 전 설계 단계에서는 위치에 따른 차는 평균치와 앞으로 20년의 연간 일사량 변동에 흡수될 가능성은 높다. 그러나 고장 진단에 응용하려면 일정한 설치 장소를 CAD 베이스로 적용할 필요가 있다. 이런 번잡함 때문에 고장 진단에 그림자의 영향을 시뮬레이션 베이스로 엄격하게 이용하고 있는 예는 그다지 없다.

현지에서는 어안 렌즈를 이용하여 그림자를 추정하는 방법이 오래전부터 검토되고 있으며[59], 해외에서는 툴도 시판되고 있다[60]. 현재로서는 설계 단계에서 이용하는 경우가 많고 고장 진단용 프로그램에 응용되는 예는 콘셉트 단계에 머물러 있다.

6.2.6 상대 비교 진단 방법

상대 비교 방법이란 근린 혹은 유사한 실측 운전 데이터끼리 비교하는 방법이다. 운전 데이터에는 전류와 전압 및 전력을 직접 이용하는 방법과 기본적인 평가 파라미터를 이용하는 방법이 있다. 발전 성능을 나타낼 때는 대상 기간의 일사량과 발전 전력량 및 발전 성능을 평가하는 3가지 지표가 일반적으로 이용된다.

각각 JIS C 8960에 의해 아래와 같이 정의된다[61](단, JIS는 일별 데이터를 기본으로 하지만 시간치 등도 응용할 수 있기 때문에 여기서는 일간을 제외했다). 매우 일반적인 지표이며 단순한 본 지표의 이력을 보기만 해도 고장 진단은 어느 정도 가능하다.

평가를 위한 지표

- 등가일 태양 일조 시간[h·d⁻¹]

  기준 태양광으로 경사면 일사량을 공급하는 데 필요한 시간으로 정의된다.

- 등가일 시스템 운전 시간[h·d⁻¹]

  대상 기간의 시스템 출력 전력량[kWh]을 표준 태양전지 어레이 출력[kW]으로 제한 값. 등가 시스템 운전 시간[h]은 시스템 출력 전력량[kWh]을 표준 태양전지 어레이 출력[kW]으로 제한 값으로 정의된다. 일본의 대표적인 값은 연간 1,000~1,100h가 이용되며[29][30][31][62], 독일에서는 800h 등이 일반적이다[63].

- 시스템 출력계수(performance ratio)

  시스템 출력계수는 등가일 시스템 운전 시간을 등가일 태양 일조 시간으로 나눈 값으로 정의되며 백분율로 나타내는 일이 많다. 어느 평가 기간 내에 태양광 발전 어레이면에 입사한 일사량을 기준으로 해 그 일사량이 모두 기준 일사 강도로 공급됐을 때의 태양광 발전 시스템을 대상으로 한다. 항상 표준 상태에서 운전한 경우에 얻을 수 있는 이상적인 발전 전력량에 대해 실제로 시스템에서 얻어진 발전 전력량이 어느 정도 비율인지를 나타내는 지표이다.

  시스템 간의 어레이 구성과 설치 상황이 다른 것에 따른 입사 에너지 차이와 계절 변동 영향을 받지 않으므로 다른 변동효율을 가진 시스템도 같은 지표로 비교해서 평가할 수 있다. 때문에 이 지표는 시스템 평가 분야에서 널리 이용된다. 일본의 대표적인 값은 연간 0.7~0.8 정도이며[29][30][31][62][63], 지금까지 설치된 유럽과 미국과 큰 차이는 없지만[64], 사막이나 산맥지대 등에서는 온도에 따른 영향에 기인한 차이가 보인다[26][65].

이들 지표와 실측 운전 데이터를 모듈과 스트링 및 인근 시스템에서 비교하는 방법이 제안되고 있다. 모듈 비교란 마이크로 컨버터와 PLC를 이용한 개별 모니터링[66]에 의한 고장 진단에 이용되는 방법이다. 스트링 비교란 시스템 중의 복수 스트링을 상대 비교하는 방법이다. 이 방법은 불량이 동시에 발생하지 않는 경우를 고려하고 있다. 연구 예로는 국립대학법인도쿄공업대학이 호쿠토에서 검토한 예가 있다[67]. 또한 산업기술총합연구소는 비교용 스트링 전류를 일사 강도 대신 또한 전압을 온도 센서 대신 이용하여 표준시험 상태로 변환하여 동작점에 의한 진단 방법의 기초 검토를 하고 있다[68].

스트링 비교와 유사하지만 이 방법은 유사한 시스템 단위로 비교하는 방법이다. 메가솔라 등은 시스템 단위로 비교가 용이하지만 주택용에서도 일정한 거리 내에 시스템 수가 증가함으로써 극단적으로 불량이 있는 시스템 등을 발견할 수 있다. 검토 예로는 서일본재생가능에너지와 규슈전력주식회사의 공동 프로젝트 내에서 기초적인 검토를 수행한 예[69]와 샤프주식회사의 웹 모니터링 서비스에도 응용되고 있다.

6.2.7 기타 방법

기타 방법으로는 직접 I-V 곡선을 정기적으로 측정하는 방법[70][71]이 있다. 파워컨디셔너에 계측 기능을 갖게 한 것인데 I-V 곡선 정보가 있으면 지금까지의 분석 방법과 조합하면 응용 범위가 넓어진다.

또한 기본은 온사이트 점검 기술인 정전용량법, TDR 검사[72][73], 역전류상한 I-V 측정[74]을 응용해서 정기적으로 계측하여 원격으로 진단하는 방법도 있다. 조금 변형된 방법으로는 발전 전력 대신 모듈 뒤 단자함의 온도를 측정하는 연구도 있다[75]. 이 연구에서는 태양전지에 불량이 있는 경우 바이패스 다이오드가 통전 상태가 되면 온도가 높아지는 것을 이용한다. 이 온도를 감시하여 간접적으로 모듈 불량을 발견할 수 있다. 한편 온도 센서는 비접촉이라도 가능하다는 이점이 있지만 그림자와의 분리에 관한 과제는 남아 있다.

6.2.8 실용화 동향과 모니터링 응용

모니터링은 어레이 단위, 태양전지 스트링 단위, 태양전지 모듈 단위로 나뉜다. 주택용의 경우 파워컨디셔너가 태양전지 스트링 단위로 측정하는 경우는 많지만 원격으로 실시하는 예는 일본에서는 적다. 제조사의 모니터링 서비스 사례로는 일본 제조사 중에서는 샤프주식회사 및 솔라프런티어주식회사가 주택용 모니터링 서비스를 제공하고 있다. 공공 및 산업용에서는 필드 테스트 사업 내 계측이 표준으로 자리 잡고 있기 때문에 모니터링을 수행하고 있지만 유효하게 고장 진단에 이용하는 예는 적다.

또한 HEMS(Home Energy Management System)과 BEMS (Building Energy Management System), 스마트미터와의 관계에서 모니터링을 수행하는 케이스는 증가하고 있다. 또한 메가솔라용 모니터링 서비스는 주식회사 NTT 퍼실리티즈를 포함한 복수의 회사가 사업 검토를 시작했다. 이처럼 일본에서 모니터링 서비스 전개는 확대되고 있다.

유럽에서는 PERFORMANCE 프로젝트[76] 내에서 모니터링 방법의 가이드라인을 작성하고 있으며 민간에서는 Metrocontrol이 수GW 규모의 모니터링을 실시[77]하고 SMA가 자사의 모니터링 데이터에서 독일 전체의 발전 전력을 예상하는 등 일본보다 약간 앞서고 있다.

시판 소프트웨어 등의 리뷰는 "Models Used to Assess the Performance of Photovoltaic Systems"[78]와 "PV Performance Moderling Workshop Summary Report"[79]라는 문헌을 참고하기 바란다.

여기서는 모니터링 기술에 관해 운전 데이터를 고장 진단에 이용하는 관점에서 정리했다. 그러나 실제로는 발전 예측 기술과 모니터링 기술은 매우 관련이 깊다. 개별 에너지 매니지먼트와 태양광 발전 대량 도입 시 전력 시스템의 계획과 운용에서는 발전 예측이 필요하다[80].

발전 예측에는 당연히 일정의 실측 운전 데이터를 이용해야 하며 예측 사업자가 어떻게 운전 데이터를 집약할지는 태양광 발전 시스템의 설치 정보(경사각, 방위각)와 아울러 해결해야 할 과제이다[81]. 장래적으로 태양광 발전이 진정한 의미에서 에너지 시스템으로서 제 능력을 발휘하려면 수천만 건 규모의 데이터 관리, 고장 진단 발전 예측을 일괄적으로 모니터링할 수 있는 사회 시스템을 구축할 필요가 있다.

6.3_모듈의 내구성과 신뢰성

6.3.1 신뢰성 시험의 의의

2012년 7월부터 개시된 고정가격매입제도로 일본 국내에서도 태양광 발전 설비의 도입이 비약적으로 진전하고 있다. 따라서 초기의 발전 성능뿐 아니라 장기 신뢰성에도 큰 관심이 모이고 있다. 그러나 현행 인증에 이용되는 신뢰성 시험(가속시험)은 초기 고장의 검출을 목적으로 하며 10년 정도의 수명을 뒷받침하는 기준에 불과하다. 현행 시험에서는 신뢰성이 높은 모듈과 낮은 모듈을 구별할 수 없다.

또한 20년 이상의 장수명을 예측하는 과학적 근거가 되는 시험은 존재하지 않는다. 최근에는 제조사가 25년과 30년의 보증을 주장하고 있는 곳도 많지만 이것은 이 기간에 불량이 생긴 경우의 교환을 보증한 것에 지나지 않으며 25년이나 30년의 장수명을 보증하는 것은 아니라는 점에 주의해야 한다.

가령 현행 인증시험에 이용되고 있는 JIS C 8990의 규정보다 시험 시간을 길게 하면 모듈의 열화 상황에 차이가 나타나는 것은 잘 알려져 있지만 이것은 해당 시험에 대한 내성의 차이를 명시한 것에 지나지 않으며 실제 옥외 환경에서의 열화 차이를 나타낸다고는 할 수 없다. 엄격한 시험에 견뎠다고 해서 오버스펙에 지나지 않을 가능성도 고려해야 한다.

현행 시험의 한 가지 문제점은 JIS C 8990에 정해진 시험에서는 고온고습시험과 온도 사이클 시험 중에 광 조사를 하지 않는다는 것이다. 태양전지는 옥외에서는 광 조사에 의해 전압이 발생하고 부하가 연결되어 있으면 전류가 흐르는 소자이기 때문에 광 조사가 이루어지지 않는 환경에서는 고온고습시험과 온도 사이클 시험을 실시해도 옥외에서 생기는 열화와 동등한 열화가 생긴다고 하기 어렵다. 물론 대면적의 태양전지 모듈에 대해 균일하게 광 조사를 수행하고 또한 광조사에 의한 시험 중의 온도 변동을 일으키지 않도록 하는 것은 불가능하지는 않지만 동시에 여러 장의 모듈을 시험하는 것은 곤란하다. 즉 광 조사와의 조합 시험을 인증시험으로 하는 것은 현실적이지 않다고 볼 수 있다.

그러나 적어도 열화 요인을 확인하는 데는 광조사를 비롯한 옥외에서의 다양한 열화 인자를 조합한 복합 가속시험의 실시는 필수일 것이다. 물론 어느 열화 인자를 조합할지에는 과학적 근거도 필요하며 단순히 열화가 빨라지면 좋은 것은 아니다. 고온고습시험과 온도 사이클 시험을 조합시키는 것과 나아가 이 조합 시험 전에 광조사를 하여 고온고습시험과 온도 사이클 시험을 각각 단독으로 수행한 경우의 열화량을 더한 값보다 열화가 진행하는 것으로 알려져 있다. 그러나 옥외에서는 고온고습시험과 온도 사이클 시험에서 모의하는 부하가 동시에 모듈에 더해지고, 나아가 광조사도 생기기 때문에 이들의 조합 시험은 옥외에서의 열화를 보다 비슷하게 확인할 가능성도 있다. 또한 염수분무시험이 후술하는 전위차로 인한 출력저하를 일으키는 현상은 연안부에서 전압 유기 열화가 일어나기 쉽다는 보고를 뒷받침하는 것일 가능성도 있다.

태양전지 제조사가 반드시 장시간을 요하는 엄격한 시험을 인증시험으로서 채용하는 것을 요구하는 것은 아니라는 점에도 주의가 필요하다. 인증에 필요한 비용이 비싸지고 상품 개발 사이클도 길어지기 때문이다.

이 점에서는 부하를 엄격하게 해서 단시간에 열화를 일으키게 하는 고가속시험이 유효하지만 실제의 옥외 폭로 시에 일어날 수 없는 부하를 가해서 무리하게 열화를 일으켜도 옥외 폭로와 대응을 취할 수 없기 때문에 유효한 시험이라고는 할 수 없다. 옥외 폭로와 가속시험 사이의 가속계수를 산출 가능한 시험이 바람직하다고 할 수 있다.

☀ 6.3.2 태양전지 모듈의 열화 구분

결정 실리콘계 태양전지 모듈의 열화는 물리적 및 기계적 열화와 화학적 부식 열화로 크게 나눌 수 있다. 모듈 내부에서는 인접하는 셀을 금속 리본이라 불리는 납땜 피복 동선으로 접속하고 있다. 모듈을 장기간 옥외에 폭로함으로써 온도의 상승 하강에 수반하는 스트레스와 풍압이나 적설 등의 하중에 의해 인터 커넥터와 셀의 버스 바 전극을 접속하는 납땜에 균열이 생기거나 혹은 스트레스에 의해 셀의 버스 바 전극과 핑거 전극의 교차부에 단선이 생김으로써 직렬 저항이 상승한다. 이것이 물리적 및 기계적 열화의 주요 요인이다.

이 열화는 일반적으로는 온도 사이클 시험과 결로 동결 시험에 의해 재현되며 직선적인 성능 저하를 나타낸다. 한편 모듈이 장기간 옥외에 폭로되면 수분이 모듈 내부에 침투한다. 물론 수증기 투과율이 낮은 하이배리어의 백시트를 이용하는 방법도 있지만 장기간에 걸친 옥외 폭로 기간 중에 수증기의 침투를 완전하게 억지하는 것은 거의 불가능하다고 해도 좋다. 지금까지 모듈 내에 침투한 수증기 자체가 모듈을 열화시킨다고 여겼지만 최근 들어 모듈을 열화시키는 것은 수증기 자체가 아니라 봉지재에 사용되는 에틸렌 초산 비닐 공중합체(EVA)가 수증기에 의해 가수분해해서 발생하는 초산이 셀의 전극부를 부식시켜 열화를 일으키는 것으로 밝혀졌다.

이온 크로마토그래프로 측정한 모듈 내 잔류 초산량과 모듈의 발전 성능 저하에는 상관성이 있다. 또한 백시트를 이용하지 않은 모듈은 모듈 내 잔류 초산량이 적어 발전 성능의 저하도 작다. 물론 기계적 강도와 절연 내성을 생각하면 백시트를 이용하지 않는 모듈은 현실적이지는 않지만 수증기 투과율이 낮은 하이배리어의 백시트가 모듈의 신뢰성 향상에 필수라는 기존의 상식을 깨는 결과가 얻어졌다. 오히려 어중간한 배리어성을 가진 백시트는 수증기의 침투를 늦출 수는 있지만 저지하지는 못한다. 결과적으로 발생한 초산은 백시트의 배리어성에 의해서 모듈 외로 방산하기 어려운 탓에 잔류량이 많아져 오히려 발전 성능을 크게 저하시킨다.

이 결과는 모듈 부재와 모듈 구조의 설계 지침에 큰 영향을 미치며 수증기 투과율이 낮은 백시트 부재의 개발보다 산을 발생시키지 않는 봉지재를 개발하는 것이 우선이며 또한 산의 발생이 우려되는 경우는 발생한 산을 모듈 외로 방출시키는 구조를 개발하는 것이 중요함을 시사한다. 한편 아모르퍼스 실리콘 태양전지 모듈은 산뿐 아니라 수증기에 의한 열화도 시사되므로 하이배리어의 백시트 개발이 더욱 중요하다.

물리적 및 기계적 열화와 화학적 부식 열화는 반드시 완전하게 구별할 수 없는 가능성도 있다. 가령 화학적 부식 열화에 의해 전극 계면의 접합 강도가 저하하면 물리적 및 기계적 열화가 일어나기 쉽다고 생각할 수 있기 때문이다. 어쨌든 물리적 및 기계적 열화와 화학적 부식 열화 모두 그 요인은 모듈 부재에 있다고는 해도 셀 전극에 관련하는 열화이다. 화학적 부식 열화는 핑거 전극부에, 전극 페이스트 내에 포함되어 있는 납의 편석과 커버 유리로부터 확산한 나트륨이 축적되지만 그 경우에서조차 셀의 pn 접합부에 이상은 생기지 않는 것을 주사 현미경으로 확인했으며 어떤 형태든 열화가 생긴 모듈에서도 셀은 문제없이 발전하기는 하지만 광 생성한 캐리어를 수집할 수 없기 때문에 발전 성능이 저하한다는 것을 시사한다. 즉 결정 실리콘 태양전지에서는 셀 전극의 개량 모듈의 신뢰성 향상이 제일 중요한 과제라고 생각된다.

모듈의 신뢰성 연구에서 종종 과제가 되는 것이 옥외 폭로와 가속 시험의 대비이며, 양자를 연결하는 가속계수의 산출이 요구된다. 화학적 부식 열화에 관해서는 모듈 내 잔류 초산량이 하나의 지표가 되지 않을까 생각한다. 온도 85℃, 상대습도 85%인 고온고습시험을 실시한 경우 모듈 내 잔류 초산량은 시간에 비례하여 선형으로 증가하는 것이 아니라 시험 시간 3,000시간 정도부터 급격하게 증가한다. 또한 EVA 1g당 잔류 초산량이 1,000μg를 넘을 때까지는 모듈의 특성 열화는 거의 일어나지 않는다.

이것에서 고온고습시험에서는 온도 사이클 시험과 달리 모듈의 특성 열화는 시험 시간에 대해 선형이 아니라 시험 시간 3,000시간 정도부터 급격한 특성 저하가 관측된다. 고온고습시험 후의 모듈과 일본 각지에서 옥외 폭로시킨 여러 모듈의 잔류 초산량을 비교한 결과 4,000시간의 시험과 30년의 옥외 폭로에서 양자의 잔류 초산량은 EVA 1g당 약 2,000μg에서 합치한다. 원래 옥외 폭로에서는 수광면에의 자외광 조사에 의해 초산이 생성되기 쉬운 점과 폭로지에 의한 온도와 습도의 차이도 있다. 나아가 잔류하지 않고 모듈 밖으로 방산된 질산도 모듈 내에 잔류했던 시간에 따라서는 모듈의 열화를 일으킬 가능성이 있다. 이처럼 아직도 고려해야 할 요소는 많지만 옥외 폭로와 가속 시험의 대비라는 긴세월의 과제에 대해 지침을 찾아낸 의의는 크다고 느낀다. 이 경우의 가속계수는 대략 65배가 된다.

한편으로 고온고습시험과 옥외 폭로에서는 열화에 수반하는 일렉트로 루미네센스(EL)상의 암부 발생 상황이 다르기 때문에 고온고습시험에서는 옥외 폭로의 열화를 재현할 수 없다는 비판도 있다. 옥외 폭로 모듈의 EL상의 암부는 모듈 내 각 셀의 내부에 발생하고 셀 간에 차이는 없고 동일한 패턴이 많은 반면 고온고습시험 후의 EL상의 암부는 각 셀의 단부에서 발생하여 모듈 주변부와 중앙부의 셀에는 차이가 없다. 이것은 백시트에서 침투한 수증기에 의해 발생한 질산이 셀과 셀의 극간에서 셀 상부에 도달하여 셀 주변부의 핑거 전극부터 부식이 진행한다고 생각하면 쉽게 해석할 수 있다.

다시 말해 고온고습시험이 적당한 열화를 일으킨다면 옥외 폭로에서는 어느 셀에서도 마찬가지 패턴의 암부가 셀 내부에서 발생함으로써 셀의 제조 공정에 기인하는 전극 소성의 불량을 나타내는 것에 지나지 않는다고 생각한다. 옥외 폭로에서는 폭로 연수가 30년에 가까운 것은 적고 앞서 말한 잔류 질산량에 의한 지표에서 생각하면 아직 셀 주변부의 핑거 전극의 열화에 의한 EL상의 암부가 발생할 정도의 질산은 잔류하지 않는다고 생각한다.

그러나 셀 내부에 제조 공정의 불량에 기인하는 취약한 전극이 존재하면 그 정도의 질산량으로도 취약한 전극이 열화해서 EL상의 암부가 발생하고, 나아가 제조 공정의 불량에 기인하므로 모듈 내의 어느 셀에서도 마찬가지 패턴의 암부가 될 것으로 여겨진다. 물론 제조상의 불량에 기인하는 취약한 전극을 갖는 셀을 이용하면 고온고습시험에서도 셀 내부로부터 EL상의 암부가 발생하는 것을 확인했다. 이들 점에서 고온고습시험에서 옥외 폭로의 열화를 재현할 수 없다는 비판은 적절하지 않다고 생각된다.

6.3.3 전위차로 인한 출력 저하(PID)

앞 항에서 소개한 열화가 십수년의 긴 시간 진행하는 반면 이른바 메가솔라에서 두드러지게 발생하는 전위차로 인한 출력 저하(PID)는 운전 개시 후 수개월부터 수년의 단기간에 발생하고 또한 발전 성능이 절반에서 수% 정도까지 격감하는 일도 드물지 않아 큰 문제가 되고 있다. 일반적인 p형 웨이퍼를 이용한 결정 실리콘 태양전지에서는 주로는 개방전압의 저하를 수반하고 병렬 저항이 저하하는 열화 모드인 것이 알려져 있다.

시스템 전압이 높은 점, 온도가 높은 점, 습도가 높은 점 등이 PID 발생 요인이라고 하지만 그 후의 연구에 의해 고습도는 옥외에서 PID를 일으키는 요인으로서 중요하기는 하지만 본질적인 필요 조건이 아니라는 점도 시사되었다. PID의 직접적인 원인은 커버 유리로부터 봉지재 내를 거쳐 셀까지 도달하는 나트륨의 확산이라고 한다.

커버 유리는 일반적으로 백판 강화 유리를 이용하고 있지만 표면의 나트륨을 칼륨으로 치환한 화학 강화 유리와 나트륨을 포함하지 않는 커버 부재를 일반적인 커버 유리로 바꾸어 이용함으로서 PID를 억제할 수 있다. 또한 체적 저항이 높고 누설 전류가 작은 봉지재를 이용하는 것도 PID의 억제에 효과적이며 EVA를 대신해서 아이오노머와 폴리오레핀을 사용하는 방안이 검토되고 있다. 셀 측에서 대처하는 방법으로는 질화 실리콘 반사 방지막의 조성에서 실리콘 과다 사용하여 도전성을 높여 나트륨이 도달해도 대전을 억지하여 결과적으로 PID를 일으키지 않는다고 하는데, 반사 방지막의 구성을 최적치에서 어긋나게 하는 것에 의한 초기 성능의 저하도 우려된 다. 어떤 방법이든 비용면과 성능면에서 과제가 있으며 PID는 아직 해결되지 않았다.

PID의 시험 방법도 챔버법, 침수법, 알루미늄 피복법 등이 실시되고 있으며 시험 시간, 시험 온도, 인가 전압 등도 통일되어 있지 않지만 가장 중요한 것은 옥외 폭로에서 생기는 PID와 동등 한 현상을 발현할 수 있을지의 여부이다.

PID 현상은 회복하는 것으로도 알려져 있으며 자연 방치에 의해 회복하는 것도 있는가 하면 역전압을 인가해야 회복하는 것도 있다. 자연 방치에 의한 회복에는 수개월이 걸리는 것도 있는 시정수가 긴 현상이다. 또한 완전하게 초기 특성까지 회복하는 것도 있는가 하면 부분적으로밖에 회복하지 못하는 것도 있다. 커버 유리로부터 확산한 나트륨이 반사 방지막 표면에 남는 경우에 는 완전 회복하고 반사 방지막 중 또는 pn 접합면까지 도달한 경우에는 완전하게는 회복하지 못 하는 것으로도 추측된다.

최근에는 CIGS 태양전지에서도 PID 현상이 존재하는 것으로 보고됐지만 실리콘계 태양전지 에 비해 PID 현상의 발생은 더뎌 봉지재인 EVA를 아이오노머로 치환함으로써 완전하게 억제 가 능한 것도 확인됐다. 또한 고효율을 얻을 수 있는 n형 웨이퍼를 이용한 결정 실리콘 태양전지는 PID 시험 후의 전류−전압 특성이 p형 웨이퍼를 이용한 경우와 크게 달라 단락전류와 개방전압 이 모두 저하하기는 하지만 곡선 인자는 대략 유지되고 있다.

또한 열화 정도는 p형 웨이퍼를 이용한 경우에 비해 작다. 박막 실리콘 태양전지는 투명 도전 막과 실리콘층의 박리가 수반되는 PID 현상이 발생한다. 이처럼 고전압으로 유기되는 열화현상 을 PID라고 치부하지만 태양전지의 종류에 따라서 현상이나 원리가 다르므로 이에 대한 연구가 필요할 것으로 보인다.

6.4_ 태양광 발전 출력의 변동 예측

태양광 발전 예측 기술로는 GPV(Grid Point Value)와 날씨 예보 문자 데이터를 포함한 수치 기상 모델과 통계 모델을 조합한 방법이 널리 사용되고 있다. 각각의 모델에는 장단점이 있으며 상호 보완하는 형태로 조합할 수 있다. 주로 수치 기상 모델은 수시간 이후부터 수일 앞까지의 장 시간 예측에 적용되며 통계 모델(과거 수분에서 수일의 일사, 태양광 발전 출력의 시계열 데이터 를 이용한 예측)은 직전에서 수시간 앞까지의 단시간에 적용되고 있다. 예측 방법은 예측하는 데 이터의 샘플링 시간, 공간 분해능, 예측 시간에 의해 방법이 다르다. 대표적인 예를 〈표 6-1〉에 나타낸다.

몇 시간 앞을 예측하는 것인지(예측 시간 : forecast horizon)에 따라 분류되는 일이 많다. 단시간 앞을 예측할 때는 화상처리 기술을, 다음날 이후를 예측할 때는 수치 예보 모델을 이용하는 것이 일반적이다. 따라서 태양광 발전의 출력 예측에 대해서는 예측 시간별로 단시간(6시간 미만)과 다음날 이상의 예측으로 크게 분류해서 정리한다.

표 6-1. 예측 방법의 분류

예측 방법	샘플링 시간	공간분해능	가능 범위	예측 주기
접속 모델	30초 이하	포인트	포인트	분 단위
천공 화상 이용	30초	10 to 100m	반경 3~8km	분 단위
위성 화상 이용	15분	1km	65° S~65° N	5~6시간
수치 예보 모델 이용	1시간	2~50km	전구	~10일

태양광 발전 시스템 발전 예측의 기본은 일사와 온도로 대표되는 기상 데이터를 예측하는 기술과 발전 성능을 추정하는 기술로 크게 나뉜다. 기상 데이터의 예측은 앞서 말한 바와 같이 수치 예보 모델에 추가해서 위성 화상 데이터 등의 각종 기술을 이용해서 예측한다. 이것을 이용해서 발전 특성을 추정하기 위해서는 일사에 추가해 모듈 온도 특성이 필요하다. 통상 이 2가지 데이터를 이용해서 발전을 추정한다. 〈그림 6-1〉에는 발전 예측의 기본 구조를 나타낸다. 용도로는 해당 태양광 발전 시스템을 예측하는 모델과 계통 범위 전체의 태양광 발전 시스템 총 출력을 예측하는 모델로 크게 나뉜다.

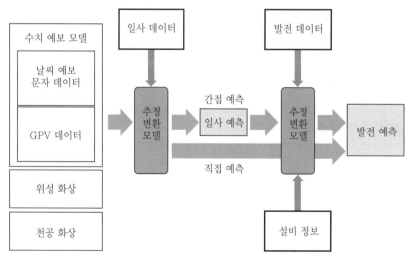

그림 6-1. 발전 예측의 기본 구조

6.4.1 단시간 예측(6시간 미만)

단시간 예측의 경우는 다음날 예측과 달리 방법이 다양하지만 화상처리 기술을 이용한 것이 현재는 가장 유효하다.

(1) 천공 화상 데이터 이용

수초에서 수분 같은 매우 단시간의 예측 방법 중 하나에 천공 화상을 이용하는 방법이 있다. 대표적인 방법은 어안 렌즈를 하늘을 향해 찍은 화상에 의해서 그 지점 상공의 구름 화상을 이용하는 것이다. 이 방법은 그림자의 분석 등에 응용되고 있는 것처럼 시스템의 주위 환경을 상세하게 파악하는 것이 가능하다. 구체적인 방법을 설명한다. 우선 화상 이미지에서 구름만 추출하고 수분 전의 화상과 비교해서 구름의 이동 벡터를 산출한다.

다음으로 그 벡터를 외삽해서 예측 천공 화상을 작성한다. 마지막으로 예측 대상 시의 태양의 고도와 방위 및 예측 천공 화상을 이용해서 태양으로부터의 직달광이 구름에 의해서 차단되는지 여부의 판단에 기초해서 일사량을 추정한다. 엄밀하게는 산란광에 대해서는 천공률 등도 관계한다. 다만 이 방법의 문제점은 구름의 발생과 구름의 형상 변화에는 대응할 수 없다는 점과 구름의 높이 방향 정보를 인식하는 것이 어려워 어느 정도 이전의 화상을 이용해서 이동 벡터를 산출하는지를 들 수 있다.

예를 들면 하층운은 약 3분 정도의 속도로 변화하지만 중층과 상층에서는 30분 정도로 완만하게 이동하기 때문에 몇 분 전의 화상을 이용하는 것이 최적인지를 검토해야 한다. 또한 복수의 천공 카메라를 분산 배치하면 광역의 예측도 가능하기 때문에 연구가 진행되고 있다. 한편 10초 정도의 간격을 두고 촬영한 천공의 구름 화상에서 구름의 이동 속도를 산출하고 태양 위치와의 관계에서 수분 후까지의 일사 변동을 예측하는 방법도 제안되고 있다. 이로써 일사 변동 타이밍은 수초에서 수십초 정도의 오차로 예측할 수 있다고도 보고되고 있다.

(2) 위성 화상 이용

위성 화상을 이용하는 방법의 베이스가 되는 것은 위성 화상에서 일사량을 추정하는 모델에 있다. 위성 화상의 휘도 데이터와 지상에서 관측된 일사량 데이터의 상관 모델 또는 방사 모델을 계산하는 물리 모델이 있다. 원래의 화상을 외삽하여 화상을 예측하고 일사 추정 모델과 조합하여 실현한다. 화상의 예측에는 시간 차가 있는 2매의 위성 구름 화상에서 상관계수에 의해 유사 구름을 유추하고 구름 이동 벡터를 이용하는 방법과 위성 구름 화상의 공간 주파수를 산출해서 푸리에 위상 상관법을 이용하는 방법 등이 있다.

화상을 어느 정도로 분류해서 상관을 구하는지가 중요하다. 홋카이도 왓카나이시에서 실시한 메가솔라 프로젝트에서는 일사 분포의 이동 모델에 대해 예측 대상 범위를 몇 가지의 소영역으로 나누고 각각에서의 이동 벡터를 산출해서 합성하는 모델을 이용하였다. 해외에서도 위성으로 관측한 가시광의 구름 화상 데이터에서 구름의 양과 움직임을 구하고 그 이동 벡터를 이용하는 방법으로 30분에서 2시간 이후까지의 일사량을 예측하는 방법이 검토되고 있다.

2매의 구름 화상에서 각부의 구름 이동 벡터를 구하고 몬테카를로법을 이용한 통계 모델에 의해 화상 전체의 이동 벡터를 추정하여 구름의 이동과 소멸을 예측하는 방법으로 복수의 사이트에 설치된 태양광 발전 시스템의 합계 발전 전력을 예측하면 예측 오차는 5% 정도가 되는 것으로 보고되고 있다.

6.4.2 익일 예측(6시간 이상)

이 범위의 시간의 발전을 예측하는 기본 구조는 수치 예측 모델의 출력이 베이스가 되며 이것을 토대로 일사 혹은 발전으로 변환하는 모델이 된다. 예측 데이터는 수치 예측 모델에서 출력되는 기상 파라미터이다. 일본이라면 기상청의 모델인 전구 모델(JMA-GMS), 메소 스케일 모델 (MSM)의 비정역학 모델(NHM)이 된다.

현재 기상청은 기상 업무 지원 센터를 통해 GPV(Grid Point Value)라 불리는 수치 예보 데이터를 일반에 공개하고 있다. 태양광 발전 시스템의 발전에 영향이 높은 파라미터로는 일사 및 기온이 있다. 그러나 수치 예보 모델은 내부에서는 일사도 계산되고 있지만 기상청이 공개하고 있는 GPV의 데이터 항목에는 일사량 데이터는 없다. 따라서 지금까지의 연구에서는 GPV의 구름량과 상대습도를 이용한 일사량과 발전 전력량 변환 모델에 관한 연구가 많다.

또한 민간기관 등에서는 기상청 GPV를 경계 조건 등의 입력치로 이용하여 재차 독자의 기상 모델을 이용해서 상세한 공간 영역을 계산하는 경우가 있다. 수치 예보 모델을 이용한 경우는 물리 모델을 베이스로 구축되어 있으며 앞서 말한 바와 같이 이것이 예측 데이터다. GPV에서 일사량과 발전량을 구하는 방법의 대부분은 회귀 모델과 퓨리스틱스 모델이며 공학적으로 입출력 관계를 구하는 방법이다. 엄밀하게는 예측이 아니라 추정 및 변환 모델이다. 물리 모델의 예측 및 공학 모델을 이용한 추정 및 변환 모델의 양자 모두 많은 연구 과제가 남아 있으며 연구개발이 진행되고 있다. 다만 연구개발의 역사로는 공학 모델을 이용한 추정 및 변환 모델의 개발이 선행하고 있으며 수치 예보 모델 내부에 대해서도 일사와 발전 응용이라는 관점에서 검토가 계속되고 있다.

기본이 되는 수치 예보 모델의 개략을 설명한다. 에너지 순환의 시점에서 본 대기 운동을 간단하게 설명하면 그림과 같다.

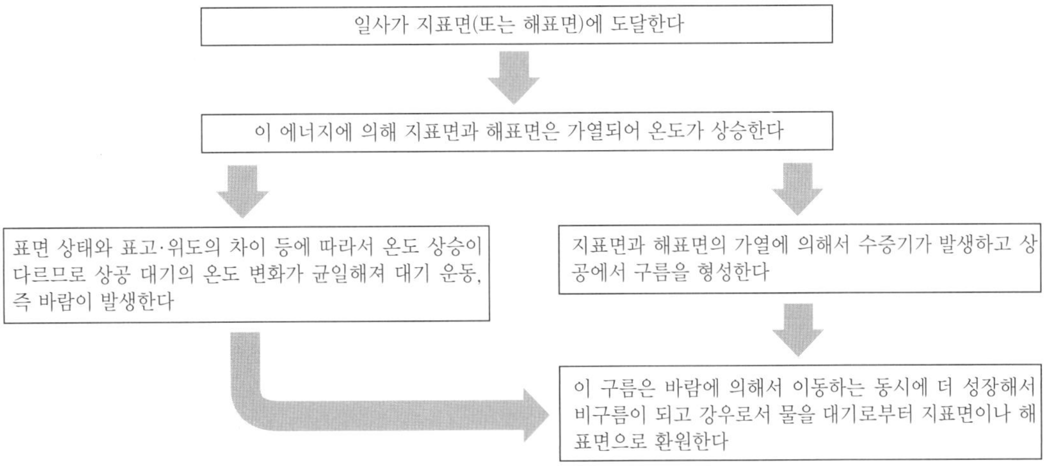

```
┌─────────────────────────────────────────────────┐
│        일사가 지표면(또는 해표면)에 도달한다        │
└─────────────────────────────────────────────────┘
                        ↓
┌─────────────────────────────────────────────────┐
│   이 에너지에 의해 지표면과 해표면은 가열되어 온도가 상승한다   │
└─────────────────────────────────────────────────┘
         ↓                              ↓
┌──────────────────────────┐  ┌──────────────────────────┐
│ 표면 상태와 표고·위도의 차이 등에   │  │ 지표면과 해표면의 가열에 의해서   │
│ 따라서 온도 상승이 다르므로 상공    │  │ 수증기가 발생하고 상공에서 구름을  │
│ 대기의 온도 변화가 균일해져 대기    │  │ 형성한다                   │
│ 운동, 즉 바람이 발생한다        │  └──────────────────────────┘
└──────────────────────────┘                ↓
         │                    ┌──────────────────────────┐
         └───────────────────→│ 이 구름은 바람에 의해서 이동하는   │
                              │ 동시에 더 성장해서 비구름이 되고  │
                              │ 강우로서 물을 대기로부터 지표면이나 │
                              │ 해표면으로 환원한다           │
                              └──────────────────────────┘
```

그림 6-2. 대기 운동에 의한 에너지 순환

이처럼 매일매일의 날씨는 대기의 운동에 의해서 변화한다. 그리고 대기 및 지표면에서 우주로 파장이 긴 적외광으로서 에너지가 방사된다. 기상 수치 예보 모델에서는 이러한 프로세스를 재현할 필요가 있다.

기상 수치 예보 모델은 대상으로 하는 영역의 크기와 시간의 길이, 나아가 대상으로 하는 현상에 따라서 몇 가지의 종류가 있다. 여기서는 일반적으로 일사 추정에 이용하는 영역 기상 수치 예보 모델(메소 모델)에 대해 설명한다. 이 모델은 일반적으로 수십km에서 1,000km 정도의 특정 영역을 대상으로 기상 변화를 상세하게 예측하여 해석한다. 기상청은 독자로 개발한 MSM을 이용하여 현재는 일본 주변역을 수평 격자 간격 5km로 해석을 수행하고 있다. 일사 프로세스는 기상학에서는 대기 방사 과정이라 불린다.

일사 프로세스는 대기 가스에 의한 산란과 구름 물 입자에 의한 산란과 흡수 등 복잡하며 모든 프로세스를 재현한 일사 강도 추정에는 방대한 계산 시간이 필요하다. 일본에서 기본이 되는 것은 기상청의 수치 예보 모델이다. 기상청은 지금까지 날씨와 재해 등을 목적으로 비의 양 등을 예측하는 것을 중심으로 모델을 개발해왔다. 일사량에 관해서는 기본적인 검증은 수행하고 있지만 태양광 발전의 발전 전력 예측에 응용하는 관점에서는 지금부터다. 지금까지 현행의 GSM과 MSM 같은 기상청 모델의 모델 출력치에 대해 예측 정도를 검증했으며 GSM이 조금 높게 출력된 점과 MSM은 쾌청한 날에 잘 맞아 기본적인 방사 모델에 오류가 없는 점, 강수를 초래하지 않는 고층 구름과 중층 구름, 하층 구름 등이 거의 전 하늘을 뒤덮고 있을 때 예측 정도가 나빠지는 등의 기초적인 분석 결과가 보고됐다. 또한 미국 대기연구센터(NCAR)가 개발한 WRF의 모델 출력 일사량의 기본적인 예측 정도 검증은 WRF의 모델 출력의 일사가 실측보다 크게 나오는 경향이 있는 것으로 제시됐다.

또한 WRF의 기본적인 설정 변경 시의 예측 정도에 미치는 영향과 비교하였으며 구름 물리 모델의 영향 검토로는 5종류의 모델 비교, 대기 연직층 수의 영향 검토로는 30층과 60층에 의한 차이 등을 검토하고 있으며 특히 대기 연직층 수의 영향이 크다는 것을 시사하고 있다.

앞서 말한 바와 같이 JMA 내부에서는 수치 예보 모델에서 일사량도 계산하고 있지만 공개되어 있는 GPV 데이터 항목에 일사량 데이터는 없다. 따라서 GPV의 구름량과 상대습도를 이용한 일사량과 발전 전력량 변환 모델에 관한 연구가 많다. 수치 예측을 이용하는 방법은 GPV의 구름량과 기온을 이용한 방법이 많다. 지금까지의 변환 모델로는 뉴럴 네트워크(ANN, Artifical Neural Networks), 기간별로 AIC(Akaike's Information Criterion)을 이용해서 수시 파라미터를 선정하는 회귀 모델, Just in Time, SVM(Support Vector Machines), 카르만 필터 등이 이용되고 있다.

전력 운용에 이용하는 것을 고려한 경우 핀포인트의 예상이 아니라 일정 에어리어를 합한 발전 예측이 필요하다. 본 예측을 광역 예측이라고 부르기로 한다. 광역 예측의 검증에서는 독일의 연구가 진행되어 있다. 남독일의 각지에 설치한 태양광 발전을 대상으로 예측 정도를 평가한 결과 1지점의 일사량 예측에서는 예측 오차(RMSE) 37%(1일 후 예측)~46%(3일 후 예측), 전 지점의 일사 예측에서는 13%(1일 후 예측)~23%(3일 후 예측)로 보고됐다.

6.4.3 태양광 발전 출력의 변동 예측 정리

〈그림 6-3〉에 전력 계획과 운용 시의 각종 니즈에 대한 태양광 발전의 발전 출력 예비 방법에 대해 나타냈다.

당일의 단시간 예측에는 접속 모델, 천공 화상과 위성 화상을 이용한 모델 및 수치 예보 모델을 이용할 수 있다. 수치 예보 모델로는 MSM 및 LFM을 이용한 모델을 이용할 수 있다. 한편 익일 예측에는 수치 예보 모델이 필요하기 때문에 날씨 예보 문자 데이터, GPV 데이터, 수치 예보 모델의 모델 출력을 이용한 방법을 이용할 수 있다. 수치 예보 모델로는 MSM이 중심이 된다. 수일 후가 되면 주간 예측되기 때문에 수치 예보 모델 중에서도 GSM을 이용한 데이터가 된다. 수개월 후가 되면 태양광 발전의 경우는 수치 예보 모델이 아닌 실측치를 이용한 통계치가 된다.

각종 방법의 예측 오차를 비교한 예로는 1시간 후인 경우는 지속 모델과 위성 화상의 차는 별로 없지만 2시간 후 이상이 되면 위성 화상이 예측 오차가 적고 또한 위성 화상과 수치 예보 모델의 차로는 5시간 후까지는 위성 화상을 이용하는 것이 수치 예보 모델을 이용하는 것보다 예측 오차는 작지만 그 이상 후인 경우는 수치 예보 모델이 우위에 있다고 보고되고 있다. 따라서 1시간 후 미만, 1시간 후~5시간 후 6시간 이상 후에 따라 예측 모델의 우위가 바뀌므로 유효한 방법을 선택해야 한다.

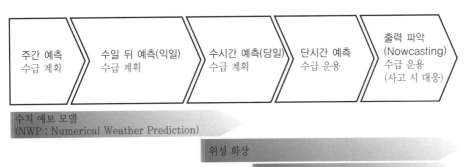

그림 6-3. 계통 운용 니즈와 예측 방법의 이미지도

6.5_ 태양광 발전 출력 변동의 면적 분포

태양광 발전 시스템의 발전 전력은 입력 에너지인 일사 강도가 날씨의 변화에 수반하여 변동하기 때문에 임의의 1개소의 발전 전력은 〈그림 6-4(a)〉와 같이 큰 변동이 발생하는 일이 있다. 그러나 이 시스템의 주변에 있는 복수의 태양광 발전 시스템의 발전 전력의 평균값을 취하면 〈그림 6-4(b)〉와 같이 변동이 평활화한다.

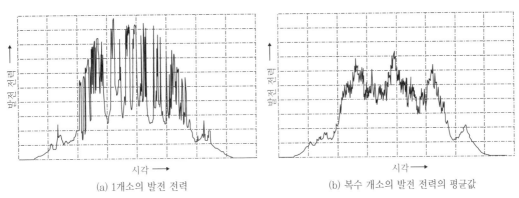

그림 6-4. 태양광 발전 출력 변동의 감쇄 효과

이것은 변동 평활화 효과 내지 감쇄 효과라고 불리며 이 현상의 간이적인 개념도를 〈그림 6-5〉에 나타낸다. 단시간의 발전 전력의 변동은 주로 구름의 이동에 의한 일사 강도의 변화에 기인하고 있다. 여기서는 태양광 발전 시스템 D, E, F 순으로 상공을 구름이 통과한 경우를 생각한다. 이들 3시스템의 발전 전력은 구름이 끼었을 때 저하하므로 시간적인 차이가 생긴다. 이들을 평균하면 상대적으로 변동은 작아지고 다시 구름이 끼지 않은 시스템은 발전 전력량의 저하가 없기 때문에 9시스템의 평균값은 변동을 포함하는 시스템의 발전 전력과 비교해서 변동이 평활화된다.

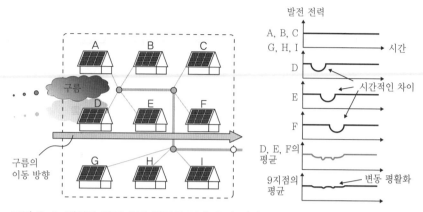

그림 6-5. 태양광 발전 출력 변동의 감쇄 효과 개념도

　여기서 주목해야 할 것은 태양광 발전 시스템의 발전 전력의 변동 성분이다. 〈그림 6-6〉에 3 가지의 변동 성분으로 분리한 예를 나타낸다. 태양광 발전 시스템의 상공에서는 구름의 이동, 발생, 소멸 등이 반복되고 있으며 랜덤성이 높은 단시간의 변동이 발생한다. 또한 구름이 천천히 이동하는 경우는 보다 긴 시간의 변동이 발생한다. 또한 태양의 위치 변화에 따른 1일 단위의 장주기 변동도 발생한다. 이처럼 태양광 발전 시스템의 발전 전력에는 여러 가지 변동 성분이 포함되어 있으며 감쇄 효과는 이 변동 성분에 의해서 그 경향이 달라진다.

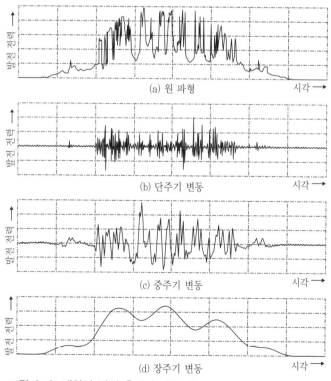

그림 6-6. 태양광 발전 출력의 변동 성분

복수 지점의 태양광 발전 시스템에서 2지점마다 각각의 출력 변동의 상관계수 ρ를 구하고 그 지점 간 거리 d와의 관계를 나타내면 〈그림 6-7〉과 같은 경향이 나타난다. 즉 단주기의 출력 변동은 d가 비교적 짧아도 상관이 약하고 어느 정도 d가 확보되면 랜덤성이 높다고 할 수 있다. 이에 대해 장주기의 출력 변동에서는 d가 길어져도 상관이 강하고 지점에 상관없이 마찬가지의 출력 변동이 일어난다.

N개의 태양광 발전 시스템의 각 지점의 출력 변동이 완전하게 랜덤으로 지점 간의 상관계수 ρ가 0일 때 각 지점의 출력 변동의 표준편차 σ를 동일하다고 생각하면 전 시스템의 평균치의 표준편차 σ_{all}에는 다음 식이 성립하는 것으로 알려져 있다.

$$\sigma_{all} = \frac{1}{\sqrt{N}}\sigma$$

단주기 변동은 각 지점의 출력 변동이 완전하게 랜덤인 상태(그림 6-7의 굵은 선)에 가깝기 때문에 출력 변동이 평활화되기 쉽다. 또한 태양광 발전 시스템은 다른 발전설비와 비교해서 에너지 밀도가 낮기 때문에 도입량이 증가하는 것은 설치하는 구역이 넓다는 것을 의미한다.

이에 수반하여 각 지점의 단주기 출력 변동은 보다 랜덤이 되고 또한 N이 증대하기 때문에 전 시스템의 출력 변동 평균값의 표준편차는 작아지는 특징이 있다.

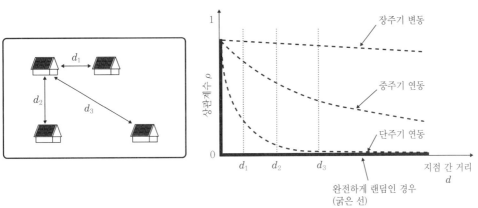

그림 6-7. 태양광 발전 시스템의 두 지점 간 상관계수

6.6_ 태양광 발전 시스템의 보수 점검

여기서는 현지에서의 보수 점검 업무에 대해 설명한다.

50kW 이상의 태양전지 발전소는 통상 고압 계통 또는 특별 고압 계통에 연계할 필요가 있으며 그 경우 전기사업법에 의해 설치자에게 「공사, 유지 및 운용에 관한 보안을 위한 순시, 점검

및 검사에 관한 사항(전기사업법 시행 규칙 제50조 제3항 제3호)」을 보안 규정으로 정하고 주임 기술자의 감독(전기사업법 제43조 제4항)하에 기술 기준에 적합시켜 유지(전기사업법 제39조)하 도록 의무화하고 있다.

그중에서 현지 작업으로는 순시점검과 정기적인 정밀점검을 규정하는 것이 일반적이다. 현지 의 보수 점검은 전기설비로서 안전성이 훼손되지 않는지, 발전 성능의 저하로 이어지는 사상(모 듈의 균열, 모듈과 배선의 고정이 느슨해짐 등)이 발생하고 있지 않은지 등 원격감시로는 확인하 기 어려운 불량 사상을 발견하는 것이 목적이며 설비 유지, 운용에서 매우 중요한 역할을 한다. 보안 규정에는 실시 내용 및 실시 주기에 대해 정하고 있으며 일상적인 순시점검에서 중기적, 정 기적으로 실시하는 정밀점검에 대해서도 정하고 있다.

6.6.1 보안 규정

보안 규정은 해당 설비를 관리하는 전기주임기술자가 규정하며 보수 점검 항목 및 주기 예를 〈표 6-2〉에 나타낸다. 또한 순시점검 시의 점검표(예)를 〈그림 6-8〉에 나타낸다.

표 6-2. 보수 항목 및 조기(예)

	일상 순시점검			정기 순시점검			측정		
	No.	주기	점검 항목	No.	주기	점검 항목	No.	주기	점검 항목
태양전지 어레이	1	6개월	태양전지 모듈의 파손, 오염, 변색 유무	1	1년	외부 배선, 접지선의 이완	1	1년	절연저항 측정
	2	6개월	외부 배선과 접지선의 접속 상황, 손상, 단선						
가대	1	6개월	본체의 손상, 변형, 부식	1	1년	본체의 이완			
	2	6개월	접지선의 손상, 벗겨짐, 단선	2	1년	접지선의 이완			
접속함	1	6개월	손상, 오염, 변색, 과열, 이음, 이취, 부식	1	1년	외부 배선과 접지선의 이완	1	1년	절연저항 측정
	2	6개월	외부 배선과 접지선의 접속 상황, 손상, 단선				2	1년	개방전압 측정(일사량을 확인할 것)
	3	6개월	설치 환경(온도와 습도 등)						
파워컨디셔너	1	6개월	손상, 오염, 변색, 과열, 통기 확인, 이음, 이취, 부식	1	1년	본체의 흡기 필터 상태	1	1년	절연저항 측정
	2	6개월	외부 배선과 접지선의 접속 상황, 손상, 단선	2	1년	외부 배선과 접지선의 이완			

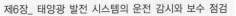

	일상 순시점검			정기 순시점검			측정		
	No.	주기	점검 항목	No.	주기	점검 항목	No.	주기	점검 항목
파워컨디셔너	3	6개월	표시 조작부의 동작 확인(데이터 표시, LED 표시)	3	1년	자립운전 동작 확인			
	4	6개월	설치 환경(온도와 습도 등)						
보호계전기	1	6개월	손상, 정정치 및 동작 표시의 확인	1	1년	외부 배선과 접지선의 이완	1	1년	보호계전기 동작 특성 시험
	2	6개월	외부 배선과 접지선의 접속 상황, 손상, 단선						
무정전전원장치 (UPS) • 방재용 • 보호계전기용	1	6개월	손상, 오염, 변색, 과열, 표시등의 점멸 상태, 이음, 이취, 부식	1	1년	흡기 필터의 상태	1	1년	절연저항 측정(입출력 배선)
	2	6개월	흡기구와 팬 배기구의 오손	2	1년	외부 배선과 접지선의 이완			
	3	6개월	외부 배선과 접지선의 접속 상황, 손상, 단선	3					
	4	6개월	설치 환경(온도와 습도 등)						
서지 보호 디바이스 (SPD)	1	6개월	본체의 손상, 균열, 오손	1	1년	본체의 이완	1	1년	절연저항 측정
	2	6개월	외부 배선과 접지선의 접속 상황, 손상, 단선	2	1년	외부 배선과 접지선의 이완			
배선	1	6개월	지지물 등의 손상, 탈락, 오손, 열화	1	1년	케이블과 전선 및 단말부의 이완	1	1년	절연저항 측정
	2	6개월	가공 전선로, 손상, 부식, 이완의 유무	2	1년	가공 전선로, 전주, 지선 등의 이상 유무			
	3	6개월	케이블과 전선 및 단말부의 손상, 부식, 다른 공작물과의 이격						
	4	6개월	케이블 보호관, 풀박스의 손상, 부식						

○○태양광발전설비 순시점검표(예)

	점검일	년 월 일
	전기주임기술자	기록자

1. 어레이 및 가대

점검 항목	점검 내용	판정 기준	체크	이상시의 촬영
육안 점검	태양전지 모듈 표면의 유리 오염 및 손상	현저한 오염 및 손상이 없을 것	양·부	필요
	태양전지 모듈의 프레임 손상 및 변형	현저한 손상 및 변형이 없을 것	양·부	필요
	가대의 부식, 녹, 손상	현저한 부식, 녹, 손상이 없을 것	양·부	필요
	배선 손상	접속 케이블에 손상, 발열, 변형이 없을 것	양·부	필요
	주위 상황	태양전지 모듈에의 영향, 주변의 새집, 어레이 아래의 잡초 등의 상태가 발전 성능에 현저한 영향이 없을 것	양·부	필요
비고란				

2. 접속함 및 집전함

점검 항목	점검 내용	판정 기준	체크	이상시의 촬영
육안 점검	외함의 부식, 녹, 손상	현저한 부식, 녹, 손상이 없을 것	양·부	필요
	배선의 손상	접속함 및 집전함에 접속되어 있는 케이블에 손상, 발열, 변형이 없을 것	양·부	필요
	통기 확인(통기 구멍, 환기 필터 등)	통기 구멍을 막고 있지 않을 것 및 눈막힘이 없을 것	양·부	─
	이음, 이취, 발연, 이상 발열	운전 시의 이상음, 이상한 진동, 이취 및 이상한 발열이 없을 것	양·부	─
비고란				

3. 파워컨디셔너

점검 항목	점검 내용	판정 기준	체크	이상시의 촬영
육안 점검	외함의 부식, 녹, 손상	현저한 부식, 손상이 없고 충전부가 노출되어 있지 않을 것 및 문이 시정되어 있을 것	양·부	필요
	배선의 손상	파워컨디셔너에 접속되어 있는 케이블에 손상, 발열, 변형이 없을 것	양·부	필요
	배관의 부식 및 손상	케이블을 수납하고 있는 배관에 부식 및 손상이 없을 것	양·부	필요
	통기 확인(통기 구멍, 환기 필터 등)	통기 구멍을 막지 않을 것 및 눈막힘이 없을 것	양·부	─
	이음, 이취, 발연, 이상 발열	운전시의 이상음, 이상한 진동, 이취 및 이상한 발열이 없을 것	양·부	─
	팬, 공조장치의 이상	내부가 적온으로 유지되고 공조가 동작할 것	양·부	─
	표시부의 이상	파워컨디셔너의 표시부에 이상 코드가 표시되어 있지 않을 것 및 이상을 나타내는 램프가 점등하지 않을 것	양·부	─
	발전 상황의 이상	파워컨디셔너의 표시부에 표시되는 발전 상황에서 발전량의 극단적인 저하 등이 없을 것	양·부	─
비고란				

4. 기타 주변 기기

점검 항목	점검 내용	판정 기준	체크	이상시의 촬영
육안 점검	외함의 부식, 녹, 손상	현저한 부식, 녹, 손상이 없을 것	양·부	필요
비고란	손상 등의 기기 ( ) 구체적인 상황 ( )			

그림 6-8. 순시점검표(예)

한편 전기사업법에 수변전 부분의 설비에 관한 보수 점검 주기와 전기주임기술자의 외부 위탁에 대해서도 정해져 있으므로 참조하기 바란다. 전기주임기술자의 외부 위탁에 관련된 승인 요건인 점검 빈도에 대해서는 설비의 특징, 설치 형태, 사용 실적 등의 리스크를 고려해서 정하고 있다. 2012년 7월에 재생가능에너지 전기의 전량매입제도가 도입되면서, 기존 재생가능에너지전기의 잉여매입제도하의 설비 형태에서 수변전설비는 수요 설비의 수변전설비와 공유되지만 전량매입제도하의 설비 형태는 잉여매입제도하의 설비 형태와 달리 전용 수변전설비를 갖게 된다(그림 6-9).

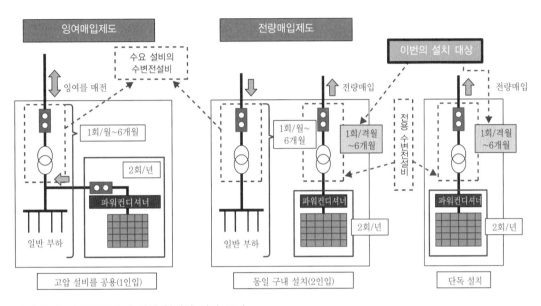

그림 6-9. 수변전설비의 설치 형태와 점검 주기

보안 관리를 위한 점검 빈도가 경제산업성에서 검토됐다. 전량매입제도하 및 잉여매입제도하 어느 경우든 사용되는 기기 등은 동등하며 설비상에는 쌍방의 리스크에 유의한 차이가 확인되지 않기 때문에 점검 빈도는 동일한 것이 적정하고 공평하다는 결론에 이르렀다.

그리고 전량매입제도하의 설비 형태에서 전용 수변전설비는 수요 설비의 수변전설비와 동등한 점검 빈도로 설정(2013년 경제산업성 고시 제164호 제2조. 2013년 4월 1일 시행)했다.

또한 태양광 발전 시스템의 수변전설비는 일반적인 수요 설비의 수변전설비에 비해 종합적으로 보면 사소하지만 리스크가 작다는 결론이 얻어졌다. 때문에 태양광 발전소의 수변전설비에 관련된 6개월별 미만의 점검 빈도는 시설 조건에 따라서 〈표 6-3〉과 같이 2015년 4월에 완화됐다. 완화 대상 여부는 경제산업성 사이트에 플로 차트가 있으므로 참조하기 바란다(그림 6-10에 발췌)

대양광 발전 시스템에 관련된 안전성 확보는 향후의 보급 확대에 의해 중요성이 더하고 있는 한편 효율적인 보수 점검 작업의 실시가 요구되고 있으며 앞서 말한 바와 같이 규제 완화 등이 수시 이루어지기 때문에 항상 최신 정보를 확인해야 한다.

표 6-3. 점검 주기의 변경표

수변전설비의 요건	점검 주기		
	2015년 3월 이전	2015년 4월 이후	
		설비에 따른 완화 없음	설비에 따른 완화 없음
64kW 미만에 신뢰성이 높다고 인정되는 설비	6개월	6개월(최저 빈도)	6개월(최저 빈도)
64kW 미만의 설비 또는 100kW 미만에 신뢰성이 높다고 인정되는 설비		4개월	5개월
신뢰성이 높다고 인정되는 설비		3개월	4개월
상기 이외		2개월	3개월

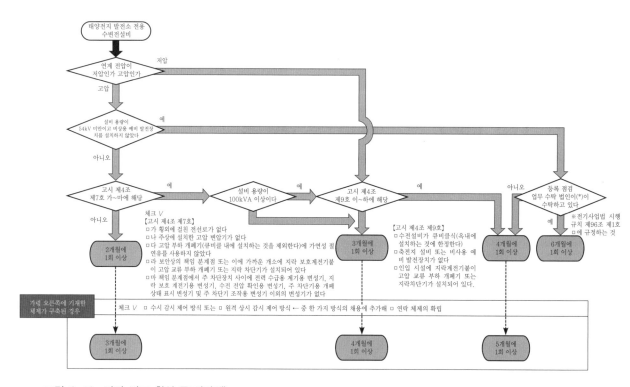

그림 6-10. 점검 빈도 확인 플로(발췌)

6.6.2 보수 점검에 사용되는 기기

보수 점검 작업에 사용되는 기기 등은 작업의 위험성에 따라서도 필요한 것이 다르지만 주로 아래와 같은 기기를 들 수 있다.

(1) 작업자 장비품
- 전기용 안전모
- 작업용 장갑, 전기용 고무장갑(저압용, 고압용)
- 안전화(경작업용, 일반 작업용, 중작업이 있고 일반 작업용을 사용하는 것이 일반적), 전기용 고무장화
- 절연복
- 각종 공구(드라이버, 스패너, 펜치, 니퍼 등)

한편 노동안전위생법칙에 의해 고압(교류 7,000V 이하) 및 저압의 충전 전로에 근접하는 작업을 수행하는 경우 전기용 안전모와 전기용 고무장갑 같은 절연용 보호구를 착용하도록 규정되어 있으며, 또한 그 성능에 대해 정기적으로 자주 점검해야 한다고도 규정되어 있다.

(2) 측정기기류
- 절연저항계
- 전압전류계
- I-V 계측기(모듈 불량 특정 시)

6.7_모듈 및 어레이의 보수 점검

6.7.1 외관 점검

태양전지 모듈의 점검 항목으로는 표면의 유리와 백시트에 파손이 없는지, 프레임의 변형 등 기계적 파손은 없는지, 표면에 오염은 부착되어 있지 않은지, 또한 봉지재와 셀의 변색 등이 없는지를 기본적인 예로 들 수 있다. 외관 점검으로 발견할 수 있는 태양전지 모듈의 불량 예를 〈그림 6-11〉에 나타낸다.

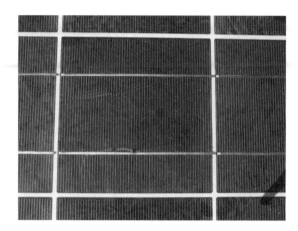

그림 6-11. 태양전지 모듈의 불량 예

큰 파손이 발생하여 누전 등으로 보안이 손상되는 경우는 조속하게 현상을 확인해야 한다. 시스템 설계상에서는 보호 기능에 의해서 설비가 자동으로 정지되거나 보안상 크게 파급되는 사상을 방지하는 대책을 강구할 수 있다.

한편으로 가령 태양전지 모듈 표면의 유리에 균열 등이 생긴 경우 바로 발전 정지와 누전에 이르는 일은 적으며, 보통은 서서히 성능이 열화해 간다. 또한 준공 후 주위 환경의 변화에 의해서 태양전지 모듈 표면에 극단적인 오염이 부착되는 경우 보안상의 문제는 없지만 발견하기 어려운 속도로 발전 성능이 저하할 우려가 있다.

다음으로 어레이의 점검 사항으로는 태양전지 모듈이 가대에 견고하게 설치되어 있는지, 태양전지 모듈 간 배선과 접지선이 휘어서 파손될 수 있는 상태는 아닌지, 배선이 단선이나 피복이 벗겨지지 않았는지 등을 확인한다. 앞서 말한 태양전지 모듈 점검과 마찬가지로 누전이나 단선 등의 불량은 설비 정지와 출력의 극단적인 저하를 일으키기 때문에 비교적 인식하기 쉽지만 태양전지 모듈과 배선 고정부의 이완이나 흔들림은 현지에서밖에 확인할 수 없어 태양전지 모듈과 아울러 현지에서 정기적인 육안 확인이 필요하다.

또한 특히 지상 설치에서는 가대를 설치한 지면이 준공 후에 침하하여 가대 전체가 휘어 변형되는 경우도 있어 최종적으로 태양전지 모듈의 변형과 파손 등으로 발전할 가능성도 있으므로 기초 부분과 지표면의 접점 변화와 어레이를 측면에서 육안으로 검사한 경우의 변화에 대해서도 주의할 것을 권장한다.

☀ 6.7.2 절연저항 측정

대규모 태양광 발전소는 1매 250W 정도의 태양전지 패널을 조합하여 시스템이 구성되어 있는 관계로 회로의 절연저항을 측정하기 위해서는 태양전지 패널 자체의 절연저항도 동시에 측정 가능한 시험 방법이 요구된다. 일반재단법인일본전기공업회에서는 「소출력 태양광 발전 시스템의 보수·점검 가이드라인」에 태양전지 회로의 절연저항 측정 시험 방법으로 「pn 간을 개방한 상태에서 시행하는 방법」과 「pn 간을 단락 상태에서 시행하는 방법」 2종류를 권장하고 있다. 여기서는 양자의 시험 방법에 대해 설명한다.

(1) pn 간을 개방 상태에서 실시하는 절연저항 시험

pn 간이 개방 상태이기 때문에 특히 대낮의 경우는 각 태양전지 패널에 전압이 발생하는 상태에서 실시하는 절연저항 시험 방법이다. 시험 회로를 그림 6-12에 나타낸다.

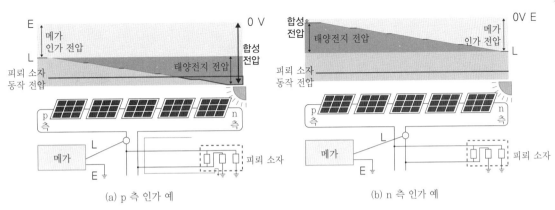

(a) p 측 인가 예   (b) n 측 인가 예

그림 6-12. pn 간을 개방 상태에서 실시하는 절연저항 시험

한편 구체적인 작업 절차는 아래와 같다.

● 절연저항 시험 절차

① 개방전압이 500V 미만인 경우는 500V 절연저항계를, 개방전압이 500V 이상인 경우는 1,000V 절연저항계를 준비한다.

② 접속함에 피뢰 조사(SPD)를 도입한 경우는 피뢰 소자의 접지 회로를 개방한다.

③ 처음에 플러스 측 단자에 절연저항계의 LINE 측을, 접지선 측에 절여저항계의 EARTH 측을 각각 접속한다.

④ 전압을 인가해서 절연저항을 측정하고 〈표 6-4〉에 나타낸 판정 기준을 충족하는지를 확인한다. 이 경우 〈그림 6-12(a)〉와 같이 각 태양전지 패널에는 절연저항계의 인가전압에 각 패널의 개방전압을 가한다. 케이블의 정전용량과 일사와 온도의 변화에 의해 총 인가전압이 변화하기 때문에 안정되기까지는 잠시 시간을 요하는 경우가 있다.

⑤ 다음으로 마이너스 측 단자에 절연저항계의 LINE 측을, 접지선 측에 절연저항계의 EARTH 측을 각가 접속하여 절연저항계의 전압을 인가한다. 이 경우 〈그림 6-12(b)〉에 나타낸 바와 같이 플러스 측에 배치된 태양전지 패널에서는 절연저항계의 인가전압에서 각 패널의 개방전압분이 감압된 상태로 인가된다.

⑥ 절연저항을 측정하여 〈표 6-4〉에 나타내는 판정 기준을 충족하는지를 확인한다.
⑦ 피뢰 소자를 원래의 상태로 되돌린다.

표 6-4. 절연저항 측정 판정 기준(전기설비 기술 기준 58조)

전로의 종류		판정 기준
사용 전압이 300V 이하인 전로	대지 전압이 150V 이하인 것	0.1MΩ 이상
	기타	0.2MΩ 이상
300V를 넘는 것		0.4MΩ 이상

(2) pn 간을 단락 상태로 하고 실시하는 절연저항시험

pn 간을 단락하여 선간 전압을 0으로 하고 나서 절연저항을 측정하는 시험 방법이다. pn 간에 전위차가 없기 때문에 시험 횟수는 개방 상태에서 실시하는 시험과 비교해서 절반이면 되는 이점이 있지만 pn 간의 단락회로 작성 및 작업 종료 후의 시험회로 철거 등의 시험 조건 작성이 필요하다. 또한 낮 시간에 단락한 회로를 개방하는 경우는 단락전류의 개방에 의해 〈그림 6-13(a)〉에 나타낸 아크가 발생할 위험성이 있다. 이에 대해서는 〈그림 6-13(b)〉에 나타낸 단락용 차단기에 사용 조건에 맞는 직류용 차단기를 선정해서 대응하기 바란다. 또한 해당 태양전지 스트링 중에 개방 고장 난 바이패스 다이오드가 존재하는 경우는 태양전지 패널 손상 리스크가 있으므로 단락 상태에서 시험을 하는 경우는 야간에 실시할 것을 권장한다.

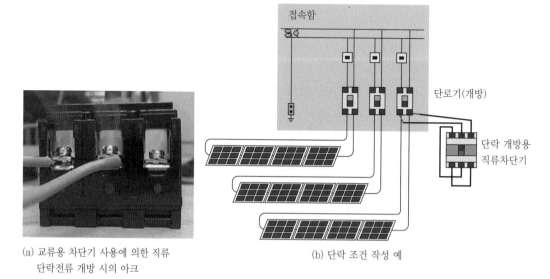

(a) 교류용 차단기 사용에 의한 직류
단락전류 개방 시의 아크

(b) 단락 조건 작성 예

그림 6-13. pn 간을 단락 상태로 하고 실시하는 절연저항시험의 유의시항

주의 : 좌상과 중상의 단자 안쪽의 개방된 접점 간에 직류 아크가 발생하여 주위의 절연물을 소손시켰다(연기가 피어오르고 있다).

● 절연 감시기기 예

• 주식회사 Protrad「독일 Bender사의 절연감시장치」(http://www.protrad.jp/)

• 후지전기기기제어주식회사「절연감시장치 Vigilohm 시리즈」

(http://www.fujielectric.co.jp/products/insulation_monitoring/vigilohm.html)

(3) 바이패스 다이오드

태양전지 모듈에 내장되어 있는 바이패스 다이오드가 개방 고장 나면 전류가 낮은 태양전지 셀과 접촉 상태가 악화된 인터커넥터 등이 현저하게 발열할 우려가 있다. 개방 고장 난 바이패스 다이오드를 포함한 스트링을 낮 시간에 단락하는 것은 특히 위험하다. 바이패스 다이오드가 건전한지를 확인하는 방법은 지금까지 여러 가지 제안됐지만 기본 방법으로 확립된 것이 아니어서 향후 해결해야 할 과제다.

6.8_ 접속함의 보수 점검

접속함도 태양전지 모듈이나 어레이와 마찬가지로 회로 부분과 그 이외와의 절연성 확보가 보안상 중요하며 정기적인 절연시험을 실시할 필요가 있다.

발전 기능의 확인에 대해서는 접속함에서 태양전지 스트링 단위의 동작을 확인함으로써 간이적이지만 효율적으로 실시할 수 있다. 예를 들어 접속함에서 파워컨디셔너와 태양전지를 분리해서 각 태양전지 스트링을 개방 상태로 하고 각 태양전지 스트링의 개방전압 측정 및 태양전지 스트링 간을 비교함으로써 태양전지 스트링의 단선 유무와 출력 저하를 검출하기 위한 단서가 된다. 또한 발전 중에 각 태양전지 스트링의 전류치를 계측 및 태양전지 스트링 간에 비교하는 것역시 정상 상태 확인에 유효하다.

태양전지 스트링 수가 수백~수천인 대규모 태양광 발전 시스템의 경우 이들 업무를 사람이 하면 시간이 소요되고 발견이 늦어지는 경우가 있다. 따라서 운전 중인 태양전지 스트링 전류를 상시 감시하는 시스템 등을 도입하는 예도 있으며 이 시스템을 저렴하게 도입, 운용하는 것이 향후의 과제이다.

6.8.1 피뢰 소자(SPD)

SPD는 접속함 내부 및 파워컨디셔너 내부에 설치되어 있으며 낙뢰에 의한 이상전압으로부터 기기를 보호하는 역할을 한다. 그러나 낙뢰 등으로 동작하여 배리스터 전압이 저하하고 동작해서는 안 되는 통상시에도 전류가 흐르는 경우가 있다. 또한 이것과는 반대로 대전류가 흐름으로 인해 개방 고장을 일으킬 가능성이 있으며 그 경우는 다음 낙뢰 시에 보호 동작하지 않고 기기가 이

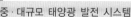

상전압으로 되는 우려가 있다.

SPD에는 정상인지 이상인지를 육안 확인할 수 있는 것과 육안으로는 알 수 없는 것이 있다. 육안 점검으로 확인할 수 있는 것은 육안 검사를 하면 되지만 그렇지 않은 것에 대해서는 배리스터 전압 이하의 전압으로 절연시험을 시행하고 단락 모드 고장의 유무를 판정하는 것이 바람직하다.

한편 개방 모드 고장 유무를 시험으로 판별하는 것은 시험 자체가 소자 열화를 일으킬 우려가 있기 때문에 곤란하다. 육안으로 이상을 확인할 수 없으면 개방 모드 고장을 일으킬 위험성은 낮지만 소정 연수를 경과하면 교환하는 것이 좋다.

🔆 6.8.2 블로킹 다이오드

특정 태양전지 스트링이 시공 미스에 의한 직렬 수 부족과 다지점 지락에 의해 전압 부족을 일으키면 다른 태양전지 스트링에서 전류가 역류하여 해당 태양전지 스트링이 소손할 우려가 있다. 이것을 방지하기 위해 일본에서는 각 태양전지 스트링에 블로킹 다이오드를 직렬로 접속하는 것이 일반적이다(해외에서는 과전류 방지 소자로 DC 퓨즈가 사용되는 일이 많다).

블로킹 다이오드가 단락 고장 나면 보호 기능을 발휘하지 못해 위험하기 때문에 확인하는 것이 좋다. 이를 위해서는 접속함 내의 모든 개폐기 또는 차단기를 개방해서 모든 태양전지 스트링과의 접속 및 파워컨디셔너와의 접속을 차단하고 모든 블로킹 다이오드가 기능하고 있는지를 확인하면 된다.

간이적인 검사는 테스터에 부속되어 있는 다이오드 체크 기능으로 수행할 수 있지만 역전압이 충분한지를 확인하는 것이 좋다. 절연저항계를 이용하면 특별한 DC 전원을 이용하지 않고 125V, 250V, 500V, 1,000V에서의 역전압을 간편하게 확인할 수 있다(그림 6-14). 다만 이 경우는 절연저항계가 실제로 발생하는 전압은 표시의 1.3배에 달하는 경우가 있는 점을 고려하여 측정하는 기기의 전압에 맞는 바른 절연저항계를 선택하여 블로킹 다이오드를 파손하지 않도록 주의해야 한다.

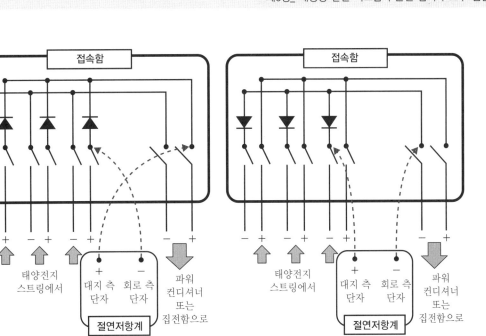

(a) 다이오드가 양극 측인 경우   (b) 다이오드가 음극 측인 경우

그림 6-14. 절연저항계를 이용한 블로킹 다이오드 검사 예

6.9_ 파워컨디셔너의 보수 점검

6.9.1 보수·점검

파워컨디셔너의 보수 점검 내용은 주로 일상점검, 정기점검(법정점검) 및 상세점검의 3항목이 있다. 일상점검에서는 파워컨디셔너의 사용자인 발전사업자가 일상적으로 발전 설비를 점검하면서 주로 시각, 청각, 후각 등 오감을 이용한 이상의 유무, 가령 표시의 이상이나 이음을 체크한다. 정기점검은 법정점검으로서 1년에 2회 실시하며, 대부분은 각지의 전기보안협회나 O&M(운용과 보수) 사업자가 담당한다. 〈표 6-5〉에 정기점검 항목을 나타냈다.

표 6-5. 파워컨디셔너의 정기점검 항목(예)

점검	항목	점검 횟수	점검 방법
외관	외함의 부식 및 파손, 고정 볼트 등의 이완	2/년	육안, 촉감
	외부 배선의 손상 및 접속 단자의 이완	2/년	육안, 촉감
	운전 시의 이상음, 진동 및 이취의 유무	2/년	육안, 촉감
	에어필터의 눈막힘	2/년	육안, 촉감
	접지선의 손상 및 접지 단자의 이완	2/년	육안, 촉감
기능	주회로 및 제어회로의 절연저항	2/년	측정, 시험
	보호 기능의 확인	2/년	확인
	계통 연계 보호 릴레이의 정정치 확인	2/년	확인
	정전 및 재기동의 동작 확인	2/년	측정, 시험

오감을 이용한 점검에 추가해 절연저항치 등을 계측하여 주로 전기부품과 케이블 등의 열화를 파악한다. 계통 연계 보호 릴레이의 건전성을 유지하기 위한 릴레이 시험이 있다. 많은 릴레이 시험은 파워컨디셔너 본체에 내장되어 있는 보호장치에 외부로부터 릴레이 시험장치에 의해서 과전압, 부족전압, 과주파수, 부족주파수 등 실제로 계통 측에서 발생시킬 수 없는 현상을 시험기로부터 신호를 주어 파워컨디셔너 내부의 보호장치가 동작하는 것을 확인한다. 한편 릴레이를 검사하기 위해서는 태양광 발전 시스템을 정지할 필요가 있다는 점에 주의해야 한다.

또한 중·대규모용 파워컨디셔너는 일반적으로 옥내 사양의 기기가 많기 때문에 옥외에 설치할 수 없다. 따라서 별도 건물을 설치하여 그 안에서 운전하는 것이 많으며 대형 파워컨디셔너 특유의 대전력을 변환할 때 발생한다. 동시에 방대한 열처리를 위한 냉각장치가 필수다. 또한 전력용 반도체와 리액터, 제어 기판 등의 부품을 비롯하여 수천 점의 부품으로 구성되어 있기 때문에 그 중 하나라도 오류가 생기면 이상이 발생하여 운전을 할 수 없기 때문에 파워컨디셔너에 부속되어 있는 필터를 청소하는 것이 가장 중요하다.

6.9.2 자립운전 모드

태양광 발전 시스템에서 자립운전을 수행하기 위해서는 파워컨디셔너에 통상의 「계통 연계 제어회로」에 추가해 교류 출력을 일정한 전압, 주파수로 제어하는 「자립운전 제어회로」를 갖추어 이것을 전환해서 사용할 필요가 있다. 또한 자립운전 부하 전용 피더를 추가하여 비상용 전원과 통상의 계통 전원을 선택하기 위한 전환 스위치가 필요하다. 〈그림 6-15〉에 자립운전 기능을 갖춘 태양광 발전 시스템의 구성 예를 나타낸다. 또한 〈그림 6-16〉에 자립운전을 수행하기 위한 제어회로의 블록도를 나타냈다.

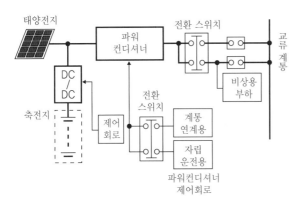

그림 6-15. 자립운전 기능이 있는 태양광 발전 시스템의 구성

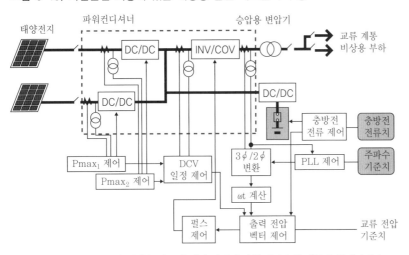

계통 연계 시 : 인버터 출력 전압을 계통의 전압 진폭에 맞춰 주파수를 계통에 동기시킨다.
자립운전 시 : 제어회로의 구성에 따라서 약간 다르지만 전압과 주파수의 기준치를 계통 연계 시의 값으로 유지하고, 이것을 지
　　　　　령치로서 가한다. 자립운전 시는 계통에서의 피드백 신호가 없어지므로 오픈 루프(개루프) 제어가 된다.

그림 6-16. 자립운전 제어회로 블록도

　　태양광 발전이 불가능한 비가 오는 날이나 야간 또한 발전이 충분하지 않은 흐린 날이나 저녁 등의 저일사 시간대에 운전을 하기 위해서는 축전설비를 병설하거나 비상용 발전기를 설치할 필요가 있다. 비상시의 전력 공급원으로서 부하에 전압을 맞추기 위해 변압기를 달거나 음용수를 퍼 올리는 펌프 등이 접속되면 변압기에는 접속 시에 순시적으로 통상의 10배 정도의 여자돌입전류가 흐른다.

　　또한 펌프를 구동하는 모터의 기동 시에는 큰 기동전류가 흐른다. 태양광 발전 시스템은 정격 이상의 전류를 흘리는 것이 일반적으로 불가능하기 때문에 접속되는 부하의 과도 특성에 주의해야 한다. 또한 축전지를 병설히는 경우와 발전기를 접속하는 경우에는 정기저인 점검과 보수 및 설비의 교환이 필요하다. 한편 태양광 발전 시스템이 자립운전을 수행하기 위해서는 높은 도입 비용이 필요하므로 발전 사업과는 별도로 도입 시에 여러 이점들을 고려하는 것이 중요하다.

6.10_ 제초와 방초

기본적으로 지상 설치형 시스템이 대상이지만 태양광 발전 시스템의 제초와 방초의 주요 목적은 설비의 불량 방지와 보수 작업성 저하 방지이다.

잡초 등이 무성해서 케이블의 소손과 접속함 단자부의 접촉에 의한 절연 불량 등으로 파급하는 경우가 있으며 또한 모듈과 회로의 온도 상승으로 초목을 대상으로 한 화재로 발전할 가능성도 생각할 수 있다. 또한 그러한 환경은 조류, 동물 등의 생식지이기도 하므로 조류 및 동물 피해의 가능성도 높아진다. 당연히 초목 등이 자란 상태는 현장 보수가 원활히 진행될 수 있는 환경이라고 할 수 없다.

발전면에서도 잡초 등의 성장에 의해 모듈면에 그림자가 지면 발전량이 저하하고 또한 장기적으로는 그림자 부분이 모듈 내부에서 저항부가 되기 때문에 국소적인 가열(핫스폿)을 일으켜 모듈의 불가역적인 열화를 가속시킨다.

그러한 이유로 정기적인 제초 작업과 초기의 방초 작업도 중요하다. 다면 제초 시에 제초기 등을 사용할 때는 지면의 작은 돌 등이 튀어올라 모듈을 파손하는 일도 있으므로 작업 시에는 작업자의 안전이 제일이기는 하지만 설비 피해도 함께 주의해야 한다.

6.11_ 사용 후 기기의 리사이클 등의 적정 처리

6.11.1 폐기물로서의 태양광 발전 시스템과 사용 후 처리

태양광 발전 시스템은 20~30년 이상의 장기에 걸친 사용이 가능한 발전 설비이지만 발전 사업의 종료와 설치 건물의 해체 등에 수반하는 철거, 자연재해 등의 예측하지 못한 요인에 의해 일부를 교환해야 하는 경우에는 철거 혹은 교환 대상 시스템 구성 기기(가대, 기초 등을 포함한다)의 적정한 사용 후 처리가 필요하다. 태양광 발전 시스템 기기는 시스템 구성과 설치 형태에 따라 다르지만 평지붕 위에 기초를 이용한 가대 설치형의 경우 1kW당 400kg 이상의 중량이 나가지만 그러한 기기를 폐기 처분할 때는 가능한 한 자원과 제품으로서 유효 이용하는 것이 바람직하다.

사업자가 설치하는 중·대규모 태양광 발전 시스템에서는 철거하여 교환하는 시스템 구성 기기는 산업폐기물로 자리매김한다(「산업물의 처리 및 청소에 관한 법률(폐소법)」. 또한 철거 공사는 「건설공사에 관련된 자재의 재자원화 등에 관한 법률(건설리사이클법)」에 의한 건설공사에 해당하며 철거를 하는 업자는 공사 규모에 따라서 분별 해체의 실시 혹은 분별 해체 등에 종사할 것,

특정 건설 자재(콘크리트, 콘트리트 및 철로 이루어진 건설 자재, 목재, 아스팔트와 콘크리트)에 대해서는 재자원화하는 것이 의무화되어 있다.

표 6-6. 폐기물의 처리 및 청소에 관한 법률(폐소법) (관련 주요 조항 발췌)

제1장 총칙	(정의)	제2조 제4항	이 법률에서 「산업폐기물」이란 다음에 드는 폐기물을 말한다. 1. 사업 활동에 수반해서 생긴 폐기물 중 타는 껍질, 오니, 폐유, 폐산, 폐알칼리, 폐플라스틱류 기타 정령에서 정하는 폐기물 2. 유입된 폐기물(전호에 든 폐기물, 선박 및 항공기의 항행에 수반하여 생기는 폐기물(정령에서 정하는 것에 한한다. 제15조의 4의 5 제1항에서 「항해폐기물」이라고 한다.) 및 본국에 입국하는 자가 휴대하는 폐기물(정령에서 정하는 것에 한한다. 동 항에서 「휴대폐기물」이라고 한다.)를 제외한다.)
	(사업자의 책무)	제3조 제1항	사업자는 그 사업 활동에 수반해서 생긴 폐기물을 직접 책임하에 적정하게 처리해야 한다.
제3장 산업폐기물	(사업자 및 지방 공공단체의 처리)	제11조 제1항	사업자는 그 산업폐기물을 직접 처리해야 한다.
	(사업자의 처리)	제12조 제5항	사업자(중간처리업자(발생에서 최종 처분(매립처분, 해양투입처분(해양오염 등 및 해상 재해의 방지에 관한 법률에 기초하여 정해진 해양에의 투입 장소 및 방법에 관한 기준에 따라서 수행하는 처분을 말한다.) 또는 재생이라고 한다. 이하 동일.)이 종료하기까지의 일련의 처리 행정의 도중에서 산업폐기물을 처리하는 자를 말한다. 이하 동일.)을 포함한다. 차항 및 제7항 및 차조 제5항부터 제7항까지에서 동일.)는 그 산업폐기물(특별관리산업폐기물을 제외하는 것으로 하고, 중간처리산업폐기물(발생부터 최종 처분이 종료하기까지의 일련의 처리 행정의 도중에서 산업폐기물을 처분한 후의 산업폐기물을 말한다. 이하 동일.)을 포함한다. 차항 및 제7항에서 동일.)의 운반 또는 처리분을 타인에게 위탁하는 경우에는 그 운반에 대해서는 제14조 제12항에 규정하는 산업폐기물 수집 운반업자 기타 환경 성령으로 정하는 자에게, 그 처분에 대해서는 동 항에 규정하는 산업폐기물 처분업자 기타 환경성 시행령으로 정하는 자에게 각각 위탁해야 한다.
제4장 잡칙	(건설공사에 수반하여 생기는 폐기물의 처리에 관한 예외)	제21조의 3 제1항	토목건축에 관한 공사(건축물 기타 공작물의 전부 또는 일부를 해체하는 공사를 포함한다. 이하 「건설공사」라고 한다.)가 수차의 청부에 의해 이루어지는 경우에 있어서는 해당 건설공사에 수반하여 생기는 폐기물의 처리에 대한 이 법률(제2조 제2항 및 제3항, 제4조 제4항, 제6조의 3 제2항 및 제3항, 제13조의 12, 제13조의 13, 제13조의 15 및 제15조의 7을 제외한다.)의 규정 적용에 대해서는 해당 건설공사(타인으로부터 청부맡은 것을 제외한다.)의 주문자로부터 직접 건설공사를 청부맡는 건설업(건설공사를 청부맡은 영업(그 청부맡는 건설공사를 타인에게 청부시켜 영위하는 것을 포함한다.)을 말한다. 이하 동일.)을 영위하는 자(이하 「원청업자」라고 한다.)를 사업자로 한다.

표 6-7. 건설공사에 관련한 자재의 재자원화 등에 관한 법률(건설리사이클법) (관련 주요 조항 발췌)

제1장 총칙	(정의)	제2조 제1항	이 법률에서 「건설자재」란 토목건축에 관한 공사(이하 「건설공사」라고 한다.)에 사용하는 자재를 말한다.
		제2조 제3항	이 법률에서 「분별 해체 등」이란 다음 각호에 드는 공사의 종별에 따라 각각 해당 각호에 정하는 행위를 말한다. 1. 건축물 기타 공작물(이하 「건축물 등」이라고 한다.)의 전부 또는 일부를 해체하는 건설 공사(이하 「해체공사」라고 한다.) 건축물 등에 이용한 건설 자재에 관한 건설 자재 폐기물을 그 종류별로 분류하면서 해당 공사를 계획적으로 시공하는 행위 2. 건축물 등의 신축 기타 해체공사 이외의 건설공사(이하 「신축공사 등」이라고 한다.) 해당 공사에 수반하여 부차적으로 생기는 건설 자재 폐기물을 종류별로 분별하면서 해당 공사를 시공하는 행위
		제2조 제5항	이 법률에서 「특정 건설자재」란 콘크리트, 목재 기타 건설자재 가운데 건설 자재 폐기물이 된 경우의 그 재자원화가 자원의 유효한 이용 및 폐기물의 감량을 도모하는 데 있어서 특히 필요하며 또한 그 재자원화가 경제성 면에서 제약이 현저하지 않다고 인정되는 것으로서 정령으로 정하는 것을 말한다.
제3장 분별 해체 등의 실시	(불별 해체 등 실시 업무)	제9조 제1항	특정 건설자재를 이용한 건축물 등에 관련한 해체공사 또는 그 시공에 특정 건설자재를 사용하는 신축공사 등으로 그 규모가 제3항 또는 제4항의 건설공사의 규모에 관한 기준 이상의 것(이하 「대상 건설공사」라고 한다.)의 수주자(해당 대상 건설공사의 전부 또는 일부에 대해 하청 계약이 체결되어 있는 경우에서의 각 하청부인을 포함한다. 이하 「대상 건설공사 수주자」라고 한다.) 또는 이것을 청부 계약에 의하지 않고 스스로 시공하는 자(이하 단순히 「자주시공자」라고 한다.)는 정당한 이유가 있는 경우를 제외하고 분별 해체 등을 하지 않으면 안 된다.
제4장 재자원화 등의 실시	(재자원화 등 실시 의무)	제16조	대상 건설공사 수주자는 분별 해체 등에 수반해서 생긴 특정 건설자재 폐기물에 대해 재자원화를 하지 않으면 안 된다. 다만 특정 건설자재 폐기물에서 그 재자원화에 대해 일정한 시설을 필요로 하는 것 중 정령으로 정한 것(아래에 이 조에서 「지정 건설자재 폐기물」이라고 한다.)에 해당하는 특정 건설자재 폐기물에 대해서는 주무 성령으로 정하는 거리에 관한 기준의 범위 내에 해당 지정 건설자재 폐기물의 재자원화를 하기 위한 시설이 없는 장소에서 공사를 시공하는 경우 기타 지리적 조건, 교통 사정 기타 사정에 의해 재자원화를 하는 것에는 상당 정도로 경제성 면에서의 제약이 있는 것으로서 주무 성령으로 정하는 경우에는 재자원화를 대신해서 축감을 하면 된다.
동법 시행 예	(특정 건설 자재)	제1조	건설공사에 관련한 자재의 재자원화 등에 관한 법률(이하 「법」이라고 한다.) 제2조 제5항의 콘크리트, 목적 기타 전설자재 중 정령으로 정하는 것은 다음에 드는 건설자재로 한다. 1. 콘크리트 2. 콘크리트 및 철로 구성되는 건설자재 3. 목재 4. 아스팔트 콘크리트

태양전지 모듈을 비롯한 전기기기의 사용 후 처리는 폐소법에 따라서 적절하게 처리하는 것이 요구된다. 태양전지 모듈에는 납과 셀레늄, 카드뮴 등의 유해물질을 함유하고 있는 것도 있어 그러한 물질의 회수 등의 적정한 처리가 필요하다.

태양전지 모듈 등 기기 단위로 교환하던 경우에도 교환을 수행하는 업자는 폐소법에 따라서 철거 후에 적정한 처리를 하는 것에 주의할 필요가 있다.

6.11.2 태양전지 모듈의 사용 후 처리와 리사이클

태양전지 모듈은 유해물질을 함유하고 있는 경우가 있는 한편 은이나 인듐 등 자원 가치가 높은 금속을 함유하고 있는 경우도 있다. 또한 태양전지 모듈 중량의 대부분을 차지하는 유리도 일정 이상의 품위로 회수할 수 있으면 보다 가치 높은 자원으로 이용할 수 있다.

태양전지 모듈은 장기간의 사용에 견딜 수 있기 때문에 강고한 구조를 지니고 있다. 알루미늄 프레임과 단자함은 비교적 용이하게 분리할 수 있지만 기타 구조체, 가령 '유리/EVA/셀/EVA/백시트(결정 실리콘계의 경우)'의 구조를 분리 분해하는 것은 쉽지 않다.

지금까지 철거 교환 등의 사용 후 처리된 태양전지 모듈은 소량이며 그 경우도 '프레임 등의 분리→잔존 구조체의 파쇄→비철 정련로에의 투입→회수 금속의 재자원화 및 잔존 슬래그의 시멘트재로서의 활용' 순으로 처리되고 있지만 중장기적으로는 대량의 모듈을 처리해야 할 것으로 생각되기 때문에 유리와 금속을 보다 고효율로 회수하기 위한 복수의 기술 개발이 진행되고 있다.

중장기적으로 태양전지 모듈의 발생량이 어느 정도인지 몇몇 기관에서 예상하고 있지만 〈그림 6-17〉은 공익재단법인 북큐슈산업학술추진기구(FAIS)를 중핵기관으로서 실시되고 있는 NEDO 기술개발 프로젝트 '광역 대상의 PV 시스템 범용 리사이클 처리 방법에 관한 연구개발'에서 예상한 예이다. 이 예상은 일본 국내의 태양전지 모듈 출하 및 도입 실적 등을 토대로 내용년수를 넘는 21년째를 중심으로 그 전후 수년에 걸쳐 폐기된다는 가정하에 의한 것으로 2020년에 약 1

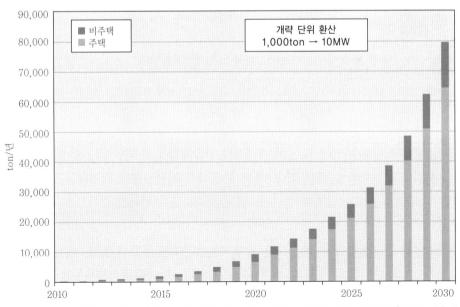

그림 6-17. '광역 대상의 PV 시스템 범용 리사이클 처리 수법에 관한 연구개발'에서 사용 완료 태양전지 모듈의 양을 예상한 예(가대 및 파워컨디셔너 등의 주변기기는 포함하지 않음)

野田 : 태양전지의 대량 보급에 수반하는 리사이클 시스템 구축에 대해, PVTEC 뉴스, Vol.65, 11월호, 2013에서 발췌

만 톤, 2030년에는 그 8배나 되는 양이 폐기된다. 폐기량 예상에는 모듈 공장에서 발생한 불량품과 최근 폭발적으로 설치가 진행하는 메가솔라 등의 초기 불량품을 포함하지 않으므로 실제로는 더 증가할 것으로도 예상된다.

〈그림 6-18〉은 기술 개발의 일례로서 FAIS 등의 연구개발에 의한 처리 공정안이다. 결정 Si, 박막 Si, CIS 같은 다양한 태양전지 모듈의 리사이클 저비용화, 공통처리화 등의 범용 리사이클 처리 기술을 확립하는 것을 목적으로 한다. EVA의 분해 후 가열용 연료로 하는 경우도 있다.

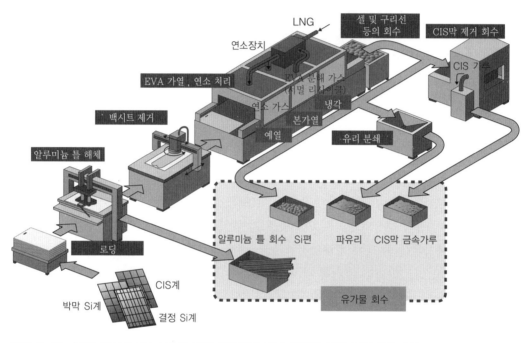

그림 6-18. '광역 대상의 PV 시스템 범용 리사이클 처리 방법에 관한 연구개발'에서
　　　　　태양전지 모듈의 처리 공정안
독립행정법인신에너지·산업기술종합개발기구 : PV 시스템 범용 리사이클 처리 방법에 관한 연구개발, NEDO 신에너지 성과
보고회(차세대 태양광 발전 컨퍼런스 2012), 2012년 12월 20일에서 발췌

NEDO에서는 2014년부터 새로운 '태양광 발전 리사이클 기술개발 프로젝트'도 가동했다. '저비용 철거·회수·분별 기술', '저비용 분해 기술' 등의 관점에서 기술개발을 개시하고 FAIS에 의한 범용 리사이클 처리 기술을 합한 종합적인 리사이클 기술개발을 추진하고 있다.

한편 태양광 발전 시스템을 포함한 사용 완료 재생가능에너지 설비의 리사이클 등의 적정 처리에 관해서는 경제산업성과 환경성이 공동 조사하고 있다. 2013년에는 태양광 발전 설비의 철거에서 처분까지의 플로 조사, 태양전지 모듈의 소재 구성, 함유량 및 용출량 시험 등을 실시하였다.

또한 일반사단법인 태양광발전협회(JPEA)에서는 동 협회 홈페이지에서 '사용 완료 태양전지 모듈의 적정 처리·리사이클 Q&A'를 게재했으니 참조하기 바란다.

【칼럼】 현장 점검용 I-V 커브 트레이서

태양전지의 특성을 확인할 때 태양전지 스트링의 I-V 커브 측정은 모듈 측정과 접속 상황의 확인에 매우 유효하다. 방법으로는 접속함에 단로기를 개방한 상태에서 태양전지 스트링 출력에 측정기(I-V 커브 트레이서)를 접속하고 태양전지 스트링의 단위로 계측하는 것이 일반적이다(그림 6-19).

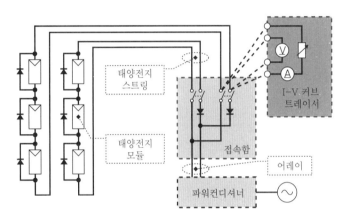

그림 6-19. 태양광 발전 시스템과 I-V 커브 계측점

I-V 커브 트레이서는 국내외의 계측기 제조사에서 판매하고 있으며 많은 기종이 있다. 각사 모두 기본적인 계측 방법은 다르지 않고 태양전지 스트링에 대해 순시적으로 부하를 변화시켜 개방에서 단락(혹은 단락에서 개방)까지 전압과 전류를 측정하면서 연속적으로 변화하고 산점도로서 가로 축을 전압, 세로 축을 전류로 플롯해서 I-V 커브 파형을 계측한다(그림 6-20). 하지만

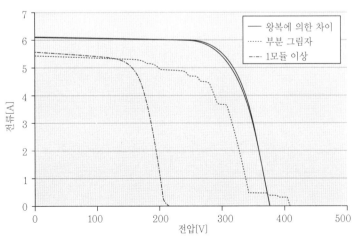

그림 6-20. I-V 커브 측정 예(1024점-전자 부하 전압 연속 이동)

순시라고는 해도 태양전지 스트링의 전 전력이 계측기에서 소비되므로 계측기이기도 하지만 파워일렉트로닉스 기기의 측면이 있어 계측 시에는 충분히 주의해야 한다.

　제조사별 I-V 커브 트레이서의 차이는 연속 이동시키는 부하와 연속 이동 방법과 시간 및 측정 점수를 들 수 있다. 부하로는 주로 전자 부하와 컨덴서 부하 2종류로 분류할 수 있지만 기타 사양은 각사 제각각이다. I-V 커브의 주요 판정 기준은 주로 최대 전력점(P_{max})과 곡선 인자(FF) 또한 개방전압(V_{oc})과 단락전류(I_{sc})이지만 태양전지 스트링의 I-V 커브 파형에는 모든 모듈의 I-V 커브 특성을 포함하고 있으며 다양한 파형을 나타낸다. 파형 이상 시에 I-V 커브 파형이 어디까지 정확한 판단의 재료가 될지는 측정 조건과 계측 방법에 따라서 다르므로 측정과 기기 선택에는 주의가 필요하다.

【칼럼】 일렉트로 루미네선스(EL) 화상을 사용한 태양전지의 결함 발견 방법

일렉트로 루미네선스(EL) 화상을 사용한 태양전지 모듈의 결함 발견 방법은 대단히 중요한 평가 방법 중 하나다. 최근에는 옥내의 암실뿐 아니라 옥외에서도 EL에 의한 평가를 실시하는 방법이 개발되고 있다. EL에 의한 평가란 태양전지 모듈의 순방향으로 전류를 주입함으로써 태양전지 모듈이 발광하는 현상(일렉트로 루미네선스)을 이용한 것이다. EL 화상에는 발전부와 비발전부가 각각 명부 및 암부로 나타난다. 따라서 얻어진 화상의 명부로부터 암부로 변화한 부분이 태양전지 모듈이 열화한 부분으로 간주할 수 있다. 다만 EL의 감지 능력은 높아 암부의 발전이 제로가 되는 것은 아니다. 전류 주입 시에 태양전지 모듈로부터 방출되는 빛은 가시광선이 아니라 적외선이기 때문에 적절한 광학계로 측정해서 화상으로 변환할 필요가 있고 측정기기와 측정 환경에 충분히 주의해야 한다. 이 측정 방법으로는 태양전지 셀의 크랙과 마이크로 크랙의 결함, 전극 파손 등의 결함을 화상으로 진단할 수 있다.

EL 화상의 평가에서는 주입하는 전류량에 의해 진단 결과, 즉 얻어지는 화상이 변하는 점에 주의하기 바란다. 주입하는 전류량으로는 태양전지 모듈의 표준시험조건(STC)에서의 단락전류(I_{sc}) 정도와 I_{sc}의 20% 정도의 저전류가 하나의 기준이 된다. 〈그림 6-21〉에 인가되는 전류량에 의해서 화상이 변하는 예를 나타낸다. 모든 화상에서 암부는 명부와 비교해서 저항이 높고 전류가 흐르기 어려운 개소를 나타낸다. 다만 1매의 태양전지 셀 전체의 발광이 다른 것과 비교해 극단으로 어두운 경우 태양전지 셀의 내부에서 병렬저항이 극단으로 작은 단락 개소를 전류가 집중적으로 통과하고 있다고 생각할 수 있다. 이러한 현상은 PID(전압유기열화) 등에서 잘 관측된다. 태양전지 모듈의 등가회로를 생각한 경우 발전하지 않는 부분은 저항으로 볼 수 있다. 이 저항은 태

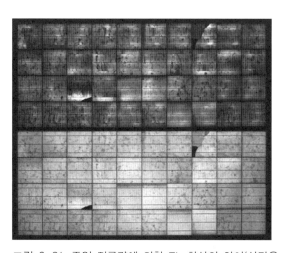

그림 6-21. 주입 전류량에 의한 EL 화상의 차이(상단은 하단에 비해 전류량이 크다)

양전지 모듈 내에 분포하고 태양전지의 열화에 수반하여 변화하는 직렬 및 병렬저항의 대소관계로 포착할 수 있다. 즉 주입하는 전류량에 태양전지 모듈에 분포하는 직렬 및 병렬저항의 정보도 얻어지는 점에 주의하기 바란다. 또한 적외선 서모그래피(IR)와 합한 평가가 보다 상세한 해석에 효과를 발휘한다는 점도 말해둔다.

이 방법의 중요성은 매년 높아지고 있으며 IEC(국제전기표준협회)에서도 평가 방법의 표준화가 논의되기에 이르렀다. 한편 본 평가에서는 태양전지 모듈에 전류를 주입하기 위해 바이어스 전원이 필요하며 바이어스 전압의 인가 방법에 따라 태양전지 모듈을 파괴할 가능성이 있다는 점에 주의해야 한다.

에필로그

앞으로의
태양광 발전 시스템

　태양광 발전 시스템의 누적 설치량은 1992년까지 19MW, 2002년까지 700MW, 2012년까지 6.6GW로 급성장하고 2014년 11월 말에 23.7GW로 크게 증가했다. 전 세계에 약 140GW(2013년 말) 규모로 설치된 태양광 발전 시스템의 향후 전망과 태양광 발전 시스템 로드맵, 태양광 발전 시스템의 설치 가능 잠재량, 또한 태양광 발전 시스템의 환경성을 정량적으로 파악할 수 있는 라이프사이클 평가 방법을 이용한 계산 사례를 들어 생각하자.

　태양광 발전 시스템의 세계적·장기적인 니즈를 생각하는 데 있어 매우 중요한 시점을 제시하고자 한다.

☀ 태양광 발전 시스템의 진정한 가치

태양광 발전은 태양광을 이용한 막대한 잠재량을 갖는 '재생가능에너지'로서 기대되는 '분산형 에너지'이다. 기존의 논의에서도 태양광 발전은 일본의 에너지 전략 중에서 분산형 에너지원의 대표격으로 자리매김됐다. 이러한 흐름 속에서 현재의 태양광 발전은 특히 주택용 태양광 발전의 관문인 제1차 그리드 패리티 달성을 위해 한고비 남은 상황이다.

태양광 발전과 수력, 지열, 바이오매스의 재생가능에너지를 전력계통 측이 매입할 의무를 법률(전기사업자에 의한 재생가능에너지 전기의 조달에 관한 특별조치법)로 정한 「고정가격매입제도(전량매입제도)」가 2011년 8월 26일에 제도화, 다음 해 2012년 7월 1일에 시행됐다. 이 법안에는 「재생가능에너지에 대해 어느 정도 이윤을 기대할 수 있는 가격으로 계통 측에 전량 매입하도록 한다」라고 명시되어 있다.

〈그림 1〉과 〈표 1〉은 「2030년을 향한 태양광 발전 로드맵(PV2030)」에 거론된다. 물리적으로 설치 가능한 태양광 발전 국내 도입량(잠재량)을 나타냈다. 또한 NEDO가 2030년경까지 동 로드맵에 따라서 진행한 경우에 가능한 국내 도입량(표준 케이스) 및 가속적인 케이스 3이 도입 목표로 제시됐다.

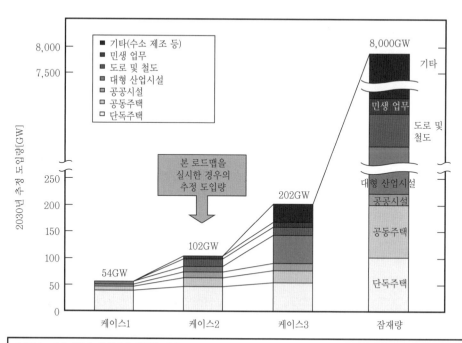

케이스1 : 기술개발을 산업계에 일임한 경우
케이스2 : 기술개발과 그 실용화가 2030년경까지 본 로드맵에 의해 실시되는 경우(표준 케이스)
케이스3 : 기술개발이 조기에 완성되어 2030년경에는 대규모 발전의 실용화도 대규모로 실현된 경우
잠재량 : 단독주택과 공동주택, 공공시설, 미이용지 등의 설치 장소에서 물리적으로 설치 가능한 도입량

그림 1. 2030년까지의 기술 발전을 고려한 국내 추정 도입량
독립행정법인 신에너지·산업기술종합개발기구, 「2030년을 향한 태양광 발전 로드맵(PV2030) 검토위원회 보고서」, 2004.

표 1. 2030년까지의 기술 발전을 고려한 일본 국내 도입 가능량(단위 : MW)

설치 장소	케이스1	케이스2	케이스3	잠재량
단독주택	37,100	45,400	53,100	101,100
공동주택	8,200	16,500	22,100	106,000
공공시설	3,800	10,400	13,500	14,000
대형 산업시설	5,100	10,200	53,100	291,000
도로 · 철도	0	14,800	16,400	55,000
민생업무	0	4,600	8,600	32,000
미이용지(수소 제조 등)	0	0	35,000	7,386,000
합계	54,200	101,900	201,800	7,985,000

독립행정법인 신에너지 · 산업기술종합개발기구, 「2030년을 향한 태양광 발전 로드맵(PV2030) 검토위원회 보고서」, 2004.

　한편 이 숫자는 정부가 제시한 도입 목표와는 다르지만 정부 목표 자체는 그때그때의 정치 정세 등에 따라 매번 변경되고 있어 리드타임이 긴 태양전지 연구 개발상 목표에 맞는다고는 생각할 수 없다. 이 점, PV2030은 연구개발을 기반으로 기술적으로 가능한 목표로서 유럽과 미국에도 잘 알려진 로드맵이다. 이후 2009년에 개정된 PV2030+이 공개되었으며, 여기서는 PV2030과 PV2030+에서 고려한 도입 가능량에 대해 복습한다.

　〈그림 1〉의 물리적 잠재량은 대략 8,000GW이며 케이스2의 100GW에 대해 80배 다르기 때문에 세로 축이 연속되어 있지 않은 것에 주의해야 한다. 그래서 그 크기의 차이를 알 수 있도록 파

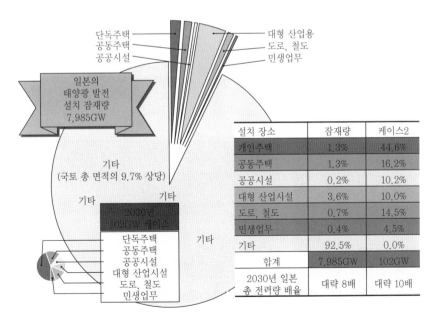

그림 2. PV2030에서 제시된 태양광 발전 도입 잠재량의 파이차트 표시
독립행정법인 신에너지 · 산업기술종합개발기구, 「PV2030+ 로드맵 보고서」, p.115-116, 2009.

이차트로 바꾸어봤다(그림 2). 그림 중앙부의 원형 부분에 태양광 발전 물리 잠재량을 각 섹터별 파이차트로 나타냈으며 왼쪽 아래에 동 스케일로 102GW 케이스를 면적비 80분의 1로 그렸다.

이 그림에서 PV2030 혹은 PV2030+에서 고려하고 있는 100GW는 물리적으로 가능한 잠재량의 아주 사소한 면적이라는 점을 적어도 비주얼적으로는 이해할 수 있을 것이다. 이것은 상용(商用) 전력 가격이 높은 주택부터 우선적으로 도입하기로 하는 점, 또한 양적으로 기대할 수 있는 대형 산업용은 경쟁 전력 비용의 점에서 늦게 도입되는 시나리오가 고려되는 점, 그리고 전기 사업의 거래 가격이라는 엄격한 목표인, 이른바 메가솔라가와 슈퍼메가 태양광 발전 시스템은 충분한 비용이 내려가고 나서 도입된다는 가정이다.

때문에 국토 총 면적의 9.7% 상당의 잠재량을 가진 '기타'의 미이용지는 2030년까지는 도입을 고려하고 있지 않다.

이들 고려 조건은 세계의 태양광 발전 시장 구조의 변화에 따라 재고하는 동시에 잠재량 자체의 발굴과 재정립이 필요한 시대가 다가옴을 강하게 느끼고 있다.

스마트 커뮤니티와 함께

〈그림 3〉의 왼쪽 그림은 타마 뉴타운에서 구릉상에 개발된 전형적인 단독 분양 주택 단지인 '세이부키타노다이 주택단지(하치오지시)'의 항공 사진이다. 이 단지는 1976년에 입거 개시되었고 개발 면적 86.0ha, 계획 호수는 2,013호이다. 또한 중앙부를 세로로 관통하는 간선도로를 따

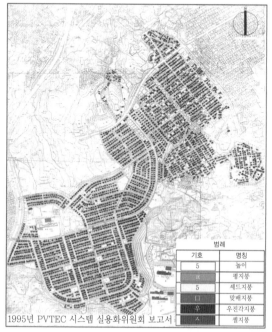

기호	명칭
5	높이
平	평지붕
S	셰드지붕
□	맞배지붕
우	우진각지붕
∧	셸지붕

1995년 PVTEC 시스템 실용화위원회 보고서

그림 3. 타마 뉴타운 세이부키타노다이 주택단지

라 2개소의 상점가, 대공원, 초등학교가 있고 12개의 공원과 공원식 유보도 등을 배치한다. 단지 전역이 키타노다이 1~4초메가 됐다. 도시계획 규모로는 1주구(住區)에 상당하고 2초등학교와 1중학교로 이루어진 거대한 커뮤니티이다.

이 그림의 오른쪽은 1995년에 실시된 케이스스터디 예이며 이 주택 커뮤니티의 개발 상황을 참고하면서 1,200호의 80㎡/호 표준 주택을 설정하고 가상적으로 동 지역의 전 가옥에 최대한으로 태양광 발전을 설치한 경우의 설치 가능량과 지역의 발전 공급량에 대해 정리했다.

이 예를 참고로 하면서 설치 부위와 태양전지 변환효율을 보다 현실적으로 재검토하자. 〈그림 4〉는 지역 내 케이스스터디의 결과 예로, 발전 전력량과 소비 전력량을 대비했다.

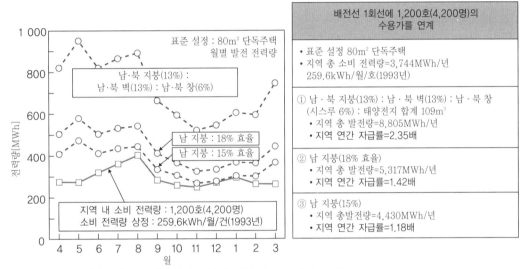

그림 4. 세이부키타노다이 주택단지의 태양광 발전 잠재량 케이스스터디
PVTEC 시스템 실용화위원회, 「제3장 주택 커뮤니티 케이스스터디」, 1995.를 개정

그림 오른쪽 표 안 ①은 당시의 케이스스터디의 베이스 케이스이며 태양전지 모듈 변환효율 13%로 하고 남향 지붕과 북향 지붕의 각각 전면에 설치, 그리고 남북 벽면 부분(수직)에 설치하는 것으로 했다. 또한 남북 창 유리면에는 변환효율 시스루 태양전지를 이용하기로 했다. 그러나 동서면에는 인가의 그림자를 고려하여 태양전지는 설치하지 않기로 했다.

그 결과 전 주택에서 발전되는 월별 전 발전 전력량은 그림 왼쪽 최상부의 점선 플롯으로 나타내며 연 발전 전력량은 8,805MWh/년으로 계산했다. 또한 1993년경의 표준적인 전력 소비량인 260MWh/월/호를 참고로 해서 플롯한 것이 그림 최하부에 있는 실선이고 연간 소비 전력은 지역 총계로 3,744MWh/년이기 때문에 지역의 자급률은 8,805MWh/년÷3,744 MWh/년=2.35배가 됐다.

이 재검토 계산에서는 태양전지 설치 부위를 보다 현실적으로 남 경사 지붕면에 압축하는 것과 변환효율을 최근의 동향에 맞춘 15% 및 장래의 개선을 고려한 18%의 두 케이스로 설정했다. 효율 15%의 발전 플롯은 최하부의 점선, 18%는 중앙부 점선이 되며 각각의 자급률은 그림 오른쪽 표의 ③과 ②에 해당하며 1.18배 및 1.42배로 제시되므로 단독주택 커뮤니티에서는 현실적으로 거의 100% 자급할 수 있는 것으로 제시됐다. 이것은 구 NEF 보조금 시대의 실적에서도 전국적으로는 각 가정 사용 전력량의 70~80%를 자급할 수 있다고 하는 현실 인식에서도 큰 괴리는 없다고 느낀다.

또한 이 케이스스터디의 결과에서 연간 전력 소비 동향의 계절 변동과 발전 전력량 추이에 대해서도 특정 상이성이 보이므로 지역에 따라서는 기대할 수 있다는 점도 시사하고 있다. 나아가 지역 발전 특성과 부하 특성에 대해 검토하고자 한다.

이 케이스스터디는 1지역에 한정된 것이지만 다음의 조사 예는 1,000호 정도의 세대 수를 가진 단독주택 커뮤니티의 분포를 추출한 것으로, 전국을 1km²의 메시로 구분한 각 블록의 속성 통계를 이용하였다.

우선 역조류 시의 전압 상승 문제가 발생하지 않는 정도의 기준으로서 과밀 지역을 피하고 1km²당 1,000세대 정도를 채우는 지역 블록을 추출한 결과 〈그림 5〉에 나타낸 것처럼 11,654메시가 존재했다. 이중 효율적인 조사를 위해 해당 메시 수가 많은 상위 6지역으로 도쿄, 교토 및 오사카, 나고야, 와카야마, 도요하시, 시즈오카로 조사 대상을 압축했다.

단독주택 커뮤니티를 가정하고 부지에 여유가 있는 세대 평균 점유 면적이 333m² 이상의 블록으로 압축한 결과 8,535블록이 해당했다.

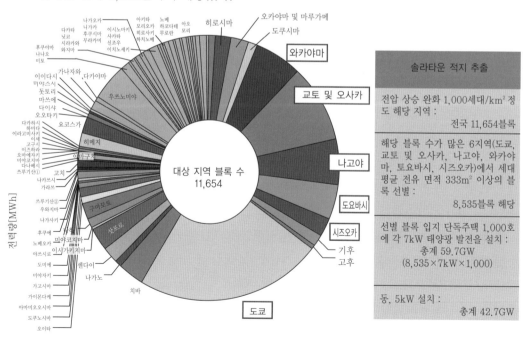

그림 5. 솔라 타운 적지 선별: 1km² 메시에 1,000세대 이상이 있는 지역 수 선별 예
독립행정법인 신에너지·산업기술조합개발기구, 「PVTEC 자율도 향상형 태양광 발전 시스템의 타당성 연구 종합판 보고서」, p.415, 2005.

　1,000호의 단독주택이 입지한 블록에 대해 본 조사에서는 각 호 7kW의 태양광 발전 시스템을 설치한다고 가정했다. 한편 이것은 2030년대에 거의 전기 이용률이 100% 자급을 지향한 목표 수치로 변환효율이 향상된 것을 반영한 것이다. 이 경우 추출한 지역에서는 총계 약 60GW가 되는 것으로 계산된다.

　참고 수치로 변환효율을 조례보다 조금 낮춰 5kW/호로 변경하면 마찬가지로 총계 43GW로 계산됐다. 이들 지점은 대략적으로 절출한 지점에만 한정된 지점 수로 계산한 것이기 때문에 소극적인 수치라고 할 수 있겠다. 태양광 발전을 주택용 전력 공급의 주체로 한 솔라타운의 실현성은 매우 높다는 것이 본 계산에서도 나타났다고 생각한다.

　최근에는 각지에서 주택을 중심으로 한 스마트 커뮤니티 제안을 많이 볼 수 있는데 여기서의 계산이 나타낸 것처럼 태양광 발전을 활용함으로써 보다 높은 지역 에너지 자급률을 실현할 수 있음을 시사하고 있다. 물론 그 실현을 위해서는 지역 특성에 따른 에너지 믹스와 얼마간의 에너지 저장 기능의 도입이 필요하며 지역 네트워크 인프라로서의 치밀한 CEMS(Community Energy Manage System)의 실현이 필요한 것은 말할 것도 없다. 이러한 과제를 '자율도 향상형 태양광 발전'이라는 통합 개념으로 제창한 것도 있으며, 이것은 바로 '스마트 커뮤니티'와 같은 선행 제안이었음도 지적하고 싶다.

태양광 발전 시스템의 라이프사이클 평가

　라이프사이클 평가(또는 라이프사이클 어세스먼트)는 환경에 대한 관심이 높아지면서 많이 이용되고 있다. 이 평가 수법으로 제품을 라이프사이클에 걸쳐 분석함으로써 환경에의 영향을 정량적으로 조사할 수 있는 것이 특징이다. 이로써 같은 목적을 위해 보다 좋은 환경이나 기술의 도입과 비슷한 제품이라도 환경을 평가 축으로 해서 검토하는 것이 가능하다.

　태양광 발전 시스템은 환경친화적이라고 하지만 이것을 정량적으로 나타낼 수 있는 것도 라이크사이클 평가이다. 태양광 발전 시스템의 분석에는 적산법이 이용되는 일이 많고 구성 기기를 분석해서 더한다.

　따라서 대상으로 하는 태양광 발전 시스템이 다르면 결과도 다르지만 예를 들어 주택용과 메가솔라를 비교하는 것도 가능하다. 〈그림 6〉은 태양광 발전 시스템의 라이프사이클 평가 이미지이다. 세로 축에는 기기의 리스트가 있고 각각에 대해 가로 축의 라이프사이클, 즉 원료의 채굴 등에서 폐기와 리사이클까지를 분석해서 결과를 산출한다. 주택용과 메가솔라의 비교라면 태양전지는 같아도 파워컨디셔너와 가대의 결과가 다르기 때문에 차이가 생기는 구조이다. 그러나 모든 정보를 얻을 수 있다고는 한정할 수 없기 때문에 평가 결과를 이용할 때는 평가의 제안 조건을 이해할 필요가 있다.

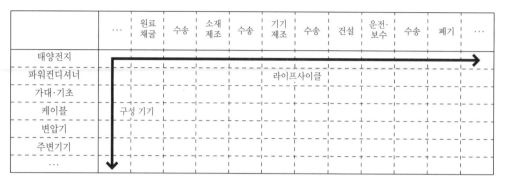

	…	원료채굴	수송	소재제조	수송	기기제조	수송	건설	운전·보수	수송	폐기	…
태양전지												
파워컨디셔너						라이프사이클						
가대·기초												
케이블		구성 기기										
변압기												
주변기기												
…												

그림 6. 태양광 발전 시스템의 라이프사이클 평가 이미지

한편 발전량당 CO_2 배출량은 일사에 의해서 발전하는 양이 다르기 때문에 설치 장소에 따라서 결과가 다르다. 가령 IEA/PVPS(국제에너지기관/태양광발전연구협력실시협정) Task12(태양광 발전 시스템의 환경, 건강 및 안전)에 의한 태양광 발전 시스템의 라이프사이클 평가에 관한 가이드라인에서는 설비와 지역 고유의 값뿐 아니라 일정한 일사량, 수명, 시스템 출력계수에 의한 평가를 권장하고 있다.

실제의 분석 결과로는 NEDO의 태양광 발전 시스템의 라이프사이클 평가에 관한 조사연구가 있다. 여기서는 일반적인 결정 Si(실리콘) 타입의 태양전지 모듈 외에 단결정 Si와 헤테로 접합, 박막 Si 하이브리드, CIS계의 5종류를 대상으로 하고 각각 주택용, 공공산업용에 대해 평가하고 있다. 〈표 2〉는 3가지 평가지표에 의한 결과이며 〈그림 7〉과 〈그림 8〉에 도시한다.

표 2. 태양광 발전 시스템의 에너지 페이백 타임, CO_2 페이백 타임, CO_2 배출 원단위

		다결정 Si	단결정 Si	헤테로 접합	박막 Si 하이브리드	CIS계
에너지 페이백 타임 [년]	주택용	2.2	3.01	2.42	1.75	1.41
	공공·산업 등 용도	2.58	3.38	2.75	2.31	1.89
CO_2 페이백 타임[년]	주택용	2.63	3.48	2.8	2.42	2.08
	공공·산업 등 용도	3.33	4.17	3.41	3.46	2.98
CO_2 배출 원단위 [g-CO_2/kWh]	주택용	58.6	77.6	62.5	53.8	46.4
	공공·산업 등 용도	69.2	86.8	71	72	62

출처 : 신에너지·산업기술종합개발기구(NEDO) 성과 보고서 「2007년~2008년도 성과 보고서 태양광 발전 시스템 공통 기반 기술연구개발 태양광 발전 시스템의 라이프사이클 평가에 관한 조사 연구, 2009년 3월」

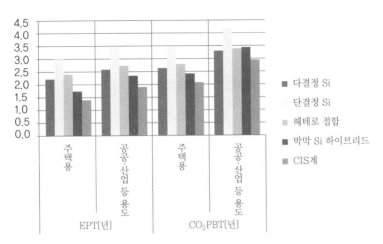

그림 7. 태양광 발전 시스템의 에너지 페이백 타임(EPT)과 CO_2 페이백 타임(CO_2PBT)

신에너지·산업기술종합개발기구(NEDO) 성과 보고서 「2007년~2008년도 성과 보고서 태양광 발전 시스템 공통 기반 기술연구개발 태양광 발전 시스템의 라이프사이클 평가에 관한 조사 결과, 2009년 3월」

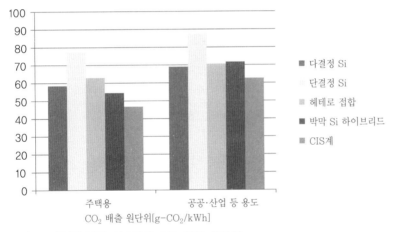

그림 8. 태양광 발전 시스템의 CO_2 배출 원단위

신에너지·:산업기술종합개발기구(NEDO) 성과 보고서 「2007년~2008년도 성과 보고서 태양광 발전 시스템 공통 기반 기술연구개발 태양광 발전 시스템의 라이프사이클 평가에 관한 조사 결과, 2009년 3월」

에너지 페이백 타임은 태양광 발전 시스템의 라이프사이클에서 투입한 에너지를 몇 년의 발전으로 회수할 수 있는지를 나타낸다. CIS계 태양전지를 이용한 주택용 태양광 발전 시스템은 1.41년으로 가장 짧은 연수에 회수할 수 있으며 가장 긴 단결정 Si에서도 3.01년에 회수할 수 있다. 또한 CO_2 페이백 타임도 태양광 발전 시스템이 라이프사이클을 통해 배출한 CO_2를 몇 년에 회수하는지를 나타냈지만, 이 계산에는 계통 전력을 태양광 발전 시스템에 의한 전력으로 바꾸었을 때의 CO_2 삭감분을 이용해서 연수를 산출한다. 이것도 2년부터 4년 정도에 회수할 수 있다.

CO_2 배출 원단위는 전력중앙연구소가 실시한 일본의 발전 기술의 라이프사이클 CO_2 배출량 평가가 알기 쉽다. 〈그림 9〉는 결과 중의 CO_2 배출 원단위의 비교이다. 태양광 발전 시스템(주택

용)은 38.0g-CO$_2$eq/kWh가 되며 기존의 화석연료를 이용한 발전과 비교하면 훨씬 작은 것을 알 수 있다.

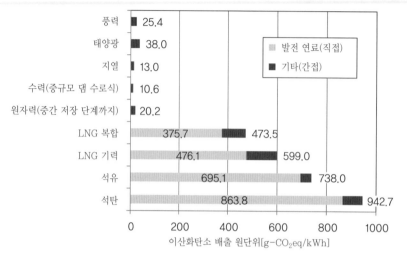

그림 9. 전력중앙연구소에서 실시한 각 전원의 CO$_2$ 배출 원단위(태양광은 주택용 결과)

今村 榮一, 長野 浩司, 「일본의 발전 기술의 라이프사이클 CO$_2$ 배출량 평가-2009년에 얻어진 데이터를 이용한 재추계 연구 보고 : 09027」, 전력중앙연구소, 2010.

독립행정법인 산업기술종합연구소에서도 조사를 실시했으며 〈그림 10〉에 나타낸 바와 같이 재생가능에너지에 의한 CO$_2$ 배출 원단위는 고갈성 에너지와 비교해서 매우 적다.

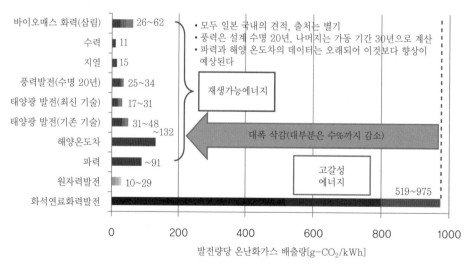

그림 10. 산업기술종합연구소에서 실시한 각 전원의 CO$_2$ 배출 원단위

산업기술종합연구소, 「각종 에너지원의 온난화가스 배출량 비교
(https://unit.aist.go.jp/rcpvt/ci/about_pv/e_source/RE-energypayback.html)」, 2014년 7월 2일 열람

　또한 IPCC(기후변동에 관한 정부 간 패널)에서는 태양광 발전 시스템에 한정하지 않고 많은 문헌을 토대로 〈그림 11〉과 같이 정리했다. 태양광 발전 시스템은 26개 문헌에서 124가지 결과를 수집해서 분석한 결과 중앙값은 46g-CO_2eq/kWh였다. 최소는 5g-CO_2eq/kWh, 최대는 217g-CO_2eq/kWh로 차이는 있지만 25퍼센타일은 29g-CO_2eq/kWh, 75퍼센타일은 80g-CO_2eq/kWh로 대략 중앙값에 가까운 곳에 정리했다.

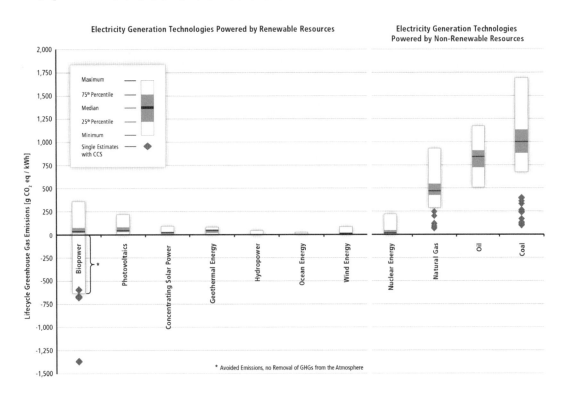

Count of Estimates	222(+4)	124	42	8	28	10	126	125	83(+7)	24	169(+12)
Count of References	52(+0)	26	13	6	11	5	49	32	36(+4)	10	50(+10)

그림 11. IPCC의 CO_2 배출 원단위 문헌 조사 결과(원문 게재)
　　IPCC, "Special Report on Renewable Energy Sources and Climate Change Mitigation: Summary for Policymakers", 2011.

태양광 발전 시스템의 도입 잠재량

태양광 발전 시스템의 도입 잠재량은 태양광 발전의 잠재적인 가능성, 중장기적인 에너지 정책 수립 시에 태양광 발전에 기대되는 공헌도 등을 가늠하기 위한 중요한 기준이며 지표이다. 도입 잠재량은 어떤 분야와 시설을 대상으로 하는가, 어떠한 제약 조건을 어떻게 고려하는가 등의 가정에 좌우되지만 다양한 계산과 추계가 제시되어 있다.

(1) 일본 국내의 도입 잠재량 추정 예(PV2030/PV2030+)

모두에서 설명한 바와 같이 NEDO의 「2030년을 향한 태양광 발전 로드맵」에서는 기술개발의 진전을 가정한 국내 도입 가능량 및 물리적 잠재량을 나타내고 있다.

(2) 일본 국내 비주택 분야의 도입 잠재량 추정 예

「태양광 발전의 신시장 확대 등에 관한 검토」에서는 비주택 분야(단독주택 이외의 분야)에서의 태양광 발전 도입 잠재량을 제시하고 있다. 〈그림 12〉와 〈그림 13〉은 각각 단독주택 이외의 건물 시설과 건물 이외 분야의 도입 잠재량을 계산한 결과이다. 건물 시설의 경우 설치 불가능 면적과 내진 기준의 충족 상황 등의 가정을 두고 공동주택 이외의 공공, 민생, 산업시설(운수 관련 시설은 포함하지 않는다)의 도입 잠재량은 지붕 혹은 옥상이 약 25GW, 측벽면이 약 24GW이다. 민생 업무 시설은 지붕 혹은 옥상, 측벽면 모두 잠재량이 크고 산업시설(공장)은 지붕 혹은 옥상의

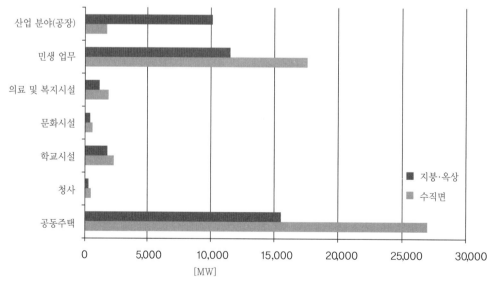

그림 12. 비주택 건물 분야의 태양광 발전 도입 잠재량 추정치

미즈호정보총연, 「태양광 발전의 신시장 확대 등에 관한 검토, 2012년 신에너지·산업기술종합개발기구 위탁업무 성과 보고서」, 2013.

잠재량이 크다. 건물 이외의 도입 잠재량은 약 566GW이고 경작지가 가장 커 380GW(경작지 면적의 10%에 상당하는 면적에 태양전지 어레이를 설치), 이어서 경작 방기지, 호수·댐 수면, 하천부 및 제방부 등의 잠재량이 크다.

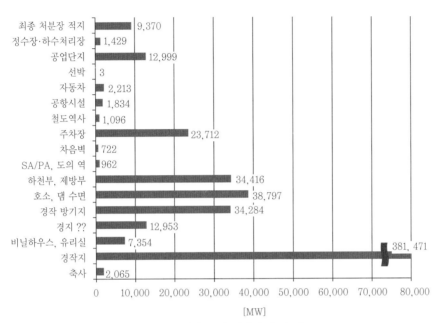

그림 13. 건물 이외 분야의 태양광 발전 도입 잠재량 추정 예
미즈호정보총연, 「태양광 발전의 신시장 확대 등에 관한 검토, 2012년 신에너지·산업기술종합개발기구 위탁업무성과 보고서」, 2013.

(3) 사막 지역의 태양광 발전 잠재량(IEA PVPS Task 8)

IEA PVPS 태스크 8이란 국제에너지기관(IEA : International Energy Agency) 산하의 태양광 발전 시스템 연구협력실시협정(PVPS : Photovoltaic Power Systems Programme)에서 실시하고 있는 프로젝트(Task)의 하나로, 일본이 간사국을 맡고 「사막 지역 등에의 초대형 태양광 발전 시스템의 가능성 연구」(Study on Very Large Photovoltaic Power Generation(VLS-PV) System)를 하고 있다.

태스크 8에서는 초대형 태양광 발전(VLS-PV)의 기술적 가능성, 환경면 및 사회경제면의 효과 등 다양한 검토를 시행하고 있지만 아울러 사막 지역의 태양광 발전 도입 잠재량도 추계하고 있다. 사막이라고 해도 다양한 상태의 토양 등으로 구성되어 있으며 사사막과 같은 건설 곤란지도 있는가 하면 어느 정도의 식생을 유지하고 있는 요보전 지역도 있다. 그래서 리모트 센싱 기술을 활용하여 세계의 6개 사막의 토양 소선 등을 고려해서 추계한 태양광 발전 잠재량이 〈그림 14〉이다. 발전량으로 보면 태양광 발전 잠재량은 752PWh/년으로 매우 커 세계 전체의 에너지 수요(전력 이외도 포함)의 수배에 필적한다(발전 설비 용량으로는 466TW).

미국 남서부, 중국, 인도에서는 사막 지역과 건조지를 이용한 수백MW 규모의 태양광 발전 플랜트가 이미 가동하고 있으며 향후도 세계 각지에서 초대형 태양광 발전 플랜트의 도입이 기대된다.

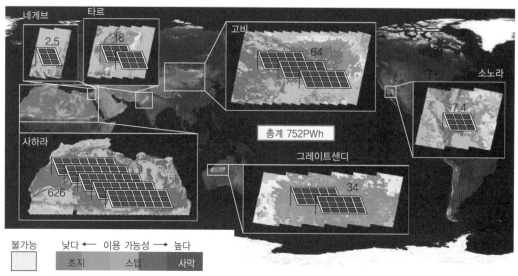

그림 14. 사막 지역(세계 6사막)의 태양광 발전 잠재량 추정 예

Kosuke Kurokawa, Keiichi Komoto, Masakazu Ito, et al., "Energy from the Desert: Very Large Scale Photovoltaic Systems", Socio-economic, Financial, Technical and Environmental Aspects, Earthscan, 2009.

(4) 태양광 발전의 미래에 '끝은 업다!'

최근 대단히 신경 쓰이는 뉴스가 있다. 이 책이 인쇄되기 전인 2016년 2월 12일에 뉴욕 마칸타일 거래소(NYMEX)에서 거래되는 WTI 원유 선물 가격이 1배럴 27달러로 하락했다. 이 경향은 프롤로그의 〈그림 2〉에 추기해서 나타냈지만 독자 여러분은 세계가 다시 석유시대로 회귀한다고 생각하는가? 그러나 이 책의 편자들은 그렇게 생각하지 않는다. 그 이유를 설명한다.

사실 우리 태양광 발전 관계자들은 마찬가지의 시대를 경험했다. 프롤로그의 〈그림 2〉를 보면 1985년부터 2000년에 걸쳐 1배럴 10~30달러로 저미했던 15년간의 경험을 갖는다. 이 사이에 선샤인계획 관계자들, 즉 재생가능에너지 프로젝트는 거의 사라져 버린 것이다.

이 일에 의해 전문가 집단이 흩어지고 중요한 기술과 노하우도 일탈해 버린, 이른바 죽음의 계곡 시대를 맞이했다. 그러나 태양광 발전만은 살아남았다. 이 이유를 사실에 입각하여 살펴본다. 태양광 발전 산업의 발전은 아래와 같은 단계를 거쳐왔다.

① 인공위성의 전원으로서 가격보다 경량성과 연료가 불필요하다는 점에서 우주공간에서 유일한 선택지가 됐다.

② 다음으로 세계의 무전화 지역에서 조명 부하의 니즈가 있었다(연료도 송전선도 불필요).

③ 일본에서는 솔라 전자계산기가 발명되어 전 세계에 보급됐다.

④ 일본의 선샤인계획의 독자 목표였던 「주택용 지붕 위 발전」의 전력계통 연계 기술이 개발됐다. 일본 국내를 시작으로 유럽과 미국에도 보급됐다. 이것을 베이스로 1994년에는 주택용 태양광 발전 보조금 제도에 의해 보급이 대폭 확대됐다. 해외에서는 「밀리온루프 계획」이라고 불렀다.

⑤ 2005~2013년경에 걸쳐 석유 가격이 급상승했다(100~150달러/배럴)

⑥ 독일에서는 2001년에 재생가능에너지법이 제정되어 주택용에서 대규모 태양광 발전까지 포함해서 급속도로 보급이 진행했다. 2014년에는 동 국가 전력 공급의 30%가 태양광과 풍력으로 조달되게 됐다.

⑦ 유사한 일본에서도 2012년 7월에 재생가능에너지 고정가격매입제도가 발족했다. 기존의 주택용 태양광 발전에 추가해 50kW 미만의 중형과 50kW 이상 100MW 미만의 대규모 시스템이 건설됐다.

⑧ 유사한 경향은 유럽과 미국에서도 진행하여 최근에는 개발도상국에서도 본격적인 태양광 발전 시스템의 보급이 진행했다. 세계 20개국이 2014년에 누적 100만kW 설치를 기록하고 있다. 일본의 2014년 설치량은 9.7GW로 세계의 2위에 위치했다. 또한 일본을 포함해서 세계 19개국이 국내 연간 전력량의 1% 이상을 태양광 발전으로 조달하고 있다(IEA PVPS, Snapshot of Global PV Markets, 2014).

⑨ 이 사이의 산업습련효과(프롤로그의 그림 3)를 보면 세계 태양전지의 누적 생산량은 10^5 MW(=1억kW)에 달했다. 또한 선샤인계획 시의 태양전지 모듈 가격이 1~2만엔/W이던 것이 2자릿수 이상 하락해서 2013년에는 75엔/W 정도가 됐다. 이 산업숙련효과의 경향은 아직 계속되고 있다.

2015년 11월 30일부터 파리에서 개최된 COP21(제21차 유엔기후변화협약 당사국 총회)에서는 150개국의 수뇌부가 12월 12일에 2020년 이후의 온난화 대책 국제 규약인 「파리협정」을 채택했다. 이것은 교토의정서와 마찬가지로 법적 구속력을 가진 협정이다.

전체 목표로는 세계의 평균 기온 상승을 산업혁명 이전의 2℃ 이내로 정했지만, 1.5℃ 이내의 필요성도 언급했다. 일본의 CO_2 삭감 목표는 2013년 대비 2030년까지 26% 삭감한다는 계획이다. 일본에서는 동일본대지진 이후 원자력발전소의 정지와 석탄화력발전의 급증이라는 큰 과제가 있다. 세계적으로 봐도 재생가능에너지의 비율이 높아질 것이라는 견해가 극히 자연스러운 방향성이라고 생각한다.

재생가능에너지의 대부분의 기원은 태양에서 지구에 쏟아지는 태양 에너지 흐름이다. 이 흐름이 계속되는 한, 「태양＝지구계」가 존속하는 한 영원한 에너지원이다.

자료 (일본편)

태양광 발전 시스템
관련 법령과 절차

　태양광 발전 시스템의 구축에는 규모에 따라 광범위한 법령이 관계하므로 충분히 조사하고 법령과 규칙에 따라 설치하고 운용하는 것이 중요하다.

　또한 많은 태양광 발전 시스템은 전력회사의 배전계통에 접속해서 사용하기 때문에 협의가 필요하다. 자료편에서는 법령과 규칙을 설명하고 필요한 제 절차에 대해 소개한다. 한편 관련 법령 등은 태양광 발전 시스템의 설치 형태와 설치 방식, 규모에 따라 대응이 다르며 또한 시스템의 보급 및 확대에 맞춰 개정이 진행하고 있어 항상 최신 상황을 확인한 후에 대응하기 바란다.

자료 1　태양광 발전 시스템 설치 관련 법령

일반적인 태양광 발전 시스템 도입까지의 개략 절차를 〈그림 1〉에 나타낸다.

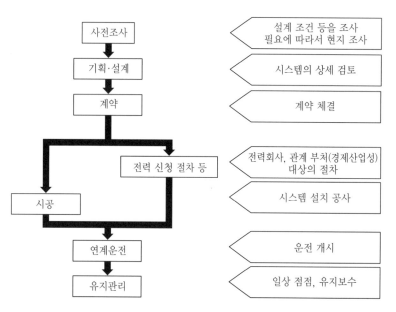

그림 1. 도입 절차
공공·산업용 태양광 발전 시스템 안내서. 일반재단법인 태양광발전협회, p.30, 2013.을 참고로 작성.

　사전조사에서는 기기 설치 장소 및 설치 장소 주변을 확인하고 설계 조건을 검토한다. 지붕 위 설치의 경우는 건물 구조, 지붕 사양, 지붕 기울기 및 방위를 확인하고 건축기준법을 비롯한 관련 법령에 대해 확인한다. 이후의 절차 등에 누락이 없도록 준비하고 필요에 따라서 관련 관청 등과의 사전확인 및 협의를 권장한다. 또한 지상 설치의 경우에도 마찬가지로 주변 환경 등과 설치 장소별 지방 조례 등에 대해서도 꼼꼼하게 확인하는 것이 중요하다.

　기획 설계 단계에서 기기를 선정하고 설치 용량을 결정한다. 용량별로 전기사업법상의 취급이나 설치 후의 유지관리에 관련된 규정이 다르기 때문에 경제성과 사용 목적을 고려하여 상세 검토를 수행한다. 시스템 전체의 발전량 예측과 시스템 가격의 시산 등도 병행한다.

　전력회사에 대한 절차에서는 계통 연계 협의, 계통 연계 신청, 전력 수급 계약 등을 실시하고 소관 관청에 신고 및 신청 등을 한다. 시공과 아울러 운전 개시 스케줄을 고려하여 지연 없이 절차를 추진하는 것이 필요하다. 운전 및 유지관리 단계에서도 시스템의 규모에 따라 필요한 검사, 정기점점 주기 등이 다르기 때문에 각 자료를 참조로 설치 전 단계부터 계획적으로 준비를 추진하기 바란다.

☀ 태양광 발전 시스템 설치 관련 법령 개요

태양광 발전 시스템을 구축할 때 필요한 주요 관련 법령과 규칙을 〈표 1〉에 나타냈다. 구축에 임해서는 관련 법규를 확실하게 충족할 필요가 있지만 태양전지 모듈의 설치 형태, 설치 방식, 시스템의 규모에 따라서 대응이 다르며, 규모가 커질수록 관련 법규는 폭넓다. 아래에 대규모 지상 설치 구축 시의 토지 이용 관련 법안에 대해 설명한다.

표 1. 태양광 발전 시스템에 관한 주요 관련 법령 및 규칙

구분	관련 법령	소관
1. 토지 이용 관련	국토이용계획법(시가화 구획 2,000m² 이상, 시가화 조정 구역 5,000m² 이상, 기타 10,000m² 이상 대상)	국토교통성
	도시계획법(도시계획 구역, 준도시계획 구역, 도시계획 구역 외)	국토교통성
	농지법(권리이동과 농지전용 제한)*1	농림수산성
	농업진흥지역의 정비에 관한 법률(농진법)	농림수산성
	삼림법(개발 행위 제한에서 보안림 또는 보안시설 구역의 일정 제한까지 규정)	농림수산성
	하천법(하천보전 구역 전체의 제한부터 하천 예정 입체 지구의 행위 제한)	국토교통성
	도로법(도로관리자(국토교통성, 지사, 시정촌 장)의 허가)	국토교통성
	문화재보호법(용지 조성에서 매장문화재에 관련한 경우)	문부과학성
	토지수용법(공익성 사업에서 지주의 강경한 반대 등의 경우, 기업자에 토지 수용)	국토교통성
	항공법(공로 침입 경로 등 항공면의 장해 회피)	국토교통성
	차지차가법	법무성
2. 토지 등기 관련	지상권 설정	법무성
	지붕 대여의 경우 부동산 등기	법무성
3. 환경 관련	자연공원법·지구경관조례(국립공원 및 근방에서의 설치)	환경성
	절멸 우려가 있는 야생동물종의 보존에 관한 법률(자연환경보호)	환경성
	공장입지법(원칙 적용 대상 외)*2	경제산업성
	토양오염대책법(3,000m² 이상의 토지 개발을 지사에 신고하고 지역에서 토양 오염의 가능성이 있다고 명령된 경우에는 조사)	환경성
4. 건축· 소방법 관련	건축기준법	총무성
	소방법	총무성
5. 전기 관련	전기사업법	경제산업성
	보안·안전기준	경제산업성
	전기설비기술기준 및 해석	경제산업성
	계통 연계 가이드라인	경제산업성
	전기용품안전법	경제산업성
6. 기타	건설 리사이클법	국토교통성
	금융싱거래법	금융청

*1 : 농지법에서는 ① 농지의 법면과 밭둑에 태양광 발전 설비를 설치하는 경우의 취급을 명확화(주변 농지 이외에 설치 여지가 없고 영농에 지장이 없는 경우 등을 조건으로 일시 전용을 인정한다). ② 영농 수입을 일정 이상 확보한 상황에서 농지의 상공을 사용해서 태양광 발전 설비를 설치하는 것을 인정하고 있다.

*2 : 공장입지법에서는 태양광 발전 시설을 환경 시설로서 자리매김함에 따라 ① 태양광 발전 설비를 공장입지법의 적용 대상 외, ② 생산 시설 면적 규제, 녹지 등 정비 업무 대상 외.

국토이용계획법

국토이용계획법은 난개발과 무질서한 토지 이용 등을 방지하고 자연환경의 보전과 균형 있는 국토의 이용을 확보하기 위한 법률이다. 일정 면적 이상의 대규모 토지 거래에 관해 제도를 두고 지가 억제를 위한 거래 가격의 심사와 아울러 그 이용 목적을 심사하여 부당한 토지 거래 등을 억제하는 것을 목적으로 한다.

특히 시가화 구역에서는 2,000m² 이상, 시가화 조정 구역에서 5,000m² 이상의 토지 거래를 했을 때는 국토법 제23조 1항에 의거하여 계약일을 포함해서 2주간 이내에 토지 매매 등 신고서(사후신고)를 제출할 필요가 있 다.

도시계획법

도시계획법은 건축기준법과 택지조성 등 규제법 등 타 토지 관련 법의 중심으로 자리매김되고 있는 것으로 그 목적은 도시의 제 활동이 합리적으로 발휘할 수 있는 동시에 생활 환경을 양호하게 유지하기 위해 토지의 합리적인 이용을 도모하는 것이다. 따라서 도시계획 구역을 시가화 구역과 시가화 조정 구역으로 나누고 시가화 구역에 대해서는 이미 시가지를 형성하고 있는 구역 및 대략 10년 이내에 도시 시설을 계획적으로 정비하는 지역으로 정하는 한편 시가화 조정 구역은 일절 개발을 원칙적으로 금지하여 무질서한 시가화를 억제해야 하는 구역이라고 정해져 있다. 태양광 발전 시스템 자체는 건축물에 해당하지 않기 때문에 발전 허가가 필요 없지만 건축물을 건축하는 경우와 정지와 조성에 대해서는 건축 허가와 개발 허가가 필요한 경우가 있기 때문에 주의해야 한다.

건축기준법 관련

건축기준법은 인간의 안전성을 확보하기 위해 대상으로 하는 공작물을 규정하고 있다. 건축에 착수하기 전에 건축계획이 법령에 위반하지 않았는지의 여부를 심사받을 필요가 있다(확인 신청; 제6조 1항, 제6조2의 1항(건축물), 제88조(공작물)). 또한 구조 내력의 면에서 자연현상에 관련된 풍하중, 적설하중, 지진력 등에 대해 태양전지 모듈이 설치되는 부분과 지역별로 세세한 기술 기준이 정해져 있다.

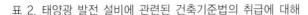

표 2. 태양광 발전 설비에 관련된 건축기준법의 취급에 대해

태양광 발전 설비에 관련된 건축기준법의 취급에 대해	• 태양광 발전 설비 등의 공작물에 관한 건축기준법의 적용 제외
	  전기사업법 등 타 법령에 의해 충분한 안전성이 확보되어 있는 경우
	• 토지에 자립해서 설치하는 태양광 발전 설비의 취급
	  메인티넌스를 제외하고 가대 아래의 공간에 사람이 들어가서는 안 되고 또한 가대 아래의 공간을 거주, 집무, 작업, 집회, 오락, 물품의 보관 또는 격납 기타 옥내적 용도로 제공하지 않는 것에 대해서는 건축물에 해당하지 않는다
	• 건축물의 옥상에 설치되는 태양광 발전 설비 등의 건축설비의 높이 산정에 관련한 취급
	  건축물의 높이에 산입해도 건축물이 건축기준법 관련 규정에 적합한 경우에 있어서는 영 제2조 제1항 제6호 ㅁ 이외의 건축물로서 취급한다(2011년 3월 기술적 조언)

파워컨디셔너를 수납하는 컨테이너 관련 건축기준법의 취급에 대해	가동 시에는 무인으로 통상 내부에 사람이 들어가지 않는 것을 조건으로 건축물에 해당하지 않는 것으로 한다(확인 신청 불필요)(2012년 3월 기술적 조언)

전기사업법 관련

전기사업법은 전기사업을 적정하고 합리적으로 운영함으로써 전기 사용자의 이익을 보호하고 전기사업의 건전한 발전을 도모하는 동시에 전기공작물의 공사, 유지 및 운용을 규제함으로써 공공의 안전을 확보하고 환경의 보전을 도모하는 것을 목적으로 한다.

〈표 3〉에 태양광 발전 시스템의 출력 용량 및 수전 전력의 용량에 의한 계통 연계 구분 및 전기공작물의 분류를 나타낸다. 또한 설치하는 경우에 필요한 기본적인 제 절차 및 운용 개시 후에 관련한 전기사업법 관련 조항을 〈표 4〉에 나타낸다.

표 3. 태양광 발전 시스템의 자리매김

1설치자당 전력 용량		계통 연계의 구분	전기공작물의 종류
태양광 발전 시스템의 출력 용량 [kW]	수전 전력의 용량 (계약 전력) [kW]		
50 미만	50 미만	저압 배전선과의 연계	일반용 전기공작물 (소출력 발전 설비)
	2,000 미만	고압 배전선과의 연계	자가용 전기공작물
50 이상	50 미만	고압 배전선과의 연계	
	2,000 미만	고압 배전선과의 연계	
2,000 이상	2,000 이상	스폿 네트워크 배전선, 특별 고압 배전선과의 연계	

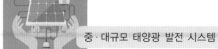

표 4. 전기사업법 관련 조항

		법령	조항	표제·항목
절차	공사 계획	전기사업법	제48조	공사 계획
		전기사업법 시행 규칙	제62조	공사 계획의 인가 등
			제65조	공사 계획의 사전 신고
	공사 계획 변경	전기사업법	제48조	공사 계획 변경
	주임기술자	전기사업법	제43조	주임기술자
		전기사업법 시행 규칙	제52조	주임기술자의 선임 등
	사용 개시 신고	전기사업법	제53조	자가용 전기공작물의 사용 개시
		전기사업법 시행 규칙	제87조	자가용 전기공작물의 사용 개시 신고
	사용 전 안전 관리 검사	전기사업법	제51조	사용 전 안전관리 검사
		전기사업법 시행 규칙	제73조의 2의 2	–
	사용 전 검사	전기사업법	제49조	사용 전 검사
	보안 규정	전기사업법	제42조	보안 규정
		전기사업법 시행 규칙	제50조	보안 규정
설치	전기공작물의 정의	전기사업법	제2조	정의
		전기사업법	제38조	전기공작물의 정의
		전기사업법 시행 규칙	제48조	일반용 전기공작물의 범위 (메가솔라 대상 외)
		전기사업법 시행령	제1조	전기공작물에서 제외되는 공작물
운용	기술기준 적합 명령	전기사업법	제40조	기술기준 적합 명령
			제56조	기술기준 적합 명령
	조사 의무	전기사업법	제57조	조사 의무
		전기사업법 시행 규칙	제96조	일반용 전기공작물의 조사 (메가솔라 대상 외)
	전기공작물의 유지	전기사업법	제39조	사업용 전기공작물의 유지
	벌칙 규정	전기사업법	제118조	벌칙 규정
			제119조	벌칙 규정
			제120조	벌칙 규정

자료 2   태양광 발전 시스템 설치 절차

전기사업법에 따른 태양광 발전 시스템의 설치에 필요한 절차를 〈표 5〉에 나타낸다. 설치 용량에 따라 필요한 신고서가 다르기 때문에 해당 절차에 대해 잘 확인해야 한다. 아울러 〈표 6〉에 대규모 태양광 발전 시스템의 절차와 수순을 나타낸다. 소요 일수는 대략적인 기준이며 설치 규모 등에 따라서 보다 일수를 소요하는 경우가 있으므로 주의가 필요하다.

표 5. 태양광 발전 시스템의 제 절차(2014년 4월 데이터를 토대로)

전기공작물	출력 규모(태양전지 어레이 용량)	공사 계획	사용 전 검사	사용 개시 신고	주임기술자	보안 규정	신고처
자가용	2,000kW 이상	신고	실시	불필요[*1]	선임	신고	경제산업성 산업보안감독부
	500kW 이상 2,000kW 미만	불필요	불필요	불필요[*]	외부 위탁 승인	신고	경제산업성 산업보안감독부
	50kW 이상 500kW 미만	불필요	불필요	불필요	외부 위탁 승인	신고	경제산업성 산업보안감독부
	50kW 미만 [*2]	불필요	불필요	불필요	외부 위탁 승인	신고	경제산업성 산업보안감독부
일반용	50kW 미만 [*3]	불필요	불필요	불필요	불필요	불필요	

*1 : 출력 500kW 이상의 전기공작물을 양도, 차용하는 경우에는 사용 개시 신고가 필요.
*2 : 고압 수전·연계에서 50kW 미만의 자가용 전기공작물.
　　• 보안 규정에 대해서는 다른 자가용 전기공작물이 이미 설치되어 있는 경우에는 보안 규정의 변경·추가 절차가 필요.
　　• 고압 또는 특별 고압의 변전설비·축전설비(4800AH·셀 이상)를 설치하는 경우에는 소관 소방서에 설치 신고가 필요.
*3 : 저압 연계의 50kW 미만 혹은 독립형 시스템의 50kW 미만이 해당.

표 6. 대규모 태양광 발전 시스템의 절차와 소요 일수

항목	개요	소요 일수의 기준
1. 설치 계획과 설계	관련 법령 조사, 기술 검토, 설계 도면 작성	3개월 이상
2. 보안 관리 준비	보안 규정의 작성, 주임기술자의 선임, 신고 절차	1~2개월 이상
3. 전력회사와의 협의	계통 연계 조건, 운용 제약 외	2~3개월(병렬처리)
4. 전력회사에의 신청과 계약	잉여전력 및 수급 계약의 체결 계통 연계에 관한 각서 체결	–
5. 설치공사	시공회사에 의한 공사 (조성, 갱 및 기초, 고정 및 시험 외)	(설치 규모에 따라 다름) 4~6개월 정도
6. 관할 산업보안감독부에의 신고(시공 전)	보안 규정, 전기주임기술자의 선임 신고 공사 계획 신고	1일(사전 확인 필요)
7. 사용 전 자주검사	성능 및 기술 기준과의 적합성 확인 (자주검사 요령의 사전 준비가 필요하다)	1주일~3개월 정도 (날씨에 따라 다름)
8. 관할 산업보안감독부에의 신청(자주검사 후)	안전 관리 심사의 신청	자주검사 후 1개월 이내
9. 전력회사의 현지 확인	각 전력회사마다 다르다	1일 정도
10. 사용 개시	–	–
11. 안전 관리 심사	서류 심사, 현지 확인 (자주검사 요령의 사전 설명)	2일 정도(사전 설명 필요)
	심사 결과(평정) 통지	심사 후 30일 정도

자료 3　전력회사와 협의

태양광 발전 시스템을 전력회사의 상용 전력계통과 연계해서 사용하기 위해서 사전에 전력회사와 충분한 협의를 할 필요가 있다. 〈표 7〉에 연계 협의에 필요한 자료 예시를 나타냈다. 경우에 따라서는 긴 검토 기간이 필요한 것도 있어 스케줄 전체에 영향을 미칠 우려도 있기 때문에 빠른 단계에서 전력회사에 상담할 것을 권장한다. 또한 전력회사별로 필요한 서류와 서식이 다른 경우가 있기 때문에 주의가 필요하다.

표 7. 연계 협의에 필요한 자료 예시

	인증품 또는 취급 간소화 대책품을 사용하는 경우	인증품 또는 취급 간소화 대책품을 사용하지 않는 경우
저압 연계	① 태양광 발전 연계 협의 의뢰표 ② 수전설비 구성(단선 결선도) ③ 발전설비에 관한 사양 및 인증 등록증(사진)(계통 연계 보호장치의 사양서 등) ④ 부속 기기에 관한 사항	①, ②, ④ : 좌기와 동일 ⑤ 태양광 발전 설비 조서 ⑥ 역변환장치에 관한 사항(형식, 사양, 보호 및 제어 기능의 설명, 역률 및 고조파 측정 데이터) ⑦ 계통 연계 보호장치에 관한 사항 ⑧ 단독운전 검출 기능 또는 역충전 검출 기능에 관한 사항(사양, 기술 자료, 추천 정정, 시험 성적서) ⑨ 자동 전압 조정 기능에 관한 사항(사양, 제한 범위) ⑩ 직류분 검출 보호 기능에 관한 사항(사양, 시험 성적서)
저압 연계 (가정)	①, ②, ③ : 상기와 동일 ⑪ 역조류의 유무에 관한 설명(연계점에서의 최대 역조류치 또는 최소 수전전력치) ⑫ 운전 연락 체제에 관한 개요	①, ②, ⑤, ⑥, ⑦, ⑧, ⑨, ⑩ : 상기와 동일 ⑪, ⑫ : 좌기와 동일
고압 연계 (가정)	①, ③ : 상기와 동일 ② 수전설비 구성(단선 결선도에 의한 계전기, 계측기용 변성기의 설치, 인터록 등의 기술) ④ 부속기기에 관한 사항(차단기, 개폐기, 계기용 변성품 등의 사양) ⑪ 역조류의 유무, 최대 역조류량에 관한 설명(발전설비 운전 출력과 부하 곡선) ⑫ 연계 연락 체제에 관한 개요	①, ⑤, ⑥, ⑧, ⑨, ⑩ : 상기와 동일 ②, ④, ⑪, ⑫ : 상기와 동일 ⑦ : 계통 연계 보호장치에 관한 사항(형식, 사양, 시퀀스, 특성, 정정 범위, 시험 성적서)

저압연계(가정) : 고압 수전의 고객으로 발전설비 용량이 계약 전력의 5% 정도 미만인 경우에 적용 .

(주의) ①의 자료는 사전협의 의뢰 시에, 기타 자료는 인버터 정격출력이 10kW 미만일 때는 본 신청 시에, 10kW 이상일 때는 결정되는 대로 신속하게 제출할 것.

자료 4　전기보안협회와 보안관리업무 위탁 계약

전기주임기술자의 선임과 신고

자가용 전기공작물을 취급하는 규모의 태양광 발전 시스템을 설치하는 경우 그 공사, 유지 및 운용에 관한 보안 감독을 수행하기 위해 주임기술자의 선임이 필요하다. 그러나 앞에서 든 〈표 5〉와 같이 출력 2,000kW 미만의 태양광 발전 시스템에서는 전기보안협회 등의 지정 법인과 보안에 관한 업무를 위탁 계약함으로써 주임기술자를 선임하지 않는(외부 위탁 승인) 것이 가능하다. 중규모 태양광 발전 시스템에서는 외부 위탁에 의한 유지관리가 다수 고려된다. 그래서 전기보안협회에 보안관리를 위탁한 경우의 내용을 〈표 8〉에 나타냈다.

표 8. 전기보안협회에의 보안 관리 위탁
　　일반사단법인 태양광발전협회, 태양광 발전 시스템의 설계와 시공(개정 4판), p.175, 옴사, 2012.

항목	내용
1. 위탁 계약	설치자와 전기보안협회가 계약
2. 경제산업성 산업보안감독부에 신고	• 주임 기술자 불선임 승인 신청서 • 위탁 계약의 상대방 집무에 관한 설명서 • 위탁 계약서의 복사 • 보안 규정 신고서 • 보안 규정 • 발전소 설비의 개요 • 수요 설비의 구내 평면도와 입면도 • 단선 결선도
3. 준공 검사	태양광 발전 시스템 완성 시의 자주검사
4. 사고 대응	위탁자로부터의 통지에 의해 보안협회에 출동하여 점검
5. 정기 점검	정기적으로 보안협회가 점검을 실시

(주의) 이 표는 관서전기보안협회의 경우이며, 타 지역에서는 다를 수 있다.

전기보안협회에의 보안 관리 위탁

전기보안협회와 위탁 계약을 체결하면 전기보안협회는 앞서 게재한 〈표 8〉의 내용을 실시한다. 계약 시와 점검 실시 시에는 비용이 발생하며 금액은 지역의 전기보안협회에 따라 다르므로 사전에 조사해야 한다.

자료 5 고정가격매입제도와 설비 인정

 고정가격매입제도

고정가격매입제도(FIT : Feed-in Tariff)는 과제가 있기는 하지만 유럽에서 아시아로 확대되었고 일본에서는 2002년에 공표된 「전기사업자에 의한 신에너지 등의 이용에 관한 특별조치법(RPS법)」에 기초한 도입이 중심이 됐다.

그러나 FIT는 2011년 8월 26일 가결된 「전기사업자에 의한 재생가능에너지 전기의 조달에 관한 특별조치법」에 의해서 2012년 7월에 도입됐다(표 9). 동시에 RPS법은 폐기됐지만 폐지 전의 설치에 대해 경과 조치 등이 정해져 있다. 이 제도의 개요를 〈표 10~11〉에 나타낸다.

표 9. 「전기사업자에 의한 재생가능에너지 전기의 조달에 관한 특별조치법」의 개략

조항	내용(개략)
법안의 목적(제1조)	전기사업자에 의한 재생가능에너지 전기의 조달에 관해 그 가격과 기간 등에 대해 특별한 조치를 강구함으로써 전기에 대해 에너지원으로서의 재생가능에너지원의 이용을 촉진하고 일본의 국제경쟁력 강화 및 산업의 진흥, 지역의 활성화 기타 국민 경제의 건전한 발전에 기여하는 것을 목적으로 한다.
조달 가격 및 조달 기간(제3조)	발전설비의 구분, 설치 형태 및 규모별로 1kWh당의 가격(조달 가격) 및 조달 기간을 정한다. 조달 가격 등 산정위원회의 의견을 듣고 경제산업 대신이 정한다.
조달 가격 등 산정위원회(제31조)	자원에너지청에 조달 가격 등 산정위원회를 둔다.
위원(제33조)	양 의원의 동의를 얻어 경제산업 대신이 위임한다(국회의 폐회 또는 중의원의 해산을 위해 양 의원의 동의를 얻을 수 없을 때는 최초의 국회에서 양 의원의 사후 승인이 필요).
시행 기일(부칙 제1조)	2012년 7월 1일부터 시행
이윤에 대한 특별 배려(부칙 제7조)	시행일부터 기산해서 3년간에 한해 특정 공급자가 받아야 할 이윤을 특별 배려한다.
재검토(부칙 제10조)	에너지기본계획이 변경될 때마다 또는 적어도 3년마다, 이 법률의 시행 상황에 대해 검토하고 필요한 조치를 취한다. 2021년 3월 31일까지 이 법류의 발본적인 재검토를 수행한다.

표 10. 고정가격매입제도의 조달 가격과 기간 등의 개요(태양광발전 10kW 미만)
경제산업성 사이트를 참고로 작성(http://www.meti.go.jp/committee/gizi_000015.html)

		2012년	2013년	2014년
조달 가격		42엔/kWh	38엔/kWh	37엔/kWh
자본비	시스템 단가	46.6만엔/kW	42.7만엔/kW	38.5만엔/kW
	보조금(보조금의 교부와 고정 가격 조달이 이중 조성이 되지 않도록 공제)	국가 : 3.5만엔/kW 지방 : 3.8만엔/kW	국가 : 2.0만엔/kW 지방 : 3.4만엔/kW	국가의 보조금 제도 폐지에 수반하여 지방분을 포함해서 공제하지 않는다
운전 유지비		0.47만엔/kW/년	0.43만엔/kW/년	0.36만엔/kW/년
설비 이용률		12%	12%	12%
IRR(세금 공제 전)		3.20%	3.20%	3.20%
조달 기간		10년	10년	10년

표 11. 고정가격매입제도의 조달 가격과 기간 등의 개요(태양광 발전 10kW 이상)
경제산업성 사이트를 참고로 작성(http://www.meti.go.jp/committee/gizi_000015.html)

		2012년	2013년	2014년
조달 가격(세금 별도)		40엔/kWh	36엔/kWh	32엔/kWh
자본비	시스템 비용	32.5만엔/kW	28만엔/kW	27.5만엔/kW
	토지 조성비	0.15만엔/kW	0.15만엔/kW	0.4만엔/kW
	접속 비용	1.35만엔/kW	1.35만엔/kW	1.35만엔/kW
운전 유지비		0.9만엔/kW/년	0.9만엔/kW/년	0.8만엔/kW/년
설비 이용률		12%	12%	13%
IRR(세금 공제 전)		6.00%	6.00%	6.00%
조달 기간		20년	20년	20년

이 특별조치법은 일본의 국제 경쟁력 강화 및 국내 산업 진흥, 지역 활성화가 주된 목적이며 도입 촉진을 위해 시행일부터 3년간의 기간 한정으로 발전사업자의 이윤을 고려한 내용으로 돼 있다. 태양광 발전 시스템에서는 출력 용량에 따라 2종류가 제도화되어 있으며 10kW 미만은 기존의 주택용을 고려한 것이며 매입 기간은 10년이지만 설치 시에 초기 보조가 담겨 있다. 한편 10kW 이상이 새로이 시행된 것이다. 조달 가격과 조달 기간은 전원별로 사업이 효율적으로 이루어진 경우 통상 필요한 비용을 기초로 적정한 이윤 등을 감안하여 정하고 있다. 구체적으로는 중립적인 조달 가격 등 산정위원회의 의견을 존중하여 경제산업성 장관이 결정한 것이다. 조달 가격은 경제산업성의 인정을 받아 시스템 구축 후, 전력회사와 특정 계약을 하고 운용 후의 매입 가격이 20년간 고정되는 것이다. 사업자 입장에서는 사업 계획을 세우기 쉬운 제도이다. 〈그림 2〉에 특정 계약과 설비 인정까지의 절차 흐름을 나타낸다.

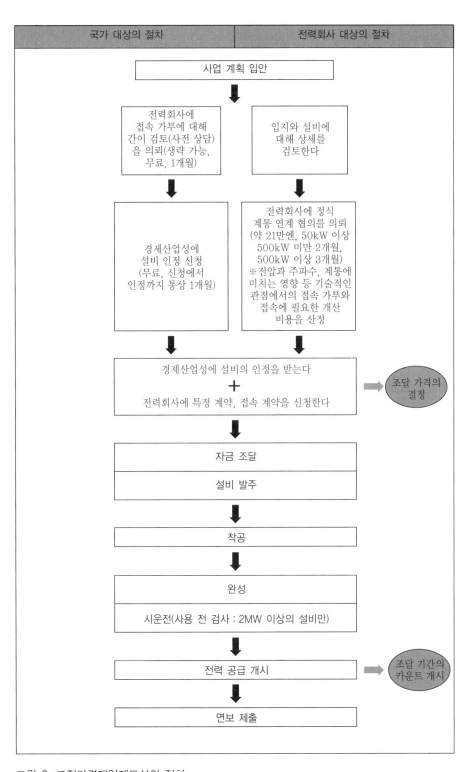

그림 2. 고정가격매입제도상의 절차
경제산업성 사이트를 참고로 작성(http://www.enecho.meti.go.jp/category/saving_and_new/saiene/kaitori/)

설비 인정에 대해

조달 가격 적용 시기는 전력회사에서 연계(접속)를 위한 계약 신청 서면을 수령 또는 경제산업 대신이 '설비 인정'을 한 시기 중 뒤의 행위가 이루어진 시점에서 착공, 준공, 사업 개시를 기다리지 않고 해당 연도의 가격이 적용된다. 단, 설비 변경이 있고 인정을 다시 받은 경우에 대해서는 새로운 인정 설비에 기초해 계약을 재체결하는 것이 필요하다. 적용 가격도 변경 후의 계약 체결 시를 기준으로 한 가격이 적용되게 된다.

제도 개시 이후의 실태 조사에서 설비 인정 신청 중 90% 가까이가 미착공이라는 점에서 경제 산업성은 2014년 4월 1일 이후에 인정 신청이 도달한 안건에 대해서는 인정 후 180일을 지나도 또한 장소 및 설비의 확보가 서류에 의해 인정할 수 없는 경우 인정이 실효하는 내용으로 운용 제도를 변경했다. 구체적인 내용은 〈표 12〉와 같다. 적당한 이유 없이 높은 매전가격을 확보한 채 부재와 공임의 단가가 낮아질 때까지 설치를 늦춤으로써 이익 확보를 하고자 하는 업자 등을 견제할 목적으로 엄격히 정하고 있다.

표 12. 설비 인정에서의 장소 및 설비 확보에 관한 기한의 설정

대상 설비	50kW 이상의 태양광 발전 설비	
확인 내용	인정에 관련된 장소 및 설비 확보 유무	
확인을 위한 필요 서류	장소 관련	등기부등본
	설비 관련	계약서 또는 발주서 및 발주 신청서, 또는 직접 제조한 것을 증명하는 서면
서류 제출 방법	인정을 받은 각 경제산업국에 하기 기한까지 제출(필착)	
서류 제출 기한	인정서에 기재된 설비의 다음날부터 기산해서 180일 후	
서류가 제출되지 않은 경우	인정은 실효. 재차 인정을 받는 경우는 다시 인정 신청이 필요	
예외적 조치	① 전력회사와 연계 협의가 길어지는 경우(모두 전력회사의 증명서 제출이 필요) 270일 후까지 연장 : 전력회사에 접속 계약 신청부터 연계 승낙 간의 기간이 설비 인정일 이후, 기한까지의 간에 90일간을 넘는 경우 360일 후까지 연장 : 전력회사에 접속 계약 신청부터 연계 승낙 간의 기간이 설비 인정일 이후, 기한까지의 사이에 180일 간을 넘는 경우	
	② 피재 지역에서 신청하는 경우 인정에 관련된 장소가 동일본대진재의 피재 지역에 해당하는 경우는 서류의 제출 기한을 인정서에 기재된 인정일의 다음날부터 기산해서 360일 후로 한다(①의 예외적 조치와 병용은 불가)	

또한 설비 인정 후 토지 공유자 전원의 동의가 없는 것으로 밝혀진 경우와 지권자가 동일 토지에 관해 복수의 자에게 동의서를 발행하는 경우 등 장소의 확보를 둘러싼 문제가 발생하고 있다. 때문에 마찬가지로 경제산업성은 2014년 4월 1일 이후에 인정 신청이 도달한 안건에 대해서는 다른 공유자를 포함한 지원자의 동의가 존재한다는 것의 확인을 〈표 13〉과 같이 철저히 하도록 정하고 있다.

표 13. 땅 소유자의 증명서 취급에 대해

대상 설비	50kW 이상의 태양광 발전 설비
제출 서류의 강화 (토지의 공유 관계 등)	• 인정 신청 시점에서 설치 장소에 관련된 토지 등을 소유하지 않고 또는 임차하지 않고 또는 지상권의 인정을 받지 않은 경우에는 해당 토지 등의 등기부등본(사본으로 가능) 및 해당 토지 등을 양도하고 또는 임대하고 혹은 지상권을 인정하는 준비가 있다는 뜻의 권리자의 의사를 나타내는 서면(권리자의 증명서)의 제출을 요구한다. • 설치 장소에 관련된 토지 등이 공유에 관련된 경우(인정 신청자가 공유자의 하나인지 아닌지를 불문)에는 인정 신청 시점에서 해당 토지 등의 등기부등본에 현재 권리자로서 표시되는 공유자 전원의 명부 및 인정 신청자를 제외한 해당 공유자 전원 권리자의 증명서 제출을 요구한다.
복수 권리자의 증명서가 확인되는 경우의 취급	인정 심사에 임해 동일한 토지에 관해 양립하지 않는다고 인정되는 복수 권리자의 증명서가 발행되어 있는 것으로 확인된 경우는 해당 신청을 한 자는 해당 권리자의 증명서의 발행자부터 최종적인 의사에 기초한 동의를 전적으로 결정한 것을 증명하는 문서를 입수하고 인정에 관련된 경제산업국에 대해 문서로 제출되기까지 인정 심사를 보류한다.

또한 사실상 동일한 사업지에서 대규모 설비를 의도적으로 분할했다고 판단하는 안건에 대해서는 적정한 형태의 신청을 요구하는 것으로 하고 이에 응하지 않는 경우는 인정하지 않는 것으로 하고 있다.

분할 안건에 관한 취급에 대해 상세는 〈표 14〉와 같다. 주로 고압으로 분류되는 발전소를 저압 안건의 범위 내가 되도록 분할로 신청하여 전력회사에 지불하는 공사부담금을 회피하는 경우를 단속하는 것을 목적으로 하고 있지만 규모에 상관없이 실질적인 내용을 평가하여 판단하는 것으로 하고 있다.

표 14. 분할 안건의 취급

분할 안건을 금지하는 배경	• 본래 적용되어야 할 안전 규제의 회피 등에 의한 사회적 불공평 • 전력회사의 설비 유지 관리 비용의 증가에 의한 사업자 간의 불공평과 전기요금 전가 발생 • 불필요한 전신주와 미터 등의 설치에 의한 사회적인 비효율성 발생 • 50kW 이상의 태양광 발전에 부가되는 토지 및 설비의 180일 이내의 확보 의무 등의 불이행에 악용될 우려가 있는 것
대상 설비	실질적으로 일체의 재생가능에너지(용량은 상관없음)
분할 안건의 해당 안건	• 실질적으로 동일한 신청자로부터 동 기간 또는 근접한 시기에 복수의 동일 종류의 발전설비 신청이 있는 것 • 해당 복수의 신청에 관한 토지가 상호 근접하는 등 실질적으로 하나의 장소로 인정되는 것

자료 6   기타 관련 법령

고정가격매입제도의 도입을 확실하기 위해 각종 규제 완화가 도모되고 있다. 자료 2와 3에서 설명한 전기사업법 및 건축기준법 이외의 관련 법령에서 최근에 실시된 규제 완화 항목 중 공장 입지법 및 농지법 관련 항목의 최신 동향에 대해 설명한다. 설치처의 다양화에 아울러 향후 다양한 개정법이 진행할 것으로 예상되기 때문에 항상 최신 정보를 확인한 후에 불명확한 점은 소관 관청에 사전 상담하는 것이 중요하다.

🌞 공장입지법

공장입지법은 공장 입지가 환경의 보전을 도모하면서 적정하게 이루어지게 하기 위해 공장 입지에 관련한 조사 및 공장 입지에 관한 준칙 등을 공표하고, 여기에 기초한 권고와 명령 등을 수행함으로써 국민 경제의 건전한 발전과 국민의 복지 향상에 기여하는 것을 목적으로 한다.

공장입지법에서는 태양광 발전 시설을 환경 시설로서 자리매김함으로써 다음과 같이 정령이 개정됐다.

- 태양광 발전 시설을 공장입지법의 적용 대상 외로 한다.
- 생산 시설 면적 규칙과 녹지 등 정비 의무의 대상 외로 한다.

이로써 절차에 요하는 기간(신고 후 80일간의 대기 기간 등)이 불필요해서 설치까지 신속하게 수행하는 것이 가능해졌다.

🌞 농지법

농지에 대규모 태양광 발전 시스템을 설치하는 경우는 농지법의 규제와 제한 등을 확인할 필요가 있다. 농지법에서는 국내 농업 생산의 기반인 농지가 현재 및 장래의 한정된 귀중한 자원이라는 점을 감안하여 경작자 스스로가 소유하는 것이 중요하다고 인정하고 농지를 농지 이외의 것으로 하는 것을 규제하고 있다. 또한 경작자에 의한 농지 취득 촉진 및 농지의 이용 관계를 조정하고 경작자의 지위 안정과 효율적인 이용을 도모하는 것을 목적으로 하고 있다. 대규모 태양광 발전 시스템을 설치하는 경우 권리 이동과 농지 전용의 제한(농지를 농지가 아니게 하는 것) 등의 규제가 있다.

최근의 설치 방법의 다양화에 수반하여 2012년에는 농지의 법면 및 밭둑에 태양광 발전 설비를 설치하는 경우의 취급이 명확해졌다(주변의 농지 이외에 설치 여지가 없고 영농에 지장이 없는 경우 등을 조건으로 일시 전용을 인정하는 것으로 한다).

또한 2013년에는 농지에 지주를 세워 영농을 계속하는 타입의 태양광 발전 설비 등에 대해 새로이 기술 개발되어 실용 단계에 있기 때문에 그러한 경우에 대한 취급이 정리됐다. 주요 내용은 〈표 15〉와 같다.

지주의 기초 부분이 농지 전용에 해당하기 때문에 지주의 기초 부분에 대해서는 일시 전용 허가 대상으로 한 것으로 2013년 3월 31일자로 농림수산성에 의해 통지됐다(「지주를 세워 영농을 계속하는 태양광 발전 설비 등에 대한 농지 전용 허가 제도상의 취급에 대해」(2013년 3월 31일자 24농진 제2657호). 기타 경작 방기지의 취급 등에 대해서는 계속해서 검토되고 있으며 농지법 관련에 대해서는 향후도 제도 등이 변경될 가능성이 있기 때문에 주의해야 한다.

표 15. 「지주를 세워 영농을 계속하는 태양광 발전 설비 등에 대한 농지 전용 허가 제도상의 취급에 대해」의 개요
농림수산성 사이트에서(http://www.maff.go.jp/j/press/nousin/noukei/130401.html)

전용 대상	지주의 기초 부분에 대해 일시 전용 허가 대상으로 한다.
기간	일시 전용 허가 기간은 3년간(문제가 없는 경우에는 재허가 가능)
확인 항목 등	• 일시 전용 허가에 임해 주변의 영농상 지장이 없을 것 • 간이 구조에 용이하게 철거할 수 있는 지주로서 신청에 관련된 면적이 필요최소한으로 적정하다고 인정받을 것 • 일시 전용 허가의 조건으로서 연 1회의 농작물 생산 상황 등의 보고를 의무화

향후의 과제

건축기준법의 완화와 농지 전용이 없어도 농지 등에의 설치를 가능케 하는 등 태양광 발전 도입 인센티브를 얻을 수 있는 시책이 한층 더 기대되고 있다. 배경으로는 고정가격매입제도의 개시에 의한 본격적인 태양광 발전의 보급이 있다. 외국의 FIT와 같이 장기간의 사업성을 부여토록 한 시책의 실시로 모든 기업과 개인이 도입할 수 있는 장치를 구축하는 것이 중요하다.

아울러 주의해야 할 과제로는 사용한 태양전지 모듈을 포함한 태양광 발전 시스템의 처분(적정 처리, 리사이클)에 관한 규제를 들 수 있다. 현 시점에서는 일본 국내에서는 「폐기물의 처리 및 청소에 관한 법률(폐소법)」이 사용한 태양전지 모듈의 처분(적정 처리, 리사이클)을 규제하는 기본 법률이라고 할 수 있다. 또한 「건설공사에 관련된 자재의 재자원화 등에 관한 법률(건설 리사이클법)」도 관계 법률이다.

자료 7   태양광 발전 시스템의 비용 구조

태양광 발전 시스템의 가격 하락이 이어지고 있다. 일본의 가격은 〈그림 3〉에 나타낸 바와 같이 1997년은 106.2만엔/kW로 매우 고가였지만 2005년에는 66.1만엔/kW으로 감소, 한 차례 상승하기는 했지만 2009년 이후는 가격 저하가 한층 진행하여 2014년에는 36.6만엔/kW가 됐다. 각국의 가격은 IEA/PVPS(국제에너지기관/태양광 발전 시스템 연구협력실시협정)이 정리하고 있으며 Trends 2015 in Photovoltaic Applications에 따르면 2014년의 주택용 태양광 발전 시스템 가격은 1.76~5.33달러/W, 메가솔라는 1.23~2.50달러/W로 보고됐다.

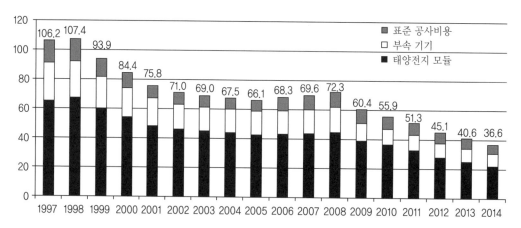

그림 3. 주택용 태양광 발전 시스템 비용 추이(자원종합시스템, 태양광 발전 마켓 2015(2015년 7월)의 데이터를 이용해서 저자 작성)

태양광 발전 시스템은 주로 주택용과 메가솔라를 포함한 산업용으로 나뉜다. 주택용에서는 태양전지 모듈 외에 파워컨디셔너 등의 부속기기와 설치 공사비용이 있고 산업용에서는 이외에 토지 조성 비용과 접속 비용, 운전 유지 비용, 토지 임차 비용 등이 든다. 또한 감시 카메라와 펜스 등의 도난 대책도 필요하다.

2012년의 주택용 기기 구성별 가격은 태양광 발전 시스템 마켓 2013(자원종합시스템)에 따르면 태양전지는 282엔/W, 인버터는 48엔/W, 기타 주변기기는 52엔/W, 표준 공사비용은 75엔/W이며 태양전지가 차지하는 비율이 가장 크다. 메가솔라는 경제산업성 조사 가격 등 산정위원회가 가격을 조사하고 있다. 〈표 16〉에 나타냈듯이 2015년의 10kW 이상 시스템 비용은 29~34만엔/kW의 범위에 들며 규모가 클수록 시스템 비용은 낮아진다. 또한 기기별 가격을 〈표 17〉에 정리했다. 토지 조성 비용은 편차가 있기는 하지만 0.47만엔/kW, 접속 비용은 0.77만엔/kW, 운전 유지 비용은 0.6만엔/kW/년이다. 자연에너지재단의 2014년 태양광 발전 사업 현황과 비용 분석에서는 10kW 이상의 태양광 발전 시스템 단가는 28~36만엔/kW, 내역은 태양전지 모듈

40%, 파워컨디셔너 11%, 가대 12%, 공사비용 23%, 접속 2%, 기타 12%이다. 미국재생가능에너지연구소에서도 2013년 상반기의 정보를 이용한 10~50kW 시스템의 조사를 실시하였으며 비용 합계 4.64달러/W에 대해 태양전지 모듈이 1.83달러/W, 파워컨디셔너는 0.34달러/W, 기타 기기가 0.43달러/W, 영업 이익이 0.83W/W이다. 조성 신청 비용과 접속 비용이 적은 것을 특징으로 설명하고 있다.

보다 상세한 가격은 공개되지 않았지만 가령 태양광 발전 개발전략(NEDO PV Challenge)에서는 〈표 18〉에 나타낸 조건에 따라 비용을 계산하였다. 조달 가격 등 산정위원회에서 IRR을 제외하고 주택용은 시스템 단가 43.1만엔/kW, 비주택용은 28.0만엔/kW으로 산출하고 각각 발전 비용을 27.2엔/kWh, 26.7엔/kWh로 계산하였다.

표 16. 2015년에 설치된 태양광 발전 시스템의 시스템 비용
> 제20회 조달가격 등 산정위원회 자료 1 「재생가능에너지의 도입 상황과 고정가격매입제도 재검토에 관한 검토 상황에 대해」, 2016년 1월 19일.

	건수	시스템 비용[만엔/kW]
10kW 이상 50kW 미만	28,219	33.2
50kW 이상 500kW 미만	737	30.9
500kW 이상 1,000kW 미만	461	30.0
1,000kW 이상	730	29.4
10kW 이상 전체	30,147	33.0

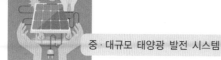

표 17. 태양광 발전 시스템의 비용 내역(보고서 3건을 토대로 저자 작성)

경제산업성 조달가격 등 산정위원회, 「2014년 조달가격 및 조달기간에 관한 의견」, 2014.
공익재단법인 자연에너지재단, 「고정가격매입제도 1년간의 평가와 제도설계에 관한 제안」, 2014.
Galen Barbose, Naïm Richard Darghouth, Samantha Weaver, David Feldman, Robert Margolis, Ryan Wiser : Tracking US photovoltaic system prices 1998-2012: a rapidly changing market, Progress in Photovoltaics: Research and Application, Published online, 2014.

가격 등 조사산정위원회		미국재생가능에너지연구소		자연에너지재단			
2015년 조사		2013년 상반기		2014년 10~11월 조사			
10kW 이상		10~50kW			10kW 이상 50kW 미만	50kW 이상 500kW 미만	500kW 이상
시스템 비용	33.0만엔/kW	태양전지	1.83달러/W	평기 시스템 단가	35.6만엔/kW	32.1만엔/kW	28.25만엔/kW (500kW 이상 2,000kW 미만과 2,000kW 이상의 평균)
토지 조성비	0.47만엔/kW	파워컨디셔너	0.34달러/W	모듈 단가	14.5만엔/kW	11.4만엔/kW	10.8만엔/kW
접속 비용	0.77만엔/kW	기타 기기	0.43달러/W	공사 단가	7.2만엔/kW	8.1만엔/kW	8.3만엔/kW
운전 유지 비용	0.6만엔/kW	시스템 설계	0.03달러/W	파워컨디셔너 단가	3.7만엔/kW	3.3만엔/kW	2.6만엔/kW
		영업 경비	0.20달러/W	가대 단가	4.6만엔/kW	3.9만엔/kW	4.2만엔/kW
		기기 설치비용	0.50달러/W	기타(평균 시스템 단가와 기기 단가 합계의 차)	5.6만엔/kW	5.4만엔/kW	2.35만엔/kW
		전기 공사비용	0.15달러/W				
		조성 신청비용	0.08달러/W				
		허가 취득 인건비	0.00달러/W				
		검사비용	0.00달러/W				
		접속비용	0.02달러/W				
		허가 취득 비용	0.00달러/W				
		세금	0.22달러/W				

표 18. 태양광 발전 개발 전략(NEDO PV Challenges)에서 발전 이용 계산에 사용하고 있는 수치

신에너지·산업기술종합개발기구(NEDO) 「태양광 발전 개발기구(NEDO PV Challenge), 2014년 9월」에서 작성

	항목	주택용(10kW 미만)	비주택용(10kW 이상)
전제	운전연수	20년	20년
	할인율(금리)	3%/년	3%/년
	IRR	–	–
	법정 내용연수	17년	17년
	상각률/개정 상각률	0.118/0.125	0.118/0.125
	고정자산세	–	1.4%/년
	법인사업세	–	–
초기비용(건설비용)	시스템 용량	4kW	2,000엔/kW
	설치에 필요한 면적		15m²/kW
	시스템 단가(태양전지 모듈 등 기기 비용+공사비용)	385,000엔/kW	270,000엔/kW
	계통 접속 비용		13,500엔/kW
	kW당 토지 조성비	–	4,000엔
	면적당 토지 조성비	–	267엔/kW
연간 경비	운전 유지	0.36만엔/kW/년	0.8만엔/kW/년
수익(발전 능력)	설비 이용률	12%	13%
	출력 열화율	–	–
폐기	폐기처리 비용	–	건설비용의 5%

가격 하락 움직임은 향후도 이어질 것으로 보이며 NEDO가 작성한 태양광 발전 개발전략(NEDO PV Challenge, 2014년 9월)에서는 2020년의 발전 비용을 14엔/kWh, 2030년에 7엔/kWh이라는 전략을 세우고 있다. 또한 국가전략실에너지·환경회의비용 등 검증위원회에 의한 코스트 등 검증위원회보고서(2013년)에서도 2030년에는 양산효과 등에 의해 대폭적인 저가격화가 기대되며 현재의 2분의 1에서 3분의 1까지 비용이 내려갈 가능성이 있어 이것이 실현되면 석유화력 발전보다 저렴한 수준이 달성될 것으로 설명하고 있다.

자료 8 태양광 발전 관련 JIS·IEC 규격 체계 비교

태양광 발전 시스템의 표준화 동향

최근의 태양광 발전 시스템의 시장이 확대된 데에는 CO_2를 배출하지 않는 재생가능에너지에 대한 시장 기대, 각국 정부의 보급 정책 등과 함께 규격, 표준화 추진이 기여하고 있다.

태양광 발전 시스템의 국제 표준화는 신뢰성이 높은 제품의 생산 유통을 촉진하고, 국제적인 상호 승인 스킴에 의해 생산국과 소비국이 다른 경우의 인증 비용과 시간을 줄일 수 있는 등 소비자와 생산자의 쌍방에 큰 이점이 있다. 이에 대해 2004년 1월부터 국제전기표준회의(IEC)의 IECEE(IEC 전기기기안전규격적합시험제도)의 태양광 발전 국제 인증 스킴이 개시됨에 따라 국내에서 취득한 인증시험 데이터를 이용해서 수출 국가에서 시험을 받지 않고 인증을 취득하는 길이 열렸다.

시험 기준에는 IEC 규격이 사용되는 경우가 많아 각국의 인증 기준을 IEC 규격에 적합시키는 것이 중요하다. 또한 유럽이나 미국을 비롯해서 태양광 발전 시스템 도입 시 인증 취득을 보조금과 보험 계약의 필요조건으로 규정하는 움직임도 있을 정도이다.

또한 일본에서도 2012년 7월의 재생가능에너지 특별법의 시행으로 태양광 발전 시스템의 보급이 가속하고 있으며 해외 제품도 포함한 안전성과 신뢰성의 향상과 저품질 제품의 배제를 위해서도 IEC 규격에 정합시킨 일본공업규격(JIS)의 정비를 추진하는 것이 중요하다.

본 자료에서는 IEC 규격 및 일본 국내의 JIS 심의 체제 그리고 현재 제정되어 있는 규격의 개요를 보고한다.

IEC 국제 표준화 심의 체제

IEC는 평회의 아래에 표준관리평의회(SMB : Standardization Management Board)와 적합성평가회(CAB : Conformity Assessment Board)가 있으며 전자가 규격의 제정, 후자가 규격의 적합성(인증)을 담당하고 있다.

SMB 아래에는 부문별로 전문위원회(TC : Technical Committees)가 있고 태양광 발전 시스템을 담당하고 있는 것은 TC82이다. TC82 하위에는 실제로 규격 작성 작업을 담당하는 WG가 있고 현재 WG1(용어), WG2(셀·모듈), WG3(시스템), WG6(주변기기), WG7(집광형) 5가지와 타 TC와 관계하는 JWG1(비전화 독립형)가 활동 중이다.

상기 TC82에 대응하는 국내 심의단체는 일반사단법인 일본전기공업회(JEMA)가 맡고 있다. IEC에서 심의가 종료한 규격안은 각국 국내 심의단체의 투표에 의해 승인, 국제 표준으로 공개된다.

　IEC 규격은 시험기관, 인증기관, 제조자 등의 이해관계자가 실증실험을 포함한 연구를 수행하고 규격 소안을 작성하여 중앙사무국(CO : IEC Central Office)에 신청한다. CO가 수리한 규격소안은 신규 제안(NWIP)으로서 각국의 국내 심의단체(National committee)에 회부되어 각국 투표에 의해 승인된다. 승인된 NWIP는 각국 코멘트를 고려해서 수정한 후 위원회 원안(CD : Committee Draft)으로서 회부되고 다시 각국 코멘트를 수집 후 투표용 위원회 원안(CVD : Committee Draft for Vote)으로 CD에 대한 코멘트와 투표를 거쳐 최종 국제 규격안(FDIS : Final Draft for International Standard)으로서 투표를 받아 승인된 경우에 국제 규격(IS : International Standard)이 성립한다. 대략적인 흐름을 〈그림 4〉에 나타냈다.

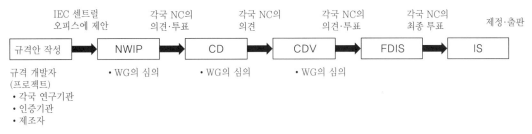

그림 4. IEC 규격 심의·제정 프로세스 개요

JIS 제정 프로세스

　JIS는 원안을 일본공업표준조사회(JISC)가 심의한 후 주무 대신이 제정한다. JIS 원안은 기초적인 분야, 공공성이 높은 분야, 정책상 중요한 분야는 주무 대신이 직접 조사, 작성을 지시하는 일이 있지만 민간단체 등의 이해관계자가 자발적으로 JIS 원안을 작성하여 주무 대신에게 신청하는 경우도 많다.

　JIS 원안은 주무 대신이 제정의 필요 가부를 확인하고 필요하다고 인정한 경우에 JISC에 대해 부의된다.

　JISC에 부의된 JIS 원안은 원칙적으로 우선 기술 분야별로 설치된 전문위원회에서 조사 심의하고 의결 후에 담당 부회장이 JISC 회장에 상신하여 다시 JISC 회장이 주무 대신에게 답신한다(특정 표준화기관(CSB)이 작성한 JIS안에 대해서는 전문위원회에서 조사 심의를 하지 않고 해당 부회에서 조사 심의만 하는 경우도 있다).

　주무 대신은 JISC에서 답신된 JIS안이 모든 이해관계인 간의 공평성 등에서 적정하다고 인정했을 때 JIS로서 제정하는 것을 의결하고 곧바로 JIS의 명칭 및 번호, 제정연월일을 관보로 공시한다. 대략의 흐름을 〈그림 5〉에 타나낸다.

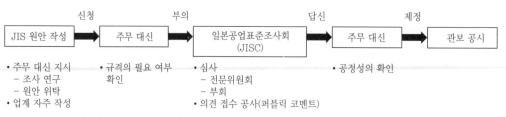

그림 5. JIS 심의·제정 프로세스의 개요

JIS의 원안 작성 시 및 JISC 심의 시에 외부 관계자에게 의견을 말할 기회를 주는 등 투명성을 확보하는 동시에 제정 전에는 퍼블릭 코멘트에 의해 의견을 수집하여 공평성을 확보하고 있다.

태양광 발전 시스템의 현행 규격

2014년 3월 31일 현재 제정되어 있는 태양광 발전 시스템 관련 규격을 분야별로 아래에 정리한다.

(1) 용어

용어에 관한 JIS 및 IEC 규격은 아래의 2가지이다.

- JIS C 8960(태양광 발전 용어 : 2010년 개정)
- IEC TS 61836 Ed.2(Solar photovoltaic energy systems– Terms definitions and symbols : 2012년 개정)

JIS C 8960은 기술의 진척에 수반하여 용어 및 정의의 증보·개정을 거쳐 2008년 말에 개정안을 작성했다. 2009년 이후는 IEC TS 61836 Ed.2와의 정합성 확인과 JIS화 시에 요구되는 퍼블릭 코멘트를 추진하여 2012년 3월에 개정판을 발행했다.

IEC TS 61836 Ed.2는 2007년 12월에 발행된 후 주로 일본과 캐나다가 제출한 추가 용어의 선정을 중심으로 Ed.3의 검토 작업을 수행하여 2012년 10월의 오슬로 회의에서 규격 원안으로서 각국의 합의를 얻었다.

이후 새로이 추가된 용어를 추가해서 규격안을 충실히 하기 위해 계속해서 논의가 진행되고 있다.

(2) 셀·모듈 관련

● 태양전지 셀 출력 평가 관련

태양전지 셀에 관한 주요 규격을 〈표 19〉에 나타냈다.

특성 평가에 관한 국제 규격 IEC 60904 시리즈는 태양전지 셀의 출력 특성을 평가 측정하는

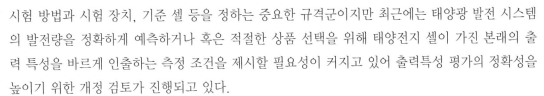

시험 방법과 시험 장치, 기준 셀 등을 정하는 중요한 규격군이지만 최근에는 태양광 발전 시스템의 발전량을 정확하게 예측하거나 혹은 적절한 상품 선택을 위해 태양전지 셀이 가진 본래의 출력 특성을 바르게 인출하는 측정 조건을 제시할 필요성이 커지고 있어 출력특성 평가의 정확성을 높이기 위한 개정 검토가 진행되고 있다.

현재 IEC 60904-2(기준 태양전지 디바이스에 대한 요구사항), IEC 60904-3(기준 태양광의 분광 방사 조도 분포에 따른 태양전지 측정 원칙)에 대해 개정안(Ed.3)의 심의가 진행되고 있다. 이에 대응하는 국내 규격에 대해서는 기존의 JIS를 통합하여 다시 IEC 규격에 적합시키는 아래의 규격에 대해서는 대응 JIS 책정을 추진하고 있다.

- IEC 60904-1(I-V 특성 측정법)
- IEC 60904-4(교정 내용의 이력 추적을 위한 기준 태양전지 절차)
- IEC 60904-8(분광 감도 측정법)
- IEC 60904-9(솔라 시뮬레이터의 성능 요건)
- IEC 60904-10(선형성 측정법)

이외에도 기술의 진보에 수반하여 새로운 다층 박막형 태양전지의 출력 특성 평가 규격의 검토도 시작됐다.

표 19. 태양전지 셀 관련 주요 현행 규격

	규격 명칭	비고
IEC 규격	IEC 60904-1 Edition 2.0 (2006-09-13) Photovoltaic devices - Part 1: Measurement of photovoltaic current-voltage characteristics	태양광 발전 디바이스 제1부 : I-V 특성 측정법
	IEC 60904-2 Edition 2.0 (2007-03-20) Photovoltaic devices - Part 2: Requirements for reference solar devices	동 제2부 : 기준 태양전지 디바이스에 대한 요구사항
	IEC 60904-3 Edition 2.0 (2008-04-09) Photovoltaic devices. Part 3: Measurement principles for terrestrial photovoltaic (PV) solar devices with reference spectral irradiance data	동 제3부: 기준 태양광의 분광 방사 조도 분포에 의한 태양전지 측정 원칙
	IEC 60904-4 Edition 1.0 (2009-06-09) Photovoltaic devices - Part 4: Reference solar devices Procedures for establishing calibration traceability	동 제4부 : 교정 내용의 이력 추적을 위한 태양전지 절차 기준
	IEC 60904-5 Edition 2.0 (2011-02-17) Photovoltaic devices - Part 5: Determination of the equivalent cell temperature (ECT) of photovoltaic (PV) devices by the open-circuit voltage method	동 제5부 : 개방전압법에 의한 등가 셀 온도의 분포
	IEC 60904-7 Edition 3.0 (2008-11-26) Photovoltaic devices - Part 7: Computation of spectral mismatch error introduced in the testing of a photovoltaic device	동 제7부 : 태양전지 측정에서 스펙트럼 미스매치 보정 계산 방법

	규격 명칭	비고
IEC 규격	IEC 60904-8 Edition 3.0 (2014-05-08) Photovoltaic devices - Part 8: Guidance for the measurement of spectral response of a photovoltaic (PV) device	동 제8부 : 분광 감도 측정법
	IEC 60904-9 Edition 2.0 (2007-10-16) Photovoltaic devices - Part 9: Solar simulator performance requirements	동 제9부 : 솔라 시뮬레이터의 성능 요건
	IEC 60904-10 Edition 2.0 (2009-12-17) Photovoltaic devices - Part 10: Methods of linearity measurement	동 제10부 : 선형성 측정법
	IEC 60891 Edition 2.0 (2009-12-14) Photovoltaic devices - Procedures for temperature and irradiance corrections to measured I-V characteristics	I-V 특성에 대한 온도 조도 보정법
	JIS C 8913 결정계 태양전지 셀 출력 측정 방법	IEC 60904-1 관련 규격
	JIS C 8934 아모르퍼스 태양전지 셀 출력 측정 방법	
	JIS C 8904-2 태양전지 디바이스 -제2부:기준 태양전지 디바이스에 대한 요구사항	IEC 60904-2 관련 규격
	JIS C 8910 1차 기준 태양전지 셀	
	TS C 0049 2차 기준 CIS계 태양전지 셀	
	JIS C 8904-3 태양전지 디바이스 -제3부: 기준 태양광의 분광 방사 조도 분포에 의한 태양전지 측정 원칙	IEC 60904-3 관련 규격
	기준 셀의 트레이서빌리티 확립법	IEC 60904-4 관련 규격
	JIS C 8920 개방전압에 의한 결정계 태양전지의 등가 셀 온도 측정 방법	IEC 60904-5 관련 규격
	JIS C 8904-7 태양전지 디바이스 -제7부:태양전지 측정에서의 스펙트럼 미스매치 보정 계산 방법	IEC 60904-7 관련 규격
	JIS C 8915 결정계 태양전지 분광 감도 특성 측정 방법	IEC 60904-8 관련 규격
	JIS C 8936 아모르퍼스 태양전지 분광 감도 특성 측정 방법	
	JIS C 8944 다접합 태양전지 분광 감도 특성 측정 방법	
	TS C 0052 CIS계 태양전지 분광 감도 특성 측정 방법	
	JIS C 8912 결정계 태양전지 셀·모듈 측정용 솔라 시뮬레이터	IEC 60904-9 관련 규격
	JIS C 8933 아모르퍼스 태양전지 특정용 솔라 시뮬레이터	
	JIS C 8942 다접합 태양전지 측정용 솔라 시뮬레이터	
	TS C 0050 CIS계 태양전지 측정용 시뮬레이터	
	JIS C 8914 결정계 태양전지 모듈 출력 측정 방법	IEC 60891 관련 규격
	JIS C 8919 결정계 태양전지 셀·모듈 옥외 출력 측정 방법	
	JIS C 8935 아모르퍼스 태양전지 모듈 출력 측정 방법	
	JIS C 8940 아모르퍼스 태영진지 셀·모듈 옥외 출력 측정 방법	
	JIS C 8943 다접합 태양전지 셀·모듈 옥내 출력 측정 방법 (기준 요소 셀법)	
	JIS C 8946 다접합 태양전지 셀·모듈 옥외 출력 측정 방법	
	TS C 0051 CIS계 태양전지 셀·모듈 출력 특성 측정 방	

● 모듈의 인정 규격 관련

〈표 20〉에 모듈 인정기관의 규격을 나타낸다. 신뢰성에 관한 형식 인정 시험 기준에 관한 IEC 규격은 IEC 61215(결정 실리콘 태양전지 모듈의 설계 적격성 확인 및 형식 인증을 위한 요구사항), IEC 61646(동 박막 태양전지 모듈)이 제정되어 있다. 또한 안전성에 관한 시험 기준 IEC

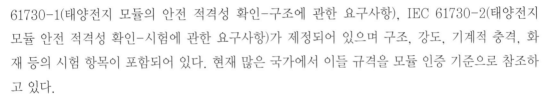

61730-1(태양전지 모듈의 안전 적격성 확인-구조에 관한 요구사항), IEC 61730-2(태양전지 모듈 안전 적격성 확인-시험에 관한 요구사항)가 제정되어 있으며 구조, 강도, 기계적 충격, 화재 등의 시험 항목이 포함되어 있다. 현재 많은 국가에서 이들 규격을 모듈 인증 기준으로 참조하고 있다.

일본에서는 JEMA가 중심이 되어 IEC 61730 시리즈에 대응한 국내 규격을 작성하고 2006년 6월에 TS(기술사양서)를, 다시 2010년 6월에 JIS를 발행했다. 또한 IEC 61730-1에 대한 일본 각종 법령 및 법규에 정합한 JEM-TR(일본전기공업회 기술 자료) 239를 작성하고 JEMA 웹사이트에서 공개하고 있다. 이것을 이용하여 일반재단법인 전기안전환경연구소(JET)에서 2006년 10월부터 성능과 안전성을 확인하고 있다.

구체적으로는 IEC 61215 Ed.2.에 대응한 JIS C 8990, IEC 61646 Ed.2.에 대응한 JIS C 8991, IEC 61730-1에 대응한 JIS C 8992-1, IEC 61730-2에 대응한 JIS C 8992-2가 제정됐다. 또한 모듈의 출력 전류·전압의 온도계수 측정에 관한 JIS C 8916(결정계), JIS C 8937(아모르퍼스계), JIS C 8945(다접합계), 환경시험 방법과 내구성 시험을 정한 JIS C 8918(결정계), JIS C 8939(아모르퍼스계) 등의 관련 법규가 제정됐다.

또한 태양광 발전 모듈의 신뢰성 향상 요구에 대응하여 2011년에는 공장 감사를 수반하는 품질보증 가이드라인 JIS Q 8901이 제정됐다. 이 가이드라인은 현 시점에서는 고정가격매입제도의 요건에 포함되지 않으며 임의 인증 규격이지만 이것을 포함하는 품질 보증 기준의 국제표준화가 논의되고 있어 제조자가 자사 제품의 품질을 어필하는 데 있어 주목해야 할 규격이다.

표 20. 태양전지 모듈 관련 주요 인증 규격

	규격 명칭	비고
IEC 규격	IEC 61215　Edition 2.0 (2005-04-27) Crystalline silicon terrestrial photovoltaic (PV) modules - Design qualification and type approval	결정 실리콘 PV 모듈의 형식 인증
	IEC 61646　Edition 2.0 (2008-05-14) Thin-film terrestrial photovoltaic (PV) modules - Design qualification and type approval	박막 PV 모듈의 형식 인증
	IEC 61730-1　Edition 1.2 (2013-03-14) Photovoltaic module safety qualification - Part1: Requirement for construction	모듈 안전성 제1부 : 구조에 대한 요구사항
	IEC 61730-2　Edition 1.1 (2012-11-23) Photovoltaic module safety qualification - Part2: Requirement for testing	모듈 안전성 제1부 : 시험법에 대한 요구사항
	IEC 61701 Edition 2.0 (2011-12-15) Salt mist corrosion testing of photovoltaic (PV) modules	모듈의 염수부식시험
	IEC 61853-1 Edition 1.0 (2011-01-26) Photovoltaic (PV) module performance testing and energy rating - Part 1: Irradiance and temperature performance measurements and power rating	모듈의 특성시험과 에너지 정격 제1부 : 조도와 온도 특성 평가 및 출력 정격

	규격 명칭	비고
	IEC 62716 Edition 1.0 (2013-06-27) Photovoltaic (PV) modules - Ammonia corrosion testing	모듈의 암모니아 부식시험
JIS	JIS C 8990 지상 설치 결정 실리콘 태양전지(PV) 모듈 설계 적격성 확인 및 형식 인증을 위한 요구사항	IEC 61215 Ed.2 대응 규격
	JIS C 8991 지상 설치 박막 태양전지(PV) 모듈 설계 적격성 확인 및 형식 인증을 위한 요구사항	IEC 61646 Ed.2 대응 규격
	JIS C 8992-1 태양전지 모듈의 안전성 적격성 확인 −제1부 : 구조에 관한 요구사항	IEC 61730-1 Ed.1 대응 규격
	JIS C 8992-2 태양전지 모듈의 안전성 적격성 확인 −제2부 : 시험에 관한 요구사항	IEC 61730-2 Ed.1 대응 규격
	JIS Q 8901:2012 지상 설치 태양전지(PV) 모듈 신뢰성 보증 체제(설계, 제조 및 성능 보증)의 요구사항	
JIS 규격	JEM−TR 239 IEC 61730-1 Ed.1.0 대응 태양전지 모듈의 안전 적격성 확인 : 구조에 대한 요구사항	IEC 61730-1 Ed.1의 해석

현재 IEC/TC82/WG2(비집광 모듈)에서는 시장 환경의 변화에 대응하는 형태로 많은 태양전지 셀·태양전지 모듈 관련 규격의 개정과 신규 규격의 심의가 진행되고 있다. 태양전지 모듈의 안전성에 관한 IEC 61730-1 및 -2에 대해 TC64(전기설비 및 감전보호에 관한 기술위원회)의 IEC 60664(저압 기기의 절연 협조)와의 정합성도 포함해서 개정안의 논의가 진행되고 있다. 신뢰성 확인 규격 IEC 61215와 IEC 61646에서도 장기 신뢰성의 논의(현행의 이들 규격은 초기 신뢰성에 대응하고 있으며 장기 신뢰성에 대해서는 검토하고 있지 않다)와 새로운 타입의 태양전지에 대응하기 위해 규격 구성의 변경을 포함한 대폭 개정이 논의되고 있다.

또한 발전사업자의 관심이 깊은 PID(Potential Induced Degradation) 현상에 관한 시험 기준에 대해서도 CD 단계에 있으며 각국의 의견차를 포함해서 논의가 계속되고 있다.

이외에도 많은 규격안이 논의되고 있지만 태양전지 셀·태양전지 모듈에 관해서는 해당 재료까지 시험설비가 필요하기 때문에 IEC 제안 전의 규격 입안 단계에서 각국 연구자가 모여 논의하는 경우도 늘고 있다. 또한 최근의 경향으로서 매전 사업으로서의 태양광발전 시스템이 진행하는 가운데 장기에 걸쳐 안정된 발전량을 담보하는 것이 사전 판단과 투자 판단에 필요하기 때문에 출자자의 관점에서 규격의 스킴 변경과 보다 엄격한 시험 기준이 요구되는 등 국제표준화도 큰 변혁의 시기에 놓여 있다.

(3) 시스템 · 주변기기

대형 시스템에 특화한 규격은 국제적으로도 아직 정비되어 있지 않지만 시스템의 설치 기준과 파워컨디셔너의 안전성에 관한 규격(IEC62109 시리즈) 등에 대해 IEC에서 논의되고 있다.

국내 규격으로는 태양전지 어레이의 설계 설치에 관한 규격 JIS C 8951~8956이 제정되어 있다. 특히 JIS C 8955(태양전지 어레이용 지지물 설계 표준)는 「전기설비의 기술 기준 해석」 제

46조에도 인용되어 있는 규격이며 풍압, 적설, 지진 등의 외력이 가대에 가하는 힘의 산출 방법을 제시하고 있다.

이 규격의 적용 범위는 현재는 높이 4m 이하의 어레이에 한정되어 있지만 높이 4m를 초과하는 대형 어레이에 대응하기 위한 개정 작업이 진행되고 있다(2010년 9월 10일의 「신성장 전략 실현을 위한 3단 대비 경제 대책」에 의한 규제 완화로, 높이 4m를 초과하는 태양전지 어레이에 대한 건축 확인이 불필요해짐에 따라 그 설치가 쉬워진 것에 대응). 파워컨디셔너 관련 JIS에 대해서는 현재 IEC의 심의 상황을 보면서 포괄화 작업이 진행하고 있다.

IEC 규격에 관해서는 IEC TS 62548(Design requirement for photovoltaic(PV) arrays : 어레이에 관한 설치와 설계에 관한 요구사항)이 TC64와의 JWG에서 새로운 규격 IEC 60364-9-1(건축전기설비-태양광 발전)으로서 논의되고 있다.

시스템과 파워컨디셔너의 안전성에 관해 접지와 과전류 방지 방법 등에서 IEC와 일본의 개념 차이가 커서, 예를 들면 일본의 JIS C 8954 등에서는 과전류 방지에 역류 방지 소자(블로킹 다이오드)를 요구하고 있지만 IEC TS 62548에서는 퓨즈의 사용이 규정되어 있다. 직류는 퓨즈로 차단하는 것이 어렵다고 여겨져 해외에서는 퓨즈에 의한 발화사고도 보고되고 있기 때문에 신중한 논의가 필요하다.

표 21. 시스템·기기 관련 주요 현행 규격

	규격 명칭	비고
IEC 규격	IEC 61727 Edition 2.0 (2004-12-14) Photovoltaic (PV) systems - Characteristics of the utility interface	계통 연계에 관한 일반적인 요구
	IEC 62446 Edition 1.0 (2009-05-13) Grid connected photovoltaic systems - Minimum requirements for system documentation, commissioning tests and inspection	계통 연계 시스템의 준공 시운전 검사
	IEC/TS 62548 Edition 1.0 (2013-07-26) Photovoltaic (PV) arrays - Design requirements	태양전지 어레이의 설계상 요구사항
	IEC 61829 Edition 1.0 (1995-03-31) Crystalline silicon photovoltaic (PV) array - On-site measurement of I-V characteristics	결정 실리콘 태양전지 어레이 I-V 특성의 온사이트 측정
	IEC 62093 Edition 1.0 (2005-03-29) Balance-of-system components for photovoltaic systems - Design qualification natural environments	주변기기의 환경시험
	IEC 62109-1 Edition 1.0 (2010-04-28) Safety of power converters for use in photovoltaic power systems - Part 1: General requirements	PV용 파워컨디셔너의 안전성 -제1부 : 일반 요구사항
	IEC 62109-2 Edition 1.0 (2011-06-23) Safety of power converters for use in photovoltaic power systems - Part 2: Particular requirements for inverters	PV용 파워컨디셔너의 안전성 -제1부 : 특별 요구사항

	규격 명칭	비고
	IEC 62116 Edition 2.0 (2014-02-26) Utility-interconnected photovoltaic inverters - Test procedure of islanding prevention measures	계통 연계 PV용 인버터의 단독운전 방지 기능 시험법
JIS	JIS C 8951:2011 태양전지 어레이 통칙	
	JIS C 8952:2011 태양전지 어레이 표시 방법	
	JIS C 8953:2006 결정계 태양전지 어레이 출력의 온사이트 측정 방법	IEC 61829:1995(MOD) 대응 규격
	JIS C 8954:2006 태양전지 어레이용 전기회로 설계 표준	
	JIS C 8955:2011 태양전지 어레이용 지지물 설계 표준	
	JIS C 8956:2011 주택용 태양전지 어레이(지붕 설치형)의 구조계 설계 및 시공 방법	
	JIS C 8961:2008 태양광 발전용 파워컨디셔너의 효율 측정 방법	IEC 61683:1999(MOD) 대응 규격
	JIS C 8962:2008 소출력 태양광 발전용 파워컨디셔너의 시험 방법	
	JIS C 8963:2011 계통 연계형 태양광 발전 시스템용 파워컨디셔너의 단독운전 검출 기능 시험 방법	IEC 62116:2008(MOD) 대응 규격
	JIS C 8980:2009 소출력 태양광 발전용 파워컨디셔너	
	JIS C 8981:2006 주택용 태양광 발전 시스템 전기계 안전 설계 표준	

기타 일본이 제안한 파워컨디셔너의 EMC 측정 방법 등의 새로운 국제 표준도 심의가 진행 중이다. 한편 IEC/TC82에서는 집광형 태양광 발전 시스템의 표준화 논의도 활발하지만 여기서는 기술하지 않는다.

공업 규격의 자리매김에 대해

2012년 7월 재생가능에너지 특별법이 시행된 이후 태양광 발전 비즈니스에 많은 사업자가 참입하고 있으며 설비 인정을 받아야 할 필요에서 태양광 발전에 관한 JIS와 IEC 규격 등의 공업 표준을 참조해야 할 기회도 늘었을 것으로 생각된다. 그중에는 규격을 법령과 혼동하는 예를 볼 수 있다.

규격과 표준은 입법·행정기관이 정하는 법령이 아니고 또한 국가가 정해주는 것도 아니다(국가의 경우는 국민의 생명·재산, 환경에의 중대한 영향을 미치는 것에의 대응 또한 기본적인 사회 인프라의 지침 제작을 위해 전기사업법, 건축사업법 등의 법률을 만든다).

제품과 재료 등의 시험 방법과 기준 등을 통일하는 것이 바람직하다고 판단한 경우, 업계와 연구기관이 적극적으로 원안을 작성하고 앞서 말한 표준화 심의에 의해 공정함을 담보한 후에 제정되는 것이 일반적이다. 따라서 법률과 같은 벌칙을 두는 것이 아니라(법령과 고시 등에 참조되어 있는 경우는 이 뿐만은 아니다) 어디까지나 사업자가 안전성과 신뢰성을 담보한 시스템 설계를 구축하고 비즈니스를 원활하게 하기 위한 표준을 제시하는 것이다. 바꾸어 말하면 벌칙을 받는 것은 아니지만 국가의 보조금 요건과 비즈니스 계약의 성립, 또한 자사의 제품의 홍보로도 이어지는 중요한 툴이다.

규격은 그 혜택을 받는 자가 스스로 만드는 것이며 또한 기술의 진척과 사회의 변화에 대응해서 항상 신규 규격과 개정 규격이 IEC 및 국내의 관련 단체에서 논의되고 있다. 물론 일반 소비자의 이익과 안심 보장하는 규격·표준화가 가장 중요하다는 것은 말할 것도 없다.

자료 9 계통 연계 관련 규제

태양광 발전 시스템 등의 분산형 전원을 일반 전기사업자의 배전선에 계통 연계하는 경우 전력 품질과 안전 확보 면에서 「계통 연계 규정 JEA 9701」에 준거한 계통 연계 보호장치를 설치하는 것이 요구되고 있다. 그러나 분산형 전원의 계통 연계 설비는 「전기사업법」, 「전기설비에 관한 기술기준을 정하는 성령」, 「전기설비의 기술 기준 해석」과 「전력품질 확보와 관련한 계통 연계 기술 요건 가이드라인」 외에도 다른 법률, 규칙과 규격 등에 적합할 필요가 있다.

전력 품질 확보에 관련된 계통 연계 기술 요건 가이드라인 제정 배경

일본의 태양광 발전 시스템 개발은 1970년대의 2차례의 석유 쇼크를 계기로 석유 대체 에너지 도입의 일환으로서 국가의 선도적 연구에 의해서 시작됐다. 연구 초기 단계에는 현재와 같은 고효율의 태양전지가 아니기 때문에 주택 등의 전력을 조달하는 것은 불가능하다고 생각했다. 또한 일반주택용 태양광 발전 시스템의 설치는 배전 계통의 말단인 수용가에 발전 시스템을 설치한다는 기존 송배전의 개념을 무너뜨린 것이며 계통 연계의 운용 룰이 명확하지 않았다. 때문에 설치에 많은 복잡한 절차가 필요하여 현재와 같은 손쉬운 시스템이 아니었다. 이후 국가의 선도적 연구개발에 의해서 태양광·풍력 발전과 복합발전(Cogeneration) 등 다양한 분산형 전원의 운용 룰이 정해지고 계통 연계 기술 요건 가이드라인이 제정됐다.

전력 품질 확보에 관한 계통 연계 기술 요건 가이드라인의 역사

현재의 「전력품질 확보에 관련된 계통 연계 기술 요건 가이드라인」은 2004년 10월에 「계통 연계 기술 요건 가이드라인」 중 분산형 전원의 계통 연계에 관련된 전력 품질 확보 관점에서 취급사항을 명시한 것이다. 한편 전기공작물로서의 분산형 전원의 감전 방지 등의 안전성 확보에 관한 사항에 대해서는 전기사업법 제39 및 56조에 기초한 「전기설비에 관한 기술 기준을 정하는 법령(통상산업성 제52호)」으로 필요 사항을 규정하고 있으며 또한 이들 요구사항을 구체화한 「전기설비의 기술 기준 해석」에 의해 준거되어 있다.

이에 수반하여 기존의 「계통 연계 기술 요건 가이드라인」은 폐지되고 「전력 품질 확보에 관련된 계통 연계 기술 요건 가이드라인」이 제정됐다. 또한 2013년 5월에는 「전기사업자에 의한 재생가능에너지 전기의 조달에 관한 특별조치법」에서는 태양광 발전을 비롯한 분산형 발전 설비의 도입량 증가에 수반하는 배전용 발전소에서 해당 발전소에서 공급하고 있는 전기의 양을 해당 발전소로 유입하는 태양광 발전의 전기량이 웃도는 사태(뱅크의 역조류)가 발생하는 것이 우려된다는 판단하에 뱅크 역조류 제한 해제 요건의 명시를 위해 개정을 단행했다.

계통 연계 기술 요건 가이드라인의 검토 경위

「계통 연계 기술 요건 가이드라인」은 코제너레이션 등의 자가용 발전설비를 전력계통에 연계하는 경우의 기술 요건으로서 자원에너지청이 1986년 5월에 코제너레이션 운영 기준검토위원회(자원에너지청 공익사업 부장의 사적 검토회)의 보고에 기초하여 같은 해 8월 「계통 연계 기술 요건 가이드라인」을 책정하고 자원에너지청 공익사업부장으로부터 각 통상산업국장 및 각 일반 전기사업자에 대해 통달된 것이다.

계통 연계 기술 요건 가이드라인은 분산형 전원의 도입을 추진하기 위한 방책의 하나로서 1986년에 책정된 후 수차례에 걸쳐 개정되었고 1998년 3월에 개정됐다.

- **1986년 8월**

  코제너레이션 등의 자가용 발전설비를 전력계통에 연계하기 위해 ① 코제너레이션의 연계로 공급 신뢰도(정전 등), 전력 품질(전압, 주파수, 역률 등)의 면에서 전기 수요가에 악영향을 미치지 않을 것 ② 코제너레이션의 연계로 공중 및 작업자의 안전 확보와 전력설비 혹은 타 수요가의 전력 확보 보전에 영향을 미치지 않을 것을 전제로 검토를 추진하여 「계통 연계 기술 요건 가이드라인」을 제정했다.

- **1990년 6월**

  기존의 코제너레이션 설비 등에 추가해 연료전지를 비롯한 직류 발전설비에 역변환장치를 이용한 분산형 전원을 고압 이상의 계통에 연계하는 경우의 요건을 정비했다.

- **1991년 3월**

  태양전지의 소규모 신에너지형 분산형 전원을 저압의 상용 계통과 역조류가 없는 상태에서 연계하는 경우의 요건을 정비했다.

- **1991년 10월**

  스폿 네트워크 배전선과 연계하는 경우의 요건을 정비했다.

- **1991년 3월**

  역조류가 있는 상태에서 저압 및 고압이 일반 배전선에 연계하는 경우의 요건을 추가하고 상용 계통의 전압에 따른 각 연계 구분에 대응하는 요건이 정비됐다.

- **1995년 10월**

  31년 만의 대대적인 전기사업법의 개정으로 전력 공급 시스템에 신규 사업자 참입이 확대할 것으로 기대됨에 따라 ① 독립발전사업자(IPP) 등의 신규 참입자에의 계통 연계 대응 ② 요건의 투명성 확보 ③ 기술개발을 근거로 한 요건의 적정화 ④ 계통 연계 실적 등을 토대로 한 완화 등의 요건 재검토 관점에서 전면적인 개정이 이루어졌다. 또한 이 개정에 의해 발전설비 설치자는 계통 연계에 임해서 필요한 보호장치 및 강구해야 할 대책을 명확히 파악하는 것이 가능해졌다.

- 1998년 3월

1995년의 개정 이후 가이드라인에 관한 규제 완화 요망이 정부에 제시된 것을 수용하여 재차 전면적인 개정을 단행했다. 이 개정에서는 ① 교류 발전설비의 저압 상용계통 연계 요건의 정비 ② 태양광 발전 설비, 풍력 발전 설비 등의 기술 요건 완화 ③ 단독운전 검출 기능의 기술 평가 및 적용 요건이 정비되었다.

전기사업법

전기사업법에서 규정한 태양광 발전 시스템 등의 분산형 발전설비 등 전기공작물은 제39조(사업전기공작물) 및 제56조(일반용 전기공작물)에 규정되어 있는 기술 기준에의 적합 의무가 명기되어 있다. 기술 기준이란 「전기설비에 관한 기술 기준을 정하는 법령」을 말한다.

전기설비에 관한 기술 기준을 정하는 성령

「전기설비에 관한 기술 기준을 정하는 법령」은 전기사업법(1964년 법률 제170호) 제39조 제1항 및 제56조 제1항의 규정에 근거하여 전기설비에 관한 기술 기준을 정하는 성령(1965년 통상산업성령 제61호)으로 규정된 것이다.

그러나 기술적 요건 내용이 구체적으로 제시되어 있지 않기 때문에 실제의 전기설비를 구축할 때는 「전기설비의 기술 기준 해석」에 비추어 구축하게 된다. 다시 말해 전기사업법에 적합하기 위해서는 「전기설비의 기술 기준 해석」에 적합하면 된다.

전기설비의 기술 기준 해석

「전기설비의 기술 기준 해석」에 분산형 전원의 계통 연계 설비 전기설비에 요구되는 사항은 제8장 제220조에서 제232조에 규정되어 있다. 이중에는 전압 구분 「저압」, 「고압」 및 「특별 고압」별로 계통 연계용 보호장치에 대한 요구가 기재되어 있지만 구체적으로 제시되어 있지 않다. 때문에 「전기설비의 기술 기준 해석」 및 전력 품질 확보에 관련된 계통 연계 기술 요건 가이드라인의 요구 내용을 구체적으로 나타낸 것이 계통 연계 규정이다.

계통 연계 규정

계통 연계 규정은 발전설비 등을 계통에 연계하는 것을 가능케 하기 위해 필요한 기술 요건을 명시한 것이다. 기본적인 개념은 ① 공급 신뢰도(정전) 및 전력 품질(전압, 주파수, 역률 등)의 면에서 발전설비 설치자 이외의 자에게 악영향을 미치지 않을 것 ② 공중 및 작업자의 안전 확보 나아가 전력 공급 설비 또는 해당 발전설비 등의 설치자 이외의 자의 설비에 악영향을 미치지 않을 것이다.

자료 10　일사량 데이터 확보 및 사용 방법

 ### 기상청 홈페이지 사용 방법

기상청에서는 2014년 4월 1일 현재 전국의 지상 기상 관측망(기상대, 측후소 등) 155지점 중 약 30%에 해당하는 48지점에서 전천 일사량의 관측을 수행하고 있다. 이중 5지점에서는 직달 일사량도 관측하고 있다. 전천 일사량의 관측 데이터는 기상청 홈페이지에서 열람이 가능하다. 〈그림 6〉에 동경의 2015년 월별 전천 일사량 등의 열람 결과를 나타낸다.

그림 6. 동경의 2015년 월별 전천 일사량 등의 데이터(기상청 홈페이지에서)

또한 기상청 홈페이지에서 「각종 데이터·자료」에서 「과거의 지점 데이터 다운로드」를 선택하고 전천 일사량의 관측 지점과 다운로드할 기간을 선택하면 데이터를 다운로드할 수도 있다.

NEDO 일사량 데이터베이스 이용 방법

NEDO 일사량 데이터베이스 액세스 방법

태양광 발전 시스템 설계용 일사량 데이터로는 NEDO 홈페이지에 MONSOLA-11과 METPV-11이라는 데이터베이스가 공개되어 있다. 이 2가지 데이터베이스를 이용해서 일사량 데이터를 입수하는 방법에 대해 설명한다.

MONSOLA-11과 METPV-11에 대해서는 아래의 NEDO 홈페이지에 공개되어 있다.

● 일사량 데이터베이스

http://www.nedo.go.jp/library/nissharyou.html

웹사이트에 액세스하면 〈그림 7〉과 같은 화면이 보인다.

그림 7. NEDO 일사량 데이터베이스를 소개하는 첫 페이지

데이터베이스에는 프로그램과 데이터를 다운로드해서 이용하는 「다운로드판」과 인터넷상에서 조작이 가능한 「웹판」 2종류가 제공된다. 조작 매뉴얼과 해설서도 〈그림 7〉의 사이트에서 다운로드할 수 있다.

또한 MONSOLA-11과 METPV-11에 수록되어 있는 일사량 등의 기상 데이터만을 다운로드해서 이용할 수도 있다. 〈그림 8〉에 NEDO 일사량 데이터베이스 열람 시스템의 첫 화면을 나타낸다. 이 화면에서 이용자는 등록되어 있는 MONSOLA-11, METPV-11, 일사량 맵 3종류의 데이터베이스를 열 수 있다.

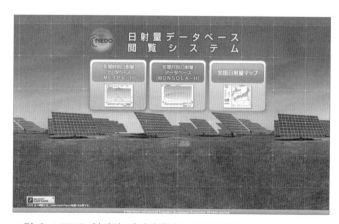

그림 8. NEDO 일사량 데이터베이스의 첫 화면

METPV-11에 의한 지점별 경사면 일사량의 일람표 일람

이 데이터베이스에서는 준비된 애플리케이션에 따라서 다양한 데이터를 열람할 수 있다. 이들 상세에 대해서는 NEDO 홈페이지에 등록되어 있는 조작 매뉴얼에 기재되어 있다. 여기서는 이용 빈도가 잦은, MONSOLA-11에 의한 지점별 경사면 일사량의 일람표에 대해 설명한다.

〈그림 8〉의 화면에서 MONSOLA-11을 연 후 열람할 지점을 선택한 화면을 〈그림 9〉에 예시한다. 여기서는 「동경」의 데이터를 열람하기로 한다.

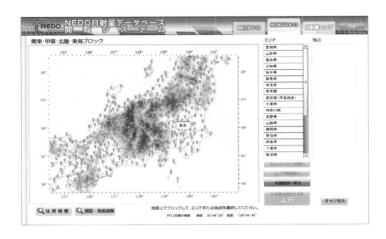

그림 9. MONSOLA-11의 지점 선택 화면(동경을 선택한 예)

〈그림 9〉의 화면에서 오렌지색으로 표시되어 있는 「이 지점의 그래프를 표시」를 선택하면 〈그림 10〉과 같은 화면이 나타난다. 이것은 선택한 지점(여기서는 동경)의 1월 월평균 경사면 일사량을 방위별·경사각별로 그래프화한 것이다.

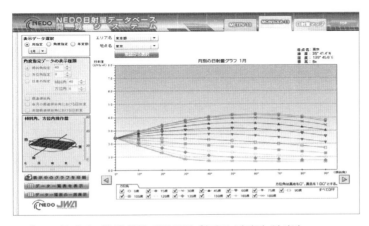

그림 10. 동경의 1월 방위별·경사각별 월평균 경사면 일사량

〈그림 10〉의 화면의 좌측에 있는 「데이터 일람표를 표시」를 선택하면 〈그림 11〉과 같은 월별 경사면 일사량을 기재한 일람표가 나타난다.

월평균 경사면 일사량(kWh/m²·day)

지점　　동경　　(위도=35° 41.4′ 경도=139° 45.6′ 표고=6m)

방위각②	경사각③	1월	2월	3월	4월	5월	6월	7월	8월	9월	10월	11월	12월	연 1-12월	겨울 12-2월	봄 3-5월	여름 6-8월	가을 9-11월
수평면①	평균값(C)	2.45	3.03	3.47	4.25	4.49	3.85	4.04	4.20	3.05	2.67	2.24	2.14	3.32	2.54	4.07	4.03	2.65
	최댓값	3.02	3.71	4.08	5.17	5.39	5.01	6.02	5.40	3.87	3.41	2.99	2.73	3.74	2.99	4.40	4.91	3.18
	최솟값	2.10	2.14	2.15	3.32	4.01	3.21	2.71	3.28	1.97	2.07	1.80	1.94	3.06	2.37	3.71	3.42	2.38
0°	10°	2.97	3.41	3.72	4.38	4.50	3.83	4.02	4.26	3.17	2.90	2.61	2.58	3.53	3.00	4.20	4.04	2.89
	20°	3.42	3.75	3.89	4.42	4.43	3.74	3.94	4.24	3.23	3.08	2.92	2.98	3.67	3.39	4.24	3.97	3.08
	30°	3.79	4.00	3.97	4.36	4.27	3.59	3.78	4.14	3.23	3.19	3.16	3.31	3.73	3.70	4.20	3.84	3.19
	40°	4.06	4.14	3.96	4.21	4.03	3.37	3.56	3.95	3.16	3.23	3.33	3.56	3.71	3.92	4.07	3.63	3.24
	50°	4.23	4.19	3.87	3.98	3.72	3.10	3.27	3.68	3.02	3.20	3.41	3.71	3.62	4.04	3.86	3.35	3.21
	60°	4.28	4.13	3.69	3.66	3.34	2.78	2.93	3.35	2.83	3.10	3.41	3.77	3.44	4.06	3.56	3.02	3.12
	70°	4.22	3.98	3.43	3.27	2.91	2.43	2.56	2.95	2.59	2.93	3.33	3.73	3.19	3.98	3.20	2.65	2.95
	80°	4.06	3.72	3.10	2.83	2.44	2.06	2.15	2.52	2.30	2.70	3.17	3.59	2.89	3.79	2.79	2.24	2.72
	90°	3.79	3.38	2.70	2.33	1.96	1.69	1.74	2.05	1.98	2.41	2.92	3.36	2.52	3.51	2.33	1.83	2.44
15°	10°	2.96	3.40	3.71	4.37	4.50	3.83	4.02	4.25	3.16	2.90	2.60	2.56	3.52	2.97	4.19	4.03	2.88
	20°	3.40	3.72	3.87	4.41	4.43	3.74	3.94	4.24	3.22	3.06	2.90	2.95	3.66	3.36	4.24	3.97	3.06
	30°	3.75	3.96	3.95	4.35	4.28	3.59	3.79	4.13	3.21	3.17	3.13	3.26	3.71	3.65	4.19	3.84	3.17
	40°	4.00	4.09	3.94	4.20	4.04	3.38	3.56	3.94	3.14	3.20	3.28	3.49	3.69	3.86	4.06	3.63	3.21
	50°	4.16	4.13	3.84	3.97	3.73	3.11	3.29	3.69	3.01	3.16	3.36	3.63	3.59	3.97	3.85	3.36	3.18
	60°	4.21	4.07	3.66	3.67	3.36	2.80	2.95	3.36	2.82	3.06	3.35	3.68	3.42	3.98	3.56	3.04	3.08
	70°	4.14	3.90	3.40	3.29	2.94	2.46	2.59	2.97	2.58	2.88	3.26	3.63	3.17	3.89	3.21	2.67	2.91
	80°	3.97	3.64	3.07	2.85	2.49	2.09	2.19	2.56	2.30	2.65	3.10	3.49	2.87	3.70	2.81	2.28	2.68
	90°	3.70	3.30	2.68	2.38	2.03	1.73	1.80	2.11	1.98	2.36	2.86	3.26	2.51	3.42	2.37	1.88	2.40
30°	10°	2.91	3.36	3.71	4.35	4.50	3.83	4.02	4.24	3.15	2.87	2.56	2.51	3.50	2.92	4.18	4.03	2.86
	20°	3.29	3.64	3.82	4.38	4.43	3.74	3.94	4.22	3.19	3.01	2.82	2.85	3.61	3.26	4.21	3.97	3.01
	30°	3.60	3.83	3.89	4.32	4.28	3.59	3.79	4.11	3.18	3.09	3.02	3.12	3.65	3.52	4.16	3.83	3.10
	40°	3.81	3.93	3.86	4.17	4.06	3.39	3.58	3.93	3.10	3.11	3.14	3.31	3.62	3.68	4.03	3.64	3.12
	50°	3.93	3.94	3.75	3.95	3.77	3.13	3.31	3.68	2.97	3.06	3.19	3.41	3.51	3.76	3.82	3.37	3.07
	60°	3.95	3.85	3.57	3.65	3.42	2.84	3.00	3.37	2.78	2.94	3.17	3.43	3.33	3.74	3.55	3.07	2.96
	70°	3.86	3.67	3.32	3.29	3.01	2.51	2.65	3.01	2.54	2.76	3.07	3.36	3.09	3.63	3.21	2.73	2.79
	80°	3.68	3.41	3.00	2.89	2.62	2.17	2.29	2.62	2.27	2.53	2.89	3.21	2.80	3.43	2.83	2.36	2.56
	90°	3.40	3.08	2.63	2.46	2.20	1.84	1.93	2.21	1.97	2.25	2.65	2.97	2.46	3.15	2.43	1.99	2.29
150°	10°	1.96	2.58	3.18	4.04	4.39	3.80	3.96	4.03	2.88	2.41	1.89	1.67	3.07	2.07	3.87	3.93	2.39
	20°	1.49	2.13	2.85	3.76	4.21	3.67	3.82	3.80	2.67	2.12	1.53	1.25	2.77	1.62	3.60	3.77	2.11
	30°	1.08	1.70	2.48	3.40	3.94	3.48	3.61	3.50	2.42	1.81	1.21	0.89	2.46	1.22	3.27	3.53	1.81
	40°	0.82	1.34	2.11	3.00	3.60	3.23	3.32	3.14	2.14	1.53	0.97	0.69	2.16	0.95	2.90	3.23	1.55
	50°	0.71	1.11	1.79	2.59	3.21	2.92	2.98	2.74	1.87	1.31	0.85	0.62	1.89	0.81	2.53	2.88	1.35
	60°	0.88	0.99	1.56	2.23	2.80	2.58	2.62	2.37	1.65	1.17	0.79	0.60	1.67	0.76	2.19	2.52	1.20
	70°	0.88	0.92	1.40	1.95	2.44	2.26	2.28	2.05	1.47	1.07	0.75	0.58	1.49	0.72	1.93	2.20	1.10
	80°	0.84	0.87	1.28	1.73	2.15	1.99	2.01	1.81	1.33	0.98	0.71	0.56	1.34	0.69	1.72	1.94	1.01
	90°	0.81	0.83	1.18	1.56	1.92	1.76	1.78	1.62	1.21	0.92	0.67	0.55	1.22	0.66	1.55	1.72	0.93
165°	10°	1.90	2.53	3.15	4.02	4.38	3.80	3.96	4.03	2.87	2.38	1.84	1.62	3.04	2.02	3.85	3.93	2.36
	20°	1.35	2.03	2.77	3.72	4.19	3.67	3.81	3.78	2.64	2.06	1.44	1.13	2.71	1.50	3.56	3.76	2.04
	30°	0.87	1.52	2.36	3.34	3.91	3.48	3.59	3.47	2.36	1.71	1.05	0.73	2.37	1.04	3.20	3.51	1.71
	40°	0.69	1.09	1.91	2.90	3.56	3.23	3.31	3.09	2.05	1.37	0.81	0.63	2.05	0.81	2.79	3.21	1.41
	50°	0.68	0.91	1.53	2.41	3.15	2.92	2.96	2.65	1.73	1.13	0.79	0.62	1.79	0.74	2.36	2.84	1.22
	60°	0.67	0.88	1.31	1.95	2.68	2.57	2.57	2.17	1.48	1.04	0.76	0.60	1.56	0.72	1.98	2.44	1.09
	70°	0.65	0.85	1.21	1.67	2.19	2.18	2.14	1.80	1.33	0.99	0.72	0.58	1.36	0.70	1.69	2.04	1.01
	80°	0.63	0.83	1.14	1.50	1.91	1.85	1.83	1.60	1.23	0.93	0.69	0.56	1.22	0.67	1.51	1.76	0.95
	90°	0.61	0.80	1.06	1.38	1.71	1.64	1.63	1.45	1.13	0.87	0.65	0.55	1.12	0.65	1.39	1.57	0.88
180°	10°	1.87	2.52	3.14	4.02	4.37	3.80	3.96	4.02	2.86	2.37	1.83	1.60	3.03	2.00	3.84	3.93	2.35
	20°	1.30	1.98	2.75	3.71	4.17	3.67	3.81	3.78	2.63	2.03	1.40	1.09	2.69	1.46	3.54	3.75	2.02
	30°	0.80	1.44	2.31	3.33	3.89	3.48	3.59	3.46	2.34	1.66	0.99	0.68	2.33	0.97	3.18	3.51	1.67
	40°	0.69	0.96	1.83	2.89	3.54	3.23	3.30	3.08	2.02	1.28	0.81	0.63	2.02	0.76	2.75	3.20	1.37
	50°	0.68	0.91	1.33	2.39	3.12	2.92	2.95	2.64	1.67	1.08	0.79	0.62	1.76	0.74	2.28	2.84	1.18
	60°	0.67	0.88	1.21	1.86	2.65	2.57	2.56	2.17	1.35	1.04	0.76	0.60	1.53	0.72	1.91	2.43	1.05
	70°	0.65	0.85	1.15	1.51	2.14	2.18	2.13	1.69	1.27	0.98	0.72	0.58	1.32	0.70	1.60	2.00	0.99
	80°	0.63	0.83	1.10	1.40	1.78	1.80	1.75	1.50	1.18	0.93	0.69	0.56	1.18	0.67	1.42	1.68	0.92
	90°	0.61	0.80	1.03	1.31	1.60	1.60	1.56	1.38	1.10	0.87	0.65	0.55	1.09	0.65	1.31	1.51	0.87
월별 최적 경사각⑤		60.0	49.5	34.4	19.0	6.7	2.1	4.0	13.1	24.3	40.6	55.1	60.8	*32.8	**56.8	**20.1	**7.0	**41.4
월별 최적 경사각에서의 일사량⑥〈A〉		4.28	4.19	3.98	4.42	4.50	3.85	4.04	4.26	3.24	3.23	3.42	3.77	※3.93	※※4.07	※※4.24	※※4.04	※※3.24
연간 최적 경사각에서의 일사량⑦〈B〉		3.88	4.05	3.98	4.33	4.21	3.53	3.73	4.09	3.21	3.21	3.22	3.39	3.74	3.77	4.17	3.78	3.21
비율〈A/B〉⑧		1.10	1.03	1.00	1.02	1.07	1.09	1.08	1.04	1.01	1.01	1.06	1.11	1.05	1.08	1.03	1.07	1.03
비율〈B/C〉⑨		1.58	1.34	1.15	1.02	0.94	0.92	0.92	0.97	1.05	1.20	1.44	1.58	1.13	1.49	1.03	0.94	1.23
평균 기온⑩		6.0	6.5	9.4	14.7	18.9	22.0	25.7	27.3	23.8	18.5	13.3	8.7	16.2	7.1	14.3	25.0	18.5
산란 일사량⑪		1.01	1.33	1.74	2.13	2.42	2.41	2.36	2.20	1.82	1.45	1.03	0.91	1.74	1.08	2.10	2.32	1.46
적설 10cm 이상의 출현율⑫		0.01	0.01	0.00	0.00	0.00	0.00	0.00	0.00	0.00	0.00	0.00	0.00	0.00	0.01	0.00	0.00	0.00

＊연간 최적 경사각　＊＊계절별 최적 경사각　※월별 최적 경사각에서의 일사량 연평균값　※※계절별 최적 경사각에서의 일사량

그림 11. 동경의 월별 경사면 일사량 일람표

〈그림 11〉에 있는 내용을 설명한다.

① 수명면에 있는 평균값(C)란 수평면에서의 29년간 일적산 전천 일사량의 평균값이며 최댓값, 최솟값이란 29년간 최대 및 최소가 된 해의 일사량이다.

② 방위각은 정남을 0°로 해서 15° 단위로 표시했다. 180°는 정북을 나타낸다. MONSOLA − 11에서는 일사량을 남중 시각을 중심으로 오전과 오후로 대칭이 되도록 시간 배분했기 때문에 정남을 중심으로, 동향과 서향에서는 같은 일적산 경사면 일사량(이하, 경사면 일사량)이 된다.

③ 경사각은 10도 단위로 나타낸다.

④ 방위각·경사각별의 월별, 연평균, 계절 평균의 경사면 일사량이 게재되어 있다. 연평균은 월별값의 산술 평균값, 계절 평균은 겨울은 12~2월, 봄은 3~5월, 여름은 6~8월, 가을은 9~11월의 산술 평균값이다.

⑤ 하단에 있는 최적 경사각이란 경사면을 정남으로 향한 경우에 가장 많은 일사량을 얻을 수 있는 각도를 나타낸다. 월, 계절, 연간에 대해 각각 방위각＝0°(남향)인 경우의 0.1° 별 경사면 일사량의 값을 계산하고 경사면 일사량이 최대가 되는 각도를 최적 경사각으로 정비했다.

⑥ 최적 경사각에서의 일사량(A)이란 월, 계절, 연간 각각의 최적 경사각에 대해 그 최적 경사각에서의 경사면 일사량이다.

⑦ 연간 최적 경사각에서의 일사량(B)이란 경사각을 연간 최적 경사각으로 고정한 경우의 월별 경사면 일사량 및 이들의 산술 평균값인 연평균값과 계절별 평균값이다.

⑧ 비율(A/B)란 상기에서 설명한 월별 및 계절별 최적 경사각에서의 일사량(A)과 연간 최적 경사각에서의 월별 및 계별 일사량(B)에 의해 A와 B의 비율(A/B)를 계산한 것이다. 이 값은 경사각을 연간을 통해 고정한 경우와 월별 또는 계절별로 경사각을 변화시킨 경우의 비율을 나타내고 있다.

⑨ 비율(B/C)란 상기에서 설명한 연간 최적 경사각에서의 월별 및 계절별 일사량(B)과 수평면 전천 일사량(C)에 의해 B와 C의 비율(B/C)를 계산한 것이다. 이 값은 태양전지 어레이를 기울이고 수평면과 비교해서 어느 정도 많은 일사량을 얻을 수 있는지를 나타내고 있다.

⑩ 월평균 기온은 각 지점에서의 기온 관측값을 통계 기간에서 월별로 산술 평균한 것이다. 태양전지의 발전효율은 기온에 영향을 받는 것을 고려해서 수록한 요소이다.

⑪ 수평면 산란 일사량이란 월평균 일적산 수평면 산란 일사량이다. 이 값이 큰 것은 산란 일사량이 많은 것을 나타낸다. 또한 수평면 산란 일사량과 전천 일사량의 비(수평면 산란 일사량/전천 일사량)는 산란비라고 불리며, 이 값이 크면 운천일이 많은 것을 나타낸다.

⑫ 적설심 10cm 이상의 출현율(적설지수)이란 적설 10cm 이상의 「월간 일수/월 일수」로 구했다. 한편 적설심을 관측하지 않은 지점에 관해서는 주변의 관측값 및 기상청의 1시간 평균 기후값(2000)의 최심 적설의 월 최댓값 데이터에서 추정했다.

METPV-11에 의한 임의 방위·경사각에서의 적산 경사면 일사량 데이터 출력

〈그림 8〉의 화면에서 METPV-11을 연 후 열람할 지점을 선택한 화면을 〈그림 12〉에 예시한
다. 여기서는 「동경」의 데이터를 열람하기로 한다.

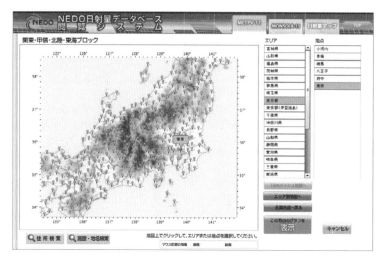

그림 12. METPV-11의 지점 선택 화면(동경을 선택한 예)

화면에서 주황색으로 표시되어 있는 「이 지점의 그래프를 표시」를 선택하면 〈그림 13〉과 같은
화면이 나타난다. 이것은 선택한 지점(여기서는 동경)의 연평균 월 1일의 1시간 평균 기상 데이터
를 묘화한 것이다.

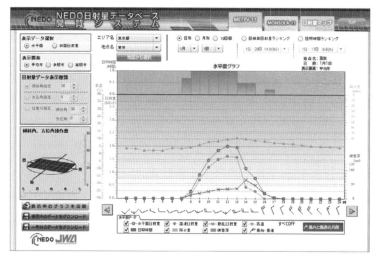

그림 13. 동경의 연평균 1월 1일의 1시간 평균 기상 데이터

　MONSOLA-11과 마찬가지로 이 데이터베이스에서는 장비되어 있는 애플리케이션에 의해서 METPV-11에 관한 다양한 데이터를 열람할 수 있다. 이들의 상세에 대해서는 NEDO 홈페이지에 등록되어 있는 조작 매뉴얼에 기재되어 있다. 여기서는 이용 빈도가 작고 임의의 방위·경사각에서의 1년분 경사면 일사량의 출력 방법에 대해 설명한다.

　〈그림 13〉의 화면상에서 「표시 데이터의 선택」에서 「경사면 일사량」을 선택하고, 다시 「일사량 데이터 표시 종류」에서 「임의의 지정」을 선택하면 〈그림 14〉와 같은 화면이 나타난다. 디폴트값으로는 남향에 해당 지점의 위도에 가장 가까운 경사각을 선택한 경사면 일사량값이 화면에 묘화된다. 한편 방위각을 남쪽을 0°로 하고 시계 방향으로 1° 간격으로 설정할 수 있다. 경사각에 대해서도 1° 간격으로 90°까지 설정할 수 있다.

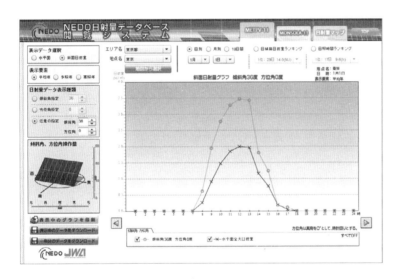

그림 14. 경사면 일사량의 지정 화면

　화면의 왼쪽에 있는 「1년분 데이터를 다운로드」를 선택하면 csv 형식과 txt 형식으로 출력할 수 있다. txt 형식으로 출력한 경우는 데이터의 설명 값(일출 전의 시각 등)이 부가된 형식으로 출력된다. txt 형식의 설명 값의 상세 내용과 csv 형식으로 출력한 파일의 포맷 상세 내용에 대해서는 NEDO 홈페이지에 공개되어 있는 「조작 매뉴얼」을 참조하기 바란다.

자료 11 PV 시공 기술자 제도

PV 시공 기술자 제도는 일반주택의 태양광 발전 시스템 설치에 관해 일정 수준 이상의 지식, 기능을 습득한 자를 일반사단법인 태양광발전협회(JPEA)가 인정하고 안전하고 신뢰성 높은 시공 기술을 습득한 인재의 육성을 지도하는 것이다.

태양광 발전 시스템의 일반주택 등에의 대량 보급 시대를 맞아 안전하고 신뢰성 높은 시공을 공급함으로써 사용자로부터 신뢰성을 획득하고 태양광 발전 시스템의 보급에 기여하는 동시에 개개의 주택에 설치된 재생가능에너지의 분산전원으로서의 건전한 발전을 기대하는 것이다.

☀ PV 시공 기술자 제도에 대해

(1) 목적

일반주택의 태양광 발전 시스템의 설치에 관해 일정 수준 이상의 지식, 기능을 습득한 자의 인정을 목적으로 한다.

태양광 발전 시스템이란 태양광 발전 시스템의 제조사가 공급하는 태양전지 모듈, 가대, 파워 컨디셔너, 모니터링 등과 전력량계 분전반 등의 계통 연계를 포함한 태양광 발전 시스템 전반을 가리킨다.

일반주택이란 개인이 주거하기 위한 가옥(별장과 공동주택을 포함)을 가리킨다. 점포·사무실 겸용 주택을 포함한다.

대상으로 하는 태양광 발전 시스템은 일반주택에 설치되는 것이 주요 대상이지만 개인 또는 법인이 소유하는 토지에 설치되는 것도 포함한다. 또한 규모는 일반용 전기공작물의 범위인 저압연계(직류 : 750V, 교류 : 600V 이하, 50kW 미만의 발전설비)의 것이 대상이다.

(2) 제도 개요

PV 시공 기술자 제도는 '연수제도'와 '인정제도'로 구성된다. 〈그림 15〉에 제도의 개요를 나타냈다.

연수 제도는 JPEA가 편집한 「태양광 발전 시스템 PV 시공 기술자 연수 텍스트」를 교재로 한 인정 연수를 수강하고 수료해야 한다. 연수는 가령 3일간의 커리큘럼으로 모의 지붕을 대상으로 한 실기실습이 포함된다.

인정제도는 「PV 시공기술자 인정시험」에서 일정 기준을 충족하는 자를 「PV 시공기술자」로 인정한다.

「PV 시공기술자 인정시험」의 수험 자격은 인증 연수를 수료한 외에 다음의 2항목을 충족한 자를 제도 개시에서의 초기 시한 조치로서 인정한다.

① 2011년 JPEA가 실시한 「주택용 태양광 발전 시스템 관련 시공 연수」를 수강하고 수료한 자
② 태양광 발전 시스템 제조사의 시공 ID 취득자

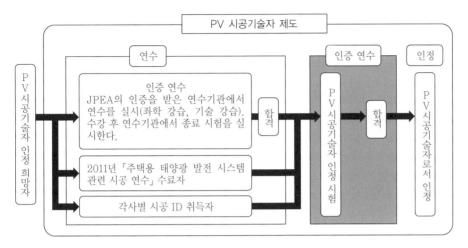

그림 15. 제도 개요

(3) 자격에 관해

PV 시공기술자 제도는 태양광발전협회에서 운영하며 전기공사와 지붕공사 등 별도 자격이 필요한 공사는 이들 유자격자가 수행한다.

태양광 발전의 주택 설치에 관한 기초적인 지식·기능에 관해 일정 이상의 수준을 이해할 수 있는 지식을 가진 자를 PV 시공기술자로 인정한다.

태양광 발전 시스템 제조사의 시공 ID 제도와는 달리 해당 제조사의 상품을 취급할 수 있는지의 여부는 PV 시공기술자 자격의 유무에 상관없이 해당 제조사가 판단해야 한다.

이 자격을 취득해도 전기공사와 태양전지 모듈 일체형 등의 지붕 시공을 할 수 없다. 공적으로 인정받은 전기공사사(1종, 2종), 지붕 기능사 등의 자격이 필요하다.

태양광 발전 시스템 제조사는 자사의 시공 ID 교육 연수를 실시하는 경우 PV 시공기술자의 자격을 취득한 자에 대해 지식·기능이 있다는 전제로 시공 ID 교육 연수의 일부를 할애하는 등 PV 시공기술자의 자격 레벨을 활용할 수 있다.

(4) 연수에 관해

PV 시공기술자 인정을 받으려고 하는 자는 원칙적으로 인증 연수를 수강하고 수료해야 한다. 인증 연수는 JPEA에서 인증을 받은 태양광 발전 시스템 제조사와 연수교육기관이 아래의 내용을 실시한다.

- 강좌 강습

  JPEA가 편집한 PV 시공기술자 연수 텍스트에 기초해 태양광 발전 시스템에 관한 기초지식과 시공 시의 주의사항 등을 종합적으로 학습한다.

- 실기실습

  모의 지붕을 이용해서 실제로 태양광 발전 시스템을 설치함으로써 시공에 관한 기본 기술을 습득한다.

- 수료 시험

  연수 마지막에 필기시험으로 습득도를 확인하고 일정 수준 이상이어야 수료하게 된다. 수료자에게는 인증 연수 수료증을 교부한다.

(5) 인증 연수 내용

JPEA가 정한 인증 연수는 PV 시공기술자 연수 텍스트에 기초하는 기식 및 실기실습으로 구성되고 연수 기간은 약 3일간이다.

강습 내용은 태양광 발전 시공 전반의 지식으로 대략 아래의 항목을 학습한다.

- 태양광 발전의 기본지식
- 각종 태양전지의 특성
- 장착(설치) 구조와 전기 등의 시스템 설계 수법
- 주변기기의 구조
- 지붕 부재의 종류와 공법
- 주요 관련 법규(건축기준법, 전기사업법, 노동, 안전위생법 등)
- 현장 조사
- 계통 연계 절차
- 안전관리
- 모의 지붕을 사용한 시공 실기실습

(6) 승인

PV 시공기술자 인정 시험은 1년에 2회 정도 실시한다. 수험 유자격자는 인정시험을 수험하고 일정한 기준을 충족해야 한다.

인증 연수 수료자는 연수 종료일로부터 3년 이내에 합격해야 한다.

인정시험 합격자는 JPEA에 대해 인정자 등록을 함으로써 'PV 시공기술자'의 인정을 받을 수 있다. 인정을 받은 자는 'PV 시공기술자 인정증'이 발행된다. 유효기간은 4년간이고 인정증 발행일로부터 4년 이내에 갱신해야 한다.

이 제도의 활용에 대해

이 제도는 태양광 발전 시스템 설치 시에 필요한 기초적인 지식ㆍ기술에 관해 그 습득을 JPEA가 인정함으로써 업계 전체의 시공 레벨을 확보하여 설치자가 안심하고 시공작업을 맡길 수 있는 시공자의 확보ㆍ증원을 지향하고 나아가 태양광 발전 시스템의 보급 확대와 태양광 발전 산업의 건전한 발전을 도모하는 것이다.

설치자로부터 인정증의 제시 요구가 있으면 제시하고 또한 스스로 인정자인 증을 제시하는 동시에 정확한 시공을 할 것을 권장한다.

설치 시공에 한하지 않고 영업활동과 점검 등에서 PV 시공기술자 또는 태양광 발전 시스템 제조사의 시공 ID 취득자가 점검하는 것을 권장한다.

맺음말

일본 국내의 주택용 태양광 발전 시스템은 누계 설계가 160만 동을 이미 넘었다. 태양광 발전 시스템 제조사의 인재 육성 제도인 시공 ID 연수교육을 통한 시공기술자의 육성 노력의 산물이라고 할 수 있다.

「일본의 모든 지붕에 태양광 발전을!」을 내걸고 보급 확대를 지향할 필요가 있다.

PV 시공기술자 제도를 이용해서 주택용 태양광 발전 시스템 업계에 종사하는 모든 사람이 인정 자격을 취득함으로써 설치자가 안심하고 시공작업을 맡길 수 있는 시공자의 확보ㆍ증원을 실현하여 태양광 발전 산업의 건전한 발전을 염원하는 것이다.

한편 이 책을 집필한 2016년 1월 현재 PV 시공기술자의 합격자 수는 2,898명이다.

자료 12 불량과 고장 예

 일본 내의 불량 예

NEDO는 2002~2007년에 「집중 연계형 태양광 발전 시스템 실증연구」를 수행했다. 이 사업에서는 군마현 오타시에서 553호의 주택에 태양광 발전 시스템을 도입하고 집중 연계 시의 계통 연계에 관한 기술적 과제를 해결하기 위한 연구가 실시됐다. 한편 이 설비는 연구설비이기 때문에 통상의 태양광 발전 시스템과는 달리 옥외에 수납함을 설치하고 그 안에 태양광용 파워컨디셔너뿐 아니라 계측과 제어를 위한 단말장치와 축전지 등도 수납했다.

가동 중인 533대의 태양광 발전 시스템 중 고장 건수를 〈표 22〉에 나타냈다. 단 태양광 발전 시스템의 가동 기간은 평균 약 2년이지만 주택의 건설 시기에 맞춰 태양광 발전 시스템을 도입했기 때문에 533대 모두 동 시기에 가동을 개시한 것은 아니다. 가동 기간은 최단 1.5년, 최장 3년 정도이다.

표 22. 「집중 연계형 태양광 발전 시스템 실증연구」의 고장 건수
신에너지·산업기술종합개발기구(NEDO) 「2002~2007년 집중 연계형 태양광 발전 시스템 실증연구소에서 작성

	고장 횟수	
	낙뢰	기타
파워컨디셔너	8	23
통신기기	4	1
기타(계측·감시단말장치 등)	19	7

실증연구에서 집계된 고장은 553호 중 47호로 약 8.5%의 주택에서 발생했지만 파워컨디셔너의 낙뢰에 의한 고장은 전체의 25% 정도로 다수를 점하는 요인이 아니라는 것을 확인할 수 있었다. 또한 해당 기간에 어레이 회로와 접속함의 고장은 확인되지 않았다. 또한 NEDO는 2009년에 「태양광 발전 시스템 뇌해의 상황·피해 저감 대책 기술의 분석·계획 등에 관한 업무」를 수행했다. 여기서는 태양광 필드 테스트 사업에서의 피해 보고를 정리했다.

조사 대상은 2005~2008년에 신설 후 4년째를 맞는 태양광 발전 시스템으로 하여 2005년 834개소, 2006년 1,073개소, 2007년 1,525개소, 2008년 1,609개소에 대해 조사가 실시됐다. 그 결과 낙뢰에 의한 피해율의 최대는 2.1%이고 기타 요인에 의한 피해율의 최대는 5.3%인 점에서 낙뢰에 의한 피해가 지배적이지 않은 것을 확인할 수 있었다.

〈그림 16〉에 조사 대상 수를, 〈그림 17〉에 조사 건수에 대한 낙뢰 피해 건수 비율을, 〈그림 18〉에 부위별 피해 건수를 각각 나타낸다.

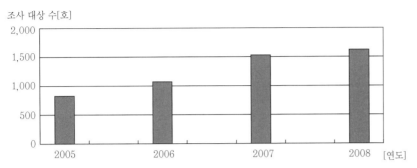

조사 대상 수[호]

그림 16. 「태양광 발전 시스템 낙뢰 피해 상황·피해 저감 대책 기술의 분석·평가 등에 관한 업무」의 조사 대상 수
　　　　신에너지·산업기술종합개발기구(NEDO) 「2009년 성과보고서　태양광 발전 시스템의 낙뢰 피해 상황·피해 저감
　　　　대책 기술의 분석·평가 등에 관한 업무」에서 작성

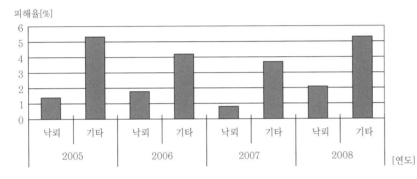

피해율[%]

그림 17. 「태양광 발전 시스템 낙뢰 피해 상황·피해 저감 대책 기술의 분석·평가 등에 관한 업무」의 피해율
신에너지·산업기술종합개발기구(NEDO) 「2009년 성과보고서　태양광 발전 시스템의 낙뢰 피해 상황·피해 저감 대책 기술
의 분석·평가 등에 관한 업무」에서 작성

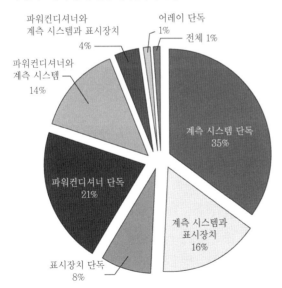

그림 18. 「태양광 발전 시스템 낙뢰 피해 상황·피해 저감 대책 기술의 분석·평가 등에 관한 업무」의 부위별 피해 건수
　　　　신에너지·산업기술종합개발기구(NEDO) 「2009년 성과보고서　태양광 발전 시스템의 낙뢰 피해 상황·피해 저감
　　　　대책 기술의 분석·평가 등에 관한 업무」에서 작성

〈그림 17〉과 〈그림 18〉을 보면 NEDO 필드 테스트에서도 2005~2008년의 총 피해율은 약 6%이며 고장 부위로는 계측 시스템과 파워컨디셔너가 대부분을 차지하는 것도 아울러 확인됐다. 이 결과에서 경과연수가 짧은 태양광 발전 시스템의 불량 예로는 계측 시스템과 파워컨디셔너의 고장이 다수 점하고 있는 것을 알 수 있다. 단, 양자 모두 대상 시스템 전체에 대해 충분한 점검 이 이루어졌는지의 여부는 불분명하며 이 숫자를 모두 신용하는 것은 금물이다. 이 데이터는 어디까지나 참고이며 피해 건수가 적은 부위에 대해서도 충분한 점검을 수행할 것을 권장한다.

해외의 불량 예

(1) 태양광 발전 시스템 전체

태양광 발전 시스템의 불량 내용을 기술적이고 정량적으로 정비한 통계 등은 보이지 않지만 보험회사 등에 의해서 보고된 것도 있으며 어떠한 불량이 생길 수 있는지를 미리 예상·인식하기 위한 기준이 된다.

어느 독일 보험회사의 분석 예에서는 불량 내용의 분포로서 자연현상 등의 불예측 사태보다 과전압과 기술적 결함 같은 제품 성능과 설계·운전에 관련된 발생 비율이 높아 적절한 감시, 보수·점검 필요성을 시사하고 있다. 또한 자연현상에 의한 불량에 대해서도 조기발견을 위해서는 운전 감시와 보수 점검을 정기적으로 실시하는 것이 효과적이다.

(2) 태양전지 모듈

태양광 발전 시스템은 장기 내구성을 가진 발전설비이지만 사용하고 있는 동안에 사소하기는 하지만 서서히 출력이 저하하는 현상이 보이는 것으로 보고됐다.

태양전지 모듈에 관한 불량은 경년적으로 발생하는 출력 저하와 교환 등이 필요한 물리적·전기적 피해로 나눌 수 있다. 이들 불량에 관한 통계적인 데이터는 없지만 아래에 몇 가지 분석 예를 소개한다.

● 출력 저하 분석 예

NREL은 세계 각국에서 과거 40년간 보고된 다양한 실제 필드에서의 사례를 분석하고 있다. 분석 대상 사례는 1,920사례이고 태양전지별 내역은 결정 실리콘(단결정 실리콘, 다결정 실리콘)이 1,751건, 박막계(아몰퍼스 실리콘, CIS, CdTe)가 169이다. 전 모듈(1,920건)의 평균값은 0.8%/년, 중앙값은 0.5%/년으로 보고됐다. 태양전지 종류별로 보면 결정 실리콘계(1,751건)의 평균치가 0.7%/년, 중앙값이 0.5%/년, 박막계(169건)의 평균값이 1.5%/년, 중앙값이 1.0%/년이다.

- 발생 불량 분석 예

NREL은 도입 후 8년 정도 경과한 태양전지 모듈에 발생한 불량 분포에 관한 보고를 수행하고 있다. 이것은 태양전지 모듈 제조사 21사를 대상으로 하며 구체적인 건수와 발생 비율은 밝혀지지 않았지만 도입 후 11~12년 경과하면 2% 정도 모듈에 불량이 일어날 가능성이 있다고 보고 있다.

- 고장 발생률

주로 중대규모 태양광 발전 시스템용으로 설치되어 있는 다결정계 모듈을 대상으로 일본 국내에서 도입 점유율이 높은 제조사에 설문조사를 통해 초기 불량을 포함한 20년간의 고장 발생률에 기초해서 「20년 불량률」을 정리했다(표 23). 이에 따르면 최근 제조된 태양전지 모듈 전체의 고장률은 국내 · 해외를 불문하고 대략 0.2% 이내인 것으로 추측된다.

한편 「20년 불량률」이란 모듈 단독의 고장 발생률이며 파워컨디셔너 등 주변기기의 고장과 배선 공정 등의 시공에 기인하는 불량, 경년열화에 의한 출력 저하 등은 포함되어 있지 않다. 따라서 태양광 발전 시스템 전체에서 봤을 때의 고장률은 더 높아진다는 점에 유의해야 한다.

표 23. 태양전지 모듈의 20년 불량률(2013년 각 제조사에 청취해서 얻은 값이며 태양전지 모듈의 동작을 보증하는 것은 아니다)

		20년 불량률(%)의 제조사 회답값
해외 제조사	A사	0.100
	B사	0.040
	C사	0.100
	D사	0.037
일본 제조사	E사	0.120
	F사	0.120
	G사	0.100

지락사고와 그 대처

태양광 발전 시스템의 불량으로 우려되는 영향은 발전량의 저하만은 아니다. 기계적 강도가 불충분한 경우는 어레이의 낙하와 태양전지 모듈의 흐트러짐에 의한 대물사고 또는 대인사고가 우려되며 전기적 불량으로 인해 화재사고, 감전사고를 일으킬 우려가 있다. 여기서는 지락에 의한 화재사고를 그 원인과 함께 소개하고 어떻게 대처하면 좋을지에 대해 제안한다.

미국 Bakersfield 및 Mount Holly의 태양광 발전 시스템은 각각 2009년 및 2011년에 다점 지락에 의한 화재에 휩싸여 막대한 피해를 입었다. 그 메커니즘은 B.Brooks 등에 의해 밝혀졌지만, 미국의 태양광 발전 시스템은 많은 경우 〈그림 19(a)〉와 같이 직류회로의 1점이 퓨즈를 거쳐 접지되어 있다. 지락 고장 시는 퓨즈를 용단시킴으로써 지락을 검출하는 동시에 사고 전류를 차단하도록 설계되어 있다(그림 19(b)). 그러나 Bakersfield, Mount Holly 어느 태양광 발전 시스템도 접지극과 동극(여기서는 음극)에서 발생한 지락 고정을 검출하지 못한 채 운전을 계속했다 (그림 19(c)). 즉 다른 극도 지락했기 때문에 사고 전류가 발생했고, 이 단계에 이르자 퓨즈가 용단해도 사고 전류를 멈추지 못했던 것이다(그림 19(d)). 즉, 지락 검출 기능에 존재했던 검출 불감대가 사고의 원인이었다. 미국뿐 아니라 일본의 태양광 발전 시스템에서도 지락 검출 기능에 불감대가 있다는 점이 제시됐으며 향후 새로운 검출 기능을 포함하여 검출 불감대의 제거가 요망된다.

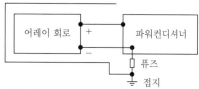

(a) 음극 접지 시스템(DC-TN계)

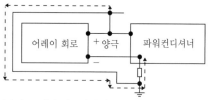

(b) 음극 접지 시스템의 양극 지락(검출 가능)

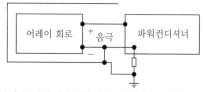

(c) 음극 접지 시스템의 음극 지락(검출 곤란)

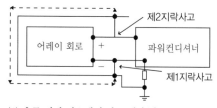

(d) 음극 접지 시스템의 양극 지락(사고)

그림 19. 다점 지락에 의한 화재의 원인
加藤, 吉富, 池田, 石井, 大関 특집 「태양광 발전 시스템의 안전성에 관한 과제와 조직」 전기학회지, 134(10) p.672-695(2014년 10월)

지락사고 방지에 필요한 것은 검출 불감대의 제거만은 아니다. 1984년에 미국 Sacramento에서 건설된 태양광 발전 시스템은 검출 불감대가 없는 지락 검출 기능을 구비했음에도 불구하고 다점 지락에 의한 화재가 발생했다. 그 원인은 제1지락 고장을 검출한 후 지락 개소를 특정하는 사이에 제2 지락 고장이 발생했기 때문이었다. 또한 태양광 발전 시스템의 절연저항은 일시에 따라서 크게 변하기 때문에 지락 위치의 특정이 곤란한 문제도 있다. 이런 문제에 대응하기 위해서는 지락을 검출하는 동시에 그 장소를 특정할 수 있어야 한다.

태양광 발전 시스템은 태양빛이 있는 한 발전을 계속할 수 있기 때문에 사고에 이르면 종식시키는 것이 곤란하다. 확실한 대책 방법은 '사고' 전의 '고장' 단계에서 이를 검지해서 '제2사고' 발생 전에 제거하는 것이다. 그러려면 '수개월에 1회'의 저빈도 점검이 아니라 상설 설비에 의한 감시가 요망된다. 그러나 과제 모두를 충족하는 대책 방법은 아직 개발되지 않았다. 그러나 '검출 불감대의 제거'와 '지락 개소의 특정'을 충족하는 태양광 발전용 절연 검사장치와 '검출 불감대의 제거'와 '상설 설비에 의한 일상 감시'를 충족하는 절연 감시장치가 제품화됐으며 현 단계에서는 그 제품을 사용하는 것이 유효한 사고 방지 대책이라고 할 수 있다.

자료 13   축전지와 앞으로의 가능성

축전지는 전기에너지를 화학에너지로 축적할 수 있는 저장장치로 2차 전지라고도 한다. 오래 전부터 납 전지가 알려져 있으며 실용화된 지 100년 이상이 지났다. 최근에는 니켈 수소 전지와 리튬 이온 전지 같은 고성능의 축전지가 널리 보급되고 있다.

축전지는 PC와 디지털카메라를 비롯한 모바일 기기용을 비롯해 비상용 전원과 전력 저장 등의 산업용, 엔진 시동과 모터 시동 등의 차재용, 항공·우주용 등 다방면에 걸쳐 사용되며, 용도에 따라서 최적의 축전지가 사용되고 있다.

리튬이온전지는 각종 축전지 중에서도 특히 에너지 밀도가 높고 입출력 특성이 우수하며 1990년대 초에 실용화된 이래 약 20년 사이에 크게 발전했다. 전기자동차의 보급은 리튬이온전지의 실용화가 없으면 실현되지 못했다고 해도 과언이 아니다. 지금도 에너지 밀도의 향상과 수명 성능, 안전성을 개선하기 위한 노력이 적극적으로 진행되고 있으며 거의 유일한 과제인 가격도 차재용을 중심으로 양산효과에 의한 저가격화가 진행하고 있다.

저가격화에 의해 축전지에 대한 기대가 높아지고 있어 축전지의 이용 방법은 크게 확산될 것으로 보인다. 정전 대책으로 가정과 사무실에는 이미 많은 축전지가 판매되고 있지만 배전선의 저압 조정과 계통용 단주기 변동, 장주기 변동 조정, 태양광 발전 시스템과 풍력 발전 시스템의 변동 억제 등 대용량의 축전지를 이용한 이용이 진행하고 있다.

태양광 발전 시스템의 주야의 전력 변동을 축전지로 평균화하고 태양광 발전 시스템만을 이용해서 전력을 판매하는 신 전력사업자도 유망하다. 태양광 발전 시스템의 발전 비용 하락으로 전력회사에서 전기를 사지 않고 집 단위, 커뮤니티 단위로 태양광 발전 시스템과 축전지를 조합한 '지산지소'는 경제성을 잃지 않고 실현할 가능성도 있다. 이처럼 축전지의 이용 용도는 향후에도 확대하여 한층 더 비약할 것으로 기대된다.

자료 14   주요 연락처

- 국립연구개발법인 산업기술종합연구소(AIST)

  http://www.aist.go.jp/index_ja.html

  도쿄 본부 도쿄도 치요다구 가스미가세키 1-3-1

- 국립연구개발법인 산업기술종합연구소 태양광발전연구센터

  http://unit.aist.go.jp/rcpc/ci/

  이바라키현 쓰쿠바시 우메조노 1-1-1 쓰쿠바 중앙제2

- 국립연구개발법인 신에너지 · 산업기술종합개발기구(NEDO)

  http://www.nedo.go.jp/

- 일반재단법인 일본품질보증기구(JQA)

  http://www.jqa.jp/

- 일반재단법인 전력중앙연구소(CEIEPI)

  http://criepi.denken.or.jp/

- 일반재단법인 태양광발전협회(JPEA)

  http://www.jpea.gr.jp/

- 일반재단법인 광산업기술진흥협회(OITDA)

  http://www.oitda.or.jp/

  도쿄도 분케이구 세키구치 1-20-10 스미토모 에도가와바시 역앞 빌딩 7층

- 일반재단법인 신에너지재단(NEF)

  http://www.nef.or.jp/

  도쿄도 도요시마구 히가시이케부쿠로 3-13-2 임블 코지마 빌딩 2F

- 태양광발전기술연구조합(PVTEC)

  http://www.apvtec.or.jp/

  도쿄도 미나토구 시바코엔 3-5-8 기계진흥회관 2층

- 일반재단법인 가전제품협회(AEHA)

  http://www.aeha.or.jp/

- National Renewable Energy Laboratory(NREL)

  http://www.nrel.gov/

- 일반재단법인 전기안전환경연구소(JET)

  http://www.jet.or.jp/

- 특정비영리활동법인 재생가능에너지협의회

  http://www.renewableenergy.jp/

PVSYST 프로그램 따라하기와 지상형 태양광 발전 시스템 성능평가를 위한 시험 방법

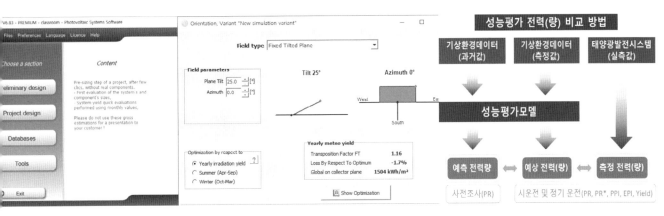

PVSYST 프로그램은 태양광 발전 시스템의 연간 발전량 산출 및 손실 분석 등에 유용하게 사용하는 유료 소프트웨어이다. 태양광 발전 시스템 설치 전 사전 타당성 분석을 통해 사업 가능성을 확인할 수 있고, 설치 후에는 유지보수 관점에서 연간 발전량 성능평가 또는 열화 특성 분석 등을 진행할 수 있다. 지상형 태양광 발전 시스템 성능평가를 위한 시험 방법은 국내 KS 표준 문서 양식을 활용하여 구체적인 시험 방법을 소개한다. 태양광 발전 시스템의 설계, 시공, 유지보수에 관련된 회사에서는 본 시험 방법을 활용하여 태양광 발전 시스템에 대한 성능평가를 진행할 수 있다.

자료 1   PVSYST 프로그램 따라하기

태양광 발전 시스템은 활용 목적에 따라 다양한 시뮬레이션 프로그램이 존재한다. 본 부록편에서는 국외 태양광 발전 시스템 EPC(Engineering, Procurement, Construction) 업체에서 다수 활용하고 있는 PVSYST 프로그램을 이용하여 태양광 발전 시스템의 타당성 분석, 설계 및 성능평가를 진행하고자 한다. PVSYST는 스위스 제네바 대학에서 교수로 재직하던 Andre Mermoud 박사가 개발하였으며, 퇴임 후 회사를 창업하여 지속적으로 프로그램 기능과 내용을 추가, 보완 및 향상시키고 있다. PVSYST는 다음의 웹사이트(www.pvsyst.com)에서 온라인으로만 구입할 수 있으며, 가장 최신 버전은 PVsyst V6.8.3(2019년 7월 18일 현재)이다.

사용자는 PVSYST 프로그램을 이용하여 태양광 발전 시스템을 구성하고 연간 발전량 산출과 항목별 손실분석 등을 진행할 수 있다. 이를 통해 태양광 발전 시스템을 최적화하여 시스템 설치 전에는 타당성 분석을, 설치 후에는 성능평가 및 손실분석 등에 활용할 수 있다.

부록편에서는 PVSYST 프로그램을 처음 사용하는 관점에서 기본 메뉴 소개, Preliminary design 따라하기, Project design 따라하기, 교내 E동 옥상에 설치된 태양광 발전 시스템 실습, 모듈 및 인버터 만들기, 마지막으로 기상환경 데이터 작성 방법 및 그림자 영향에 대한 분석을 진행하고자 한다.

1. PVSYST 프로그램 개요

〈그림 1-1〉은 PVSYST 프로그램을 기동하면 최초 나타나는 메인 메뉴 구성이며 좌측에 대표적인 4개 메뉴와 상단에 탭 메뉴로 구성된다.

그림 1-1. PVSYST 프로그램 메인 메뉴 화면 구성

Preliminary design(기초 설계) 메뉴는 주어진 상황에서 프로젝트의 잠재력과 가능한 제약 조건을 신속하게 평가한다. 독립형 태양광 발전 시스템과 펌프 시스템의 기초 용량 설계에 매우 유용하게 사용된다. 계통 연계형 태양광 발전 시스템에서는 설계자가 건물의 태양광 잠재량을 신속하게 평가하기 위한 도구로서 사용된다. 이 작업의 정확성은 제한적이며 구체적이고 정확한 보고서는 아니다.

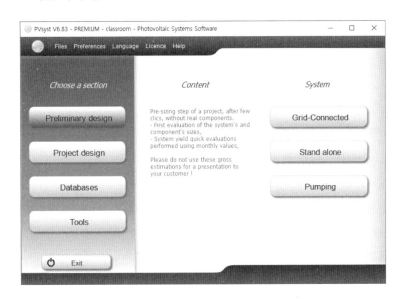

그림 1-2. Preliminary design 메뉴 화면 구성

Project design(프로젝트 설계) 메뉴는 본 프로그램의 주된 사용 영역이다. 또한 프로젝트의 종합적인 연구를 위해 사용된다. 이것은 지역 데이터, 시스템 디자인 그림자 연구, 손실 계산 그리고 경제성 평가가 포함된다. 시뮬레이션은 시간 단위로 1년 동안 수행되며 보다 정확한 보고서 내용과 추가적인 분석 결과를 제공한다.

그림 1-3. Project design 메뉴 화면 구성

Databases 메뉴는 Meteo database(기상환경 데이터베이스), Import meteo data(기상환경 데이터 불러오기) 및 Components Database(주변 장치 데이터베이스)로 구성된다.

Meteo database 항목에서는 태양광 발전 시스템 설치 장소 선정, 1시간 데이터 변환 방법, 기상환경 데이터 표 및 그래프 생성, 기상환경 데이터 간 비교 분석 등을 진행할 수 있다.

Import meteo data 항목에서는 외부에서 모니터링을 통해 수집한 기상환경 데이터를 불러와서 PVSYST 프로그램에 맞게 구성 및 활용할 수 있다.

Components Database 항목은 태양광 발전 시스템을 구성하는 주변장치(모듈, 인버터, 배터리, 제어장치, 발전기, 펌프, 가격 등)의 데이터베이스화된 상세 내용을 확인하거나 신규 모델을 만들 수 있다.

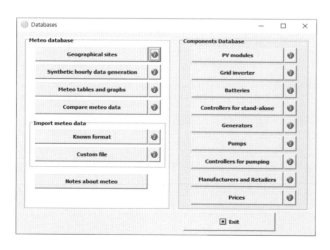

그림 1-4. Databases 메뉴 화면 구성

Tools 메뉴는 Solar tool box 항목과 Measured data 항목으로 구분된다. Solar tool box 항목은 태양 기하학, 일조량 모델, 태양전지 어레이 전기회로 구성, 태양전지 어레이 방위각 및 경사각 최적 설정 등을 설정할 수 있다.

Measured data 항목은 실제 측정한 1시간 단위 기상환경 데이터, 데이터의 표 및 그래프화, 그리고 측정 데이터와 시뮬레이션 데이터와의 차이점 등을 분석할 수 있다.

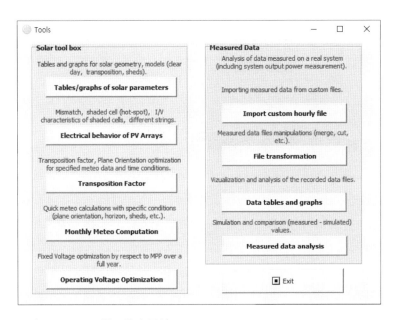

그림 1.5 Tools 메뉴 화면 구성

2. Preliminary design 사용하기

Preliminary design 메뉴는 태양광 발전 시스템의 기초 설계를 나타내며, 간단한 메뉴에 대한 항목 입력으로 초기 부품 및 시스템 용량 선정과 시스템 발전 출력량에 대한 대략적인 수치를 확인할 수 있다.

Preliminary design의 시스템 구성은 Grid-Connected(계통 연계형), Stand alone(독립형), Pumping(펌프) 시스템으로 구분된다.

〈그림 2-1〉은 Preliminary design 메뉴 구성을 나타낸다.

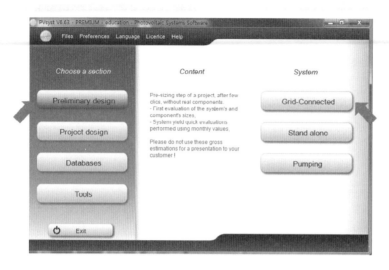

그림 2-1. Preliminary design 메뉴 구성

PVSYST Preliminary design 중 Grid-Connected(계통 연계형) 시스템 구성을 구체적으로 살펴보자.

〈그림 2-2〉에서 화면 오른쪽에 Site and Meteo(설치 장소 및 기상환경 정보), 하단의 Horizon(지평선을 기준으로 태양 궤적 다이어그램), System(태양전지 모듈, 어레이 구성 형태, 인버터 설정), 마지막으로 Results(분석 결과) 순으로 진행할 수 있다.

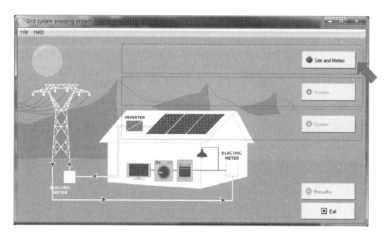

그림 2-2. Grid-Connected System 화면 구성

Site and Meteo(설치 장소 및 기상환경 정보)에서 대한민국은 서울, 강릉, 부산, 목포 등 22 곳에 대해 기상환경 정보를 이용할 수 있다. 기상환경 정보는 스위스의 MeteoNorm 기상환경정

보회사에서 제공하며 1991년부터 2010년까지 20년 평균 대표기후 일조량 정보(MeteoNorm 7.2)를 사용한다.

본 교재에서는 〈그림 2-3〉과 같이 우리나라의 강릉시를 선택하여 시뮬레이션을 진행하며, 〈그림 2-4~그림 2-6〉과 같이 각 탭을 통해 설치 장소 및 기상환경 정보를 확인할 수 있다.

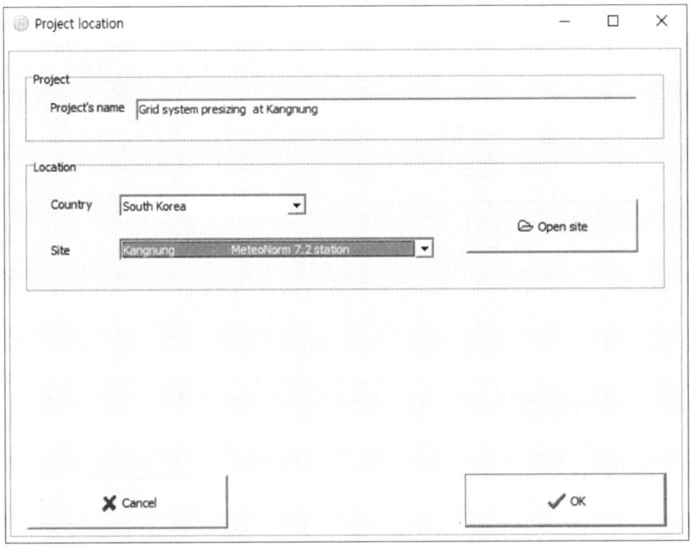

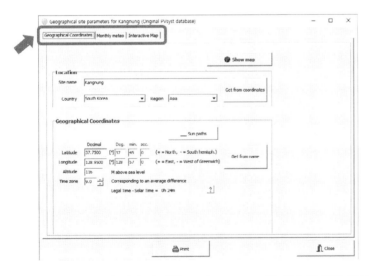

그림 2-3. Site and Meteo 구성

그림 2-4. 강릉 지역 위치 정보(위도, 경도, 고도, 표준 시간대) 화면 구성

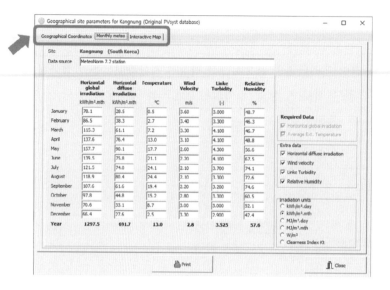

그림 2-5. 강릉 지역 월별 기상환경 정보
(전 수평면 일조량, 수평면 산란광선 일조량, 평균기온, 풍속, 혼탁계수, 상대습도) 화면 구성

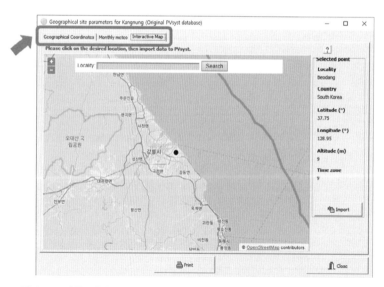

그림 2-6. 강릉 지역 지도 정보(실제 기상 정보 측정 위치) 구성

또한 강릉 지역 위치 정보에서 태양 궤적 다이어그램을 〈그림 2-7〉 및 〈그림 2-8〉과 같이 확인할 수 있다. 태양 궤적 다이어그램은 사용자가 태양광 발전 시스템을 설치하고자 하는 지역에 연중 시간별 태양의 움직임을 확인할 수 있고, 장애물로 인한 그림자 영향을 확인하는 데 활용한다.

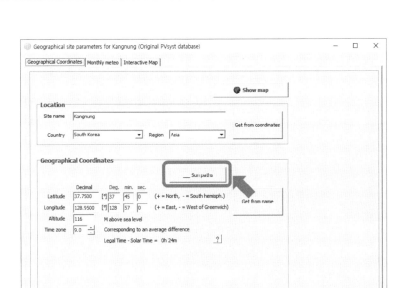

그림 2-7. 강릉 지역 위치 정보에서 Sun paths(태양 궤적 다이어그램) 화면 선택

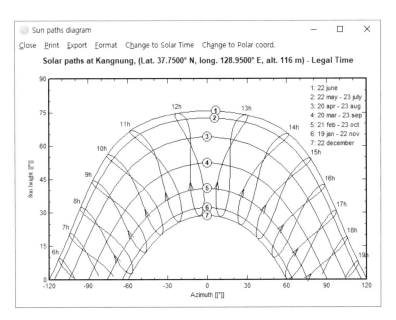

그림 2-8. 강릉 지역 태양 궤적 다이어그램 화면(표준시 기준)

Site and Meteo 설정 항목이 완료되면 〈그림 2-9〉와 같이 메뉴가 초록색으로 바뀐 것을 확인할 수 있다.

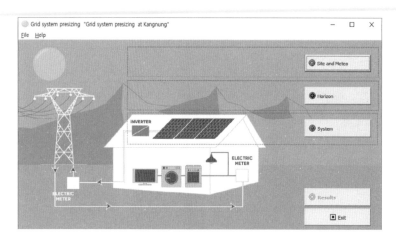

그림 2-9. Site and Meteo 설정 완료 후 초록색 메뉴 확인(정상적인 상태)

다음 메뉴인 Horizon을 선택하면 〈그림 2-10〉과 같이 X축 태양 방위각(여기서 −90도는 정동, 0도는 정남, +90도는 정서임), Y축 태양 고도각(고도각 0도는 지평선)을 통하여 1년 동안 태양 궤적 다이어그램을 확인할 수 있다. 또한 이를 통해 지평선 기준으로 장애물 높이 등을 추가하여 태양광 발전 시스템의 그림자 영향을 정량적으로 확인할 수 있다.

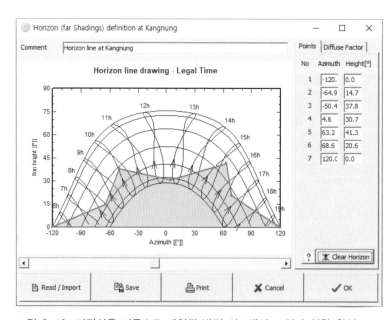

그림 2-10. 지평선을 기준으로 태양광 발전 시스템의 그림자 영향 확인

Horizon 설정을 진행하면 〈그림 2-10〉의 태양 궤적 다이어그램 상에 사용자가 설치하고자 하는 태양전지 모듈 혹은 어레이에 그림자가 드리워지는 날짜와 시간까지 확인할 수 있다.

Horizon 설정이 정상적으로 완료되면 Site and Meteo 설정과 같이 초록색 버튼으로 바뀌는 것을 확인할 수 있다.

System 버튼을 클릭하면 〈그림 2-11〉과 같이 시스템 상세 설정을 진행할 수 있다.

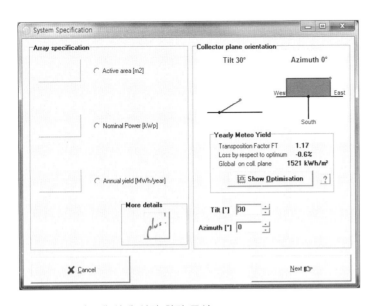

그림 2-11. 시스템 상세 설정 화면 구성

왼쪽의 Array specification(어레이 상세) 항목에서는 어레이 면적, 어레이 용량(직류 전력), 어레이 연간 발전량으로 선택이 가능하다. 또한 More details(상세 항목)를 클릭하면 어레이 설치 형태(1행, 다행, 건물 적용 등)를 세부적으로 선택할 수 있다.

오른쪽은 어레이 경사각 및 방위각을 설정하는 항목이며, Show Optimisation(최적화) 항목을 선택하여 경사각 및 방위각에 따른 연간 최적 발전량을 선택할 수 있다.

〈그림 2-12〉는 어레이 용량 기준으로 3.1kWp를 선택하고 1행 어레이 고정형 구성을 선택한 그림을 보여준다.

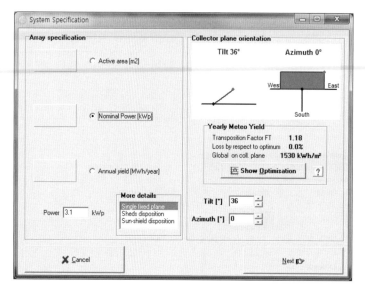

그림 2-12. 어레이 용량 및 1행 어레이 고정형 선택 화면 구성

〈그림 2-13〉은 어레이 경사각이 36도, 방위각이 0도(정남)이고 최적 설치 경사각 및 방위각을 선택한 결과 화면을 나타낸다.

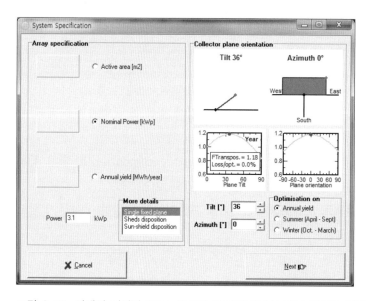

그림 2-13. 어레이 경사각 36도, 방위각 0도(정남)에서 최적 발전량 화면 설정

〈그림 2-13〉의 하단 오른쪽 Next를 선택하면 〈그림 2-14〉와 같이 Module Type(모듈 형태), Technology(셀 종류), Mounting Disposition(어레이 구성 방법) 및 Ventilation property(냉

각 방법) 등을 선택할 수 있다.

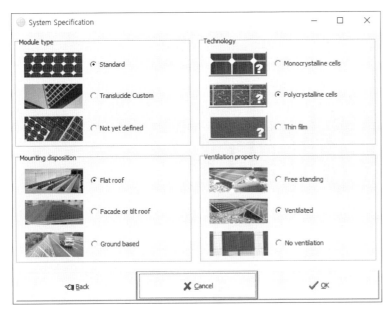

그림 2-14. 모듈 종류, 어레이 거치, 셀 종류, 어레이 냉각 선택 화면 구성

〈그림 2-15〉는 모든 항목이 정상적으로 완료된 상태의 화면을 나타내며 하단의 Results 항목을 통해 예비(초기) 설계에 대한 시뮬레이션 결과 리포트를 〈그림 2-16~그림 2-18〉과 같이 확인할 수 있다.

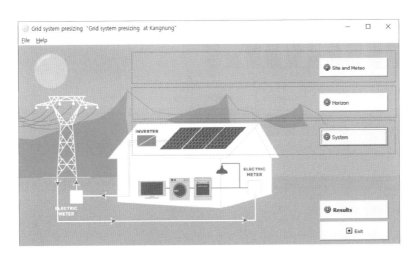

그림 2-15. 모든 항목이 정상적으로 완료된 화면 구성

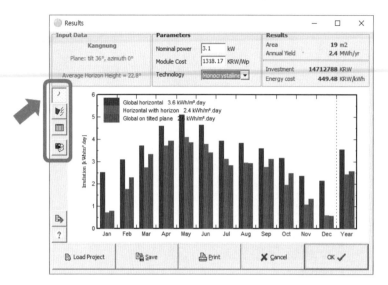

그림 2-16. 일평균 월별 전 수평면 일조량, 지평선 기준 수평면 일조량, 경사면 일조량 그래프 결과 화면

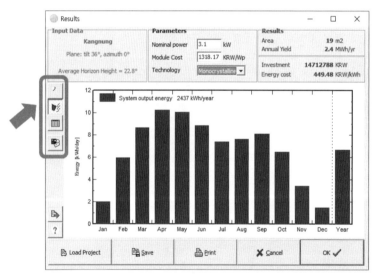

그림 2-17 월별 태양광 발전 시스템 출력량(발전량) 및 연간 발전량 화면

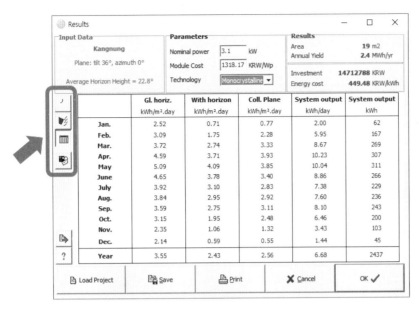

그림 2-18. 일평균 월별 전 수평면 일조량, 지평선 기준 수평면 일조량, 경사면 일조량 표 결과 화면

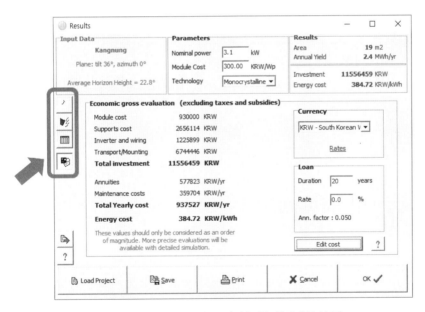

그림 2-19. 태양광 발전 시스템 설치 및 유지비용 화면(경제성 분석)

〈그림 2-20〉은 Preliminary design에 대한 프로젝트 결과를 저장하는 화면이다.

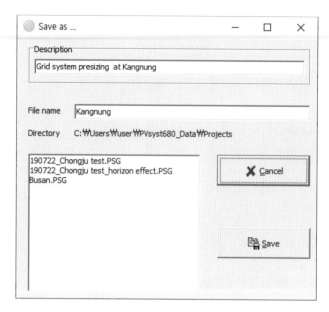

그림 2-20. Preliminary design 저장 설정 화면

 3. Project design 사용하기

Project design은 태양광 발전 시스템의 시뮬레이션 통해 연간 발전량과 손실 등을 구체적으로 확인할 수 있는 등 다음의 특징을 갖는다.

- 시간별 시뮬레이션을 통해 정확한 연간 시스템 발전량을 산출한다.
- 다양한 시뮬레이션 변수들을 조정하여 성능을 확인하고 분석한다.
- 수평면에 대한 그림자 영향과 3D CAD로 발전소를 모의한다.
- 구체적인 세부 시스템 손실 항목들을 분석한다.
- 태양광 발전 설비를 구성하는 각 부품 가격 정보를 이용하여 경제성을 분석한다.

Project design 따라하기에서는 〈그림 3-1〉과 같이 계통 연계형 태양광 발전 시스템을 예로 들어 설명한다.

그림 3-1. Project design 메뉴 구성 화면

〈그림 3-2〉는 신규 프로젝트 작성 화면을 나타내고 있으며 우선 그림과 같이 표시된 버튼을 클릭한다.

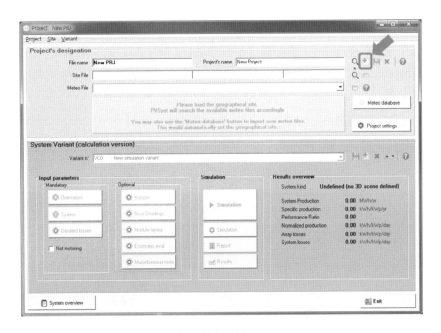

그림 3-2. 신규 프로젝트 설정 메뉴 화면 구성

〈그림 3-3〉은 신규 프로젝트 선택 이후 태양광 발전 시스템을 설치하는 장소를 입력하는 화면이며, 보기와 같이 별표가 있는 돋보기 버튼을 클릭한다.

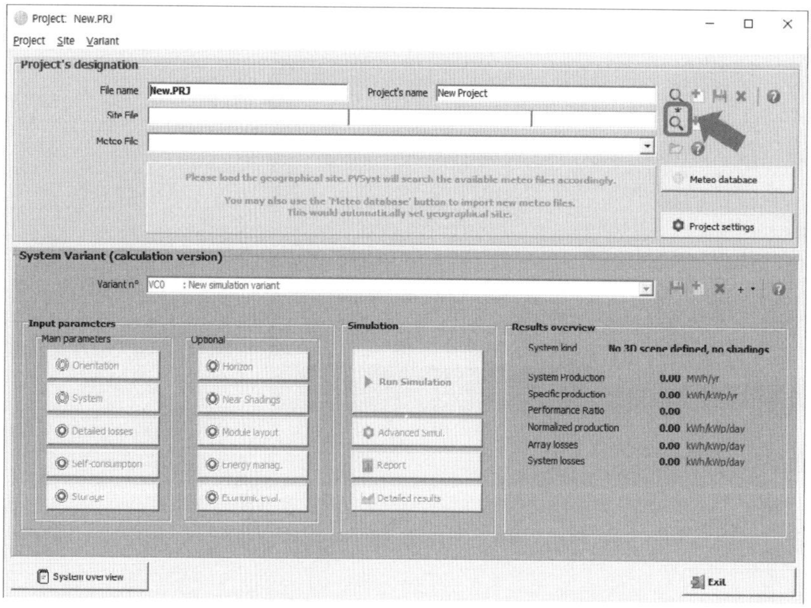

그림 3-3. 장소 설정 메뉴 화면

〈그림 3-4〉는 구체적인 장소를 선정하는 절차 화면을 보여준다. 화살표와 번호와 같이 세계 각국에 따라 도시를 검색하여 설정할 수 있다. 본 화면에서는 대한민국 강원도 강릉시를 예시로 선정하여 진행하였다(① → ②).

여기서 ③을 선택하면 〈그림 3-5〉에서 〈그림 3-7〉과 같이 강릉시의 위치 정보, 기상환경 정보 및 지도 정보 등을 확인할 수 있다.

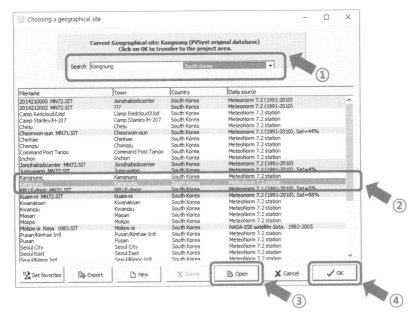

그림 3-4. 대한민국 강원도 강릉시 설치 장소 선정 화면

〈그림 3-5〉에서 ①은 위치 정보 등 선택할 수 있는 탭을 나타내고 있으며, ②는 기상환경 데이터 출처를 나타낸다. PVSYST에서 이용하는 대표적인 월별 기상환경 데이터는 다음 표와 같다.

표 1. 월별 기상환경 데이터 출처

기상환경 데이터	설명
1. Meteonorm 7.2	스위스 기상업체로 전 세계 1,200곳 이상의 장소에서 측정한 20년 대표기후 데이터(1991년~2010년)를 제공, 국내는 22곳 측정 데이터 제공 (무료)
2. NASA-SSE	미국 NASA 인공위성에서 측정한 10년 대표기후 데이터(1983년~1993년)를 제공 (무료) (위도1° ×경도1° =111km 범위)
3. PVGIS TMY	유럽과 북아프리카를 중심으로 인공위성에서 측정한 데이터를 제공 (월별 및 1시간 단위 데이터 제공, 유료)

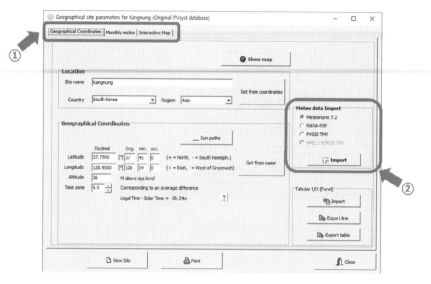

그림 3-5. 강릉시의 위치 정보 화면

〈그림 3-6〉은 월별 기상환경 데이터를 나타내며 시뮬레이션에 필수 데이터(Required data)와 선택 데이터(Extra data)로 구분된다. 자세한 설명은 다음 표와 같다.

표 2. 기상환경 데이터 구분

구분	데이터명	설명
필수	Horizontal global irradiation	전 수평면 일조량
선택	Horizontal diffuse irradiation	수평면 산란광선 일조량
필수	Temperature	기온
선택	Wind Velocity	풍속
선택	Linke Turbidity	혼탁 인자 (깨끗한 공기 0~오염된 공기 6)
선택	Relative Humidity	상대습도

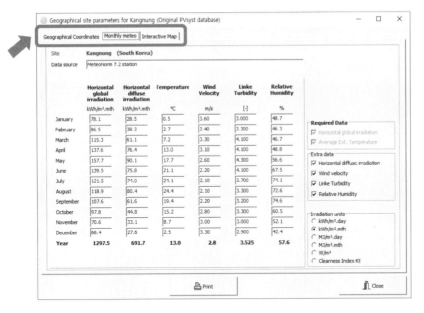

그림 3-6. 강릉시의 기상환경 정보 화면

〈그림 3-7〉은 기상환경 센서가 설치된 강릉시의 지도 정보(가운데 검은색 점) 화면을 나타낸다. 지금까지 모든 내용을 확인하였으면 오른쪽 하단의 Close 버튼을 누른다.

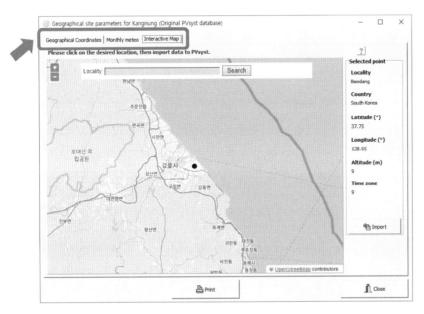

그림 3-7. 강릉시의 지도 정보 화면

〈그림 3-8〉은 태양광 발전 시스템 설치 장소(여기서는 대한민국 강원도 강릉시 설정)를 선택한 이후, ①과 같이 프로젝트 파일명이 자동적으로 설치 장소와 동일한 이름으로 변경되었음을 알 수 있다(여기서, 프로젝트 파일명 확장자가 "*.PRJ"임을 알 수 있다).

Site File(설치 장소)도 강릉시로 설정되었고, 여기서 이용한 기상환경 데이터는 MeteoNorm 7.2 station으로 설정되었음을 알 수 있다.

②는 프로젝트 파일을 저장하는 아이콘으로 이 버튼을 누르면 프로젝트 파일을 저장할 수 있는 팝업 창이 다시 열리게 된다.

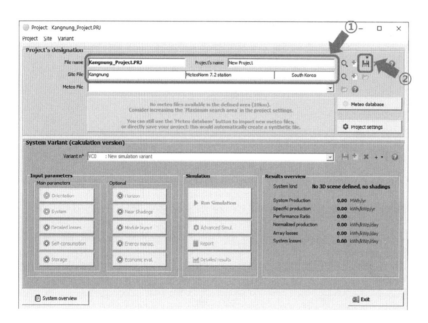

그림 3-8. 설치 위치 설정 이후 신규 프로젝트 화면

〈그림 3-9〉는 프로젝트 파일을 저장하는 팝업 창으로 ①과 같이 Description(설명)과 File name(프로젝트 파일명), 그리고 Directory(저장 위치) 등을 확인할 수 있다. 마지막으로 ②와 같이 파일을 저장한다.

그림 3-9. 프로젝트 파일 저장 화면

〈그림 3-10〉은 Meteo(기상환경 정보)를 설정하는 화면이다. 이 내용은 본서에서 〈그림 3-5〉의 ②를 통해서 기상환경 데이터 출처를 선택할 수 있으며 〈그림 3-10〉 화살표와 같이 선택할 수 있다.

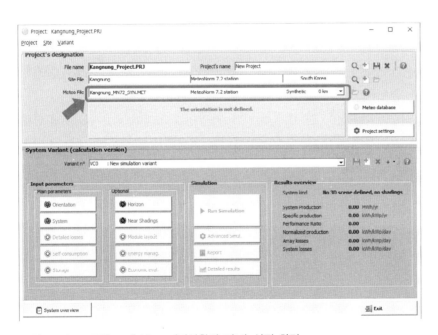

그림 3-10. 프로젝트 내 Meteo(기상환경 정보) 설정 화면

〈그림 3-11〉은 Project settings(프로젝트 설정) 설정 화면이다. 프로젝트 설정과 관련된 추가적인 항목들을 설정할 수 있다.

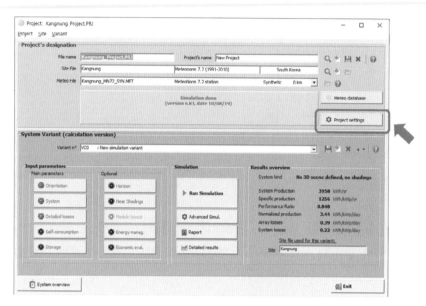

그림 3-11. Project settings(프로젝트 설정) 선택 화면

〈그림 3-12〉는 Albedo(반사계수) 탭 설정 화면이다. Albedo 항목은 태양전지 어레이가 설치된 지면 혹은 건물 장소의 주변 환경에서 반사되는 값을 나타내며 월별 설정이 가능하다.

Albedo 설정값은 0.2이고 범위는 0.0~1.0이다. 하지만, 태양전지 어레이가 설치된 주변 환경에 따라서 콘크리트 지면인 경우에는 0.25~0.35, 알루미늄 지면은 0.85, 눈이 내린 지면은 0.55~0.82 등 높은 Albedo 값이 적용된다.

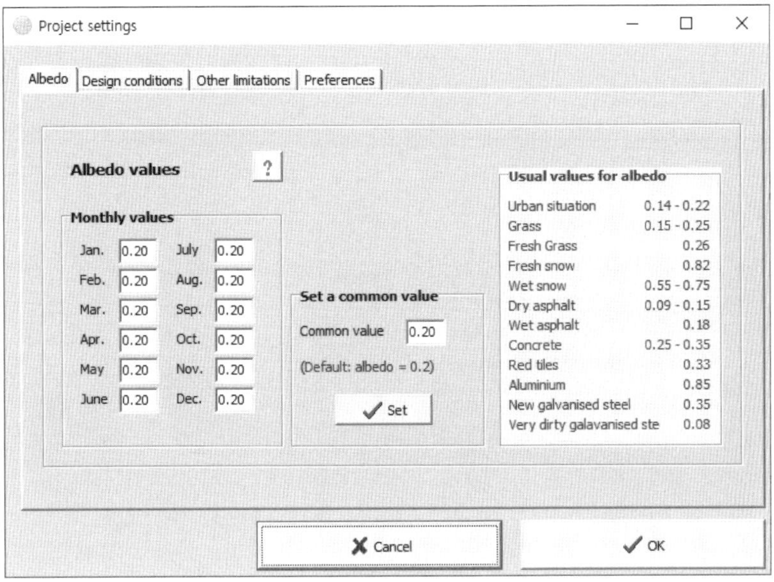

그림 3-12. 월별 Albedo(반사계수) 설정 화면

〈그림 3-13〉은 Design condition(설계 조건) 탭 설정 화면이다. Design condition 탭에서는 인버터 입력 전압 범위에 따른 태양전지 어레이 설계 기준 온도를 설정할 수 있다. 기타 설계 시의 파라미터 설정으로 어레이 입력 최대 전압이 있으며 IEC 1000V, UL 600V를 선택할 수 있다. 수평면 일조량을 경사면 일조량으로 변환하는 모델도 선택할 수 있다.

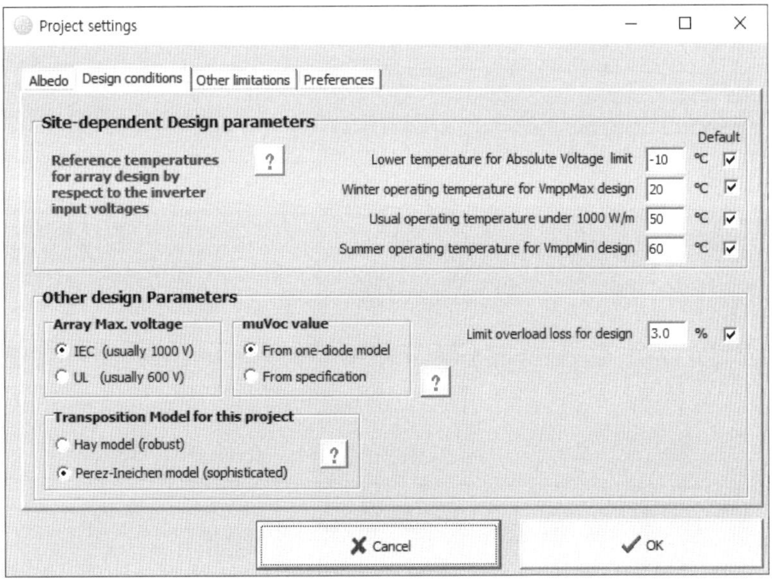

그림 3-13. Design condition(설계 조건) 설정 화면

〈그림 3-14〉는 Other limitations(기타 조건) 탭 설정 화면이다. 이 설정은 그림자 영향에 대한 제한값 등을 설정한다.

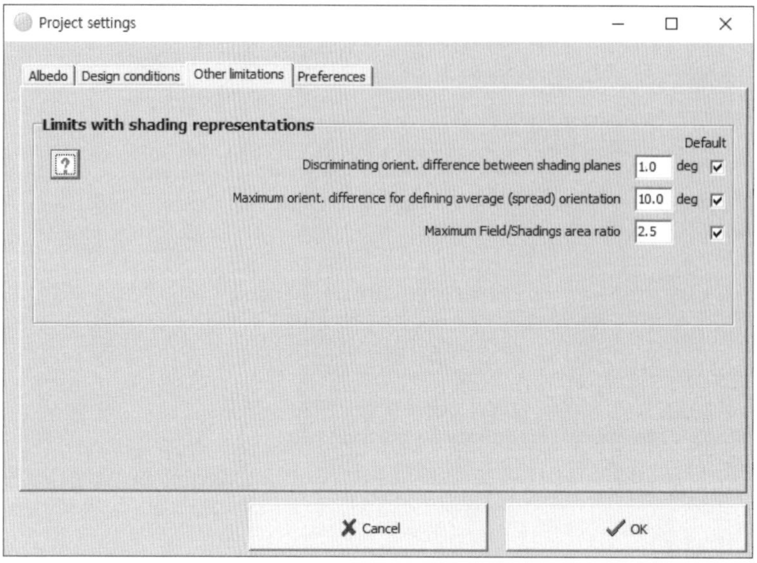

그림 3-14. Other limitations(기타 조건) 설정 화면

〈그림 3-15〉는 Preferences 설정 화면을 나타낸다. 태양광 발전 시스템 설치 장소에 있어서 기상환경 데이터의 최대 검색 반경을 나타낸다. 기상환경 데이터는 기본 설정 10km에서 최대 9999km까지 설정할 수 있다.

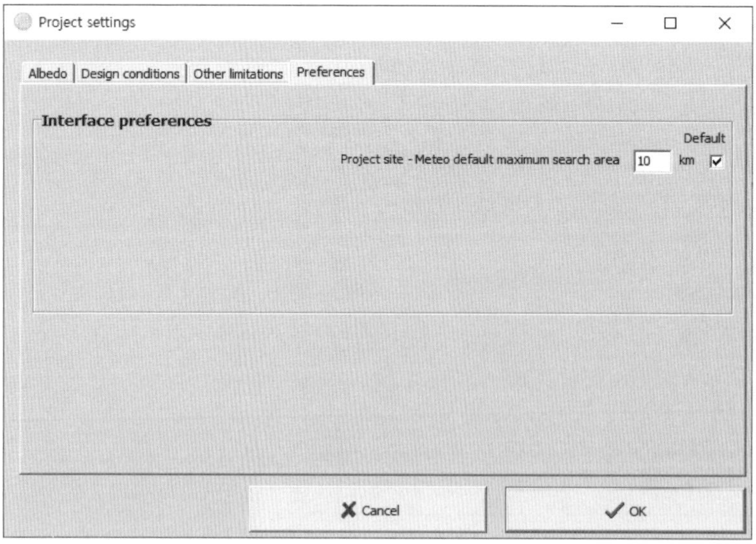

그림 3-15. Preferences 설정 화면

〈그림 3-16〉은 태양광 발전 시스템 설치 형태 및 구성 기기 설정 화면을 보여준다. System Variant는 "VC0"부터 "VCX"까지 동일한 프로젝트 내에서 태양광 발전 시스템 설치 형태(경사 각 및 방위각, 어레이 구성 방식 등)와 구성 기기(모듈, 인버터 등)를 다양하게 구성하여 시스템 을 최적화시키는 데 사용할 수 있다.

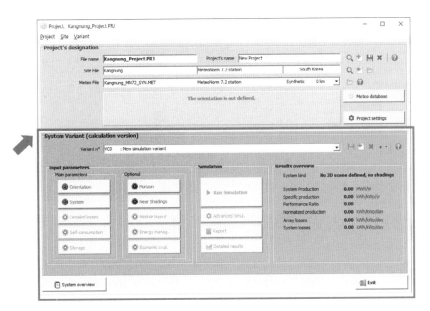

그림 3-16. 태양광 발전 시스템 설치 형태 및 구성 기기 설정 화면

〈그림 3-17〉은 태양광 발전 시스템 Orientation 설정 화면을 나타낸다. 〈그림 3-18〉은 Orientation 세부 설정 화면이며, 어레이의 고정식 혹은 추적식 선택, 경사각 및 방위각 설정, 연간 일조량 최적화 등을 진행할 수 있다.

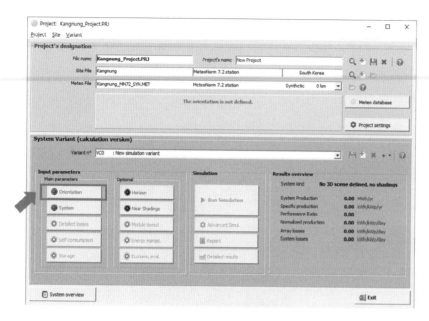

그림 3-17. 태양광 발전 시스템 Orientation 설정 화면

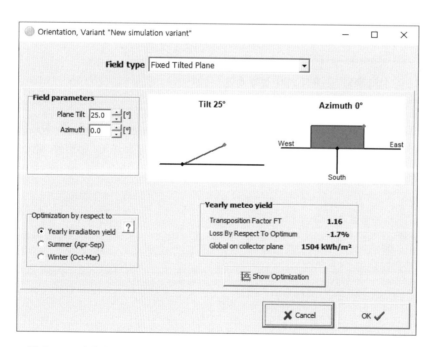

그림 3-18. 태양광 발전 시스템 Orientation 세부 설정 화면

〈그림 3-19〉는 태양광 발전 시스템 System 설정 화면을 나타낸다. 〈그림 3-20〉은 System 세부 설정 화면이며 용량 설정, 모듈 모델 설정, 인버터 모델 설정, 어레이 직병렬 구성 등을 진행할 수 있다.

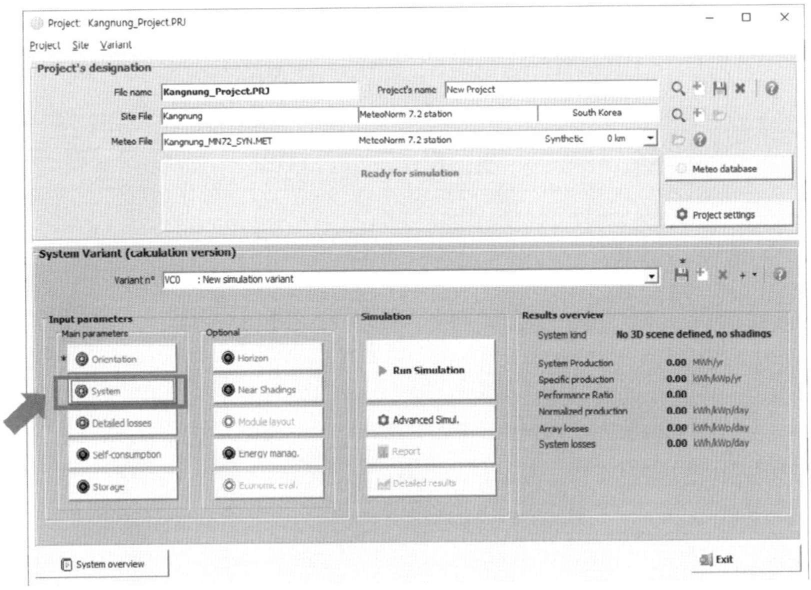

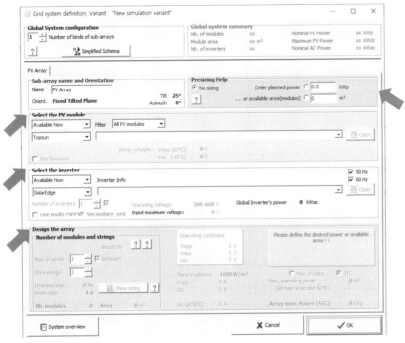

그림 3-19. 태양광 발전 시스템 System 설정 화면

그림 3-20. 태양광 발전 시스템 System 세부 설정 화면

〈그림 3-20〉과 같이 System 세부 설정이 완료되면, 〈그림 3-21〉과 같이 모든 버튼이 초록색으로 바뀌게 된다. 여기서 화살표와 같이 태양광 발전 시스템 System Variant를 파일로 저장할 수 있다. 〈그림 3-22〉는 System Variant 저장을 위한 팝업 창을 나타내며, 최초 저장되는 파일 확장자는 "*.VC0"가 됨을 알 수 있다.

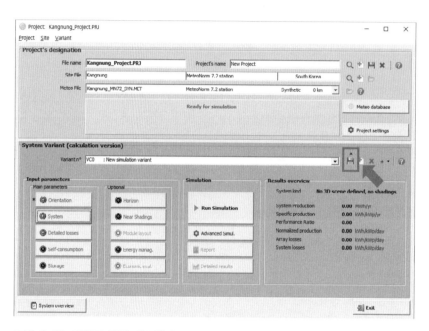

그림 3-21. 태양광 발전 시스템 System Variant 저장 선택 화면

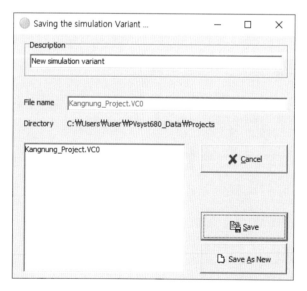

그림 3-22. System Variant 파일 생성을 위한 팝업 화면

〈그림 3-23〉은 태양광 발전 시스템 시뮬레이션을 위한 설정 방법을 나타낸다. 앞서 〈그림 3-21〉과 〈그림 3-22〉에서 진행한 System Variant 파일 저장 이후에 설정한 내용에 대한 연간 발전량 산출 및 손실 분석을 진행하기 위하여 시뮬레이션을 진행한다.

〈그림 3-24〉는 시뮬레이션 진행 및 결과의 팝업 창을 나타낸다.

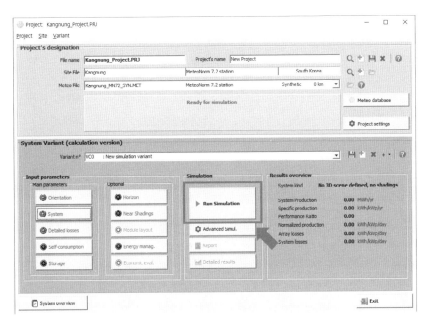

그림 3-23. System Variant 내 시뮬레이션 수행 선택 화면

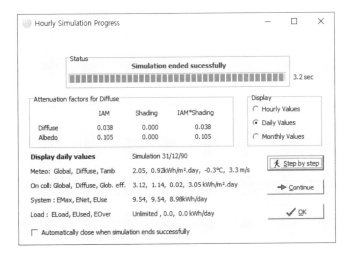

그림 3-24. 시뮬레이션 진행 및 완료 팝업 화면

〈그림 3-25〉는 태양광 발전 시스템 시뮬레이션 완료 후에 리포트를 확인하는 과정을 나타낸다. 리포트는 앞서 설정한 프로젝트 파일(장소 및 기상환경 설정)과 System Variant에서 설정한 태양광 발전 시스템 설치 형태 및 구성 기기에 대한 결과를 나타낸다.

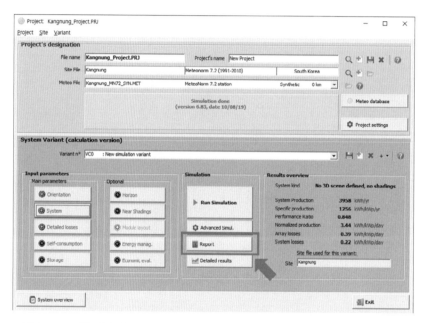

그림 3-25. 시뮬레이션 결과 리포트 파일 선택 화면

〈그림 3-26〉은 태양광 발전 시스템 시뮬레이션 결과에 대한 리포트 파일을 나타낸 것이다. 결과 리포트는 총 4페이지로 되어 있으며 이 중 첫 번째 페이지에 대한 설명을 나타낸다.

PVSYST V6.83	Korea Polytechnic University (Korea, Republic Of)	10/08/19	Page 1/4

Grid-Connected System: Simulation parameters

Project :   **New Project**

Geographical Site		Kangnung		Country	South Korea
Situation		Latitude	37.75° N	Longitude	128.90° E
Time defined as		Legal Time	Time zone UT+9	Altitude	26 m
		Albedo	0.20		
Meteo data:		Kangnung	MeteoNorm 7.2 station - Synthetic		

Simulation variant :   **New simulation variant**

   Simulation date   10/08/19 09h50

Simulation parameters	System type	No 3D scene defined, no shadings		
Collector Plane Orientation	Tilt	25°	Azimuth	0°
Models used	Transposition	Perez	Diffuse	Perez, Meteonorm
Horizon	Free Horizon			
Near Shadings	No Shadings			
User's needs :	Unlimited load (grid)			

PV Array Characteristics

PV module	Si-poly	Model	**Q.POWER L-G5.2 315**		
Original PVsyst database		Manufacturer	Hanwha Q Cells		
Number of PV modules		In series	5 modules	In parallel	2 strings
Total number of PV modules		Nb. modules	10	Unit Nom. Power	315 Wp
Array global power		Nominal (STC)	**3150 Wp**	At operating cond.	2837 Wp (50°C)
Array operating characteristics (50°C)		U mpp	**165 V**	I mpp	17 A
Total area		Module area	**19.4 m²**	Cell area	17.5 m²

Inverter	Model	**Soleaf DSP-123K2**		
Original PVsyst database	Manufacturer	Dasstech		
Characteristics	Operating Voltage	100–450 V	Unit Nom. Power	3.00 kWac
Inverter pack	Nb. of inverters	1 units	Total Power	3.0 kWac
			Pnom ratio	1.05

PV Array loss factors

Thermal Loss factor	Uc (const)	20.0 W/m²K	Uv (wind)	0.0 W/m²K / m/s
Wiring Ohmic Loss	Global array res.	162 mOhm	Loss Fraction	1.5 % at STC
Module Quality Loss			Loss Fraction	-0.4 %
Module Mismatch Losses			Loss Fraction	1.0 % at MPP
Strings Mismatch loss			Loss Fraction	0.10 %

Incidence effect (IAM): User defined profile

0°	30°	60°	65°	70°	75°	80°	85°	90°
1.000	1.000	0.960	0.940	0.900	0.830	0.690	0.440	0.000

PVsyst Classroom License, Korea Polytechnic University (Korea, Republic Of)

그림 3-26. 태양광 발전 시스템 시뮬레이션 결과 리포트 화면

중·대규모 태양광 발전 시스템

자료 2 　지상형 태양광 발전 시스템 성능평가를 위한 시험 방법

1. 적용 범위

이 표준은 지상형 태양광 발전 시스템 성능평가를 위한 시험 방법을 규정한다. 태양광 발전 시스템 성능평가는 태양 빛을 포함한 기상 환경 조건이 태양전지 모듈에 영향을 주는 입력 에너지로부터 전력변환장치의 전기적인 출력 에너지에 이르기까지 각 단계별 평가 항목을 규정하고, 손실 항목을 정량화하여 진행한다. 태양광 발전 시스템 성능평가는 설치 전에 사전 발전량 예측, 설계와 시공을 통한 시운전 단계의 발전량 비교, 정기적인 유지보수 단계의 발전량 열화 확인 등에서 활용될 수 있다.

본 표준은 지상형 태양광 발전 시스템에 관한 국내 원별 시공 기준을 보완하고 설치 전에 발전량 예측의 정확성을 높이며, 설계 최적화와 올바른 시공 및 정기적인 유지보수를 통해 태양광 발전 시스템의 발전 성능 향상 및 발전 수명 연장에 기여할 수 있다.

2. 인용 표준

다음은 태양광 발전 시스템 성능평가 시험 항목을 위해 인용되는 표준이다. 발행 연도가 표기된 인용 표준은 인용된 판만을 적용한다. 발행 연도가 표기되지 않은 인용 표준은 최신판(모든 추록을 포함)을 적용한다.

KS C 8535, 태양광 발전 시스템 운전 특성의 측정 방법

KS C 8564, 소형 태양광 발전용 인버터(계통 연계형, 독립형)

KS C IEC 61829, 태양광 발전(PV) – I–V 특성의 현장 측정 방법

KS C IEC TS 61724-2, 태양광 발전 시스템 성능 – 제2부 : 용량 평가 방법

KS C IEC TS 61724-3, 태양광 발전 시스템 성능 – 제3부 : 에너지 평가 방법

KS C IEC 61853-1, 태양광 모듈 성능 시험 및 정격 에너지 – 제1부 : 조사 강도 및 온도 성능 측정과 정격 전력

KS C IEC 60891, 결정계 실리콘 태양광 발전 소자의 측정된 I–V 특성의 온도 및 조사 강도 보정 절차

IEC 61724-1:2017 Ed.1 , Photovoltaic system performance – Part 1 :Monitoring

IEC 62446-1:2016+AMD1:2018 CSV, Photovoltaic (PV) systems – Requirements for testing, documentation and maintenance – Part 1:Grid connected systems – Documentation, commissioning tests and inspection

3. 용어와 정의

이 표준의 목적을 위하여 다음의 용어와 정의를 적용한다.

3.1 표준 시험 조건 성능비(STC Performance Ratio)

모듈 측정 온도와 표준 시험 조건 기준 온도와의 차이를 보정한 성능 비율

3.2 시스템 비가용성(System unavailability)

계통 연계형 태양광 발전 시스템에서 계통 정전 등으로 인해 계통과의 접속이 차단되거나, 인버터 고장 등으로 인해 전력변환장치가 정지하는 상황에서 발생하는 비율

3.3 예상 전력(Expected Power)

시스템의 설계 변수를 기반으로 시스템 운전 중에 현장에서 수집된 실제 기상 데이터로부터 예상되는 태양광 발전 시스템의 발전 전력

3.4 측정 전력(Measured Power)

해당 현장의 태양광 발전 시스템에서 실제 생산(발전)하는 전력

3.5 예측 에너지(Predicted Energy)

해당 현장에 적합한 특정 성능평가 모델을 구성하여 과거의 기상 데이터를 통해 계산 혹은 시뮬레이션에서 생산되는 에너지

3.6 예상 에너지(Expected Energy)

해당 연도의 시스템 운영 중에 현장에서 수집된 실제 기상 데이터를 사용하여 예측 에너지 모델에서 사용된 것과 동일한 특정 성능 모델을 이용하여 계산된 태양광 발전 시스템 에너지

3.7 측정 에너지(Measured Power)

예상되는 에너지 모델과 동일한 기간에 시험하는 동안 태양광 발전 시스템에 의해 생산된 것으로 측정되는 전기 에너지

3.8 성능비(Performance Ratio, PR)

기준 입력 에너지에 대한 최종 시스템 출력 에너지의 비율

$$PR(\text{성능비}) = \frac{Y_f(\text{최종 시스템 출력 에너지})}{Y_r(\text{기준 입력 에너지})} = \frac{Y_f\left(\dfrac{\text{최종 시스템 출력 에너지(kWh)}}{\text{어레이 정격직류전력(kW)}}\right)}{Y_r\left(\dfrac{\text{총 어레이면 일조량(kWh/m}^2)}{\text{STC 기준 일조강도(kW/m}^2)}\right)}$$

$$PR(\text{성능비}) = \left(\sum_k \frac{P_{\text{out},\,k} \times \tau_k}{P_0}\right) \Big/ \left(\sum_k \frac{G_{i,k} \times \tau_k}{G_{i,\,ref}}\right)$$

$$PR(\text{성능비}) = \left(\sum_k P_{\text{out},\,k} \times \tau_k\right)\left(\sum_k \frac{P_0 \times G_{i,k} \times \tau_k}{G_{i,\,ref}}\right)$$

여기서, k는 모니터링 시스템 샘플링 주기, τ_k는 모니터링 시스템 저장 주기

3.9 온도 보정 성능비(Temperature-corrected Performance Ratio)

기준 입력 에너지에 대한 최종 시스템 출력 에너지를 STC 모듈 온도 조건으로 보정하여 나타낸 비율

$$PR_{T-25} = PR \times \frac{1}{1 + \gamma(T-25)}$$

여기서, γ는 모듈 온도 전력 계수[%/℃], T는 25[℃]

3.10 전력 성능 지수(Power Performance Index, PPI)

태양광 발전 시스템 성능평가 모델을 통해 예상 전력에 대한 실제 시스템 측정 전력의 비율

$$PRI(\text{전력성능지수})[\%] = \left(\frac{Measured\ power(\text{계측 전력})}{Expected\ power(\text{예상 전력})}\right) \times 100\%$$

3.11 에너지 성능 지수(Energy Performance Index, EPI)

태양광 발전 시스템 성능평가 모델을 통해 예상 에너지에 대한 실제 시스템 측정 에너지의 비율

$$EPI(\text{에너지성능지수})[\%] = \left(\frac{Measured\ power(\text{계측 에너지})}{Expected\ power(\text{예상 에너지})}\right) \times 100\%$$

3.12 등가 시스템 가동 시간

1일 동안 시스템의 출력 전력량을 부하나 계통에 공급하는 경우 STC에서의 PV 어레이 정격 출력으로 나눈 값이다. 즉 PV 어레이가 STC에서의 정격 출력으로 가동한다고 가정할 때 시스템이 1일 동안 가동할 수 있는 시간

$$Y_P = \frac{E_{P,D}}{P_{AS}}\tau_r \times \frac{(\sum_{day} P_A)}{P_{AS}} Y_A \times \eta_{LOAD}\ [\text{h/d}]$$

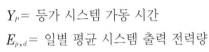

$Y_P=$ 등가 시스템 가동 시간

$E_{p,d}=$ 일별 평균 시스템 출력 전력량

$P_P=$ 시스템 출력 전력

$\eta_{LOAD}=$ 부하율

3.13 PV 어레이 손실

PV 어레이 손실인 Lc(Capture losses)는 태양 에너지로부터 직류 전력으로 변환하는 과정에서 발생하는 손실로 등가 태양 일조 시간과 등가 어레이 가동 시간의 차이 값

$$L_C=Y_r-Y_A$$

3.14 시스템 손실

시스템 손실인 Ls(System losses)는 직류 전력에서 교류 전력으로 전력 변환하는 과정에서 발생되는 손실로 등가 PV 어레이 가동 시간과 등가 시스템 가동 시간의 차이 값 혹은 PV 어레이 가동 시간과 변환효율의 곱

$$L_S=Y_A-Y_P=Y_A\cdot(1-\eta_{PCS})$$

3.15 일사계(Pyranometer)

수평면 및 PV 어레이 경사면상의 전체 조사 강도를 측정하기 위한 복사계 장치

4. 성능평가 시험 항목

태양광 발전 시스템 성능평가 시험 항목은 입력 에너지(빛 에너지)로부터 출력 에너지(전기 에너지)에 이르는 단계에 있어서 시스템 구성 요소들에 대한 세부 시험 항목을 나타낸다. 〈그림 4-1〉과 〈그림 4-2〉는 태양광 발전 시스템 성능평가 전체 시험 절차에 대한 개략도와 태양광 발전 시스템 성능평가 전체 시험 항목을 나타낸다.

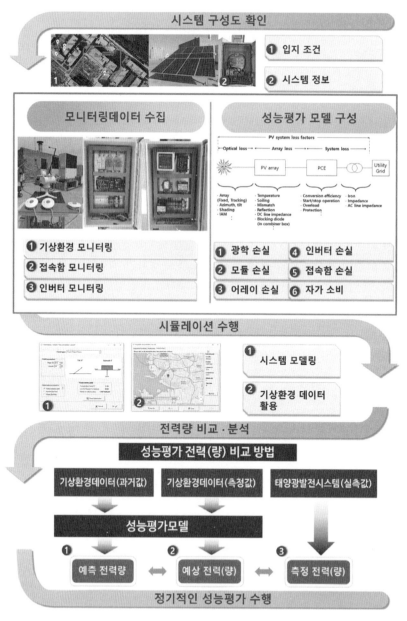

그림 4-1. 태양광 발전 시스템 성능평가 전체 시험 항목 개략도

설계 평가	현장 평가
◆ **시스템 구성도 확인** • 입지조건, 모듈, 어레이, 접속함, 인버터, 계통연계설비(변압기 등), 모니터링 시스템 확인 ◆ **세부 손실 확인** • 광학 손실(어레이 설치 유형, 방위각 및 경사각, 그림자 영향, 반사율 등) • 모듈 손실(온도, 미스매치, 오염, 직류선로저항 등) • 시스템 손실(인버터, 계통연계설비, 시스템 소비전력, 교류선로임피던스 등) ◆ **시뮬레이션 수행** • 시스템 모델(전체 시스템 구성도와 동일) • 기상환경데이터(대표 기후, 실측 데이터)	◆ **정기 검사** • 육안 점검 • 측정 점검 ◆ **정밀 검사** • 광학 손실 검사(태양궤적다이어그램 등) • 모듈 손실 검사(IR 이미지, EL 이미지, I-V곡선 등) • 시스템 손실 검사(인버터 효율 등) • 안전성 검사(절연 저항, 접지 저항 등) ◆ **모니터링 데이터 수집** • 기상환경 모니터링(수평면/경사면 일조량, 온·습도, 풍향/ 풍속) • 접속함 모니터링(DC 전압, 전류, 전력(량)) • 인버터 모니터링(DC/AC 전압, 전류, 전력(량))

그림 4-2. 태양광 발전 시스템 성능평가 전체 시험 항목 개략도

4.1 설계 평가

설계 평가는 시스템 구성에 대한 구체적인 현장 및 각종 도면, 인버터, 계통설비 및 모니터링 시스템 등 각각의 구성 요소 및 세부 손실을 확인한 후, 기상 환경 데이터를 이용하여 시뮬레이션 프로그램으로 결과 값을 산출하여 평가한다.

4.1.1 시스템 구성도 확인

시스템 구성에 대한 구체적인 현장 및 주변 사진, 각종 도면, 모듈, 인버터, 계통 연계 설비 및 모니터링 시스템 등 각각의 구성 요소에 대한 세부 내용을 확인한다.

 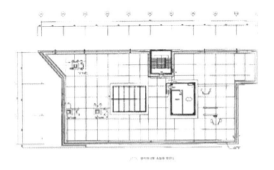

그림 4-3. 현장 주변 사진

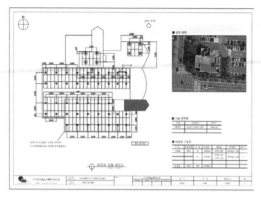 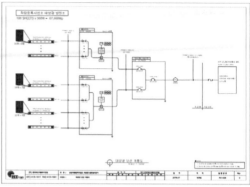

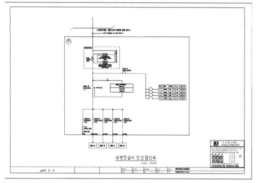 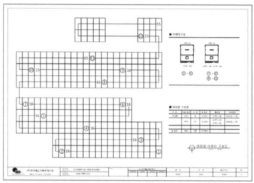

그림 4-4. 시스템 설계도

- 현장 및 주변 사진, 태양 궤적 다이어그램, 배치도, 계통도, 결선도, 모듈 사양서, 접속함 및 내부, 인버터 사양서, 계통 연계 설비(변압기 등), 모니터링 시스템 등을 확인한다.

4.1.2 세부 손실 확인

4.1.2.1 태양전지 어레이 설치 유형

태양전지 어레이가 고정식, 고정가변식, 추적식 등의 구성에 따라 일조량에서 차이가 발생하며 추적식, 고정가변식, 고정식 순으로 입력되는 일조량이 적어진다. 태양전지 어레이 구성 방법에 따라 태양전지 어레이와 동일 각도의 경사면 일조량계를 사용한다. 수평면 일조량계를 이용하는 경우에는 일조량 모델을 통해 설치 장소의 어레이 구성과 동일한 조건으로 일조량을 산출한다.

4.1.2.2 설치 장소 방위각 및 경사각

고정식 혹은 고정 가변식 태양광 발전 시스템을 설치하는 경우, 태양전지의 방위각 및 경사각에 따라 입력되는 일조량이 달라진다. 이상적인 상황에서 방위각은 정남으로 하여 설치하고 경사각은 해당 위도와 동일하게 설치한다. 태양전지 어레이와 동일 각도의 경사면 일조량계를 사용한다. 수평면 일조량계를 이용하는 경우에는 일조량 모델을 통해 설치 장소의 방위각과 경사각에

따른 일조량을 산출한다.

4.1.2.3 설치 장소 그림자 영향 시험 방법

태양광 발전 시스템의 음영 영향은 원거리 음영과 근거리 음영으로 구분한다.

원거리 음영은 설치 장소 지평선에서 태양 궤적을 가리는 지형, 건물 등의 장애물에 의한 음영이다. 원거리 음영은 직사광선 일조량으로부터 영향을 받지 않으므로 이 값을 제외하고 산출한다.

근거리 음영은 태양전지 어레이와 가까운 지형, 건물 등에 의해 부분적으로 태양전지 어레이 표면에 그림자의 명도가 달라지는 음영이다. 근거리 음영은 직사광선뿐만 아니라 산란 광선 및 반사 광선이 전체 일조량에 영향을 미친다.

따라서 그림자 영향을 정량적으로 분석하기 위하여 세부 손실 계산 시 태양 궤적 다이어그램 분석과 3D 설계를 이용하여 발전량을 산출한다.

a) 이론식

$$I_{BC} = I_{BH} \times \frac{\cos\theta}{\sin\beta}$$

여기에서

I_{BC} : 경사면에 작용하는 직달 광선(kW/m^2)

I_{BH} : 수평면에 작용하는 직달 광선(kW/m^2)

θ : 태양과 태양전지 모듈이 이루는 각도(°)

β : 태양 고도각(°)

b) 원거리 음영 시험 방법

① '4.2.2.2 a) 태양 궤적 다이어그램'에서 산출한 태양 궤적 다이어그램을 기준으로 시뮬레이션 툴에 입력한다.

② 태양 궤적 다이어그램 영역을 최대 360개의 점으로 표현하여 태양 궤적이 가려지는 부분은 경사면에 작용하는 직달 광선의 영향을 받지 않는다.

c) 근거리 음영 시험 방법

근거리 음영을 평가하기 위해 기상 환경 데이터의 일조 강도 성분을 적절한 방식으로 처리해야 한다.

• 직달 광선의 경우 태양의 위치에 따라 달라지는 음영 변수를 정의한다.

• 산란 광선의 경우 모든 하늘 방향에 대해 변수를 정의한다. 산란 광선을 위한 음영 변수를 정의하며, 태양의 위치와 무관하다.

• 반사 광선의 경우 지표면의 반사율과 지상의 장애물에 따라 정의한다. 반사 광선을 위한 음영 변수를 정의하며, 태양의 위치와 무관하다.

① 설계 도면 및 현장 평가에서 확인한 것을 토대로 실제 태양광 발전 시스템과 동일하게 3D 설계를 한다.

② 실제 태양광 발전 시스템에 가까운 건물 및 장애물을 3D 설계를 한다.

③ 시뮬레이션을 수행한다.

4.1.2.4 태양전지 어레이 반사율 시험 방법

태양전지 어레이는 태양빛의 입사각이 증가할수록 태양전지 어레이 표면에 반사율이 증가하여 발생하는 손실로 정의하며, 실제 태양빛과 태양전지 어레이 법선면 사이의 각도를 변수로 하여 손실을 확인한다.

입사각에 따른 반사각 영향은 다음 이론식에 근거하여 결정한다.

a) 이론식

① Fresnel 법칙을 사용한 물리적 계산

$$IAM = \frac{\tau(\theta)}{\tau(0)}$$

여기에서,

θ : 태양광 어레이 입사 각도

$\tau(\theta)$: 태양광 어레이 입사 각도에 대한 투과율

$\tau(0)$: 태양광 어레이 입사 각도가 0°에 대한 투과율

$$\tau(\theta) = e^{-\left(\frac{KL}{\cos(\theta_r)}\right)}\left[1 - \frac{1}{2}\left(\frac{\sin^2(\theta_r - \theta)}{\sin^2(\theta_r + \theta)} + \frac{\tan^2(\theta_r - \theta)}{\tan^2(\theta_r + \theta)}\right)\right]$$

$$\tau(0) = \lim_{\theta \to 0}\tau(\theta) = \exp(-KL)\left[1 - \left(\frac{1-n}{1+n}\right)^2\right]$$

여기에서,

n : 1.526 for glass(1.29 for AR coating)

K : $4_{m^{-1}}$(glazing extinction coefficient)

L : 0.002m(glass의 두께)

② ASHRAE에 의해 제안된 대략적인 근삿값

$$IAM = 1 - b_0\left(\frac{1}{\cos(\theta_{AOI})} - 1\right)$$

여기에서,

$$b_0 \quad : 1.5 \text{ for glass}(1.4 \text{ for AR coating})$$

$$\cos(\theta_{AOI}) : \text{태양광 어레이와 태양과의 각도}$$

③ 측정 (실내 또는 실외)

KS C IEC 61853-2 설명을 참고한다.

4.1.2.5 직류 선로 저항 시험 방법

a) 태양광 발전 시스템 어레이 설치 용량과 태양전지 어레이 출력단부터 접속함, 접속함부터 전력변환장치 입력단까지 케이블 굵기 및 길이를 고려하여 전기 배선도와 전압 강하 계산식 및 전선의 단면적 계산식을 이용하여 값을 산출한다.

표 1. DC 선로 계산을 위한 파라미터 기호와 단위

파라미터	기호	단위
선로 길이(DC 주 선로/단선 기준)	$L_{DCCable}$	m
선로 손실(DC 선로)	$P_{DCCable}$	W
도선 단면적(DC 주 선로)	$A_{DCCable}$	mm^2
전기 전도도	k	$m/\Omega \cdot mm^2$
정격 전력(PV 어레이)	P_{PV}	W
정격 전압(PV 어레이)	V_{MPP}	V
정격 전류(PV 어레이)	I_n	A

$$P_{DCCable} = \frac{2 \times L_{DCCable} \times I_n^2}{A_{DCCable} \times k}$$

$$P_{DCCable} = \frac{2 \times L_{DCCable} \times P_{PV}^2}{A_{DCCable} \times V_{MPP} \times k}$$

4.1.2.6 태양전지 모듈 온도 산출 시험 방법

태양전지 어레이는 모듈 온도에 따라 출력이 변화한다. 일조량, 대기 온도, 풍속 등으로 모듈 온도를 예측하여 출력을 계산한다.

모듈 온도 산출은 다음 이론식에 근거하여 결정한다.

a) 이론식

① Sandia Module Temperature Model을 사용한 모듈 온도 산출

$$T_m = E_{POA} \cdot (e^{a + b \cdot WS}) + T_a$$

여기에서,

E_{POA} : 태양광 어레이에 입사하는 일조량(W/m^2)

T_a　: 대기 온도(℃)

WS : 풍속(m/s)

　a 와 b는 모듈 구성 및 재료와 모듈의 설치 형태에 따라 달라지는 변수이다. 다양한 모듈 구성 및 설치 형태에 따른 변수의 대푯값을 나타냈다.

표 2. 모듈 형태에 따른 변수 대푯값

모듈 유형	마운트	a	b
유리/셀/유리	개방형 랙	−3.47	−0.0594
유리/셀/유리	폐쇄형 루프 마운트	−2.98	−0.0471
유리/셀/폴리머 시트	개방형 랙	−3.56	−0.0750
유리/셀/폴리머 시트	절연 후면	−2.81	−0.0455
폴리머/박막/강철	개방형 랙	−3.58	−0.113
22x 선형 집광기	트래커	−3.23	−0.13

2) David Faiman Module Temperature Model을 사용한 모듈 온도 산출

$$T_c = T_a + \frac{\alpha E_{POA}(1-\eta_m)}{U_0 + U_1 \times WS}$$

여기에서,

T_a　 : 대기 온도(℃)

α　 : 태양전지 모듈 흡착 계수

E_{POA} : 태양전지 어레이에 입사하는 일조량(W/m^2)

η_m　 : 태양전지 모듈 효율(%)

U_0　 : 일정한 열 전달 요소(W/m^{2}K)

U_1　 : 대류 열 전달 요소(W/m^{2}K)

WS　 : 풍속(m/s)

표 3. 모듈 형태에 따른 변수 대푯값

모듈 설치 유형	U_0	U_1
노출형	29	−
밀착형	15	−
통기형	20	−

4.1.2.7 전력 변환 효율 시험 방법

a) 이론식

$$\eta_{conv} = \frac{P_{out}}{P_{in}} = \frac{P_{AC}}{P_{DC}}$$

① 모니터링 데이터의 DC 전력과 AC 전력의 비율을 이론식을 적용하여 산출한다.

② 일사량과 온도 변화에 따라 전력 변환 효율이 변화하므로 적절히 동작함을 판단한다.

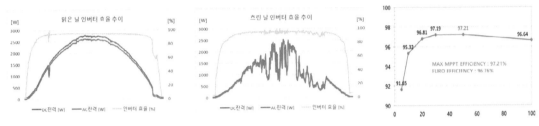

그림 4-5. 하루 동안 맑은 날과 흐린 날의 인버터 효율

4.1.2.8 교류 선로 임피던스 시험 방법

a) 전력 변환 장치 출력부터 계통 연계까지의 교류 선로 저항에 의한 손실은 AC 전류와 케이블 길이 굵기 및 길이를 고려하여 전기 배선도와 이에 따른 전압 강하 계산식 및 전선의 단면적 계산식을 이용하여 값을 산출한다.

표 4. AC 선로 계산을 위한 파라미터 기호와 단위

파라미터	기호	단위
선로 길이(AC 선로/외선 기준)	$L_{ACcable}$	m
선로 손실(AC 선로)	$P_{ACcable}$	W
도선 단면적(AC 선로)	$A_{ACcable}$	mm^2
전기 전도도	k	$m/\Omega \cdot mm^2$
인버터 정격 전류(AC)	I_{nAC}	A
전력망 전압(단상 220V, 3상 380V)	V_n	V
역률	$cos\theta$	

단상 인버터 회로의 경우,

$$P_{ACcable} = \frac{2 \times L_{ACcable} \times I_{nAC} \times cos\theta}{A_{ACcable} \times k}$$

3상 인버터 회로의 경우,

$$P_{ACcable} = \frac{\sqrt{3} \times L_{ACcable} \times I_{nAC}}{V_n \times k \times cos\theta} \times P_n = \frac{3 \times L_{ACcable} \times I_{nAC}}{A_{ACcable} \times k}$$

4.1.2.8 시스템 소비 전력 손실(공조 및 조명 설비, 모니터링 시스템, 인버터 내부, 접속함
　　　내부 센서 등)

a) 각 항목의 소비 전력을 확인하고, 인버터의 실제 출력값과 모니터링 데이터의 출력값과 비
교하여 시스템 소비전력 손실을 산출한다.

4.1.3 시뮬레이션 수행

전체 시스템 구성도와 동일하고 세부 손실을 반영하여 시뮬레이션 프로그램으로 성능평가 모
델을 구성하고 시뮬레이션을 진행한다. 시뮬레이션 프로그램은 PVsyst, PVsol, Solar Pro 등
국내외에서 사용되는 다양한 태양광 발전 시스템 발전량 산출 및 손실 분석 관련 프로그램을 활
용한다. 성능평가 모델을 구현하여 시뮬레이션을 수행하고 결과 값을 산출한다.

a) 〈그림 4-6〉과 같이 설치 장소 기상 환경 정보 입력(대표 기후, 실측 자료)한다.

	Horizontal global irradiation	Horizontal diffuse irradiation	Temperature	Wind Velocity	Linke Turbidity	Relative Humidity
	kWh/m².mth	kWh/m².mth	°C	m/s	[-]	%
January	63.3	28.8	-2.1	2.39	3.756	65.1
February	77.7	46.4	0.2	2.58	4.576	60.9
March	107.5	60.9	5.5	3.00	4.496	60.5
April	130.7	70.8	11.9	2.90	5.459	60.5
May	146.0	85.8	17.7	2.60	5.459	66.5
June	134.0	94.4	21.6	2.30	5.539	72.5
July	102.1	76.3	24.7	2.40	5.539	80.2
August	110.5	75.5	25.5	2.30	3.591	78.0
September	105.0	61.1	20.8	2.00	3.287	73.7
October	96.0	50.7	14.7	1.89	3.860	67.1
November	63.4	34.5	6.7	2.30	3.021	66.8
December	55.0	30.3	-0.1	2.39	3.021	64.6
Year　?	1191.3	715.4	12.3	2.4	4.300	68.0

그림 4-6. 설치 장소 기상 환경 정보 입력 예시

b) 〈그림 4-7〉과 같이 설치 장소를 입력(위도, 경도, 방위각, 경사각)한다.

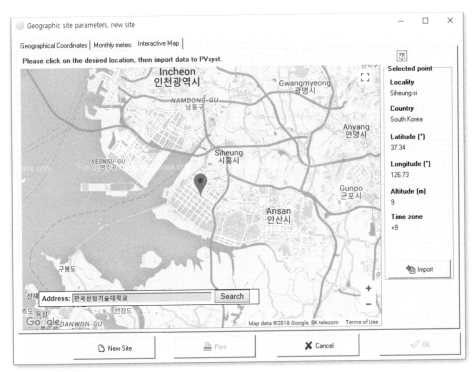

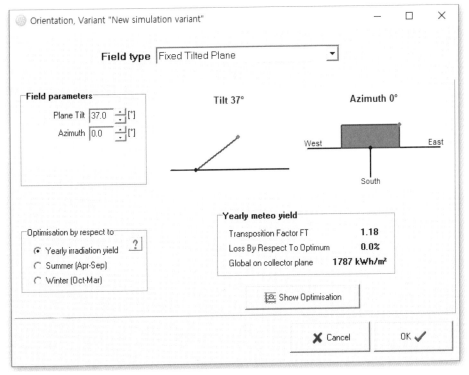

그림 4-7. 설치 장소 설정 예시

c) 〈그림 4-8〉과 같이 시스템 정보 입력 및 세부 정보를 반영(모듈, 인버터 등 시스템 구성품)한다.

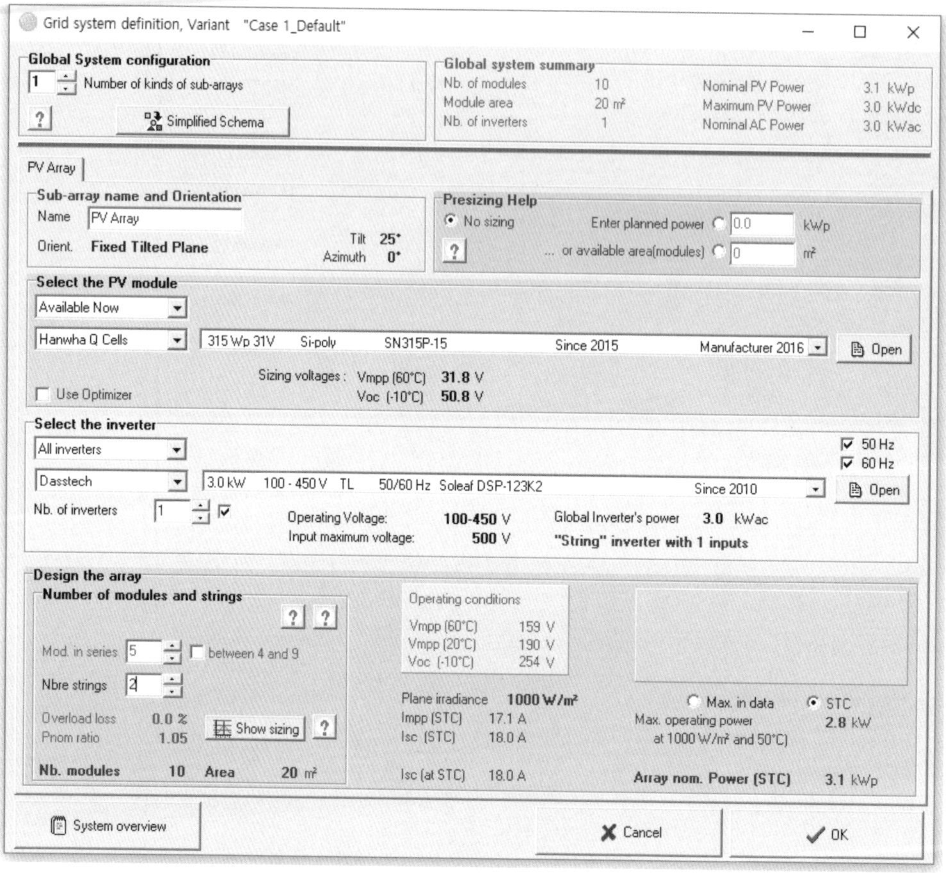

그림 4-8. 시스템 정보 예시

d) 〈그림 4-9〉와 같이 수평선 및 주위 건물 등에 대한 그림자 영향 분석을 진행한다.

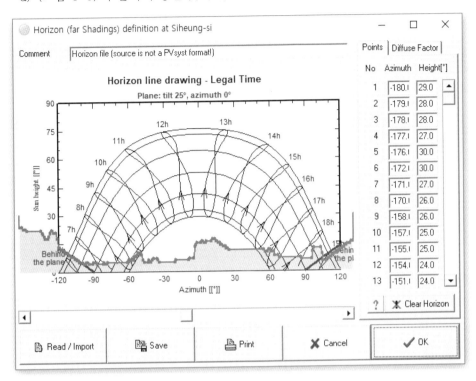

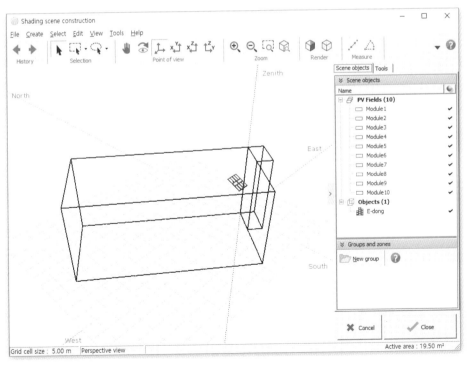

그림 4-9. 그림자 영향 분석 및 3D 설계 예시

e) 마지막으로 〈그림 4-10〉과 같이 시뮬레이션의 예측 또는 예상 결과 값을 산출할 수 있다.

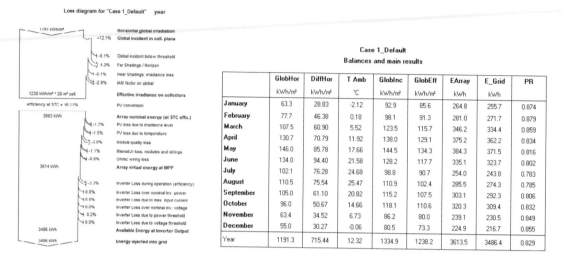

그림 4-10. 예측 또는 예상 결과 값 예시

4.2 현장 평가

현장 평가는 정기검사와 정밀검사로 전력 공급을 안정적으로 유지할 수 있도록 태양광 발전 시스템을 운영하기 위해 진행되고 설계 평가와 병행하여 이루어져야 한다.

4.2.1 정기 검사

정기 검사는 크게 구분 항목에 따라 점검과 측정으로 나누어 주기에 따라 진행한다.

표 5. 정기 검사 점검 항목

구분	방법	점검 항목	점검 요령	측정 장비	주기
시스템 구성도	점검	모듈 및 인버터	설계 도면과 일치할 것	육안	특별
		배치도, 계통도, 결선도			특별
		접속함 및 계통 연계 · 설비			특별
		모니터링 시스템			특별
	측정	경사각 및 방위각	설계 도면과 일치할 것	나침반 및 수평계	특별
기상환경 센서	점검	기상 환경 센서 오염 및 파손	심한 오염, 파손 및 이물질이 없을 것	육안	수시
	측정	기상환경 모니터링 데이터	기상환경 모니터링 데이터가 정상 값일 것	모니터링	일상
태양전지 어레이	점검	모듈 표면의 오염, 파손, 음영	심한 오염, 파손, 그림자 발생이 없을 것	육안	수시

구분	방법	점검 항목	점검 요령	측정 장비	주기
		접속 케이블의 손상 및 접속 단자 풀림	접속 케이블/접속 단자 풀림 없을 것	육안 및 공구	일상
	측정	모듈 및 셀 열화 상태	각 셀의 열화가 없을 것	열화상 카메라	일상
구조물	점검	가대의 부식 및 녹 발생	부식의 녹이 없을 것	육안	일상
		가대의 고정	볼트 및 너트의 풀림이 없을 것	육안 및 공구	일상
		프레임 파손 및 변형	파손 및 두드러진 변형이 없을 것	육안	일상
	측정	접지저항	규정된 접지저항 이상일 것	접지 저항계	정기
접속함	점검	외함의 부식 및 파손	부식 및 손상이 없을 것	육안	일상
		외부 배선의 손상 및 접속 단자 풀림	배선/나사의 풀림이 이상 없을 것	육안 및 공구	일상
		접지선의 손상 및 접지 단자 풀림	접지선/나사의 풀림이 이상 없을 것	육안 및 공구	일상
	측정	절연 저항	〈태양전지-접지선〉 규정된 절연저항 이내일 것 (각 회로마다 전부 측정) 〈출력 단자-접지 간〉 규정된 절연저항 이내일 것	절연저항계	정기
		개방전압	규정 전압일 것 다이오드 상태 확인 (각 회로마다 전부 측정)	멀티 테스터	정기
인버터	점검	외함의 부식 및 파손	부식 및 파손이 없을 것	육안	일상
		외부 배선의 손상 및 접속 단자 풀림	배선/나사의 풀림이 이상 없을 것	육안 및 공구	일상
		접지선의 손상 및 접지 단자 풀림	접지선/나사의 풀림이 이상 없을 것	육안 및 공구	일상
		환기팬 확인	환기구를 이물질이 막고 있지 않을 것	육안	일상
			환기팬이 정상 작동하고 있을 것	육안	일상
		표시부의 동작 확인	표시 상황 및 발전 상황에 이상이 없을 것	육안	수시
	측정	절연저항(인버터 입출력 단자-접지 간)	규정된 절연저항 이내일 것	절연저항계	정기
		접지저항	규정된 접지저항 이내일 것	접지저항계	정기
		수전 전압	주 단자대 수전 전압이 기준치 이내일 것	멀티 테스터	정기
모니터링 시스템	점검	발전 상태 및 센서 정상 표시 여부	발전량 및 센서 표시가 이상 없을 것	육안	수시
		인터넷 회선	인터넷망에 정상적으로 접속되어 있을 것	육안	수시

표 6. 점검 주기

구 분	수시점검	일상점검	정기점검	특별점검
점검 주기	일 1회	주 1회	월 1회	초기 및 변경 사항 있을 시

4.2.2 정밀 검사

정밀 검사는 현장에서 측정 장비를 통해 정기 검사보다 구체적으로 성능 및 고장을 검사한다.

4.2.2.1 정밀 검사 항목

시스템 정밀 점검 시 필요한 계측기와 필요 사양은 〈표 7〉에 제시하였다.

표 7. 정밀 점검 시 필요한 계측기 및 필요 사양

기기	목적	필요 사양
파노라마 및 어안렌즈 카메라	태양 궤적 다이어그램 산출에 따른 음영 확인	원거리 지형지물과 태양 궤적 다이어그램을 식별할 수 있는 카메라 성능이어야 한다. 화면 해상도는 640×480VGA 이상이어야 한다.
절연저항계	정기 점검 시 절연저항 측정 및 접지 고장 시 고장점 원인, 점검	a) 저항 측정의 허용차 지시값에 대하여 제1유효 측정 범위에서는 ±5%, 제2유효 측정 범위에서는 ±10%로 한다. b) 측정 단자 전압의 허용차 정전압 회로를 내장하는 방식의 경우는 정격 측정 전압의 ±10%로 한다.
테스터기	시스템 동작 여부 확인 전압, 전류, 저항, 연속성 측정	전압, 전류, 저항 및 연속성 등을 측정할 수 있어야 한다. 시스템의 전원 상태를 확인하기 위해 사용해야 한다. 전압 검출기는 AC와 DC에 모두 사용할 수 있는 것이 바람직하다. 전압계는 측정 중 전압계에 유입하는 전류가 I_{sc}의 0.1%를 초과하지 않도록 입력 임피던스가 높은 것으로 한다. (KS C 8528에 규정하는 측정기)
클램프 타입 전류계	부하전류 및 누설전류 측정	전류 측정 범위는 30mA~30A 이상이어야 한다. 1mA의 누설 전류는 측정할 수 있어야 한다. (KS C 8528에 규정하는 측정기)
접지저항계	각 장소의 접지 작업에서 접지저항의 측정	규정된 접지저항값 이상을 측정할 수 있어야 한다. 저항 측정 범위는 0~2000ohm이어야 한다.
IR(Infrared) 카메라	모듈, 단자함, 접속함의 결함 탐지	일조 강도가 500W/m² 이상이어야 하는 작동 조건에서 측정한다. 온도를 측정하는 계측기의 정확도는 ±1℃로 한다.
IV 트레이서	모듈, 단자함, 스트링, 어레이 전기적 특성 측정	전압계는 측정 중 전압계에 유입하는 전류가 I_{sc}의 0.1%를 초과하지 않도록 입력 임피던스가 높은 것으로 한다. 기온 측정에 ±1℃의 정확도인 온도계를 사용한다.
EL(Electro luminescence) 카메라	셀 파손, 결함 부분 탐지	실외 검사 촬영이 가능해야 한다. 모든 모듈 또는 스트링에 대해 촬영 가능해야 한다.

표 8. 계측기 사양 및 오차 범위 예시

기기	항목		계측기 사양 및 오차 범위	
파노라마 및 어안렌즈 카메라	화질		640×480VGA 이상	
	작동 온도 범위		0℃~45℃	
절연저항계	정격 측정 전압		DC 1000V	
	유효 최대 표시값		4000MΩ	
	정확도 제1유효 측정 범위		±4%rdg. 0.200~1000	
	직류 전압 범위	교류 전압 범위	정확도:±1.3%rdg. ±4dgt.	정확도:±2.3%rdg. ±8dgt.
테스터기	전압 측정 범위		직류 전압(분해능) 6.000V(0.001V) 600.0V(0.1V)	교류 전압(분해능) 6.000V(0.001V) 600.0V(0.1V)
	정확도		0.5%+2	1.0% + 3(45Hz to 500Hz) 2.0% + 3(500Hz to 1kHz)
	저항 측정 범위		600.0Ω(0.1Ω) 40.00MΩ(0.01MΩ)	
	정확도		0.9%+1	
클램프 타입 전류계	측정 범위		직류 전류 20.00A/600.0A	20.00A/600.0A (10~1kHz, True RMS 정류)
	정확도		±1.3%rdg. ±0.8A	45–66Hz : ±1.3%rdg. ±0.08A
접지저항계	측정 범위		20Ω	200Ω	2000Ω
	정확도		±1.5%rdg	±1.5%rdg	±1.5%rdg
IR(Infrared) 카메라	분해능		0.08℃ 이하	
	화질		640×480 픽셀, 최소 320×240	
	온도 범위		-20~250℃	
IV 트레이서	측정 범위		전압 : 0-400[V] 전류 : 0-30[A] 전력 : 0-10[kW]	전압 : 0-1000[V] 전류 : 0-30[A] 전력 : 0-10[kW]
	측정 항목		개방전압(Voc), 단락전류(Isc), 최대전력(Pmax), 최대동작전압(Vpm), 최대동작전류(Ipm), Fill factor(F.F.)	
	정확도		전압 : ±0.5%F.S 전류 : ±0.5%F.S	
	온·습도 사용 범위		0~50[℃], 90[%]RH 이하 물기가 없는 곳	
	데이터 포인트		1024포인트	
EL(Electro luminescence) 카메라	분해능		520μm 이하(10Mega pixel)	
	이미지 수집 시간		10A에서<3sec	
	시야 넓이		1050×2050mm	

4.2.2.2 정밀검사 내용

a) 태양 궤적 다이어그램

입지 조건에 따른 음영 영향 분석 시에 필요로 한다. 시험 주기는 태양광 발전 시스템 사전조사, 시운전, 정기점검 시에 측정하는 것이 바람직하다. 정기적으로 수행하지 않으면 계절적 변화(새로운 장애물 건설 및 제거, 1년 중 나뭇잎의 변화 등)로 인해 시험 결과가 달라질 수 있다.

① 파노라마 촬영 시험 방법

시험용 기구는 나침반, 카메라, 카메라를 고정시킬 수 있는 삼각대, 분석이 가능한 소프트웨어

시험 절차는 다음 사항을 고려해야 한다.
- 지역 위도 및 경도
- 태양전지 경사각 및 방위각
- 촬영 방식(일반 촬영, 파노라마 촬영)
- 촬영 위치 방위각(정남)
- 촬영 위치 수평
- 촬영 위치 높이

(1) 촬영 전 나침반으로 정남을 설정한다(단, 진북을 기준으로 한다).
(2) 태양광 발전 시스템이 설치 전(후) 높이를 설정한다.
(3) 같은 높이, 위치에서 수평이 되도록 360° 전체를 최소 20° 간격으로 18번 촬영해야 한다(단, 360° 파노라마 촬영을 했을 시, 1번 촬영하는 것으로 한다)
(4) 촬영 횟수에 따라 사진을 병합한다.
(5) 소프트웨어를 활용하여 해당 위도, 경도에 적합한 태양 궤적 다이어그램의 중심을 정남으로 설정한다.
(6) 촬영한 사진에서 태양 궤적 다이어그램이 가려지는 부분을 사용자가 설정한다.
(7) 시뮬레이션 툴을 사용하여 그림자 영향에 대해 정량적으로 분석한다.

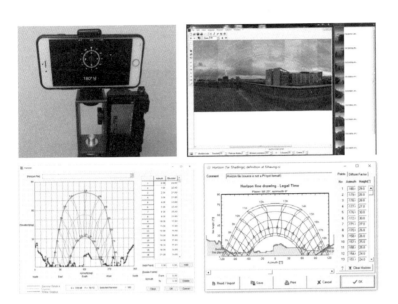

그림 4-11. 태양 궤적 다이어그램 산출 과정

② 어안렌즈 촬영 시험 방법
시험용 기구는 나침반, 어안렌즈가 탑재된 측정기기

시험 절차는 '1) 파노라마 촬영 시험 방법'과 같은 사항을 고려해야 한다.
(1) 촬영 위치 정보(위도, 경도)를 입력한다(단, GPS 기능이 탑재된 경우 자동 검색이 가능하다).
(2) 촬영 전 나침반으로 정남을 설정한다(단, GPS 기능이 탑재된 경우 자동 정남 설정이 가능하다).
(3) 촬영 후 위치 정보에 따른 태양 궤적 다이어그램이 산출됨과 동시에 그림자로 인식할 부분을 사용자가 설정한다.
(4) 태양광 발전 시스템 설치 전(후)의 면적이 넓을 경우 각 지점에서 촬영을 진행한 후, 전체 평균값 및 최대 값 산출이 가능하다.
(5) 시뮬레이션 툴을 사용하여 그림자 영향에 대해 정량적으로 분석한다.

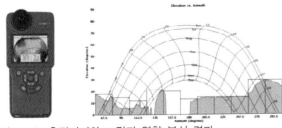

그림 4-12. 측정기기와 그림자 영향 분석 결과

b) IR(Infrared) 이미지 촬영

모듈 및 어레이 열적 거동 확인을 통하여 엽렬 현상, 바이패스 다이오드 고장, 셀 균열, snail trail 등 고장 및 열화를 파악한다.

시험 절차는 다음 사항을 고려해야 한다.

- 일조강도 500W/m² 이상
- 음영 없을 것
- 반사광 영향 최소화(태양광 모듈과 IR 카메라의 각도 5~60° 사이에서 측정)
- 측정 거리가 가까울수록 오차가 적음

(1) 모듈 표면을 청결하게 유지한다.

(2) 음영이 없고 일조 강도 500W/m² 이상에서 IR 카메라를 촬영한다.

(3) 모듈 표면이 음영 처리되면 최소 3분 후 다시 측정한다.

(4) 반사광을 고려하여 태양광 모듈과 IR 카메라 각도는 5~60° 사이에서 측정한다.

(4) 모듈 후면에서 측정 시, 반사광의 간섭을 피할 수 있다.

(4) 주변 셀과 온도차가 20℃ 이상인 경우 원인을 분석한다.

표 9. 열화 원인 분석

오류의 종류	사례	열화상에 나타는 현상
제작 상의 결함	불순물과 기공(공기 구멍)	고온 또는 저온 스폿
	전지의 균열	보통 전지가 고온으로, 길게 나타남
손상	균열	보통 전지가 고온으로, 길게 나타남
	전지의 균열	전지 일부가 고온으로 나타남
일시적인 그늘	오염 물질	고온 스폿
	새의 분비물	
	수분	
바이패스 다이오드 결함(회로 과열, 회로 손상 가능성), 셀의 mismatch	.	줄무늬 형태
회로 연결 불량, 내부의 회로 단락, 셀의 mismatch	하나 또는 여러 개의 모듈 연결 불량	하나 또는 여러 개의 모듈이 계속 고온

c) EL(Electro luminescence) 이미지 촬영

전기장에 의하여 빛에너지를 방출함으로써 균열이 발생한 셀, 잘못된 배선, 선로 단선, 바이패스 다이오드 단락 등 육안 검사로 발견할 수 없는 모듈의 결함을 감지할 수 있다.

시험 절차는 다음 사항을 고려해야 한다.
- 절연 장갑, 정전기 방지복, 단열 신발을 착용한다.
- 실외 검사에는 암실이 필요하지 않은 EL 측정 장비를 사용한다.
- 모든 스트링에 대해 측정할 수 있는 EL 측정 장비를 사용한다.
- 발전소의 전원에 의존하지 않는 EL 측정 장비를 사용한다.

(1) 어두운 부분의 종류, 면적, 밝기에 따라 고장 모듈과 고장 부품을 예측한다.
(2) 동시에 촬영된 여러 개 태양광 모듈의 밝기 분포를 비교하여 원인을 추정한다.

d) I-V 곡선 측정

시험을 수행하는 담당자가 모든 시험이 가장 안정적인 조건에서 수행되는지 점검하여야 하며, 변동되는 일조 강도, 풍속 및 어레이의 온도 기록에도 주의를 기울여야 한다. 태양광 발전 시스템 측정값을 평가하고 비교하기 위해 KS C IEC 60891 보정 절차에 따라 STC값으로 재계산한다.

I-V 곡선 테스트는 다음 정보를 제공한다.
- 스트링 개방 회로 전압(Voc) 및 단락 전류(Isc) 측정
- 최대 전력 전압(Vmpp), 전류(Impp), 최대 전력(Pmax) 및 충진율(FF) 측정
- 스트링 및 어레이 성능 측정
- 모듈 및 어레이 결함 또는 음영 문제 식별
- 모듈 및 어레이 열화 정도

시험 절차는 다음 사항을 고려해야 한다.
- 일조 강도
- 모듈 온도

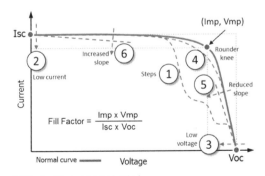

그림 4-13. I-V 곡선 예시

(1) 일조 강도는 700W/m² 이상으로 한다.

(2) 측정 시간대는 남중시의 ±1시간으로 한다. 다만, 어레이 설치 방향각에 따라 적절한 시간대를 선정한다.

(3) 측정은 한 스트링당 복수 회 진행하며 측정 간격은 5분 이상으로 한다. 단, 다채널 스트링 비교 측정 시 측정 간격은 짧게 한다.

(4) 시험 중 일조 강도와 모듈 온도를 기록하여 그 시간의 조사 및 모듈 온도에 대한 최대 출력을 표준 조건(STC)로 변환하여 공칭 값과 시험 값을 비교한다.

표 10. I-V 곡선 형태에 따른 원인 분석

형태	원인
① 계단 형태	−어레이에서 발생할 수 있는 잠재적 원인 ·태양전지 셀이 손상 ·어레이가 부분적으로 음영 처리되었거나 균일하지 않은 오염 또는 잔해 ·태양전지 셀이 단락
② 낮은 단락 전류	−어레이에서 발생할 수 있는 잠재적 원인 ·균일한 오염 ·좁고 가는 음영 ·하단 부분 먼지 띠 ·모듈 열화 −설정에서 발생할 수 있는 잠재적 원인 ·태양전지 모듈 정보를 잘못 설정함 ·병렬로 연결된 PV 스트링 수가 올바르지 않음 −일조 강도 또는 온도 측정과 관련된 잠재적 원인 ·일조 강도와 I-V 측정 사이의 짧은 시간 동안 일조 강도가 변함 ·일조량계가 어레이 각도로 설치되어 있지 않음 ·주변 알베도가 추가 일조 강도에 기여함
③ 낮은 개방 전압	−어레이에서 발생할 수 있는 잠재적 원인 ·태양전지 셀 온도가 측정된 온도보다 높음 ·하나 이상의 셀 또는 모듈이 완전한 음영 ·하나 이상의 바이패스 다이오드가 단락 또는 고장
④ 낮은 최대 전력점	−어레이에서 발생할 수 있는 잠재적 원인 ·모듈 열화 또는 크랙
⑤ 가파른 수평선	−어레이에서 발생할 수 있는 잠재적 원인 ·줄무늬가 있는 그늘 또는 하단 부분 먼지 띠 ·태양전지 모듈 단락 전류 미스매치·내부 병렬 저항 감소
⑥ 완만한 수직선	−어레이에서 발생할 수 있는 잠재적 원인 ·태양전지 배선이 저항이 크거나 크기가 충분치 않음 ·어레이 연결에 저항성이 존재 ·내부 직렬 저항 증가

4.2.3 모니터링 데이터 수집

모니터링 데이터 수집은 〈그림 4-14〉와 같이 태양광 발전 시스템 입력 에너지인 기상 관측 센서로부터 접속함 내 스트링별 직류 전압, 전류, 인버터 내부 직류 전압, 전류, 전력 및 교류 전압, 전류, 전력, 주파수, 역률, 고조파 그리고 분전함 등의 정보 등을 확인할 수 있다. 더불어 데이터 로거에 최소 1분 단위부터 10분, 15분, 30분, 1시간 등의 평균값을 취하여 기록 및 저장할 수 있다.

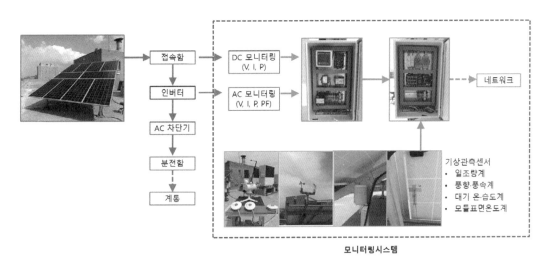

그림 4-14. 모니터링 데이터 수집 개략도

a) 각 센서는 신뢰할 수 있는 교정 방법에 의해 결정되어야 한다.

b) 태양광 발전 시스템 성능평가를 위해 데이터 자동 획득 시스템이 요구된다.

c) 직접적으로 변화하는 변수들의 계측 간격은 1분 이하여야 한다.

d) 모니터링 주기는 최소 1분 평균값, 최솟값, 최댓값, 편차값, 최대 1시간 평균값, 최솟값, 최댓값, 편차값으로 측정되어야 한다.

e) 모든 변수는 명시된 모니터링 주기 동안 지속적으로 측정되어야 한다.

f) 기록된 모든 데이터는 세부 분석을 시행하기 이전에 명백한 이상은 없는지 일관성과 간격을 점검하며, 한계치에서 벗어나거나 다른 데이터와 일관성이 없는 데이터는 차후 분석에 포함시키면 안 된다.

표 11. 모니터링 데이터 측정 조건

항목	측정 조건
일조 강도	수평면 데이터는 기타 위치에서의 표준 기상 데이터와 비교를 하기 위해 측정할 수 있다. 경사면 일조 강도는 태양광 발전 어레이와 동일한 경사면에서 교정된 표준 장비나 수평면 일조량계를 이용하여 측정되어야 한다. 표준 전지나 모듈이 사용된 경우, 이는 KS C IEC 60904-2 또는 KS C IEC 60904-6에 따라 교정되고 유지되어야 한다. 이러한 센서의 위치는 어레이의 대표적인 일사 강도를 나타낼 수 있어야 한다. 일사 강도 센서의 정확도는 신호 조절을 포함하여 지시값의 오차가 5% 이하이어야 한다.
모듈 온도	PV 모듈 온도는 어레이 조건을 대표하는 위치에서 하나 이상의 모듈 뒤쪽 표면에 배치된 온도 센서를 이용하여 측정되어야 한다. 모듈 위치의 선정은 KS C IEC 61829의 방법 A에 규정되어 있다. 센서의 정확도는 신호 조절을 포함하여 ±1℃ 미만이어야 한다.
대기 온도	주변 대기 온도는 어레이의 상태를 대표할 수 있는 위치에서 음지에 설치된 온도 센서를 이용하여 측정되어야 한다. 온도 센서의 정확도는 신호 조절을 포함하여 ±1℃ 미만이어야 한다.
풍속	가능한 한 어레이의 조건을 대표하는 높이와 위치에서 측정해야 한다. 풍속 센서의 정확도는 풍속이 5m/s 이하일 경우 0.5m/s 미만이어야 하며, 풍속이 5m/s 이상인 경우 지시값의 오차가 ±10% 미만이어야 한다.
전압 및 전류	전압 및 전류 센서의 정확도는 신호 조절을 포함하여 지시값의 오차가 1% 미만이어야 한다.
전력	DC 전력은 계측된 전압 및 전류량의 곱으로 실시간으로 계산되거나 전력 센서를 이용하여 직접 측정될 수 있다. 계산에 의해 DC 전력을 구한 경우, 계산에는 계측에 의해 측정된 전압 및 전류량을 사용해야 하며 평균 전압 및 전류량을 사용해서는 안 된다. AC 전력은 역률 및 고조파 왜곡을 적절히 고려한 전력 센서를 이용하여 측정되어야 한다. 전력 센서의 정확도는 신호 조절을 포함하여 지시값의 오차가 ±2% 이내여야 한다.

4.3 성능평가 지표 비교·분석

성능평가 지표 항목은 성능비, 표준화 효율, 성능 지수, 단위 생산량 등이 있다. 성능평가 지표를 각각 비교·분석하는 과정을 〈그림 4-15〉와 같이 나타낼 수 있다.

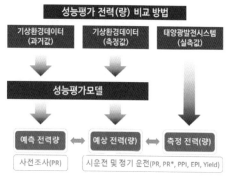

그림 4-15. 성능평가 전력(량) 비교 방법

a) 태양광 발전 시스템을 설치하고자 하는 장소의 기상환경 데이터(과거 값)로 설계 평가를 통하여 예측 성능평가 지표를 확인한다.

b) 태양광 발전 시스템을 설치하고자 하는 장소의 기상환경 데이터(실측값)로 설계 및 현장 평가를 통하여 예상 성능평가 지표를 확인한다.

c) 태양광 발전 시스템을 설치한 장소에서 설계 및 현장 평가를 통해 측정 성능평가 지표를 확인한다.

d) 태양광 발전 시스템 순시 및 적산 전력 비교는 태양광 발전 시스템 현장 측정값과 기상환경 데이터(측정치)를 이용한 성능평가 모델 시뮬레이션 결괏값을 통해 확인할 수 있다.

e) 태양광 발전 시스템 현장 및 모니터링 데이터 측정값으로부터 측정 성능평가 지표를 확인하고, 성능평가 모델로부터 예상 성능평가 지표를 확인하여 PR, PPI, EPI값을 산출할 수 있다.

4.4 정기 성능평가 수행

〈그림 4-16〉은 시운전, 월별, 연별 등 정기적인 성능평가에 따른 예측, 예상, 측정 성능평가 지표 산출 가능 여부와 평가 항목을 정의한다.

순서	예측 성능평가 지표	예상 성능평가 지표	측정 성능평가 지표	평가항목
사전조사	○	–	–	PR, Yield
시운전	○	○	○	PR, PR*, PPI, Yield
X달	○	○	○	PR, PR*, PPI, EPI, Yield
1년	○	○	○	PR, PR*, PPI, EPI, Yield
X년	○	○	○	PR, PR*, PPI, EPI, Yield

그림 4-16. 태양광 발전 시스템 정기 성능평가 수행 방법

a) 설치 전 사전조사와 설치 후 시운전과 월별 및 연별 정기적인 성능평가를 수행한다.

b) 사전조사에서는 설계 평가 결괏값을 통해 평가 항목을 산출한다.

c) 시운전에서는 설계 평가, 현장 평가 결괏값을 통해 평가 항목을 산출한다.

d) 월별 및 연별 정기 성능평가에서는 설계 평가, 현장 평가 결괏값을 통해 평가 항목을 산출한다.

e) PPI와 EPI는 시뮬레이션의 기초가 되는 성능평가 모델을 실제 시스템과 유사하게 구현하여 실제 시스템과의 비교와 더불어 발전량 예측에도 활용한다.

5. 시험 성적서

시험 성적서는 다음의 데이터를 포함해야 한다.

1) 시험을 실시하는 당사자에 대한 설명

2) 시험 일자

3) 설치 일자 및 전력 공급 일자

4) 위도, 경도 및 고도를 포함한 시험한 사이트의 설명

　－ 측정 장소, 측정 기간, 결측 내용(다만, 결측이 있는 경우에 한함)

5) 설계 평가 시 시스템 구성도 확인 시 점검 항목

　－ 태양전지의 종류, 어레이 면적, 어레이의 방위 및 경사 각도, 시스템 설계 정보, 부하 종류
(직류, 교류)

6) 설계 평가 시 세부 손실 측정값

　－ 시스템의 설치 형태, 반사율, 모듈 온도, 선로 저항 사항에 관한 내용

7) 시뮬레이션 수행

　－ 시뮬레이션 프로그램명

8) 현장 평가 시 정기 검사 결과

　－ 정기 점검, 정밀 점검에 관한 내용

9) 사용된 기상 관측 자료에 대한 설명

　－ 과거 기상 자료 출처, 위치, 기간

10) 과거 데이터를 기반으로 한 초기 성능 예측 성능평가 지표 산출

　－ 기간에 따른 산출된 예측 성능평가 지표

11) 측정된 기상 데이터를 기반으로 한 예상 성능평가 지표 산출

　－ 기간에 따른 산출된 예상 성능평가 지표

12) 측정된 성능평가 지표 산출

　－ 기간에 따른 산출된 측정 성능평가 지표

13) 예측, 예상, 측정 성능평가 지표 비교

　－ 기간 및 항목에 따라서 성능평가 지표 비교

14) 시험 중 수집된 비이상적인 데이터 기간

15) 수집된 비이상적인 데이터를 제거한 이유

16) 시험 절차의 편차와 이유를 기록한 목록

17) 불확도 분석 및 성능평가 결과에 따른 불확실성 설명

5.1 시험 성적서 예시

지상형 태양광 발전 시스템 성능평가 시험 성적서

시험일자 : . . .		접수번호:	호
발전설비명		설치 일자	
전력 공급 일자		성능평가 기간	x년 x월 x일 ex)x년 x월 x일
측정 장소	ex) 위도 경도, 주소	시스템 설치 형태	ex) 고정형, 고정가변형
어레이 경사각		어레이 방위각	
모듈 정보		인버터 정보	
DC 정격 용량		설치 면적	
어레이 수		직병렬 수	
정기 성능평가 시기	ex) 사전조사, 시운전, X개월, X년	기상정보	ex) Meteonorm TMY 기상청 TMY, 실측자료

시험 성적서를 제출합니다.

년   월   일

○○○시험연구원장
(또는 시험기관의 장) │ 직인 │

귀하

첨부서류:성능평가 시험 항목 1부

성능평가 시험 항목

발전설비명		번호	

시험 항목	시험 내용	시험 결과
1. 설계 평가		
1.1 시스템 구성도 확인		
시스템 구성도 확인	태양전지, 어레이, 구조물, 접속함, 인버터, 모니터링 등 시스템 전반적인 구성도에 대해 확인하였는가	
1.2 세부 손실 확인		
광학 손실	어레이 설치 유형, 반사율 등 확인하였는가	
모듈 손실	모듈온도, 직류 선로 저항 등 확인하였는가	
시스템 손실	인버터 효율, 교류 선로 임피던스 등 확인하였는가	
1.3 시뮬레이션 수행		
시스템 모델링	전체 시스템 구성도와 동일하게 반영하였는가	
기상환경 데이터	대표 기후 및 실측 데이터를 활용하였는가	
2. 현장 평가		
2.1 정기 검사		
육안 점검	정기검사 점검 항목에 따라 점검을 실시하였는가	
측정 점검	정기검사 점검 항목에 따라 점검을 실시하였는가	
2.2 정밀검사		
광학 손실 검사	태양 궤적 다이어그램 등 검사를 하였는가	
모듈 손실 검사	IR 이미지, EL 이미지, I-V 곡선 등을 검사하였는가	
시스템 손실 검사	인버터 효율 등	
안전성 검사	절연 저항 및 접지 저항 등을 검사하였는가	
2.3 모니터링 데이터 수집		
기상 환경 모니터링	기상 환경 데이터를 이상 없이 수집하였는가	
접속함 모니터링	접속함 모니터링 데이터를 이상 없이 수집하였는가	
인버터 모니터링	인버터 모니터링 데이터를 이상 없이 수집하였는가	
3. 성능평가 지표 비교·분석	성능평가 지표 항목에 따라 비교 분석하였는가	

예측PR		예상PR		측정PR		PPI		EPI	
예측PR*		예상PR*		측정PR*		단위 생산량			

4. 정기 성능평가 수행	정기 성능평가 수행 시기에 따라 성능평가 수행을 하였는가

특이사항

한국의 주요 지점 일사량 데이터

≡ 법선면 직달일사량 (청명일 기준)

참조표준명	법선면 직달일사량 (청명일 기준)
참조표준 번호	KSRD.06.2010.001.001
참조표준 등급	유효 참조표준

측정값/ 확장불확도 (kcal/m²/d)

No.	지역	1	2	3	4	5	6	7	8	9	10	11	12
1	춘천	4157 (480)	4882 (495)	5072 (487)	4250 (880)	5360 (592)	5552(612)	5969 (2091)	6073 (1114)	6113(599)	4846 (656)	4779 (477)	3846 (524)
2	강릉	4033 (547)	4338 (523)	4330 (492)	4674 (769)	4492 (607)	4812(683)	4662(975)	4152(686)	4567(638)	4155 (534)	4068 (517)	3714 (568)
3	서울	3894 (402)	4213 (513)	4341 (455)	4211 (404)	4601 (425)	4364(476)	5035(973)	4624(806)	3753(470)	4008 (532)	3914 (362)	3394 (362)
4	원주	3598 (579)	4437 (515)	4455 (512)	4565 (611)	4921 (625)	5078(992)	6468(427)	6303 (1314)	6023(728)	4644 (500)	4293 (526)	3822 (504)
5	서산	4269 (511)	4380 (499)	4282 (483)	4506 (443)	4596 (538)	4333 (1051)	3726 (1134)	4316(739)	4597(580)	4358 (530)	3831 (486)	3623 (535)
6	청주	4499 (483)	5031 (436)	4862 (550)	5154 (490)	5565 (633)	5658(726)	5345 (1731)	5858(679)	5657(606)	4767 (571)	4483 (362)	3912 (380)
7	대전	4893 (478)	5401 (488)	5119 (481)	5326 (546)	5760 (610)	5812(753)	5774 (1130)	6339(790)	5842(664)	5055 (506)	4810 (457)	4324 (456)
8	포항	4633 (500)	5014 (538)	4556 (525)	5085 (575)	5668 (682)	5418 (1216)	5103(754)	6045(925)	5749(704)	4556 (531)	4611 (493)	4379 (461)
9	대구	4210 (589)	4489 (690)	4082 (644)	4011 (499)	4086 (609)	4322 (1121)	3987 (1458)	3832(765)	4545(828)	3915 (560)	3752 (613)	3624 (599)
10	전주	4219 (502)	4654 (486)	4436 (457)	4686 (619)	5007 (511)	4204(745)	4304 (1071)	4976 (1360)	5264(430)	3999 (547)	3633 (522)	3841 (462)
11	광주	4371 (644)	4922 (606)	5027 (524)	5377 (526)	5777 (558)	5351(975)	5771(899)	6045(638)	5357(598)	4647 (526)	4337 (629)	4039 (547)
12	부산	4780 (436)	4887 (640)	4813 (559)	4651 (576)	5226 (753)	5212 (1062)	4494(833)	4598(961)	4822(743)	4425 (614)	4464 (445)	4396 (440)
13	목포	3413 (495)	3361 (561)	3664 (534)	3780 (530)	3861 (558)	3355(746)	2276(430)	3407 (1026)	3698(580)	3859 (460)	3794 (773)	3420 (674)
14	제주	3307 (519)	3743 (919)	4856 (477)	4609 (728)	5245 (806)	5459 (1239)	6317 (3309)	4243(662)	5073(734)	3874 (853)	3695 (452)	3749 (350)
15	진주	4409 (571)	4635 (575)	4700 (547)	4757 (519)	5262 (618)	4616(911)	4428(891)	5148 (1006)	5376(602)	4501 (685)	4423 (579)	4376 (482)
16	영주	4602 (606)	4520 (779)	4886 (630)	5258 (563)	5457 (739)	5647(957)	5533 (1473)	4415(291)	4937 (1026)	4623 (580)	4788 (508)	4442 (473)

▤ 수평면 전일사량

참조표준명	수평면 전일사량										
참조표준 번호	KSRD.06.2010.001.002										
참조표준 등급	검증 참조표준										

측정값/ 확장불확도 (kcal/m²/d)

No.	지역	1	2	3	4	5	6	7	8	9	10	11	12
1	춘천	1801 (197)	2476 (260)	3182 (335)	3961 (383)	4332 (434)	4274 (455)	3481 (377)	3632 (390)	3238 (344)	2589 (275)	1795 (191)	1555 (169)
2	강릉	2025 (220)	2570 (271)	3154 (334)	3950 (397)	4291 (427)	3925 (420)	3407 (393)	3306 (351)	3052 (328)	2719 (271)	2057 (218)	1853 (187)
3	서울	1695 (187)	2390 (248)	3007 (312)	3757 (379)	4030 (413)	3743 (410)	2797 (309)	3095 (324)	3037 (322)	2610 (270)	1769 (183)	1484 (163)
4	원주	1813 (197)	2480 (253)	3124 (318)	3943 (395)	4298 (422)	4155 (436)	3413 (367)	3565 (374)	3235 (333)	2747 (270)	1889 (190)	1629 (175)
5	서산	1970 (202)	2723 (273)	3414 (342)	4185 (411)	4570 (456)	4284 (472)	3490 (366)	3766 (396)	3468 (359)	2968 (294)	1993 (202)	1705 (178)
6	청주	1939 (202)	2631 (282)	3209 (349)	4029 (405)	4435 (428)	4116 (421)	3502 (369)	3585 (379)	3271 (331)	2852 (280)	1970 (216)	1672 (179)
7	대전	1942 (212)	2692 (295)	3347 (335)	4166 (414)	4395 (454)	4042 (437)	3578 (403)	3711 (424)	3301 (346)	2924 (288)	2066 (220)	1758 (194)
8	포항	2114 (238)	2722 (327)	3260 (343)	4073 (400)	4379 (428)	4053 (430)	3535 (441)	3564 (383)	3018 (338)	2813 (288)	2224 (247)	1991 (206)
9	대구	1984 (239)	2623 (291)	3299 (354)	4040 (407)	4340 (425)	3998 (407)	3502 (379)	3425 (354)	3050 (311)	2803 (276)	2088 (215)	1860 (194)
10	전주	1803 (191)	2422 (251)	3096 (319)	3932 (392)	4207 (415)	3894 (409)	3378 (364)	3451 (373)	3168 (331)	2832 (283)	1951 (201)	1619 (167)
11	광주	1989 (204)	2690 (277)	3369 (340)	4138 (403)	4409 (433)	3956 (428)	3525 (384)	3677 (402)	3350 (369)	3042 (317)	2180 (229)	1802 (184)
12	부산	2211 (241)	2820 (320)	3303 (351)	3980 (396)	4307 (447)	3963 (433)	3623 (418)	3804 (431)	3120 (326)	2965 (297)	2324 (247)	2055 (216)
13	목포	1981 (207)	2721 (287)	3480 (354)	4302 (418)	4577 (453)	4214 (436)	3874 (418)	4214 (427)	3577 (362)	3215 (313)	2244 (225)	1795 (177)
14	제주	1242 (144)	2025 (253)	2921 (328)	3905 (391)	4322 (432)	4022 (408)	4231 (475)	3952 (420)	3213 (330)	2865 (287)	1915 (203)	1287 (158)
15	진주	2304 (241)	2937 (296)	3534 (354)	4197 (410)	4421 (433)	3963 (414)	3680 (416)	3732 (391)	3308 (335)	3164 (316)	2398 (237)	2161 (209)
16	영주	1939 (205)	2567 (270)	3266 (330)	4055 (411)	4441 (448)	4129 (481)	3492 (393)	3523 (397)	3249 (356)	2821 (276)	2032 (205)	1769 (176)

≡ 법선면 직달일사량 (전일 기준)

참조표준명	법선면 직달일사량 (전일 기준)
참조표준 번호	KSRD.06.2010.001.004
참조표준 등급	검증 참조표준

측정값/ 확장불확도 (kcal/m²/d)

No.	지역	1	2	3	4	5	6	7	8	9	10	11	12
1	춘천	2252 (324)	2812 (383)	2577 (304)	2520 (405)	2904 (383)	2224 (410)	1993 (437)	1999 (390)	2477 (368)	2368 (433)	2362 (425)	2295 (290)
2	강릉	2540 (448)	2574 (326)	2247 (335)	2229 (315)	2115 (327)	1807 (417)	1427 (401)	1468 (237)	2024 (428)	2300 (356)	2323 (368)	2512 (398)
3	서울	2105 (285)	2485 (271)	2182 (349)	2397 (352)	2430 (280)	1840 (367)	1088 (310)	1284 (279)	1802 (336)	2283 (347)	2149 (354)	1947 (251)
4	원주	2024 (288)	2483 (256)	2293 (307)	2436 (288)	2386 (311)	2017 (290)	1770 (355)	1839 (396)	2521 (403)	2697 (328)	2271 (274)	2178 (287)
5	서산	2031 (272)	2506 (272)	2361 (335)	2398 (278)	2493 (329)	1615 (312)	1322 (357)	1625 (291)	2084 (393)	2433 (315)	1952 (315)	1766 (329)
6	청주	2371 (295)	2876 (287)	2605 (312)	2807 (342)	2839 (257)	1979 (278)	1750 (371)	1920 (435)	2562 (365)	2791 (326)	2285 (257)	2243 (274)
7	대전	2443 (292)	3019 (299)	2735 (332)	2888 (386)	2918 (293)	2086 (335)	1689 (352)	2148 (433)	2583 (417)	3070 (324)	2547 (325)	2435 (298)
8	포항	2923 (530)	3002 (401)	2512 (403)	2751 (353)	2925 (426)	2245 (416)	1748 (530)	2204 (405)	2170 (337)	2707 (380)	2849 (414)	2971 (409)
9	대구	2481 (516)	2494 (495)	2211 (392)	2138 (388)	2252 (542)	1380 (371)	1734 (513)	1248 (320)	1945 (395)	1935 (458)	1934 (522)	2490 (407)
10	전주	2152 (261)	2436 (264)	2564 (435)	2522 (377)	2457 (357)	1629 (289)	1594 (421)	1812 (460)	2376 (521)	2288 (312)	2027 (362)	2125 (272)
11	광주	2039 (278)	2726 (316)	2558 (286)	2817 (357)	2889 (344)	2026 (389)	1753 (370)	2020 (359)	2568 (455)	2872 (374)	2337 (388)	2085 (315)
12	부산	3116 (389)	3107 (516)	2450 (400)	2562 (398)	2446 (359)	2027 (358)	1967 (402)	2321 (432)	2084 (327)	2668 (364)	2823 (410)	3133 (428)
13	목포	1467 (253)	1943 (279)	1877 (234)	1995 (264)	1779 (369)	1233 (259)	1176 (385)	1741 (479)	1820 (421)	2301 (417)	1897 (242)	1692 (304)
14	제주	721(169)	1551 (320)	1885 (393)	2239 (410)	2494 (555)	1876 (388)	2768 (753)	2322 (320)	2146 (421)	2224 (380)	1606 (206)	923(258)
15	진주	2890 (372)	3022 (408)	2687 (449)	2670 (327)	2648 (350)	1797 (305)	1699 (330)	1966 (322)	2318 (362)	2788 (377)	2951 (402)	2935 (390)
16	영주	2667 (463)	2996 (464)	2541 (395)	2799 (472)	2624 (382)	1961 (397)	1321 (412)	1516 (543)	2263 (288)	2865 (386)	2695 (351)	2749 (351)

≡ 대기권밖 일사량

참조표준명	대기권밖 일사량
참조표준 번호	KSRD.06.2010.001.007
참조표준 등급	검증 참조표준

No.	지역	1	2	3	4	5	6	7	8	9	10	11	12
						측정값/ 확장불확도 (kcal/m²/d)							
1	춘천	3910 (371)	5078 (493)	6704 (644)	8313 (779)	9412 (870)	9849 (906)	9609 (886)	8698 (811)	7238 (6894)	5547 (5398)	4163 (399)	3553 (328)
2	강릉	3932 (373)	5096 (494)	6719 (646)	8322 (780)	9414 (870)	9847 (906)	9610 (886)	8704 (811)	7251(690)	5565(541)	4184 (401)	3575 (330)
3	서울	3958 (375)	5120 (496)	6738 (647)	8332 (781)	9417 (870)	9846 (906)	9610 (886)	8711 (812)	7267(691)	5588(543)	4210 (403)	3602 (332)
4	원주	3992 (378)	5151 (499)	6762 (649)	8345 (781)	9420 (870)	9844 (906)	9610 (886)	8720 (812)	7287(692)	5617(545)	4243 (406)	3636 (335)
5	서산	4076 (386)	5228 (505)	6821 (653)	8378 (784)	9427 (871)	9837 (905)	9610 (886)	8742 (814)	7336(696)	5688(551)	4326 (413)	3721 (343)
6	청주	4119 (389)	5267 (508)	6851 (656)	8394 (785)	9430 (871)	9834 (905)	9610 (886)	8754 (815)	7362(698)	5724(554)	4368 (417)	3765 (347)
7	대전	4131 (390)	5278 (509)	6860 (656)	8399 (785)	9431 (871)	9833 (905)	9610 (886)	8757 (815)	7369(698)	5734(555)	4380 (418)	3777 (348)
8	포항	4179 (395)	5321 (513)	6893 (659)	8417 (787)	9434 (871)	9829 (904)	9609 (886)	8769 (816)	7396(701)	5775(558)	4426 (422)	3826 (353)
9	대구	4203 (397)	5343 (515)	6909 (660)	8426 (787)	9436 (871)	9827 (904)	9609 (886)	8775 (816)	7410(702)	5795(559)	4450 (424)	3850 (355)
10	전주	4210 (397)	5350 (515)	6914 (661)	8428 (788)	9436 (871)	9826 (904)	9609 (886)	8777 (816)	7414(702)	5801(560)	4457 (424)	3858 (355)
11	광주	4306 (406)	5436 (522)	6980 (666)	8463 (790)	9442 (872)	9817 (903)	9606 (885)	8800 (818)	7469(706)	5881(566)	4550 (433)	3955 (364)
12	부산	4313 (406)	5442 (523)	6985 (666)	8466 (790)	9442 (872)	9816 (903)	9606 (885)	8801 (818)	7473(706)	5886(567)	4557 (433)	3962 (365)
13	목포	4354 (410)	5479 (526)	7012 (668)	8480 (791)	9444 (872)	9812 (903)	9605 (885)	8811 (819)	7496(708)	5920(569)	4596 (437)	4003 (369)
14	제주	4539 (427)	5645 (540)	7136 (678)	8544 (796)	9451 (872)	9791 (901)	9597 (884)	8852 (822)	7598(716)	6073(582)	4777 (452)	4193 (386)
15	진주	4301 (405)	5432 (522)	6977 (665)	8461 (790)	9441 (872)	9818 (903)	9607 (885)	8799 (818)	7466(706)	5877(566)	4545 (432)	3950 (364)
16	영주	4059 (384)	5212 (504)	6809 (653)	8371 (783)	9425 (871)	9839 (905)	9610 (886)	8738 (814)	7326(695)	5674(550)	4309 (412)	3704 (341)

≡ 청명 일사량

참조표준명	청명 일사량										
참조표준 변호	KSRD.06.2010.001.008										
참조표준 등급	검증 참조표준										

측정값/ 확장불확도 (kcal/m²/d)

No.	지역	1	2	3	4	5	6	7	8	9	10	11	12
1	춘천	2320 (235)	3193 (314)	4140 (406)	4847 (562)	5778 (584)	5900 (580)	6124 (751)	5532 (532)	4649 (460)	3222 (318)	2539 (253)	2036(213)
2	강릉	2464 (240)	3204 (308)	4227 (412)	5382 (515)	5846 (600)	6211 (602)	5848 (593)	5648 (534)	4656 (471)	3432 (332)	2591 (253)	2195 (2251)
3	서울	2172 (212)	2925 (311)	3898 (383)	4714 (447)	5286 (509)	5349 (518)	5225 (593)	4936 (469)	3869 (397)	3052 (295)	2242 (215)	1825(176)
4	원주	2299 (235)	3085 (297)	4114 (413)	5047 (485)	5592 (537)	5889 (629)	6154 (566)	5617 (673)	4557 (469)	3408 (362)	2500 (248)	2073(198)
5	서산	2537 (285)	3276 (325)	4143 (404)	5176 (508)	5775 (580)	5999 (638)	5551 (553)	5279 (542)	4443 (420)	3421 (338)	2510 (251)	2114(213)
6	청주	2467 (262)	3221 (332)	4151 (417)	5010 (473)	5682 (552)	5768 (559)	5834 (800)	5341 (555)	4420 (439)	3340 (344)	2545 (269)	2132(222)
7	대전	2714 (275)	3546 (364)	4472 (424)	5463 (520)	6090 (579)	6239 (609)	6019 (651)	5714 (570)	4662 (473)	3600 (345)	2856 (298)	2269(230)
8	포항	2557 (256)	3399 (329)	4316 (418)	5346 (503)	5826 (575)	6039 (579)	5500 (513)	5491 (547)	4630 (462)	3385 (333)	2707 (263)	2264(222)
9	대구	2381 (258)	3130 (332)	4022 (421)	4990 (496)	5758 (569)	5928 (693)	5795 (715)	5277 (515)	4370 (454)	3444 (420)	2510 (299)	2086(216)
10	전주	2308 (254)	2939 (282)	3820 (409)	4719 (489)	5182 (518)	5241 (594)	5144 (544)	4947 (580)	4112 (417)	3085 (311)	2367 (241)	2025(211)
11	광주	2647 (274)	3372 (342)	4309 (418)	5296 (507)	5949 (583)	5906 (583)	5947 (616)	5505 (594)	4481 (445)	3519 (336)	2752 (294)	2270(223)
12	부산	2601 (252)	3381 (343)	4251 (416)	5192 (487)	5949 (567)	5927 (570)	5641 (552)	5253 (579)	4517 (444)	3465 (331)	2713 (262)	2272(237)
13	목포	2721 (319)	3447 (335)	4514 (448)	5490 (542)	5991 (739)	6252 (744)	5861 (711)	5670 (587)	4649 (473)	3778 (391)	2813 (301)	2365(284)
14	제주	2415 (376)	2981 (484)	4012 (467)	4978 (510)	5606 (561)	5790 (576)	5740 (846)	5189 (957)	4219 (510)	3615 (424)	2803 (308)	2353(242)
15	진주	2755 (275)	3426 (374)	4428 (422)	5181 (524)	5840 (591)	5940 (593)	5378 (549)	5120 (522)	4675 (459)	3754 (383)	2881 (291)	2528(245)
16	영주	2546 (251)	3304 (403)	4283 (421)	5341 (523)	6074 (589)	6377 (627)	6212 (762)	5550 (511)	4568 (477)	3351 (315)	2719 (262)	2264(223)

강릉(측정 기간 2011~2012)

관측 지점	년	월	수평면전일사량 (kWh/㎡/day)	법선면직달일사량 (청명일 기준) (kWh/㎡/day)	일조율 (0.1%)	운량 (1/10)	일사율 (청명일 기준) (%)	청명일수 (ClearDay)	습도(%)	기온 (0.1℃)	풍속 (0.1m/s)	선택
강릉	2012	1	2.46	4.35	689	31	66	17	49	−10	22	☐
강릉	2012	2	3.28	4.91	698	31	68	16	43	−4	23	☐
강릉	2012	3	3.43	5.38	508	54	73	9	56	49	26	☐
강릉	2012	4	4.71	5.22	579	47	67	12	54	123	26	☐
강릉	2012	5	4.84	5.61	536	54	67	7	64	168	19	☐
강릉	2012	6	4.23	−	325	80		3	78	197	15	☐
강릉	2012	7	4.47	6.52	445	69	70	1	74	243	17	☐
강릉	2012	8	2.95	−	233	81		1	80	244	18	☐
강릉	2012	9	3.8	−	503	60	72	5	74	192	17	☐
강릉	2012	10	3.46	5.15	675	36	71	12	58	150	19	☐
강릉	2012	11	2.64	5.04	666	37	70	10	51	69	24	☐
강릉	2012	12	2.16	4.79	655	32	67	17	45	−7	26	☐
강릉	2011	1	2.97	5.31	795	21	73	21	41	−37	27	☐
강릉	2011	2	2.98	4.86	516	45	69	9	66	16	19	☐
강릉	2011	3	4.56	5.25	635	33	73	15	47	44	25	☐
강릉	2011	4	4.78	5.84	525	50	70	7	52	110	28	☐
강릉	2011	5	4.27	5.71	333	67	72	3	67	151	22	☐
강릉	2011	6	5.42	−	482	58	72	3	68	208	19	☐
강릉	2011	7	3.22	−	173	85		1	84	226	16	☐
강릉	2011	8	4.2	−	329	73		1	78	246	17	☐
강릉	2011	9	3.62	4.87	422	58	67	8	73	196	19	☐
강릉	2011	10	3.36	5.13	584	40	74	14	62	141	18	☐
강릉	2011	11	1.87	4.89	443	56	67	7	64	106	20	☐
강릉	2011	12	2.14	4.72	661	32	67	16	49	6	23	☐

대전(측정 기간 2011~2012)

관측 지점	년	월	수평면전일사량 (kWh/㎡/day)	법선면직달일사량 (청명일 기준) (kWh/㎡/day)	일조율 (0.1%)	운량 (1/10)	일사율 (청명일 기준) (%)	청명일수 (ClearDay)	습도(%)	기온 (0.1℃)	풍속 (0.1m/s)	선택
대전	2012	1	2.48	6.23	504	47	73	6	61	−15	15	☐
대전	2012	2	3.56	6.85	591	40	77	7	52	−10	17	☐
대전	2012	3	3.88	6.99	483	54	74	7	58	57	21	☐
대전	2012	4	5.05	7.36	534	46	71	13	54	132	24	☐
대전	2012	5	5.97	7.79	546	47	69	7	54	198	19	☐
대전	2012	6	5.39	−	522	57		1	68	238	21	☐
대전	2012	7	4.47	−	441	68		0	82	263	17	☐
대전	2012	8	4.38	8.49	463	68	72	4	81	271	23	☐
대전	2012	9	4.11	7	516	56	71	4	81	206	14	☐
대전	2012	10	4.01	7.51	725	34	80	14	74	143	13	☐
대전	2012	11	2.47	6.32	516	51	73	7	72	60	17	☐
대전	2012	12	1.72	3.78	574	45	51	10	77	−30	14	☐
대전	2011	1	2.91	6.16	626	32	72	12	60	−57	16	☐
대전	2011	2	3.18	6.33	556	40	71	11	60	18	14	☐
대전	2011	3	4.89	6.72	664	31	72	15	49	45	23	☐
대전	2011	4	5.06	7.05	546	45	70	10	53	116	22	☐
대전	2011	5	5	8.15	416	57	70	5	60	181	21	☐
대전	2011	6	5.23	9.1	434	63	71	2	66	227	20	☐
대전	2011	7	3.78	−	224	80		1	81	257	17	☐
대전	2011	8	3.74	−	237	75		0	78	258	19	☐
대전	2011	9	4.25	6.92	502	48	70	9	70	212	15	☐
대전	2011	10	3.63	6.82	557	44	72	10	69	135	13	☐
대전	2011	11	2.28	6.09	390	59	71	6	67	112	17	☐
대전	2011	12	2.22	6.15	501	48	68	6	60	4	15	☐

대구(측정 기간 2011~2012)

관측 지점	년	월	수평면전일사량 (kWh/㎡/day)	법선면직달일사량 (청명일 기준) (kWh/㎡/day)	일조율 (0.1%)	운량 (1/10)	일사율 (청명일 기준) (%)	청명일수 (ClearDay)	습도(%)	기온 (0.1℃)	풍속 (0.1m/s)	선택
대구	2012	1	2.76	5.03	639	42	69	13	47	8	21	☐
대구	2012	2	3.66	6.37	629	42	78	11	44	11	23	☐
대구	2012	3	4.22	5.94	565	50	78	9	50	77	25	☐
대구	2012	4	5.5	0	619	42	73	12	47	151	25	☐
대구	2012	5	5.73	5.08	550	51	70	10	53	201	21	☐
대구	2012	6	5.31	–	436	71		0	64	232	25	☐
대구	2012	7	5.13	–	459	70		1	70	275	21	☐
대구	2012	8	4.58	–	450	70		1	71	279	25	☐
대구	2012	9	4.4	–	550	56	74	5	69	217	18	☐
대구	2012	10	4.14	4.49	737	30	75	15	57	158	16	☐
대구	2012	11	3	4.69	674	39	75	9	50	82	22	☐
대구	2012	12	2.5	3.71	631	40	75	15	55	–3	21	☐
대구	2011	1	2.98	4.98	785	21	69	21	40	–25	28	☐
대구	2011	2	2.97	4.7	558	43	62	13	53	42	19	☐
대구	2011	3	4.78	5.49	703	27	69	18	35	70	26	☐
대구	2011	4	4.9	4.16	571	40	65	14	46	137	25	☐
대구	2011	5	4.79	5	414	56	67	6	57	188	24	☐
대구	2011	6	5.06	4.33	407	60	61	5	61	243	22	☐
대구	2011	7	4.09	–	283	70		2	71	268	20	☐
대구	2011	8	3.6	–	244	74		0	75	262	21	☐
대구	2011	9	3.83	4.97	415	53	64	7	63	230	20	☐
대구	2011	10	3.3	4.24	591	43	67	12	58	157	16	☐
대구	2011	11	2.03	3.6	452	53	59	8	63	119	19	☐
대구	2011	12	2.02	–	540	36	73	12	46	23	22	☐

서산(측정 기간 2011~2012)

관측 지점	년	월	수평면전일사량 (kWh/㎡/day)	법선면직달일사량 (청명일 기준) (kWh/㎡/day)	일조율 (0.1%)	운량 (1/10)	일사율 (청명일 기준) (%)	청명일수 (ClearDay)	습도(%)	기온 (0.1℃)	풍속 (0.1m/s)	선택
서산	2012	1	2.29	5.87	483	50	70	6	67	–24	28	☐
서산	2012	2	3.44	6.15	563	46	74	4	58	–20	31	☐
서산	2012	3	3.72	6.14	462	54	72	8	67	37	35	☐
서산	2012	4	4.77	5.28	512	47	68	11	67	103	36	☐
서산	2012	5	5.88	5.21	572	45	65	9	67	178	25	☐
서산	2012	6	5.41	2.1	576	51	47	5	77	225	20	☐
서산	2012	7	4.24	–	408	69		4	90	249	22	☐
서산	2012	8	3.64	5.33	411	70	66	4	89	262	23	☐
서산	2012	9	3.42	3.95	480	59	57	5	89	198	16	☐
서산	2012	10	3.23	5.42	663	38	67	12	82	139	17	☐
서산	2012	11	2.08	4.62	525	55	67	6	77	60	23	☐
서산	2012	12	1.87	–	563	53	65	2	78	–27	22	☐
서산	2011	1	2.77	5.72	587	45	70	8	67	–51	26	☐
서산	2011	2	3.22	5.91	574	42	70	9	71	8	22	☐
서산	2011	3	4.67	5.81	645	34	70	13	64	35	35	☐
서산	2011	4	4.81	5.62	510	48	68	10	67	95	34	☐
서산	2011	5	4.99	6.46	449	57	67	6	69	165	35	☐
서산	2011	6	4.74	6.13	405	67	65	3	80	203	33	☐
서산	2011	7	3.36	6.41	199	83	66	2	87	241	32	☐
서산	2011	8	3.4	–	223	78		0	84	245	28	☐
서산	2011	9	4.39	5.52	537	42	68	13	75	204	27	☐
서산	2011	10	3.55	5.34	557	42	70	10	73	130	22	☐
서산	2011	11	2.21	–	391	63	63	4	73	112	27	☐
서산	2011	12	2.07	4.31	461	53	64	6	73	7	27	☐

서울(측정 기간 2011~2012)

관측지점	년	월	수평면전일일사량 (kWh/㎡/day)	법선면직달일사량 (청명일 기준) (kWh/㎡/day)	일조율 (0.1%)	운량 (1/10)	일사율 (청명일 기준) (%)	청명일수 (ClearDay)	습도(%)	기온 (0.1℃)	풍속 (0.1m/s)	선택
서울	2012	1	2.1	4.82	621	36	60	12	49	-28	25	☐
서울	2012	2	3.12	5.17	717	34	60	10	43	-20	29	☐
서울	2012	3	3.29	5.78	516	52	65	9	52	51	35	☐
서울	2012	4	4.15	5.02	537	46	58	10	54	123	34	☐
서울	2012	5	4.96	5.42	570	43	57	8	48	197	27	☐
서울	2012	6	4.95	-	525	54		1	54	241	28	☐
서울	2012	7	3.36	-	321	74		3	74	254	27	☐
서울	2012	8	3.25	-	377	68		1	68	271	30	☐
서울	2012	9	3.3	5.53	512	56	61	5	65	210	23	☐
서울	2012	10	3.13	5.43	677	36	63	12	58	153	23	☐
서울	2012	11	2.12	5.01	593	45	66	10	57	55	27	☐
서울	2012	12	1.88	4.57	648	35	60	15	57	-41	27	☐
서울	2011	1	2.76	5.41	711	27	70	16	54	-72	28	☐
서울	2011	2	3.01	6.09	551	40	67	9	55	12	26	☐
서울	2011	3	4.54	6.18	648	33	70	17	51	36	34	☐
서울	2011	4	4.68	5.67	512	47	65	11	54	107	32	☐
서울	2011	5	4.75	7.26	410	56	68	6	57	179	28	☐
서울	2011	6	4.56	7.35	386	61	62	5	67	220	29	☐
서울	2011	7	3.07	-	179	80		3	79	246	24	☐
서울	2011	8	3.4	4.25	223	75	55	1	74	258	25	☐
서울	2011	9	4.16	6.12	483	45	65	13	58	218	24	☐
서울	2011	10	3.26	5.94	617	38	71	12	55	142	21	☐
서울	2011	11	1.76	5.01	423	60	61	6	61	107	27	☐
서울	2011	12	1.93	3.65	654	39	57	11	51	-9	26	☐

원주(측정 기간 2011~2012)

관측지점	년	월	수평면전일일사량 (kWh/㎡/day)	법선면직달일사량 (청명일 기준) (kWh/㎡/day)	일조율 (0.1%)	운량 (1/10)	일사율 (청명일 기준) (%)	청명일수 (ClearDay)	습도(%)	기온 (0.1℃)	풍속 (0.1m/s)	선택
원주	2012	1	2.44	4.46	554	41	71	11	58	-39	12	☐
원주	2012	2	3.63	5.14	667	35	72	11	48	-26	15	☐
원주	2012	3	3.66	5.23	421	57	74	6	53	49	20	☐
원주	2012	4	4.69	5.26	503	48	71	10	52	124	20	☐
원주	2012	5	5.72	5.37	527	49	66	7	53	187	16	☐
원주	2012	6	5.82	-	446	60		0	56	236	18	☐
원주	2012	7	4.44	-	280	74		0	73	256	15	☐
원주	2012	8	4.15	7.39	351	72	70	2	71	265	18	☐
원주	2012	9	3.74	4.7	400	64	69	4	74	195	13	☐
원주	2012	10	3.31	5.29	671	37	65	11	66	132	12	☐
원주	2012	11	2.01	4.95	517	50	69	8	64	43	15	☐
원주	2012	12	1.75	4.09	581	37	57	15	64	-49	13	☐
원주	2011	1	2.83	4.47	690	25	70	16		-77	12	☐
원주	2011	2	2.99	5.29	540	46	74	6		8	11	☐
원주	2011	3	4.47	5.1	623	35	71	14		37	20	☐
원주	2011	4	4.55	5.21	486	50	68	10		111	19	☐
원주	2011	5	4.86	6.08	417	58	69	4		183	17	☐
원주	2011	6	5.15	6.35	440	62	67	5		228	16	☐
원주	2011	7	3.47	-	181	83		1		255	13	☐
원주	2011	8	3.97	-	256	77		0		259	13	☐
원주	2011	9	4.24	5.72	492	48	67	10		205	12	☐
원주	2011	10	3.51	5.51	545	44	72	10		121	11	☐
원주	2011	11	2.08	5.07	389	60	67	7		96	14	☐
원주	2011	12	2.23	4.67	572	40	67	11		-20	13	☐

청주(측정 기간 2011~2012)

관측 지점	년	월	수평면전일사량 (kWh/㎡/day)	법선면직달일사량 (청명일 기준) (kWh/㎡/day)	일조율 (0.1%)	운량 (1/10)	일사율 (청명일 기준) (%)	청명일수 (ClearDay)	습도(%)	기온 (0.1℃)	풍속 (0.1m/s)	선택
청주	2012	1	2.33	5.87	511	43	67	8	60	-19	12	☐
청주	2012	2	3.05	5.19	588	40	61	8	51	-13	13	☐
청주	2012	3	3.64	6.97	429	56	73	5	58	58	18	☐
청주	2012	4	4.77	5.97	512	46	65	13	55	133	19	☐
청주	2012	5	5.62	7.52	509	46	66	8	55	199	15	☐
청주	2012	6	5.53	7.14	427	54	64	3	61	238	18	☐
청주	2012	7	4.17	–	262	69		1	76	263	15	☐
청주	2012	8	4.02	5.05	332	69	67	4	74	273	20	☐
청주	2012	9	3.5	5.73	371	59	61	5	74	211	14	☐
청주	2012	10	2.91	4.31	680	32	55	14	66	148	11	☐
청주	2012	11	1.81	4.1	509	50	53	7	65	62	13	☐
청주	2012	12	1.48	3.26	543	41	48	11	69	-31	11	☐
청주	2011	1	2.62	6.03	622	32	66	13	61	-59	12	☐
청주	2011	2	2.86	5.13	521	41	61	10	61	18	11	☐
청주	2011	3	4.54	6.17	637	31	67	16	51	45	17	☐
청주	2011	4	4.66	6	497	47	65	10	53	119	17	☐
청주	2011	5	4.81	7.53	415	56	66	5	59	193	17	☐
청주	2011	6	4.92	5.29	410	64	57	3	67	237	17	☐
청주	2011	7	3.56	–	205	83		1	82	261	15	☐
청주	2011	8	3.68	–	247	79		0	78	261	16	☐
청주	2011	9	4.04	6.59	463	46	66	11	70	213	15	☐
청주	2011	10	3.37	5.96	517	42	68	12	68	136	12	☐
청주	2011	11	2.15	5.34	383	58	67	6	67	112	13	☐
청주	2011	12	2.12	4.85	504	43	62	10	58	0	12	☐

춘천(측정 기간 2011~2012)

관측 지점	년	월	수평면전일사량 (kWh/㎡/day)	법선면직달일사량 (청명일 기준) (kWh/㎡/day)	일조율 (0.1%)	운량 (1/10)	일사율 (청명일 기준) (%)	청명일수 (ClearDay)	습도(%)	기온 (0.1℃)	풍속 (0.1m/s)	선택
춘천	2012	1	2.42	5.73	530	38	72	13	65	-52	10	☐
춘천	2012	2	3.71	6.09	663	33	71	11	53	-38	13	☐
춘천	2012	3	3.89	7.11	436	56	77	6	58	41	18	☐
춘천	2012	4	4.24	3.13	525	49	55	8	58	117	17	☐
춘천	2012	5	6.04	7.29	534	46	68	5	60	182	14	☐
춘천	2012	6	6.23	–	471	59		1	64	231	16	☐
춘천	2012	7	4.47	–	263	73		1	79	250	12	☐
춘천	2012	8	4.31	–	359	69		4	79	259	15	☐
춘천	2012	9	3.94	7.22	380	61	68	4	83	191	11	☐
춘천	2012	10	3.61	6.19	562	40	72	10	78	126	9	☐
춘천	2012	11	2.39	5.46	471	48	72	10	73	37	12	☐
춘천	2012	12	2.03	5.49	498	39	70	13	74	-62	11	☐
춘천	2011	1	2.72	5.72	689	25	71	20	65	-95	7	☐
춘천	2011	2	3.15	6.6	547	44	75	8	66	-6	7	☐
춘천	2011	3	4.54	6.37	628	36	70	17	55	32	13	☐
춘천	2011	4	4.57	6.44	470	52	68	9	58	101	13	☐
춘천	2011	5	4.99	7.43	434	56	67	5	63	171	12	☐
춘천	2011	6	5.31	7.68	454	62	65	4	71	219	12	☐
춘천	2011	7	3.31	–	184	83		1	86	244	11	☐
춘천	2011	8	3.92	–	268	79		0	82	251	13	☐
춘천	2011	9	4.21	6.55	419	53	65	6	73	196	13	☐
춘천	2011	10	3.46	6.37	476	45	73	11	74	118	9	☐
춘천	2011	11	2.05	5.17	369	62	69	7	72	82	11	☐
춘천	2011	12	2.2	4.16	513	41	65	14	68	-30	10	☐

포항(측정 기간 2011~2012)

관측지점	년	월	수평면전일사량 (kWh/㎡/day)	법선면직달일사량 (청명일 기준) (kWh/㎡/day)	일조율 (0.1%)	운량 (1/10)	일사율 (청명일 기준) (%)	청명일수 (ClearDay)	습도(%)	기온 (0.1℃)	풍속 (0.1m/s)	선택
포항	2012	1	2.77	5.22	634	36	67	17	51	22	23	
포항	2012	2	3.44	5.87	558	43	77	11	49	22	22	
포항	2012	3	3.85	5.69	474	53	76	11	65	80	24	
포항	2012	4	5.44	6.44	582	42	72	12	59	151	26	
포항	2012	5	5.48	8.42	498	52	69	10	69	190	19	
포항	2012	6	5.02	–	349	74		1	85	216	18	
포항	2012	7	4.87	–	388	67		2	84	265	18	
포항	2012	8	3.68	–	283	77		0	86	266	20	
포항	2012	9	4.11	–	471	57		6	75	215	20	
포항	2012	10	3.96	5.92	698	34	70	15	58	168	20	
포항	2012	11	2.95	5.77	646	38	74	9	48	90	24	
포항	2012	12	2.38	–	603	33	73	16	48	11	27	
포항	2011	1	3.18	6.37	759	24	77	17	44	-16	28	
포항	2011	2	2.89	5.11	488	49	65	8	65	50	19	
포항	2011	3	5.07	5.7	718	28	74	18	43	74	24	
포항	2011	4	5.28	6.26	568	45	72	12	56	134	24	
포항	2011	5	4.91	8.85	401	61	72	4	69	176	22	
포항	2011	6	5.51	7.05	428	65	64	3	72	228	22	
포항	2011	7	4.88	–	349	72		1	80	256	21	
포항	2011	8	3.95	–	306	74		0	83	258	18	
포항	2011	9	3.92	6.74	420	59	68	7	74	225	20	
포항	2011	10	3.69	6.01	590	42	74	12	64	165	19	
포항	2011	11	2.26	5.74	403	54	72	8	64	130	19	
포항	2011	12	2.57	–	615	35	74	16	46	37	25	

부산(측정 기간 2011)

관측지점	년	월	수평면전일사량 (kWh/㎡/day)	법선면직달일사량 (청명일 기준) (kWh/㎡/day)	일조율 (0.1%)	운량 (1/10)	일사율 (청명일 기준) (%)	청명일수 (ClearDay)	습도(%)	기온 (0.1℃)	풍속 (0.1m/s)	선택
부산	2011	1	3.15	6.05	790	20	70	19	35	-7	36	
부산	2011	2	3.18	5.72	536	50	64	6	56	61	31	
부산	2011	3	5.03	6.13	724	29	73	17	43	74	36	
부산	2011	4	5.4	7.48	597	43	72	13	59	131	43	
부산	2011	5	4.76	7.07	396	65	71	5	70	173	35	
부산	2011	6	4.66	4.66	292	73	56	2	79	213	33	
부산	2011	7	5.1	–	395	64		3	79	251	34	
부산	2011	8	4	7.54	291	75	69	2	78	258	34	
부산	2011	9	4.29	6.98	502	51	71	9	66	233	31	
부산	2011	10	3.6	5.67	610	46	69	8	58	176	27	
부산	2011	11	2.29	5.47	522	55	65	7	60	141	27	
부산	2011	12	2.54	5.89	726	32	65	15	41	44	32	

참고문헌

제2장 태양광 발전 시스템의 개요
[1] 신에너지 · 산업기술종합개발기구, 「대규모 태양광 발전 시스템 도입 입문서」, p.4-26~4-27, 2011.
[2] 今井孝二 감수, 「파워 일렉트로닉스 핸드북」, R&D 플래닝, p.526-530, 2002
[3] 신에너지 · 산업기술종합개발기구, 「대규모 태양광 발전 시스템 도입 입문서」, p.4-26~4-27, 2011.

제3장 태양광 발전 시스템의 기본 원리
[1] 전원 개발 : 독립분산형 등 태양광 발전 시스템 도입 입문서, NEDO, 1993.3.
[2] 자원에너지청 「태양광 발전 필드 테스트 사업에 관한 가이드라인 기초편(2013년판)」, 2014.2.(http://www.enecho.meti.go.jp/category/saving_and_new/ohisama_power/commom/pdf/guideline-2013.pdf)
[3] 牧本 역, 「트랜지스터의 물리와 회로 모델」, p.43, 산업도서, 1974.
[4] 黑川, 若松 편, 「태양광 발전 시스템 설계 가이드북」, 옴사, 1994.

제6장 태양광 발전 시스템의 운전 감시와 보수점검
[1] D. C. Jordan, et.al, "Photovoltaic Degradation Rates-an Analytical Review", Prog. Photovolt: Res. Appl. 2011.
[2] Ewan D. Dunlop, et.al, "The Performance of Crystalline Silicon Photovoltaic Solar Modules after 22Years of Continuous Outdoor Exposure", Prog. Photovolt: Res. Appl. 14:p53-64. 2006.
[3] JQA, NEDO 보고서
[4] 加藤, 「태양광 발전 시스템의 불량 파일」, 일간공업신문사. 2010.
[5] 植田 외, 「태양광 발전 시스템의 모니터링과 고장 진단」, 태양에너지, 27-32, Vol.38, No.1. 2012.
[6] 大關, 「태양광 발전 시스템의 메인티넌스에서의 운전 데이터 분석기술 동향」, 태양에너지, 38(3),43-51.2012.
[7] 大關 외, 「태양광 발전에서의 계측 데이터의 품질 진단 방법」, 태양에너지, Vol.30, No.6, 47-55. 2004.
[8] 關根 외, 「일사 · 방사 관측의 기준화와 관측망의 전개」, 天氣, 제20권 제12호, 46-49, 1973.
[9] 일본기상협회, 「일사 관련 데이터 작성 조사」, NEDO 성과보고서. 1998.
[10] 二宮 외, 「AMeDAS의 데이터를 이용한 시각별 일사량 추정법 제2보-회전식 일사계 및 개량형 태양전지식 일조계에의 적용」, 공조 · 위생공학논문집, No.65,53-65. 1997.
[11] 일본태양에너지학회 편 「신 태양에너지 이용 핸드북」
[12] D.G.Erbs, et al. "Estimation of the diffuse radiation faraction for hourly, daily and monthly average global radiation", solar Energy Vol.28,No.4,p293-302.1982.
[13] 曾我 외, 「전천 일사량에서 직달 일사량을 추정하는 각종 모델의 비교와 평가」, 일본건축학회계획계논문집, 제512호, p17-24. 1998.
[14] R.Perez, et al., "Modeling Daylight Availability and Irradiance Components from Direct and Global Irradiance", Solar Energy Vol.44, No.1,p1-7.1990.
[15] 曾我 외, 「전천 일사량에서 경사면 일사량을 추정하는 각종 모델의 비교」, 일본건축학회계획계논문집, 제519호, p31-38. 1999.
[16] K. Otani, et al., "Solar energy mapping by using cloud images receive from GSM", WEPCE-1.

1994.

[17] 後藤 외, 「설빙역 판별에 의한 일사량 추정 정도의 향상」, 일본기상학회대회강연예강집 91, p173.2007.

[18] Orel, Solar-Mesh 기술 자료

[19] 篠田 외, 「위성가시화상을 이용한 운량과 일사량의 상관분석」, 전기학회연구회자료, MES, 메타볼리즘사회·환경시스템연구회, p43-47.2011.

[20] H. Takenaka, et al, "Estimation of Solar radiation using a Neural Network based on Radiative Transfer", J.Geophys.Res.,doi:10.1029/2009JD01337, in press. accepted 2011.

[21] 竹中 외, 「위성 관측 데이터에 기초한 태양 방사량 추정」, 재생가능에너지협의회, 재생가능에너지 세계 페어 2011, 「정책·통합 개념」 JCRE 분과회 1, 강연 자료. 2011.

[22] T. Cebecauer, et al., "High performance MSG satellite model for operational solar energy applications", ASES-Proc. Solar.2010.

[23] NASA Website; http://eosweb.larc.nasa.gov/sse/

[24] P.Ineichen, "Five Satellite Products Deriving Beam and Global Irradiance Validation on Data from 23 Ground Station", Paper of University of Geneva. 2011.

[25] A.C de Keizer, et al., "PVSAT-2: RESULTS OF FIELD TEST OF THE SATELLITEBASED PV SYSTEM PERFORMANCE CHECK", 21st EUPVSEC, p2681-2685. 2006.

[26] Huld T., et al., "A new solar radiation database for estimating PV performance in Europe and Africa." Solar Energy, 86 1803-1815, 2012.

[27] METPV, 일본기상협회 Web, http://www.jwa.or.jp/content/view/full/1947/

[28] 일본학술진흥회 차세대 태양광발전시스템 제175위원회 감수, 「태양전지의 기초와 응용」, 제11장, 培風館. 2010.

[29] 산업기술총합연구소, JET, 「태양광발전시스템 평가기술의 연구개발」, NEDO 성과보고서. 2006.

[30] 산업기술총합연구소, 「2007년 태양광발전 필드 테스트 사업에 관한 분석 수법의 개발 및 분석 평가」, NEDO 성과보고서. 2018.

[31] Y.Ueda, et al., "Performance analysis of various system configuration on grid-connected residential PV system" Solar Energy Materials and Solar Cells, Volume 93, Issues 6-7,p945-949.2009.

[32] 植田 외, 「호쿠토 메가솔라 프로젝트에서의 각종 태양전지 모듈 평가」, 태양/풍력에너지 강연 논문집 2008, No.10, p69-70. 2008.

[33] 東大, 산업기술총합연구소, Sharp, 「태양광발전시스템의 신뢰성 향상을 위한 원격고장 진단에 관한 기술개발」, 환경성 2010년 지구온난화대책기술개발사업보고서.

[34] A. Drews, et al., "Monitoring and remote failure detection of grid-connected PV systems based on satellite observatious", Solar Energy, Volume: 81, Issue 4,p548-564. 2007.

[35] A. Yagi et al., "Diagnostic technology and an expert system for photovoltaic system using the learning method", Solar Energy Materials and Solar Cells, Volume 75, Issues 3-4,p655-663. 2003.

[36] A. R. Burgers, et al., "Improved treatment of the strongly varying slope in fitting solar cell I-V curves", Proceedings of the 25th IEEE PVSC. 1554,P1569-1572. 1997.

[37] IEC 61853-1, "Photovoltaic(PV) module performance testing and energy rating-Part 1: Irradiance and temperature performance measurement and power rating". 2011.

[38] Y. Tsuno et al., "COMPARISON OF CURVE CORRECTION PROCEDURES FOR CURRENT VOLTAGE CHARACTERISTICS OF PHOTOVOLTAIC DEVICES", 4C-6O-10. 2011.

[39] D. L. King et al., "Photovoltaic Array Performance Model", SAND2004-3535. 2004.

[40] S. Ransome et al., "IMPROVING AND UNDERSTANDING kWh/kWp SIMULATIONS", Proc. Of 26th EUPVSEC. 2011.

[41] 松川 외, 「건설 설계를 위한 태양전지 어레이 시뮬레이션 수법에 관한 검토~I-V 커브 합성법의 검토와 단 셀 모듈을 이용한 어레이 실험에 의한 일영 손실 분석~」, 1999년 일본태양에너지학회 · 풍력에너지협회 합 동연구발표회 강연논문집. 1999.

[42] T. Yamada, et al., "New Methodology for Optimum PV System Design by considering Dynamic I-V Characteristics, Analytical Study", Proc. of PVSEC-14, p881-882. 2004.

[43] Photon web site; http://www.photon.info/photon_wechselrichtertest_en.photon

[44] 興石 외, 「태양전지 모의전원에 의한 최대전력점 추종제어의 평가」, 2002년 전기학회전국대회 강연논문집. 2001.

[45] BS EN 50530, "Overall efficiency of grid connected photovoltaic inverters". 2010.

[46] 黑川 외, 「태양광발전시스템 설계 핸드북」. 1995.

[47] JIS C 8907, 「태양광발전시스템의 발전전력량 추정 방법」. 2005.

[48] 大谷 외, 「파라미터 분석법을 토대로 한 태양광발전시스템 · 시뮬레이션의 주택용 시스템에 의한 검증」, 태 양/풍력에너지 강연논문집, p121-124. 2000.

[49] 西川, 「스탠드오프형 어레이의 태양전지 온도특성(2)」, 일본태양에너지학회 태양/풍력에너지 강연논문집, p29-32. 1995.

[50] PVNET website; http://www.greenenergy.jp/PV-intro/index.htm

[51] Solar Clinic website; http://www.jyuri.co.jp/solarclinic/

[52] 中田 외, 「주택용 태양전지 발전량의 경년변화 추적(1)」, 일본태양에너지학회 태양/풍력에너지 강연논문집, p473-476. 2003.

[53] 植田 외, 「태양광발전시스템의 자기진단을 위한 web 애플리케이션의 개발」, 2010년 전기학회 전력 · 에너 지부문대회 논문집, Vol 127, p6-11. 2010.

[54] 湯川 외, 「태양전지 모듈의 온도상승 추정」, 전기론 B, 116권 9호, p1101-1110. 1996.

[55] JEMA, 「2000년 경제산업성 위탁 신발전시스템의 표준화에 관한 조사연구 성과보고서 제1부」. 2000.

[56] PVSYST; http://www.PVsyst.com/

[57] 라플라스시스템주식회사 웹사이트; http://www.lapsys.co.jp/

[58] 필드 로직 웹사이트; http://www.f-logic.jp/heliobase.html

[59] K Otani, et al., "Shading loss analysis of PV system in urban area", PVSEC-12. 2001.

[60] Solmetric, SunEye 210 User's Guide. 2011.

[61] JIS C 8960, 「태양광발전 용어」

[62] T. OOZEKI et al., "Performance trends in grid-connected photovoltaic systems for public and industrial use in Japan", Progress in Photovoltaics: Research and Application, Volume 18, Issue 8, 596-602. 2010.

[63] N. H. Reich et al., "Performance ratio revisited: is PR>90% realistic?", Progress in Photovoltaics: Research and Applications, DOI: 10.1002/pip.1219.2012.

[64] U. Jahn, et al., "Operational performance, reliability and promotion of photovoltaic system", Proceedings of October 2001 IEA PVPS Workshop. IEA PVPS Workshop, IEA PVPS T2-03. 2002.

[65] K. Kawajiri et al., "Effect of Temperature on PV Potential in the World", Environ. Sci. Technol., 45(20), p9030-9035. 2011.

[66] 佐藤 외, 「태양전지 모듈의 이상감시 · 진단시스템」, 東芝리뷰, Vol. 67, No.1, p18-21. 2012.

[67] 植田 외, 「아모르퍼스 태양전지 어레이의 계측 데이터를 이용한 고장 검출과 고장 개소 특정 수법」, 태양/풍력에너지 강연논문집, p393-396. 2009.

[68] 加藤, 「동작점 감시에 의한 태양광발전시스템의 고장진단법 제안」, 일본태양에너지학회 태양/풍력에너지 강연논문집, p289-292. 2009.

[69] 재생가능에너지 추진 시민 포럼 西日本, 「태양광발전 데이터 분석평가보고서」. 2004.

[70] TMEIC, 태양광발전모니터링시스템;
http://www.tmeic.co.jp/product/power_electronics/pdf/sw_VIEW.pdf.

[71] 板子 외, 「I-V 특성 스캔형 MPPT 제어의 L의 저감에 관한 검토」, 일본태양에너지학회 태양/풍력에너지 강연논문집, p429-432. 2008.

[72] T. Takashima, et al., "Disconnection detection using earth capacitance measurement in photovoltaic module string", Progress in Photovoltaics: Research and Applications Volume 16, Issue 8, p669-677. 2008.

[73] T. Takashima, et al., "Experimental studies of fault location in PV module strings", Solar Energy Materials and Solar Cells, Volume 93, Issues 6-7, p1079-1082. 2009.

[74] 野呂 외, 「I-V 커브 간이 취득 기능을 갖춘 태양전지 고장진단시스템」, 일본태양에너지학회 태양/풍력에너지 강연논문집, p293-296. 2011.

[75] 加藤 외, 「단자함 온도에 착안한 간이적인 결정계 Si 태양전지의 불량 검출 방법」, 일본태양에너지학회 태양/풍력에너지 강연논문집, p137-140. 2007.

[76] EPIA, "IP PERFORMANCE FINAL BROCHURE". 2009.

[77] E. Lorenz et al., "Regional PV power prediction for improved grid integration", Progress in Photovoltaics: Research and Applications, Volume 19, Issue 7, p757-771. 2011.

[78] T. Geoffrey et al., "Models Used to Assess the Performance of Photovoltaic Systems", SANDIA REPORT, SAND2009-8258. 2009.

[79] P. Christoper et al., "PV performance modeling workshop summary report", Sandia Report SAND2011-3419. 2011.

[80] 荻本 외, 「태양광발전을 포함한 장기 전력수급 계획 수법」, 전기학회논문지 B, 130(6),p575-583. 2010.

[81] 大關 외, 「태양광발전시스템의 발전전력량 예측기술의 동향」, 옵트뉴스 Vol.6, No.5. 2011.

편자 약력

구로카와 코스케

1942년 8월 16일 태생

● 학력 · 이력

1965년 와세대대학 제1이공학부전기공학과 졸업

통상산업성 공업기술원전기시험소(현 경제산업성 산업기술종합연구소)

1971년 폴리테크닉 오브 센트럴 런던(현 웨스트민스터대학) 초빙 연구원(1년 1개월)

1976년 통상산업성 선샤인 본부 연구개발관부(1년 2개월)

1980년 신에너지 종합개발기구(현 신에너지 · 산업기술종합개발기구)

1983년 통상산업성 공업기술원 전기시험소에 복직

1992년 전자기술종합연구소 에너지부에너지정보기술연구 실장

1993년 와세다대학에서 공학 박사 수여

1996년 동경농업대학 공학부 교수에 취임(전자정보공학과)

1999년 동경농업대학 평의원에 병임(2002년 3월까지)

2006년 임의단체재생가능에너지협의회 설립 대표

2008년 동경농공대학 공학연구과 교수 정년 퇴직

동경농공대학 명예교수

동경공업대학 솔루션 연구기관 특임교수(2016년 퇴직)

2016년 특정비영리활동법인재생가능에너지협의회 이사장

● 소속 학회 및 주요 사회 활동

전기학회, 일본태양에너지학회, 국제태양에너지학회, IEEE 회원, IEA 태양광발전소연구협력 태스크8 운영 책임자, 제2회 태양광발전세계회의대회부위원장(빈), 제3회 태양광발전세계회의대회위원장(오사카), 재생가능에너지2006국제회의 조직위원장, 재생가능에너지2010국제회의 공동위원장, 재생가능에너지2014국제회의 공동위원장, 임의단체재생가능에너지협의회를 설립 · 대표에 취임

● 주요 수상 경력

전기학회학술진흥상 저작상 「태양전지의 시대」, 제42회전기과학기술 장려상(옴 기술상) 「태양광 발전 시스템의 통합 설계 룰의 확립」 수상(1995년도 전기과학기술장려회), The 2000-Millennium Award, World Renewable Energy Network Special Award, WREC-6, Brighton, July 2000, 2016 지구환경대상 장려상 등 다수

다나카 료

1947년 8월 9일 태생

● 학력 · 직력
1966년 일본전신전화주식회사 전기통신연구소입소(현 NTT연구소)
1971년 동경이과대학 이학부물리학과 졸업
         납축전지 열화 판정법, 연료전지 시스템 등의 연구에 종사
1995년 NTT 멀티 비즈니스 개발부, 환경 비즈니스 본부장
         태양광발전, 풍력발전사업의 보급 확대에 종사
2003년 주식회사 NTT 퍼실리티즈로 이동
         태양광발전기술의 개발, 사업 영역의 확대에 종사
2012년 동경공업대학 솔루션연구기구 특임준교수 겸무
2016년 경영기획부 정책섭외실 담당 부장/제너럴 어드바이저

● 소속 학회 및 주요 사회 활동
전기학회, 일본태양에너지학회

● 주요 수상 경력
제41회 전기과학기술 장려상(옴 기술상)「납축전지의 열화 판정법 연구」수상(1993년 전기과학기술장려회), 통
산대신상「태양광발전시스템의 보급 · 확대」, 환경청장관상「태양광발전시스템의 보급 · 확대」등

이토 마사카즈

1978년 12월 1일 태생

● 학력 · 직력
2003년 일본학술진흥회 특별연구원(21COE)
2006년 동경농공대학대학원 공학연구과 전자정보공학 전임 박사 과정 수료
         동경공업대학 통합연구원 특임 조교
2010년 동경공업대학 솔루션연구기구 특임 조교
2012년 일본학술진흥회 해외특별연구원(프랑스 원자력 · 대체에너지청/태양에너지연구소)
2014년 와세다대학 스마트사회기술융합연구기구 연구원 준교수

● 소속 학회 및 주요 사회 활동
전기학회, 일본태양에너지학회, 국제태양에너지학회, 에너지 · 자원학회, 일본LCA학회, IEA태양광발전연구협
력태스크 8위원

● 주요 수상 경력
동경농공대학술연구상, 일본태양에너지학회 이토 나오아키상, 제17회 태양광발전국제회의 젊은 연구자상, 제3
회 태양광발전세계회의 젊은연구자상 등

찾아보기

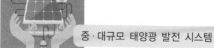

ㅅ

ㅇ

기초 · 계획 · 설계 · 시공 · 운전관리 · 보수점검

중 · 대규모 태양광 발전 시스템

2019. 11. 19. 1판 1쇄 인쇄
2019. 11. 26. 1판 1쇄 발행

지은이 | 구로카와 코스케, 다나카 료, 이토 마사카즈
옮긴이 | 이경수, 황명희
펴낸이 | 이종춘
펴낸곳 | **BM** (주)도서출판 **성안당**

주소 | 04032 서울시 마포구 양화로 127 첨단빌딩 3층(출판기획 R&D 센터)
10881 경기도 파주시 문발로 112 출판문화정보산업단지(제작 및 물류)

전화 | 02) 3142-0036
031) 950-6300

팩스 | 031) 955-0510

등록 | 1973. 2. 1. 제406-2005-000046호

출판사 홈페이지 | **www.cyber.co.kr**

ISBN | 978-89-315-8847-7 (13560)

정가 | 35,000원

이 책을 만든 사람들
기획 | 최옥현
진행 | 김혜숙
본문 디자인 | 김인환
표지 디자인 | 박원석
홍보 | 김계향
국제부 | 이선민, 조혜란, 김혜숙
마케팅 | 구본철, 차정욱, 나진호, 이동후, 강호묵
제작 | 김유석

■ 도서 A/S 안내

성안당에서 발행하는 모든 도서는 저자와 출판사, 그리고 독자가 함께 만들어 나갑니다.
좋은 책을 펴내기 위해 많은 노력을 기울이고 있습니다. 혹시라도 내용상의 오류나 오탈자 등이 발견되면 **"좋은 책은 나라의 보배"**로서 우리 모두가 함께 만들어 간다는 마음으로 연락주시기 바랍니다. 수정 보완하여 더 나은 책이 되도록 최선을 다하겠습니다.
성안당은 늘 독자 여러분들의 소중한 의견을 기다리고 있습니다. 좋은 의견을 보내주시는 분께는 성안당 쇼핑몰의 포인트(3,000포인트)를 적립해 드립니다.
잘못 만들어진 책이나 부록 등이 파손된 경우에는 교환해 드립니다.